斜井 TBM 法施工技术

雷升祥　编著

中国铁道出版社

2012·北　京

内 容 简 介

依托新街台格庙矿，近一年时间来，作者就采用掘进机技术施工煤矿运输斜井巷道，开展了大量的预研工作。本书的内容就是一年来研究成果的综合体现。文章从项目分析入手，由理论性的研究分析，掘进机的适用性和安全性研究，设备的选型、斜井结构设计及相关设计、施工技术方案，直到关键问题处理及风险保障，进行全方位的表述。并就目前掘进机法在国内外类似工程中的应用，收集整理了大量的最新资料，针对性地进行了全面、系统的叙述研讨。

本书由雷升祥主编，参加编写的还有毛东晖、柴永模、邹春华、罗汝州、王占勇、刘树山、马天昌、李建强、王守国、刘伟。本书分为五个部分。第一部分重点介绍了掘进机技术的发展历史，目前在国内外的应用状况，所依托项目的基本情况，以及掘进机法在矿区运输斜井中适应性研讨；第二部分是介绍斜井运输巷道的结构设计和检算，从理论的角度论述项目的可行性和安全性；第三部分是全面、透彻阐述掘进机技术的工作原理，及设备选型、操作、管理等内容；第四部分分析介绍了在掘进机施工过程中可能遇到的通风、排水、运输、结构等问题，及应对策划；第五部分围绕施工安全风险作了重点表述，并提出了下阶段的科研方向和目标。

全书图文并茂，深入浅出，资料翔实，可参考性强，可供掘进机设计、施工、工程管理、科研等相关专业技术人员参考。

图书在版编目(CIP)数据

斜井 TBM 法施工技术/雷升祥编著. —北京：中国铁道出版社，2012.6（2012.7 重印）

ISBN 978-7-113-13708-3

Ⅰ.①斜… Ⅱ.①雷… Ⅲ.①煤矿—斜井—盾构法 Ⅳ.①TD262.1

中国版本图书馆 CIP 数据核字(2011)第 203834 号

书　　名：斜井 TBM 法施工技术
作　　者：雷升祥

责任编辑：曹艳芳　陈小刚　　**电话：**010-51873193　　**电子邮箱：**cxgsuccess@163.com
封面设计：郑春鹏
责任校对：张玉华
责任印制：郭向伟

出版发行：中国铁道出版社（100054，北京市西城区右安门西街 8 号）
网　　址：http://www.tdpress.com
印　　刷：北京精彩雅恒印刷有限公司
版　　次：2012 年 6 月第 1 版　2012 年 7 月第 2 次印刷
开　　本：787 mm×1 092 mm　1/16　印张：21.5　字数：538 千
书　　号：ISBN 978-7-113-13708-3
定　　价：75.00 元

目　　录

第1章 导　　语

斜井是与地面直接相通的倾斜巷道，其作用与立井和平硐相同。不与地面直接相通的斜井称为暗斜井或盲斜井，其作用与暗立井相同。在长隧道施工时，为了缩短工期，一般设置平行导坑、横洞、竖井或斜井，以增加工作面或通风洞。

在煤矿系统，按用途分类：主井用于矿石提升，副井用于人员、设备、材料、废石提升，混合斜井兼备主斜井和辅助斜井功能。

斜井的开挖方法如表1-1所示。

表1-1　斜井的开挖方法

序号	斜井倾角	开挖次序	开挖方法
1	小于6°时	由上而下，类似横洞	钻爆法、TBM法
2	6°～30°	自上而下	钻爆法
3	大于30°～45°	先导井，后扩挖。自上而下，自下而上	钻爆法、反井钻机法、爬罐法

在铁路、公路交通系统，斜井的设计基本趋势是：(1)从安全考虑，逐步取消有轨运输长斜井，一般均采用无轨运输设计；(2)斜井断面一般优先考虑由单车道变成双车道设计；(3)在特长隧道设计中，大量采用超过1 km的长斜井方案，宁可长一点，也要使斜井的位置、布局、穿越的地层更为合理。

在水电系统，斜井开挖常应用于水电站通风井、出线井、排水井、压力管道、运输(交通)井以及为隧洞施工的斜支洞，一般用钻孔爆破法施工，有全断面开挖和反导井扩挖两种。

斜导井断面较小。反导井开挖方法有普通法、吊罐法和爬罐法、反井钻机法4种，各种开挖方法同竖井开挖。在导井开挖后自上而下分段扩挖时，石渣用钢溜槽溜渣至井下通道出渣，必要时可在溜槽冲水润滑溜渣。在小型斜井当围岩稳定性较好时，导井开挖后也可采用溜渣法蹬渣钻孔爆破，自下而上扩挖。采用反导井扩挖时，支护必须及时，爆破前最末道支护距工作面的距离，一般不能太大。

近年来，反井钻机是水利水电竖井、斜井导井施工的一种高效、安全的开挖施工工艺。反井钻机的工作原理是：(1)将钻机安装在上平或地面，先向下钻小直径导孔，用清水或泥浆做循环洗井液排渣；(2)导孔钻透后，换大直径扩孔钻头，沿导孔自上而下扩孔。技术的关键在导孔的偏斜控制上。

在煤矿系统，采用立井比较多，而采用斜井比较少。尤其斜井采用TBM法施工可以说在国内基本属于空白。对这一问题开展研究具有划时代的意义，它对于我国煤矿建井技术是一场革命，为煤矿安全、高效生产具有极其重要的社会、经济、现实意义。

TBM与常规钻爆法施工比较有以下特点。

(1)快速：开挖、衬砌、出渣同步进行，流水作业。掘进速度为钻爆法的5～20倍。

(2)优质：围岩扰动小，开挖面光滑，节省衬砌量。

(3)经济:就长隧道施工,可减少支洞数量和相应的临建、水、电、路等设施,缩短工期,提高经济和社会效益。

(4)安全:护盾保护加上及时衬砌支护,使施工人员和设备更加安全。

(5)文明:机械化程度高,劳动强度降低,工作条件与环境改善,实现了现代文明施工。

从 20 世纪 60 年代逐渐发展起来的 TBM 掘进技术,经过国内外科技人员多年的不懈努力已日趋成熟,在推进速度方面 TBM 表现出了绝对优势。这正是它能够迅速发展的主要原因,特别是在长隧洞中的运用被列为首选方案。1985 年,应用 TBM 贯通了世界著名的英吉利海峡。自 1992 年来我国在甘肃省引大入秦工程中首次成功运用 TBM,并在之后的万家寨引黄工程中,取得日最高进尺 113 m 的纪录。TBM 所具有的高速掘进能力有目共睹。

(1)挖得动

以往的研究数据表明,掘进机对岩石强度变化有很好适应性,能够在很大范围的地层内有效地切削单轴抗压强度 5~250 MPa 的岩层。如果没有足够的贯入度(20 mm/r 左右)贯入岩层掌子面或开挖刀具的磨损超过极限,则认为该岩层是不可钻掘的。

(2)快得了

与传统的矿山法施工技术相比较,掘进机技术有着无可比拟的速度优势。有资料显示双护盾 TBM 的月进度最高已超过 1.6 km;双模式的掘进机尽管国内应用较少,但掘进速率仍达到传统施工方法的数倍。

(3)行得畅

斜井施工,在平面掘进机作业功能需求的基础上,不但增加了推进的难度,给掘进机的稳定性和支护结构的安全稳定,也随之带来相应的困难。国内目前尚没有掘进机施工的大坡度长斜井施工记录,在国外已经是屡见不鲜。根据已经掌握的资料,大坡度斜井的掘进机施工项目过百项,最大斜井坡度达 47.7°,高速、安全、便捷的特性一览无遗。

(4)穿得通

就新街矿而言,掘进机的斜井推进过程中,穿越煤系地层。双模式掘进机因其密闭性和平衡性而凸显其特别的适应性。

(5)撑得起

当隧道穿越软弱破碎带、挤压带、富水带等特殊岩层,掘进机开挖可能会引发地层失稳、塌落,甚至可能会出现沉陷、卡机、空洞等灾难性事故。要求掘进机能够针对不同状况,通过掌子面加压、应急支护、深层注浆加固、管片超灌回填等技术措施,相应的作出处理。

(6)扛得淹

下坡斜井施工,不可避免的要面对地下水汇集的考验,掘进机在土压平衡模式下的密封阻水,在护盾模式下的设备高防水等级和强排水能力,配合沿程强排水系统,使得大坡度长斜井的反向推进,不再受水的困扰。

(7)稳得住

采用掘进机施工,是将钻爆法施工的破岩、装渣、运输、施工测量和通风降尘等工序,集成联合作业,工厂化、程序化完成,使隧道的修建速度、质量、安全可靠的修建能力、劳动条件、环境控制和保护都有很大的提高。因此强调稳定可持续。充分发挥其超过传统钻爆法施工的优势。

2010 年 10 月,我们成立了一个小组,开始研究煤矿斜井 TBM 法施工技术,从国内外工程实践经验出发,以神华集团新街台格庙矿为背景工程,结合具体项目开展有针对性的研究工作,把满足技术的可行性、施工安全性作为前提条件,进一步结合工程实际,开展项目的相关方案设计、具体工艺细化，作了经济技术比较，较为系统地提出一套方案。可以说，这是国内在煤矿建井领域第一次比较系统地开展 TBM 法施工技术研究工作，可以说，仅仅是开篇，可能很不全面，甚至有不妥的地方，仅作为抛砖引玉。

我们推荐双模式复合盾构，是结合背景工程提出的，并不是说其他类型的 TBM 不可以，每一个项目都有自己的地质特点，需要具体问题具体分析。例如单护盾 TBM、双护盾 TBM、撑靴式 TBM 都有自己的适用性。

对于 TBM 进入煤矿建井，对于设备的认证与准入，可能程序很复杂，也不是我们做技术工作同志的长项。对于安全认证问题，我们没有深入的研究。从技术角度来说，我们所考虑的是，煤矿建井主要用于岩石巷道，可能局部穿过夹煤层、煤系地层，需要进行必要的安全防护，防止瓦斯爆炸工作。这是安全工作的重点。主要包括局部瓦斯抽排、施工通风、设备防爆等等技术措施。新街项目可以作为国内第一个科研试验项目立项论证上马。

文森特·梵·高曾说："不要熄灭你内心灵感与想象的火种，不要成为你原有行为模式的奴隶"。没有创新，就没有技术进步。煤矿斜井采用掘进机法是创新之举，可行之举，科学之举。它的意义决不仅仅是新街煤矿斜井掘进单一事项，而是给中国煤矿建井事业带来一场技术革命，具有极其重要的经济与社会价值。

凡事预则立，不预则废。工程建设，方案的前期研究为最后决策提供科学依据，有针对性地对可能遇到的问题超前进行研究，提出解决问题的对策与措施，胸有成竹则遇事不慌。设计是龙头，建立在科学研究的基础上开展设计工作，使我们的设计更合理、更可靠、更经济，在这一过程中，仍需要大量的优化工作，特别需要强调的是，毕竟这是第一个试验项目，我们应尽可能开展动态设计，结合现场实际，不断优化调整，使之更好满足安全与功能要求。

不怕困难怕盲目。隧道工程，包括斜井工程，可能会遇到各种地质问题，这是很平常的事。斜井掘进机法施工会遇到长斜井施工排水、施工运输、施工通风、设备选型、不均匀沉降、衬砌结构优化、不良地质段掘进等问题，我们要做的，正是基于了解地质而采取有效的措施和正确的决策，所谓知难则不难，关键在于我们的研究工作深度，以及对于成果的合理应用。

无论采用什么办法，决策都需要建立在对地质充分了解的基础上。设计前期的地质勘察与施工阶段的地质工作都极其重要。所谓隧道工程师也是地质工程师，地质为隧道"当半个家"，认识围岩、了解围岩、爱护围岩是对隧道建设者的基本要求。就怕盲目，就怕突发而手足无措，指挥者对隧道工作面地质始终要有一个基本判定，充分稳定、基本稳定、暂时稳定、不稳定。对应采取超前或跟进措施，以确保安全高效施工。

科学筹划，注重细节。斜井盾构法施工是充满技术挑战的项目，我们从事这一开创性工作，需要充满激情，更需要科学筹划，更需要关注细节。充满激情是工作态度，科学筹划是工作方法，科学筹划能反映决策者对客观事物运动规律的掌握和了解。它需要有一个明确的目标，目标明确，科学筹划才有意义。细节是决定成败的关键，有时我们疏忽了某一个细节，可能带来重大的隐患，带来潜在的风险，所以，要对每一项设计，每一项工艺，每一个流程都要认真论证，反复推敲。

神华新街煤矿斜井提出掘进机法施工，这是神华集团领导落实科学发展观的具体实践，是新街煤矿领导坚持科技是第一生产力的具体体现，他们讲科学，重安全，坚持以人为本，着眼于煤矿建设的长远发展，坚持科技创新，在他们的积极倡导下，才有了掘进机法施工技术的研究的基础条件。也是在他们的积极推动与指导下，我们有针对性地进行了一系列的研究，我们把一年来的研究工作成果集成一书，为工程正式设计与施工提供借鉴。

第2章 国内外斜井盾构法实例

2.1 国内类似工程的施工实例

目前，国内盾构隧道线路坡度大于规范规定的案例主要有南水北调中线工程的穿黄盾构隧道、南京长江盾构隧道、广州地铁5号线穿越珠江和广州地铁小—新盾构区间隧道等，具体情况如表2-1所示。

表2-1 国内类似工程施工实例

工程名称	盾构形式	盾构外径(m)	巷道总长(m)	覆盖土层厚度(m)	地质	坡度(%)
穿黄隧道邙山巷道段	泥水式	$\phi9$	800		Q_2 粉质壤土、Q_4^1 砂层和砂砾(泥砾)石层	4.91
南京长江盾构巷道	泥水式	$\phi14.93$	3 020	8.0～12.0	泥质粉质黏土、淤泥质粉质黏土夹粉土	4.5
广州地铁5号线穿越珠江段	泥水式	$\phi6.2$	100	5.0～10	淤泥和中粗砂层	5.5
广州地铁小新盾构区间	土压式	$\phi6.14$	1 598.3	8.37～15	砂质黏性土和岩层	5

从国内斜井TBM施工事例来看：(1)国内没有大坡度、长距离斜井采用TBM法施工的实践，而是在工程设计建设中，需要克服高差而出现的短距离斜坡段；(2)国内煤矿系统更没有采用TBM法建井的具体实践。

2.2 国外类似工程的施工实例

采用盾构进行斜井施工目前在国外已有很多成功的实例。下面是国外采用盾构掘进斜井的几个工程实例。

2.2.1 俄罗斯圣彼得堡自动扶梯通道

俄罗斯圣彼得堡自动扶梯通道倾斜30°(57.7%)向下，掘进机始发如图2-1、图2-2所示。

本工程巷道最大埋深50 m，总长度120 m，采用土压平衡盾构机施工，盾构直径10 690 mm，盾构机最小转弯半径800 m，盾构机示意图如图2-3所示。

盾构机最大工作舱压4.5 bar，功率1 200 kW，刀盘旋转速度1.5 r/min，最大推力54 400 kN，刀盘扭矩8 600 kN · m。衬砌环宽度为1 000 mm，管片内径9 400 mm，外径10 400 mm，厚1 000 mm，分块形式：5个标准块+2块连接块+1个封顶快。每周掘进进尺记录如图2-4所示。

图 2-1　大坡度掘进机始发

图 2-2　大坡度掘进机始发(夜景)

2.2.2　瑞士 Kraftwerk Limmern 水电站输水隧洞(道)工程

瑞士 Kraftwerk Limmern 水电站输水隧洞道工程巷道埋深 35 m，总长度 2×1 050 m，隧洞(道)坡度为 84%(40°)向上，地层主要为硬岩，岩石最大抗压强度 120 MPa。

MAIN | GEOLOGY | CONTRACT | TBM SPEC. | TBM PROGRESS | BACKGROUND

S-Number:	S-441
Project Name:	St. Petersburg Escalator Tunnel
Location:	St. Petersburg
Country:	Russia
Sales Region:	Europe
Diameter:	10690 mm
Total Tunnel Length:	120 m
Machine Type:	EPB Shield
Employment:	Person
Project Status:	Tunnelling

图 2-3 盾构机示意图

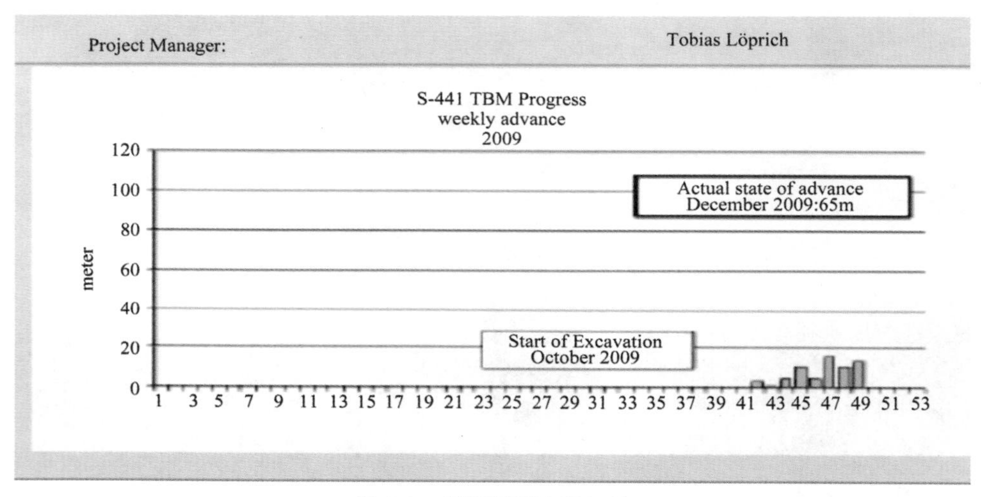

图 2-4 每周掘进进尺记录

采用直径 5 200 mm 的硬岩 TBM 施工，TBM 的总功率 2 205 kW，总推力 13 428 kN，总扭矩 3 337 kN · m，总重量 350 t，总长度 125 m，最小转弯半径 500 m，TBM 示意图如图 2-5 所示。

MAIN | GEOLOGY | CONTRACT | TBM SPEC. | TBM PROGRESS | BACKGROUND

S-Number:	S-575
Project Name:	Kraftwerk Limmern
Lot:	Los A2
Location:	Limmern
Country:	Switzerland
Sales Region:	Europe
Diameter:	5200 mm
Total Tunnel Length:	2100 m
Machine Type:	Gripper TBM
Employment:	Hydropower
Project Status:	Tunnelling

图 2-5 TBM 示意图

该工程于 2010 年 11 月开始掘进，目前正在施工中。每周掘进进尺记录如图 2-6 所示。

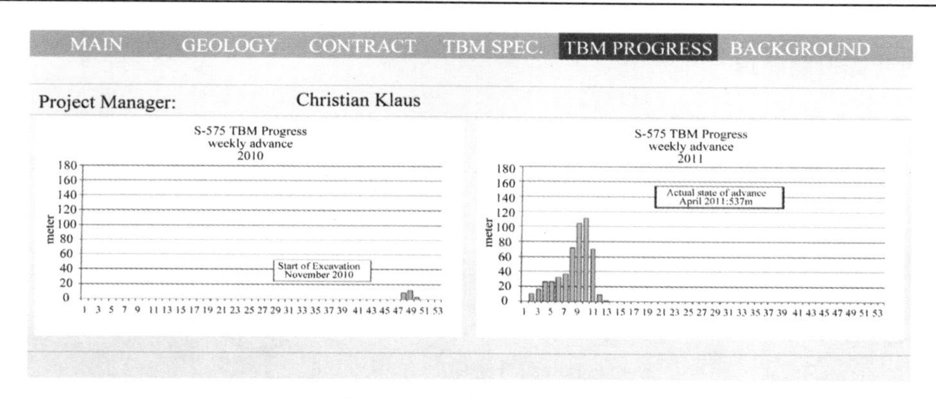

图 2-6　每周掘进进尺记录

2.2.3　英国 Glendoe 水电站引水洞工程

英国 Glendoe 水电站引水洞工程隧洞最大埋深 400 m，最小埋深 5 m，总长度 7 524 m，隧洞坡度为 11%(6.3°)向上，地层主要为硬岩，岩石最大抗压强度 200 MPa。

采用直径 5 030 mm 的硬岩 TBM 施工，TBM 的总功率 2 200 kW，总推力 13 430 kN，总扭矩 2 105 kN·m，总重量 600 t，总长度 200 m，最小转弯半径 500 m，TBM 示意图如图 2-7 所示。

该工程于 2006 年 9 月开始掘进，2008 年 1 月 7 日贯通，每周掘进进尺记录如图 2-8 所示。

MAIN　GEOLOGY　CONTRACT　TBM SPEC.　TBM PROGRESS　BACKGROUND

S-Number:	S-351
Project Name:	Glendoe
Location:	Fort Augustus
Country:	United Kingdom
Sales Region:	Europe
Diameter:	5030 mm
Total Tunnel Length:	7524 m
Machine Type:	Gripper TBM
Employment:	Hydropower
Project Status:	Finished

图 2-7　TBM 示意图

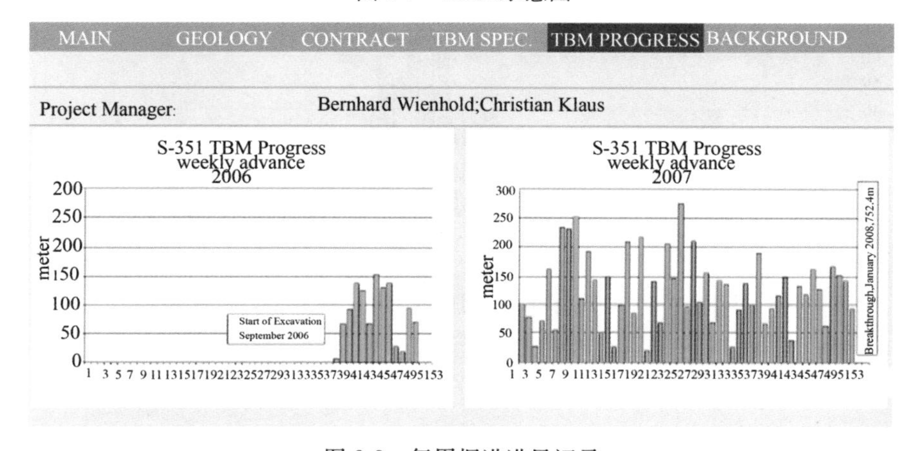

图 2-8　每周掘进进尺记录

2.2.4　南非德班港隧道

南非德班港隧道最大埋深 35 m，最小埋深 5 m，总长度 492 m，20%的上坡和下坡，地层主要为港口沉积层和砂层，采用直径为 5 150 mm 的 Mixshield 泥水盾构机，盾构示意图如图 2-9 所示。

MAIN　GEOLOGY　CONTRACT　TBM SPEC.　TBM PROGRESS　BACKGROUND

S-Number:	S-327
Project Name:	Durban Harbour Tunnel
Location:	Durban
Country:	South Africa
Sales Region:	Middle East & Africa
Diameter:	5150 mm
Total Tunnel Length:	492 m
Machine Type:	Mixshield
Employment:	Road
Project Status:	Finished

图 2-9　盾构示意图

盾构机刀盘总功率 640 kW，总推力 19 000 kN，总扭矩 2 345 kN · m，刀盘转速 5 r/min，最大工作舱压 3.5 bar，总重量 330 t，总长度 62 m，最小转弯半径 300 m。隧道衬砌环分块由 3 块标准块＋2 块连接块＋1 块封顶块组成，衬砌环长度 1 200 mm，衬砌内径 4 400 mm，外径 4 900 mm。

2006 年 4 月开始掘进，2006 年 8 月 13 日贯通，每周掘进进尺记录如图 2-10 所示。

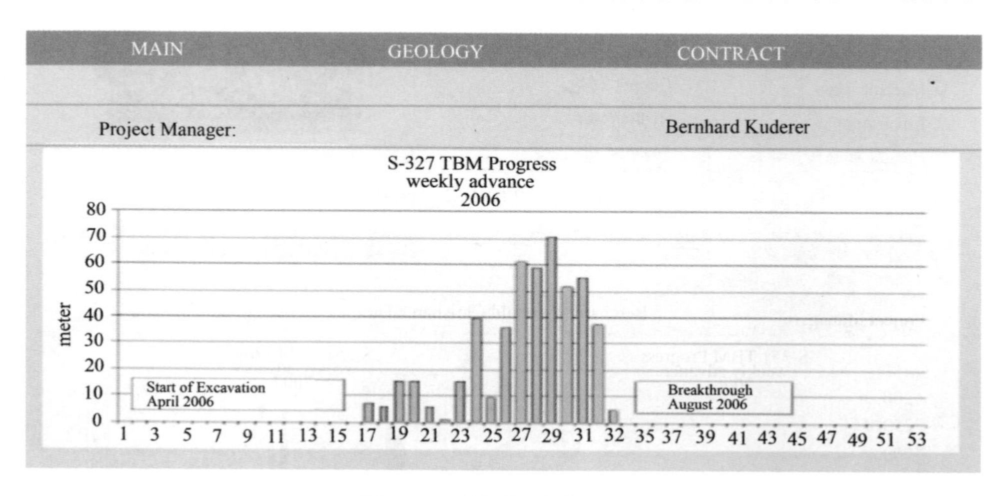

图 2-10　单周掘进进尺记录

2.2.5　西班牙 Pajares 2 标隧道

西班牙 Pajares 2 标隧道总长 9 426 m，地层主要为砂岩和板岩，采用直径为 10 160 mm 的双护盾硬岩 TBM 掘进机施工，TBM 示意图如图 2-11 所示。

MAIN　GEOLOGY　CONTRACT　TBM SPEC.　TBM PROGRESS　BACKGROUND

S-Number:	S-281
Project Name:	Pajares
Lot:	Lot 2
Location:	Pajares
Country:	Spain
Sales Region:	Europe
Diameter:	10160 mm
Total Tunnel Length:	9426 m
Machine Type:	Double Shield TBM
Employment:	Railway
Project Status:	Finished

图 2-11　TBM 示意图

盾构机刀盘总功率 5 600 kW，总推力 180 000 kN，总扭矩 23 000 kN · m；总重量 330 t，总长度 62 m，最小转弯半径 300 m。巷道衬砌环分块为 7 块，衬砌环长度 1 500 mm。

该巷道于 2005 年 9 月开始掘进，2007 年 11 月 25 日贯通，单周掘进进尺记录如图 2-12 所示。

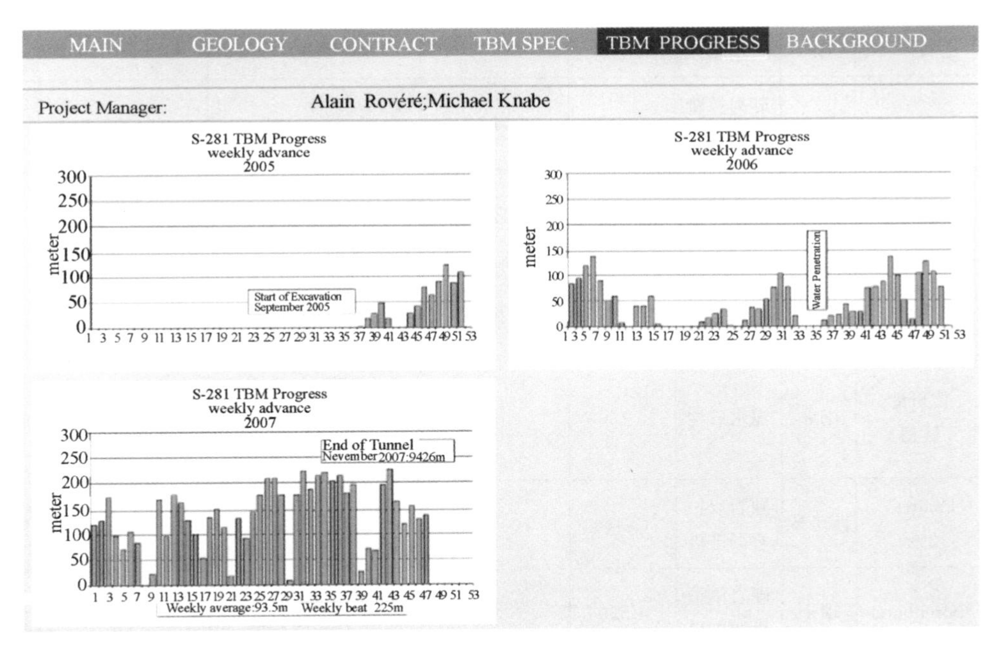

图 2-12　单周掘进进尺记录

2.2.6　埃及苏伊士运河隧道

埃及苏伊士运河隧道长度 3 200 m，线路为 20% 上坡和下坡，地层主要为砂层和黏土层，采用直径为 6 560 的 Mixshield 泥水盾构机施工，盾构机示意图如图 2-13 所示，盾构机切削刀盘总功率 640 kW，总推力 35 000 kN，总扭矩 3 500 kN · m，刀盘转速 8 r/min。巷道衬砌环长度 1 200 mm，衬砌内径 5 740 mm，外径 6 340 mm。

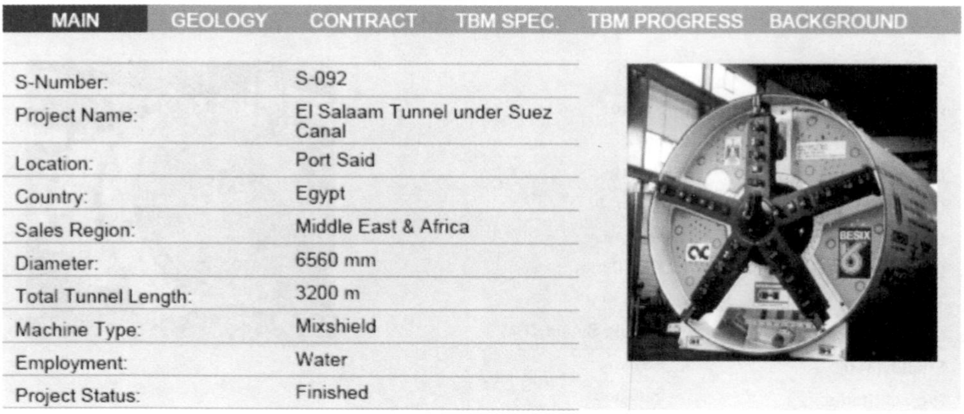

MAIN　GEOLOGY　CONTRACT　TBM SPEC.　TBM PROGRESS　BACKGROUND

S-Number:	S-092
Project Name:	El Salaam Tunnel under Suez Canal
Location:	Port Said
Country:	Egypt
Sales Region:	Middle East & Africa
Diameter:	6560 mm
Total Tunnel Length:	3200 m
Machine Type:	Mixshield
Employment:	Water
Project Status:	Finished

图 2-13　盾构机示意图

2.2.7　国外其他斜井施工实例(表 2-2)

表 2-2　大坡度隧道(斜井)施工实例汇总表

设备编号	项目名称	项目地点	设备描述	盾体直径(mm)	隧道长度(m)	地质情况	坡度	用途
S-575	Limmern	瑞士	硬岩撑靴式掘进机	5 200	2×1 050	Quintnerkalk	40°(84%)，向上	水电站
S-441	圣彼得堡	俄罗斯	土压平衡盾构	10 690	120	软和硬黏土	30°(58%)，向下	自动扶梯井
S-351	Glendoe	英国	硬岩撑靴式掘进机	5 030	8 100	花岗岩，花岗闪长岩和石英片岩	6.3°(11%)，向上	水电站
S-327	德班港隧道	南非	泥水盾构	5 150	530	海港沉积层(致密的粉质黏土，夹砂和砂质黏土)，砂岩	11.3°(20%)，向上和向下	服务隧道
S-281	Pajares，2 标	西班牙	硬岩双护盾掘进机	10 160	10 700+3 700	砂岩，页岩	3.4°(6%)，向下	铁路隧道
S-163	Sörenberg	瑞士	硬岩单护盾掘进机	4 520	5 300	黏土和泥灰岩，页岩，砂页岩夹层	2.86°(5%)，向上	燃气管道隧道
S-155	Erschlieβungsstollen Tscharner	瑞士	硬岩撑靴式掘进机	9 530	2 322	灰岩，泥灰岩，黏土	1.15°(2%)和 5.14°(9%)，向上	材料运输隧道
S-92	EL Salaam Tunnel under Suez Canal	埃及	泥水盾构	6 560	4×800	砂，黏土	11.3°(20%)，向上和向下	水工隧洞

2.3　国外复合式盾构机应用实例

表 2-3 为国外双模式复合盾构机施工工程实例汇总表。

2.3.1　委内瑞拉 Caracas 地铁工程

委内瑞拉 Caracas 地铁 3 号线工程最大埋深 20 m，最小埋深 9 m，长度 2 710 m，地层主要为黏土、砂岩、硬岩，岩石最大抗压强度 150 MPa。

采用直径 5 850 mm 的双模式复合盾构机施工，掘进机的总功率 1 260 kW，总推力 25 280 kN，总扭矩 5 500 kN · m，总重量 330 t，总长度 87 m，最小转弯半径 350 m，掘进机示意图如图 2-14 所示。

工程于 2004 年 10 月开始掘进，2005 年 7 月贯通。每周掘进进尺记录如图 2-15 所示。

MAIN　GEOLOGY　CONTRACT　TBM SPEC　TBM PROGESS　BACKGROUND

S-Number:	S-247
Project Name:	Metro Caracas Line 3
Location:	Caracas
Country:	Venezuela
Sales Region:	America
Diameter:	5850 mm
Total Tunnel Length:	2710 m
Machine Type:	EPB Shield(convertible)
Employment:	Metro
Project Status:	Finished

图 2-14　双模式复合盾构机示意图

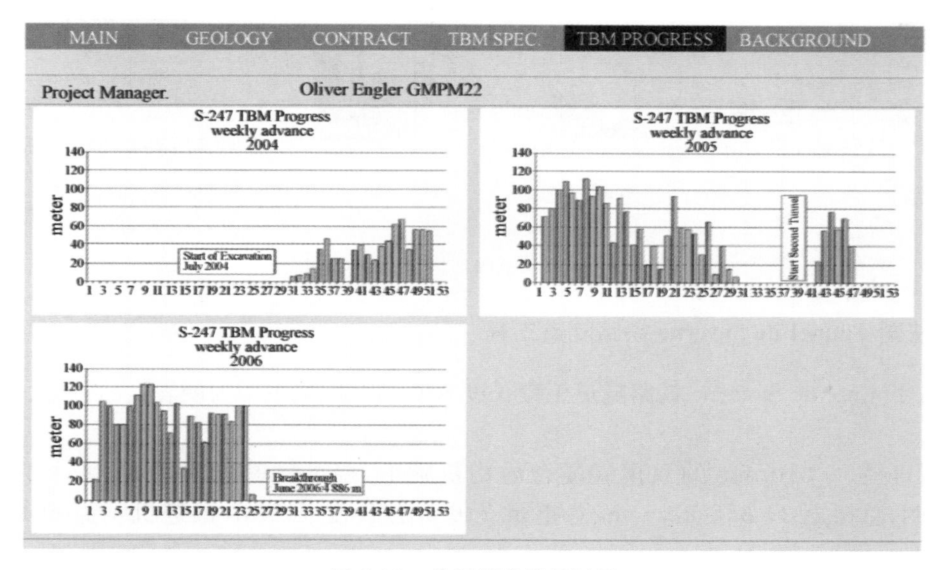

图 2-15　单周掘进进尺记录

2.3.2 委内瑞拉 Caracas 地铁工程

委内瑞拉 Caracas 地铁 5 号线工程最大埋深 20 m，最小埋深 9 m，长度 7 370 m，地层主要为黏土、砂岩、硬岩，岩石最大抗压强度 150 MPa。

采用直径 5 850 mm 的双模式复合盾构机施工，掘进机的总功率 1 700 kW，总推力 25 278 kN，总扭矩 4 940 kN · m，总重量 716 t，总长度 92 m，最小转弯半径 350 m，掘进机示意图如图 2-16 所示。

MAIN | GEOLOGY | CONTRACT | TBM SPEC | TBM PROGRESS | BACKGROUND

S-Number:	S-431
Project Name:	Metro Caracas Line 5
Location:	Caracas
Country:	Venezuela
Sales Region:	America
Diameter:	5850 mm
Total Tunnel Length:	7370 m
Machine Type:	EPB Shield (convertible)
Employment:	Metro
Project Status:	Tunnelling

图 2-16 双模式复合盾构机示意图

工程于 2010 年 8 月开始掘进，目前正在施工中。每周掘进进尺记录如图 2-17 所示。

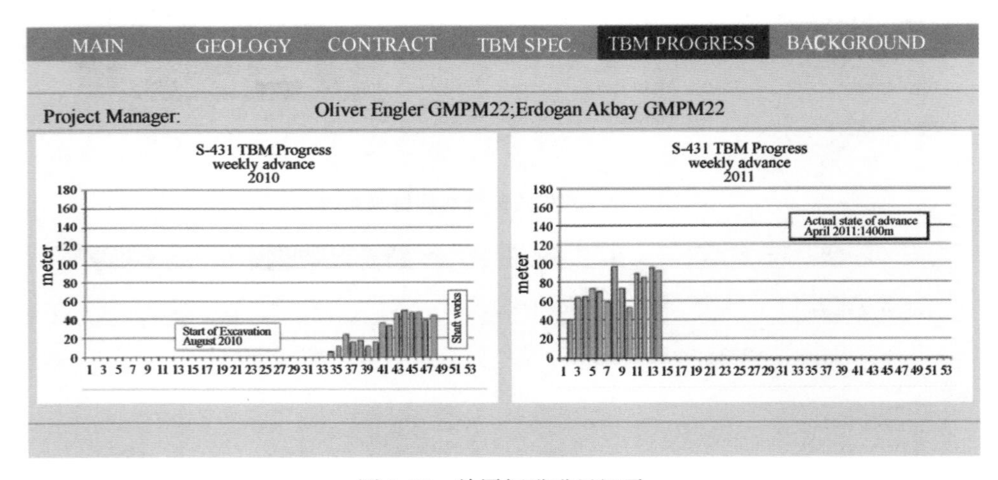

图 2-17 单周掘进进尺记录

2.3.3 法国 Tunnel de Saverne 铁路隧道工程

法国 Tunnel de Saverne 铁路隧道工程长度 8 000 m，地层主要为硬岩，岩石最大抗压强度 120 MPa。

采用直径 10 010 mm 的双模式复合盾构机施工，掘进机的总功率 3 600 kW，总推力 64 653 kN，总扭矩 27 658 kN · m，总重量 716 t，总长度 105 m，掘进机示意图如图 2-18 所示。

设备于 2011 年 10 月完成验收，目前正在准备中，尚未始发掘进。

MAIN	GEOLOGY	CONTRACT	TBM SPEC.	TBM PROGRESS	BACKGROUND

S-Number:	S-670
Project Name:	Tunnel de Saverne
Lot:	Lot 47
Location:	Saverne
Country:	France
Sales Region:	Europe
Diameter:	10010 mm
Total Tunnel Length:	8000 m
Machine Type:	EPB Shield (convertible)
Employment:	Railway
Project Status:	Workshop Assembly

图 2-18 法国 Tunnel de Saverne 铁路隧道工程参数

表 2-3 双模式复合盾构机工程实例汇总表

设备编号	项目名称	项目地点	设备描述	盾体直径(mm)	隧道长度(m)	地质情况	用途
S-247	Caracas 地铁 3 号线	委内瑞拉	单护盾/土压平衡双模式	5 850	2 710	黏土,砂岩石	地铁
S-384	Caracas 地铁	委内瑞拉	单护盾/土压平衡双模式	5 850	6 500	片岩,砂黏土,粉土	地铁
S-385	Caracas 地铁	委内瑞拉	单护盾/土压平衡双模式	5 850	6 500	片岩,砂黏土,粉土	地铁
S-406	Caracas 地铁	委内瑞拉	单护盾/土压平衡双模式	5 850	10 700	片岩,砂黏土,粉土	地铁
S-429	Caracas 地铁	委内瑞拉	单护盾/土压平衡双模式	5 850	10 700	片岩,砂黏土,粉土	地铁
S-430	Caracas 地铁 5 号线	委内瑞拉	单护盾/土压平衡双模式	5 850	7 370	片岩,砂黏土,粉土	地铁
S-431	Caracas 地铁 5 号线	委内瑞拉	单护盾/土压平衡双模式	5 850	7 370	片岩,砂黏土,粉土	地铁
S-670	Saverne 隧道	法国	单护盾/土压平衡双模式	10 010	8 000	片岩,砂黏土,粉土	铁路

第3章　研究背景工程

对于煤矿矿井建设及开采，目前我国广泛采用的矿山法技术已经非常成熟。我国主要采用立井，冷冻法施工，斜井比较少。借鉴当前交通、水利及基础建设中的隧道工程理论与技术特点，充分结合煤矿建设和生产的实际情况，提出采用TBM(盾构)技术掘进煤层巷道的思路。我们的研究工作，主要以神华集团新街能源有限责任公司新街台格庙煤矿为依托。

3.1　矿区概况

3.1.1　矿区的地理位置、坐标范围

新街台格庙矿区(内蒙古自治区东胜煤田台格庙矿区)位于鄂尔多斯市境内，行政隶属鄂尔多斯市伊金霍洛旗和乌审旗。如图3-1、图3-2所示。

矿产资源矿范围：东经109°23′00″～109°43′46″，北纬39°03′00″～39°21′50″，区内煤层赋煤高程578～1 049 m。

普查区为一不规则形状，面积735.16 km²，其范围由10个拐点坐标所圈定，具体拐点坐标如表3-1所示。煤层赋煤高程578～1 049 m。

表3-1　台格庙普查区矿区范围拐点坐标表

拐点号	直角坐标		经纬度坐标	
	X	*Y*	*X*	*Y*
1	4 359 996.10	37 361 478.30	109°23′34″	39°21′43″
2	4 359 983.40	37 374 985.00	109°32′58″	39°21′50″
3	4 343 631.40	37 385 161.30	109°40′13″	39°13′05″
4	4 341 610.30	37 386 259.70	109°41′00″	39°12′00″
5	4 336 004.40	37 389 997.30	109°43′39″	39°09′00″
6	4 324 899.60	37 390 010.10	109°43′46″	39°03′00″
7	4 325 250.40	37 367 260.80	109°28′00″	39°03′00″
8	4 346 148.70	37 362 935.60	109°24′45″	39°14′15″
9	4 351 259.60	37 361 778.50	109°23′53″	39°17′00″
10	4 356 833.80	37 360 607.40	109°23′00″	39°20′00″

3.1.2　自然地理

内蒙古自治区东胜煤田台格庙普查区位于鄂尔多斯市境内，地处鄂尔多斯高原的中南部，其总体地势呈北高南低，最高点位于普查区东北角的徐家梁上，海拔高程为1 453.2 m；最低点位于普查区东南边缘的高黎庙沟内，海拔高程为1 252.3 m。最大地形高差为200.9 m。一

般海拔高程 1 300～1 420 m，相对高差 120 m。位置为东经 109°23′00″～109°43′46″，北纬 39°03′00″～39°21′50″；矿区为一不规则多边形，面积 735.16 km²。

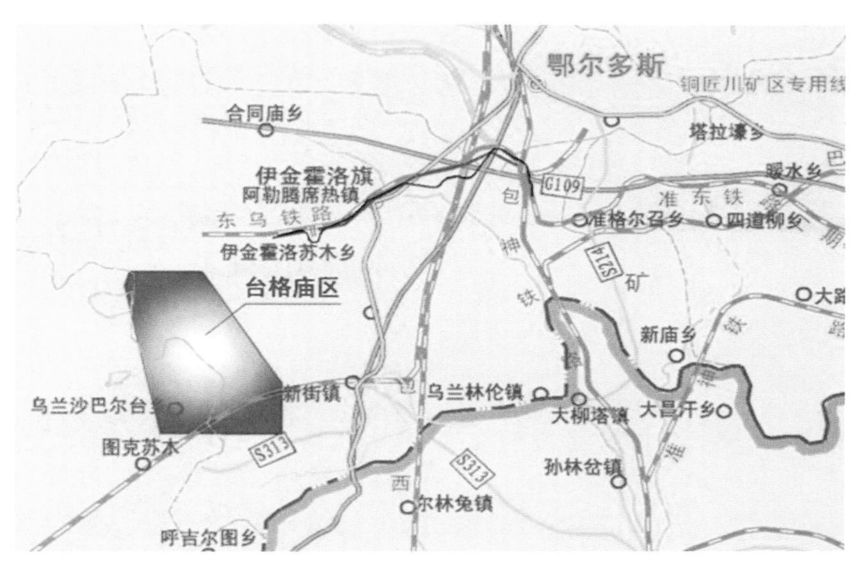

图 3-1　工程范围图

图 3-2　新街台格庙矿区地貌

普查区位于毛乌素沙漠的东北边缘，具典型的高原荒漠～半荒漠地貌特征。区内大面积被第四系风积沙所覆盖，植被稀疏；仅北部基岩出露，呈现丘陵。

普查区内最大的地表河流为通格朗沟，流水由西北向东南，其北部发育胡道吐河和赤老兔河等次一级沟谷。这些沟谷均属季节性流水沟谷，只在丰雨期形成短暂洪流，汇合后向东南注入沙漠。图 3-3 为通格朗沟河照片。

3.1.3　气　　候

矿区所在地区气候干燥，冬寒夏热，多风少雨。根据鄂尔多斯市伊金霍洛旗历年气象台资料：区内最高气温 36.6 ℃，最低气温 －27.9 ℃。年最小降水量 194.7 mm，年最大降水量 531.6 mm，历年平均降水量 396.0 mm，降水多集中在 7、8、9 三个月。年最小蒸发量

2 297.4 mm，年最大蒸发量 2 833.7 mm，历年平均蒸发量 2 534.2 mm。历年最大冻土深度 1.71 m，最大风速 24 m/s。年平均干燥度为 6.40，年平均潮湿系数为 0.16。属于干旱～半干旱的大陆性高原气候。

图 3-3 通格朗沟河

3.1.4 地震及灾害地质

矿区位于鄂尔多斯台向斜东北缘，鄂尔多斯台向斜被认为是中国现存最完整、最稳定的构造单元。根据中华人民共和国国家标准《中国地震动参数区划图》(GB 18306—2001)：矿区所在地伊金霍洛旗、乌审旗的地震动峰值加速度为 0.05g，对照烈度相当于Ⅵ度，属弱震区。据调查，矿区区域历史上未发生过破坏性地震。区内尚未发现泥石流、滑坡及塌陷等不良地质灾害现象。

3.2 工程地质

3.2.1 地层与构造

根据台格庙区矿报告，矿区为全部覆盖的隐伏矿区。区内地层有三叠系、侏罗系中统延安组、直罗组和安定组、白垩系下统志丹群、第四系。

矿区构造简单，总体为一向南西倾斜的单斜构造，地层倾角小于 5°。矿报告未发现大的断裂和褶皱。属构造简单类型。

3.2.2 煤层顶底板岩石的工程地质特征

矿区地层为层状结构，地质构造简单，基岩在区内没有出露，风化作用相对较弱，第四系松散层分布广泛，厚度较大，松散。未来煤矿开采后，局部地段易发生顶板冒落及底板软化变形等矿山工程地质问题。因此，矿区工程地质矿类型划分为第三类第二型，即层状岩类工程地质条件中等型。

普查区主要可采煤层的顶底板岩石主要为砂质泥岩、粉砂岩，次为中细粒砂岩，岩石分布情况如图 3-4 所示。

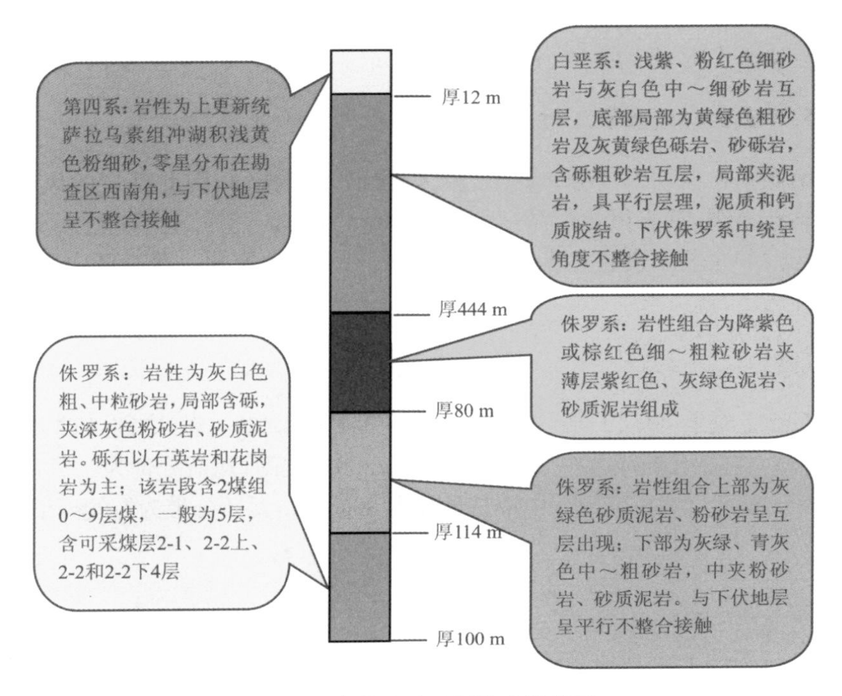

图 3-4　台格庙矿地层综合柱状图

区域岩体呈各向异性，力学强度变化大，煤层顶底板岩石的强度较低，以软弱岩石～半坚硬岩石为主，岩体的稳定性较差。场区岩石的基本情况为：

(1)岩石中石英含量较低：最高 41%，最低 33%，平均 25.5%，目前场区可获得岩石的耐磨性能较低；

(2)现场取芯芯样磨蚀试验结果显示该区域岩石的磨蚀指数 CAI 最大 1.40，最小 0.58，平均 0.97，整体较小；

(3)岩石中黏土矿物含量较低：最高 21%，最低 5%，平均 14.75%；

(4)岩石的抗压强度不高，多在 20～60 MPa 之间，抗剪与抗拉强度则更低，砂质泥岩类吸水状态抗压强度明显降低，多数岩石遇水后软化变形，个别砂质泥岩遇水崩解破坏，岩石的软化系数平均 0.60(小于 0.75)，均为软化岩石。普查区内煤层顶底板岩石以软弱～半坚硬岩石为主。

3.2.3　岩石与岩体质量评述

根据邻区井田的钻孔及工程地质编录成果，自然状态下岩石的节理裂隙不太发育，岩芯较完整，但岩芯取出地表后易风化，岩石质量指标(RQD)值较低，为 22%～89%，平均 57%；岩体质量指标值(M)为 0.018～0.17，平均 0.07。因此，自然状态下岩体的质量等级多数为Ⅳ级，少数为Ⅲ级，即多数岩体质量差，少数岩体质量中等。

上述结论与钻孔勘察结果不完全一致，岩石力学试验显示该场区围岩强度约为 38 MPa，围岩完整性较好。强度参数不能完全表述出巷道围岩的实际状态，实际工程中围岩级别的确定要综合考虑完整性、地下水，岩体结构面、地应力等因素，规范分级情况如下：

公路隧道设计规范：$BQ=90+3R_c+250K_v$，$[BQ]=BQ-100(K_1+K_2+K_3)$。其中：$[BQ]\leqslant 250$，Ⅴ围岩；$[BQ]=350\sim 251$，Ⅳ围岩；$[BQ]=450\sim 351$，Ⅲ围岩；$[BQ]=550\sim 451$，Ⅱ围岩；$[BQ]>550$，Ⅰ围岩。

3.2.4　风化带、不良自然现象及工程地质问题论述

普查区内第四系松散层广泛分布，厚度较大，没有基岩裸露，因此基岩的风化剥蚀作用相对较弱。根据钻孔揭露，基岩风化带深度一般在20 m左右。

目前普查区内的主要不良自然现象是水土流失与土地沙漠化。普查区内现在还没有发现不良工程地质问题。

3.2.5　瓦斯气体

据钻孔瓦斯测定成果，煤层CH_4含量在0.00～0.12 mL/(g·燃)之间，CO_2含量在0.01～0.26 mL/(g·燃)。自然瓦斯成分中甲烷在0.00～7.36%之间，瓦斯分带为二氧化碳～氮气带。相邻的纳林才登详查区自然瓦斯成分中甲烷最高为36.59%，瓦斯分带为氮气～沼气带。

3.3　水文地质

矿区尚未进行专门的水文地质抽水试验工作，根据以往地矿成果以及邻区乃马岱勘探区水文地质抽水试验资料，矿区内的水文地质条件概述如下。

3.3.1　含、隔水层水文地质特征(表3-2)

1. 全新统风积砂层孔隙潜水含水层(Q_4^{eol})

岩性为灰黄色、黄褐色中细砂、粉细砂，结构松散，沉积厚度1～10 m不等，遍布矿区大部。根据《内蒙古自治区乌审旗水文地质矿报告》(1978年)成果：地下水位埋深0.50～3.00 m，单位涌水量$q=0.25\sim 1.00$ L/(s·m)，溶解性总体小于1 000 mg/L，地下水化学类型为$HCO_3\sim Ca\cdot Na$及$HCO_3\sim Na\cdot Ca$型水。因此，含水层的富水性中等，透水性能良好，地下水水质良好。该含水层为矿床的间接充水含水层。

2. 上更新统萨拉乌素组孔隙潜水含水层(Q_3s)

岩性为黄色、灰黄色、灰绿色粉细砂，类黄土状亚砂土，含钙质结核，疏松，具水平层理和斜层理，矿区东南部赋存。据区域地质资料，厚度0～20 m。根据《内蒙古自治区乌审旗水文地质矿报告》成果：地下水位埋深一般1.00～5.00 m，单位涌水量$q=1.00\sim 5.00$ L/(s·m)，溶解性总固体小于1 000 mg/L，地下水化学类型为$HCO_3\sim Ca\cdot Na$及$HCO_3\sim Na\cdot Ca$型水，水质良好。本次矿在1∶50 000地质填图过程中，对部分民井采取水采，溶解性总固体261～454 mg/L，地下水化学类型为$HCO_3\sim Ca$及$HCO_3\sim Ca\cdot Mg$型水。含水层的富水性强，透水性能良好。因大气降水量较少，补给条件较差，补给量一般不大，但雨季补给量会明显增大。潜水含水层与大气降水及地表水体的水力联系非常密切，与下伏承压水含水层水力联系较小。该含水层为矿床的间接充水含水层。

3. 白垩系下统志丹群(K_1zh)孔隙潜水～承压水含水层

岩性为各种粒级的砂岩、含砾粗粒砂岩夹砂质泥岩，在矿区内的西北部出露。地层厚度172.00～692.26 m，平均441.37 m。根据《内蒙古自治区乌审旗水文地质矿报告》成果：地下

水位埋深受地形控制，梁峁高地20～50 m，洼地可自流。水位高程1 200～1 360 m，单位涌水量0.13～5.5 L/(s·m)，一般为1 L/(s·m)，溶解性总固体小于1 000 mg/L，地下水化学类型为HCO_3～Na·Mg·Ca型水。根据西南部的呼吉尔特区详查报告H021、H099号钻孔抽水试验成果：含水层厚度114.20～120.37 m，平均117.29 m。地下水位埋深35.23～65.15 m，水位高程1 227.77～1 266.34 m，钻孔涌水量Q=0.221～0.402 L/s，单位涌水量q=0.008 07～0.008 52 L/(s·m)，渗透系数K=0.005 84～0.005 87 m/d，水温10 ℃～12 ℃，溶解性总固体286～398 mg/L，pH值7.4～7.5，NO_3^-含量0.98 mg/L，F含量0.18 mg/L。地下水化学类型为HCO_3～Ca·Na型水，水质良好。由此可知，含水层的富水性极不均匀，含水层的富水性弱～强。由于没有较好的隔水层，所以与上、下部含水层均有一定的水力联系。该含水层为矿床的间接充水含水层。

4.侏罗系中统直罗组(J_2z)碎屑岩类承压水含水层

下部岩性为青灰色、灰绿色中粗粒砂岩，杂色粉砂岩及砂质泥岩；上部岩性为紫红色、灰绿色中粗粒砂岩、砂质泥岩夹粉砂岩及细粒砂岩。分布广泛，没有出露。根据邻区门克庆井田M18号钻孔抽水试验成果：含水层厚度44.94 m，地下水位高程1 249.02 m，水位埋深58.39 m，钻孔涌水量Q=0.309 L/s，单位涌水量q=0.006 59 L/(s·m)，渗透系数k=0.016 8 m/d，水温12 ℃，溶解性总固体306 mg/L，pH值7.9，地下水化学类型为HCO_3～Ca·Mg型水，水质较好。由此可知，含水层的富水性弱，地下水的径流条件差。该含水层与上部潜水含水层有一定水力联系，与下部承压水含水层的水力联系较小。该含水层为矿床的间接充水含水层。

5.侏罗系中统延安组($J_{1-2}y$)顶部隔水层

位于2煤组顶板以上，岩性主要由灰色泥岩、砂质泥岩等组成，隔水层厚度4.90～10.30 m，平均7.65 m。隔水层的厚度较稳定，分布较为连续，隔水性能良好。

6.侏罗系中统延安组($J_{1-2}y$)碎屑岩类承压水含水层

岩性主要为浅灰色、灰白色的各粒级砂岩，灰色、深灰色砂质泥岩、泥岩及煤层。全区赋存，分布广泛，地表没有出露。根据邻区门克庆井田M04、M19号钻孔抽水试验成果：含水层厚度96.11～120.74 m。地下水位埋深6.58～68.77 m，水位高程1 239.81～1 310.27 m，水位降深S=8.80～31.31 m，钻孔涌水量Q=0.049 0～0.130 L/s，单位涌水量q=0.003 79～0.005 57 L/(s·m)，渗透系数K=0.003 93～0.004 07 m/d，水温12 ℃，溶解性总固体233～608 mg/L，pH值7.3～7.9，NO_3^-含量0.00～14.17 mg/L，F含量0.00～0.44 mg/L。地下水化学类型为HCO_3～Ca·Mg及HCO_3·Cl～Ca型水，水质较好。该含水层的富水性弱，透水性与导水性能差，地下水的补给条件与径流条件均较差。含水层与上覆含水层及大气降水的水力联系均较小。该含水层为矿床的直接充水含水层和主要充水含水层。

7.侏罗系中统延安组底部隔水层

位于6煤组底部，岩性以深灰色砂质泥岩为主，隔水层厚度1.10～2.39 m，分布连续性较好，隔水性能较好。

8.三叠系上统延长组(T_3y)碎屑岩类承压水含水层

岩性主要为灰绿色中粗粒砂岩、含砾粗粒砂岩，夹细粒砂岩及砂质泥岩。钻孔揭露厚度不全，最大揭露厚度29.95 m。根据东胜煤田铜匠川详查区617号钻孔抽水试验成果：地下水位高程1 365.70 m，水位降深44.75 m，钻孔涌水量Q=0.209 L/s，单位涌水量q=0.004 67 L/(s·m)，渗透系数k=0.005 86 m/d，水温10 ℃，溶解性总固体580 mg/L，pH

值 7.8，地下水化学类型为 HCO_3～Ca·Mg 型水，水质较好。含水层的富水性弱，透水性能差，与上部含水层的水力联系较小。该含水层为矿床的间接充水含水层。

表 3-2　普查区水文地质特征表

序号	含水岩组	厚度(m)	岩　性	单位涌水量 q[L/(s·m)]
1	全新统风积砂层孔隙潜水含水层	1～10	岩性为灰黄色、黄褐色中细砂、粉细砂	0.25～1.00
2	上更新统萨拉乌素组孔隙潜水含水层	0～20	粉砂岩、砂质泥岩、砾岩夹含砾粗砂岩	1.00～5.00
3	白垩系下统志丹群孔隙潜水～承压水含水层	172～692	含砾砂岩与砾岩、夹砂岩及泥岩	0.13～5.5
4	侏罗系中统直罗组碎屑岩类承压水含水层	—	下部岩性为中粗粒砂岩、粉砂岩及砂质泥岩；上部岩性为中粗粒砂岩、砂质泥岩夹粉砂岩及细粒砂岩	0.006 59
5	侏罗系中统延安组顶部隔水层	4.9～10.3	岩性主要由灰色泥岩、砂质泥岩等组成	隔水层的厚度较稳定，分布较为连续，隔水性能良好
6	侏罗系中统延安组碎屑岩类承压水含水层	96.11～120.74	岩性主要为浅灰色、灰白色的各粒级砂岩，灰色、深灰色砂质泥岩、泥岩及煤层	0.003 79～0.005 57
7	侏罗系中统延安组底部隔水层	1.10～2.39	岩性以深灰色砂质泥岩为主	分布连续性较好，隔水性能较好
8	三叠系上统延长组(T_3y)碎屑岩类承压水含水层	29.95	岩性主要为灰绿色中粗粒砂岩、含砾粗粒砂岩、夹细粒砂岩及砂质泥岩	0.004 67

3.3.2　矿区地下水的补给、径流、排泄条件(表 3-3)

1. 潜水

矿区潜水主要赋存于第四系上更新统冲湖积萨拉乌素组(Q_3s)的砂石层中。潜水的主要补给来源为大气降水，其次为矿区外潜水的侧向径流补给以及深部承压水的越流补给。潜水的径流受地形控制，一般向南及西南方向径流；潜水的排泄方式以径流排泄为主，其次为人工开采排泄、蒸发排泄等。

表 3-3　地下水的补给、径流、排泄条件

类型	潜水	承压水
补给	主要补给来源为大气降水 其次为侧向径流和深部承压水越流补给	主要为侧向径流补给 其次为上部潜水的垂直渗入补给
径流	沿河流流向径流	沿地层倾向径流
排泄方式	以向河流下游的径流排泄为主； 其次为人工开采、蒸发排泄	以侧向径流排泄为主； 其次为人工打井开采排泄

2. 承压水

矿区承压水主要赋存于白垩系下统志丹群(K_1zh)、侏罗系中统直罗组(J_2z)以及侏罗系中下统延安组($J_{1-2}y$)砂岩中，因此承压水的主要补给来源为矿区外承压水的侧向径流补给，次为上部潜水的垂直渗入补给。承压水一般沿地层走向径流。承压水以侧向径流排泄为主，次为人工打井开采排泄。承压水一般向南及南东方向流出区外。

3. 矿区水文地质类型

矿区的直接充水含水层以裂隙含水层为主，孔隙含水层次之，直接充水含水层的富水性微弱，补给条件和径流条件较差，以区外承压水的侧向径流为主要补给源，大气降水为次要补给源；煤层虽位于地下水位以下，但直接充水含水层的单位涌水量 $q<0.1$ L/(s·m)[$q=$0.003 79～0.005 57 L/(s·m)]，富水性弱；间接充水含水层萨拉乌素组(Q_3s)孔隙潜水含水层的单位涌水量 $q=1.00$～5.00 L/(s·m)，富水性虽强，但距可采煤层距离较远；矿区内没有常年地表径流，潜水含水层与煤层的间距较大，平均在 500 m 以上，水文地质边界简单，地质构造简单。

因此矿区水文地质矿类型划分为第一～二类第一型，即以孔隙～裂隙充水的水文地质条件简单的矿床。

3.4　工程地质条件综合评价

综上所述，各项关键技术指标如下：

岩石的单轴抗压强度(R_c)值自然状态 7.4～70.7 MPa，平均 26.2 MPa；

抗拉强度 0.21～3.49 MPa，抗剪强度 1.15～35.92 MPa；

岩石孔隙率 4.29%～30.30%，含水率 0.21%～5.49%，吸水率 1.44%～9.07%；

饱和吸水状态抗压强度为 4.5～43.6 MPa，平均 13.8 MPa；

岩石的抗压强度低，大部分在 30 MPa 以下；

坚硬程度：软弱～中等硬度；

磨蚀指数 CAI 值较小，平均在 1.1 左右；

石英含量较低，最大 41%，平均约为 25.5%；

节理裂隙不太发育，完整性较好，岩石质量指标(RQD)值 31%～70%，平均 61%；

自然状态下岩石的质量中等，即岩体质量差；

多数岩石遇水后软化变形，甚至崩解破坏，软化系数绝大部分小于 0.75；

直接充水含水层(J_2y)以孔隙含水层为主，裂隙含水层次之，含水层富水性微弱，补给条件和径流条件较差。

新街台格庙矿区斜井采用盾构法施工工艺具有很好的优势，矿区工程地质条件与水文地质条件条件适合采用盾构法施工，处于盾构法施工适宜的条件范围。

第4章　斜井TBM法施工设计

由于煤矿斜井是首次计划采用TBM法施工，需要进行很多特殊设计，主要包括斜井坡度、断面、结构，以及相关的通风、排水、辅助运输等内容。

4.1　设计说明

4.1.1　设计内容

鉴于前期的功能性设计中，已明确斜井的坡度主、副井均为−6°，因此斜井的特殊设计，计划包括以下内容：

(1)斜井的纵断面设计。需要结合TBM施工技术条件，并按满足煤矿主、副井运输要求。

(2)斜井横断面设计。煤矿大件运输是断面建筑限界，同时考虑施工运输布置、永久运输布置要求。

(3)衬砌结构设计。满足百年煤矿开采的结构设计，考虑深井地压、水压、纵向不均匀、不连续沉降问题。

(4)洞口U形槽设计。包括始发洞口加固设计等。

(5)仰拱结构设计。满足道路运输要求。

(6)防排水系统设计。

4.1.2　设计依据

(1)新街矿区概况资料；

(2)东胜煤田20万区域水文地质全图；

(3)新街矿区地质资料；

(4)新街台格庙矿区地质情况资料；

(5)中铁十三局集团公司《内蒙古自治区新街台格庙矿区斜井盾构法综合施工技术研究报告(第1～4版)》；

(6)新街矿区临矿马泰壕井田补充勘探报告(2010.12.3)；

(7)新街矿区临矿乃马岱井田水文地质报告报告。

4.1.3　设计采用的规范、规程

(1)《煤炭工业矿井设计规范》(GB 50215—2005)；

(2)《煤矿斜井井筒及硐室设计规范》(GB 50415—2007)；

(3)《煤炭工业矿井设计规范》(GB 50215—2005)；

(4)《煤矿安全规程》(2010年版)；

(5)《厂矿道路设计规范》(GBJ 22—87)；

(6)《水工隧洞设计规范》(SL 279—2002)；

(7)《水工建筑物抗震设计规范》(DL 5073—2000)；
(8)《铁路隧道设计规范》(TB 10003—2005)；
(9)《铁路工程抗震设计规范》(GB 50111—2006)；
(10)《公路线路设计规范》(JTG D20—2006)；
(11)《公路隧道设计规范》(JTG D70—2004)；
(12)《公路桥涵设计通用规范》(JTG D60—2004)；
(13)《地铁设计规范》(GB 50157—2003)；
(14)《盾构法隧道工程施工及验收规范》(GB 50446—2008)；
(15)《混凝土结构设计规范》(GB 50010—2010)；
(16)《钢结构设计规范》(GB 50017—2003)；
(17)《地下工程防水技术规范》(GB 500108—2001)；
(18)《建筑结构荷载规范》(GB 50009—2001)(2006年版)；
(19)《建筑抗震设计规范》(GB 50011—2010)；
(20)《建筑地基基础设计规范》(GB 50007—2002)；
(21)《建筑基坑支护技术规程》(JGJ 120—99)；
(22)《地基处理技术规范》(DBJ 08—40—94)；
(23)《锚杆喷射混凝土支护规范》(GB 50086—2001)；
(24)《地下工程渗漏治理技术规范》(JGJ/T 212—2010)。

4.1.4　设计原则

(1)安全第一的原则。既要满足结构永久运营安全，又要满足施工阶段安全。设计保证结构具有足够强度、刚度，以满足不同阶段的受力和变形需要，同时满足结构的防水、防腐的要求以保证结构有足够的耐久性。结构按承载能力极限状态设计，并按正常使用极限状态予以验算。

(2)经济合理的原则。设计应在安全可靠、技术可行的前提下，力求经济合理，节约投入。

(3)满足功能的原则。斜井设计满足煤矿规划、煤矿运营、施工工艺的要求，同时应尽可能减小对周边环境、地面交通的影响。斜井采用TBM法施工，其圆形结构设计的内净空尺寸，能够满足煤矿建筑限界、设备布置、施工工艺等要求，并考虑施工误差、结构变形、拼装移位、测量误差等影响。

(4)动态设计的原则。不断结合各阶段科研成果和专家论证意见，优化施工设计，同时在施工过程中，结合工程水文地质变化、监测信息反馈及施工单位意见，在采用统一标准的前提下，通过分段设计，综合处理，使设计不断优化，以取得安全性、经济性、耐久性的统一。

4.1.5　设计标准

(1)斜井主体结构的安全等级按一级考虑；主体结构设计使用年限100年，相应结构可靠度理论设计基准期50年。

(2)建筑结构的抗震设防烈度为6度(0.05g)，建筑场地类别为Ⅱ类，结构抗震等级为三级，结构设计据此采取相应的构造措施。

(3)斜井主体结构及附属结构的防水等级为二级。

(4)混凝土结构允许裂缝开展，最大允许宽度：迎水面0.2 mm；背水面0.2 mm。

(5)结构抗浮安全系数施工阶段不小于1.05；使用阶段不小于1.15。

4.2　斜井平、纵断面设计

4.2.1　平面设计

根据矿区建设单位关于矿区的平面规划，结合该矿区的特点，暂时将斜井平面线形定为直线。

4.2.2　纵断面设计

结合工程特点、使用需要，及建设单位的要求，斜井计划采用单向下坡，下坡倾角－6°，对应坡度为－10.5%，最大埋深 750 m。

4.2.3　纵向应急避险设计

应急避险的设计可分成沿程减速缓冲与独立缓冲停车设施两个方面，其目的只有一个，就是防止长距离坡道行车引发安全事故。

1. 缓和坡段设计

根据《厂矿道路设计规范》(GBJ 22—87)中第 2.4.14 条表 2.4.14—2 规定：缓和坡段的坡度不应大于长 3%，长度不应小于表 4-1 的规定。

表 4-1　缓和坡段最小长度

露天矿山道路等级		一级和二级	三级(生产干线)	三级(支线)
缓和坡段最小长度(m)	地形条件一般	100	80	60
	地形条件困难	80	60	50

注：表列地形条件困难的缓和坡段最小长度，不得连续采用。

根据《公路线路设计规范》(JTG D20—2006)中第 8.4.5 条规定：在爬坡车道的终点，应设于载重汽车爬经陡坡路段后恢复至“容许最低速度”处，或陡坡路段后延伸的附加长度的端部。

该陡坡路段后延伸的附加长度规定如表 4-2 所示。

表 4-2　陡坡路段后延伸的附加长度

附加路段纵坡(%)	下坡(m)	上坡(m)	上坡(m)			
			0.5	1.0	1.5	2.0
附加长度	100	150	200	250	300	350

结合斜井车辆运行及检修要求，计划每隔 1 000 m 设置一段缓和坡段。缓和坡段为－0.3%下坡(满足基本排水要求)，长度 100 m，两端以竖向圆曲线将缓和坡段与斜坡连接，接线圆曲线半径为 300 m，曲线长 30.516 m。缓和坡段设置情况如图 4-1 所示。

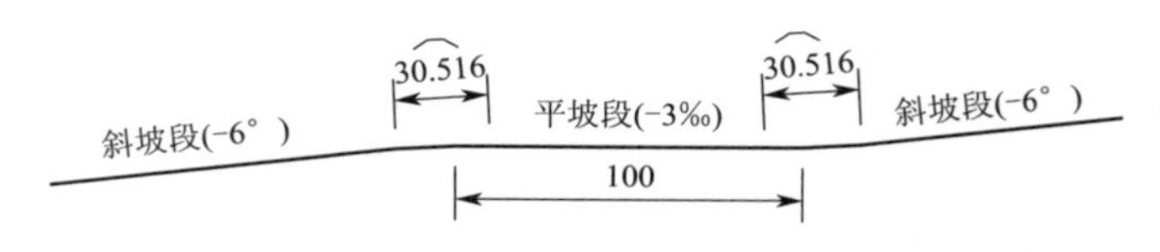

图 4-1　缓和坡段设计示意图

考虑缓和坡段的附加长度后，斜井坡度－10.5%，最大埋深 750 m 的对应长度为7 919 m。

在缓和坡段路面设置减速带，可以有效降低行车速度，对于溜车现象可以起到有效阻止作用，避免行车事故。同时，车辆在长距离大坡度行车过程中，通过缓和坡段的速度和性能调整，驾驶员可以更好的控制车辆，舒缓压力，可以更好的发挥车辆的性能，放松长距离下坡或爬坡对设备的制动系统、动力系统的长时间依赖。

2. 紧急避险停车洞设计

根据斜井的行车情况，也可以考虑在斜井的一侧，每隔 1 000 m 设置一段紧急避险停车洞。紧急避险停车洞与副井轴线成 45°角。紧急避险停车洞有效长度为 60 m，采用 5°坡，用半径为 300 m 的圆曲线从斜井正洞向紧急避险停车洞过渡。紧急避险停车洞内净宽度 6 m，最大净高度 5 m。紧急避险停车洞的设计平面图如图 4-2 所示，横断面图如图 4-3 所示。

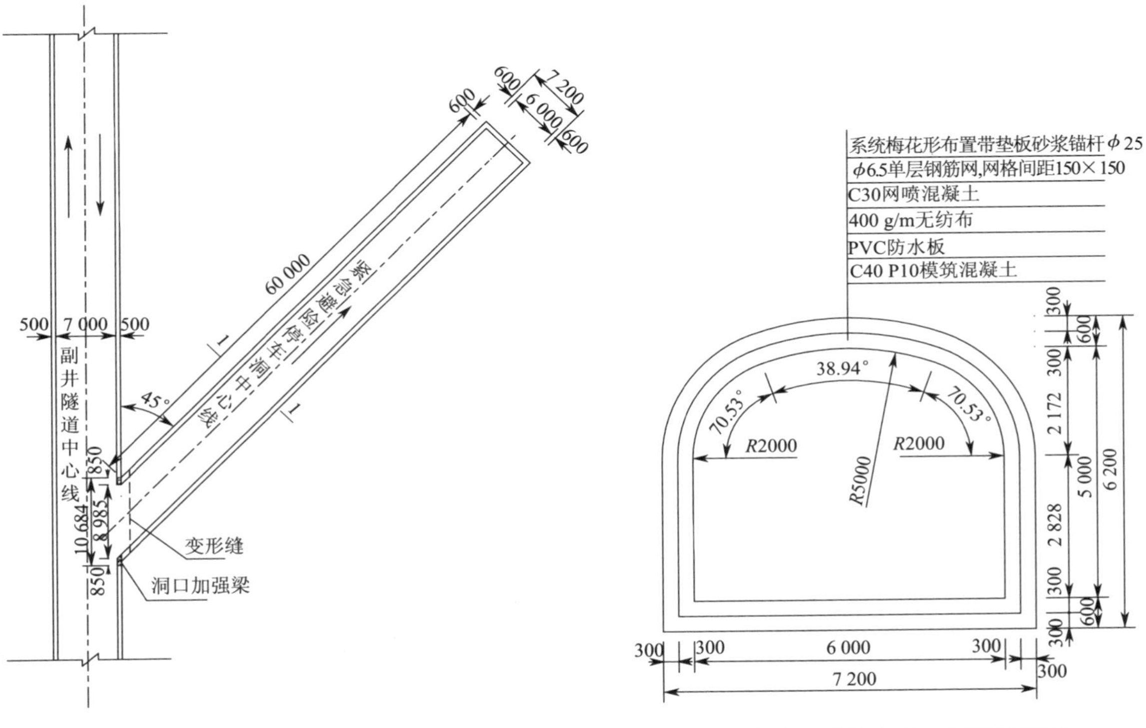

图 4-2　紧急避险停车洞设计平面图(mm)

图 4-3　紧急避险停车洞 1-1 横断面图(mm)

在紧急避险停车洞内部，堆积轮胎、沙子等材料，对冲入停车洞内的车辆进行缓冲减速。

3. 停车减速设计方案比较

在上面分别叙述了缓和坡段和紧急避险停车洞的设计，现将两种停车减速的设计进行比较对照，如表 4-3 所示。

表 4-3　停车减速设计比照分析表

项　目	缓和坡段	紧急避险停车洞
停车减速原理	靠缓和坡段路面减速到降低车速，直到车辆设备停止运行	靠行车驶入紧急避险停车洞，车辆设备与洞内的轮胎、沙子发生缓冲作用，使设备停止运行
对车辆运行的影响	可以减小车辆设备长距离爬坡或下坡对制动系统和动力系统的影响，有利车辆充分发挥车辆设备性能	无明显作用

续上表

项　目	缓和坡段	紧急避险停车洞
进入减速段的操作难度	司机可以操作设备顺利进入缓和坡段	在车辆设备超速、失去控制时，难以准确驶入紧急避险停车洞。在车辆拐入硐室时，易发生侧翻或撞击硐室侧帮现象
坡度及长度设计情况	根据规范要求，将缓和坡段长度设计为100 m，坡度为－0.3%	硐室有效深 60 m，最大坡度＋5°由圆曲线从－6°过渡到＋5°
断面形状	仍然保持主隧道断面形式	采用马蹄形矿山法断面
施工难度	通过盾构机姿态调整，可以顺利完成曲线坡度调整。施工难度小	在洞口需要进行扩挖，同时要考虑主隧道的安全、围岩压力、水压力的影响。施工难度较大
施工阶段风险性	安全可控，风险可控	会对主斜井的安全产生影响，风险较高
对工期的影响	基本无影响	需要等主体工程施工完毕后，再进行硐室施工，需要延长工期
工程应用情况	在长距离矿山斜井中，应用较多。如酒钢桦树沟矿、白银小铁山矿、小寺沟钼铜矿等	—

比较分析：通过上述对照分析，斜井计划采用设置缓和坡段的方案。

斜井沿程设 6 处缓和坡段，计划每隔 1 000 m 设置一处。缓坡段及竖曲线段设计如图 4-1 所示。斜井全长 7 919 m。

4.2.4　横断面设计

1. 主井横断面设计

隧道的内径应确定。

根据《煤矿安全规程》(2010 年版)、井巷工程的设计要求，结合建设单位对横断面内净空的要求和掘进机的常用规格，综合考虑斜井限界、施工误差、测量误差、不均匀沉降等因素的影响，将隧道内最小内直径确定为 5.4 m。在主井断面内，同时布置皮带机和载重 8 t 车的行车道。

主井横断面内布置情况根据皮带机、行车道对应关系，计划两个方案。

方案一：行车道在下，皮带机在上。

行车道路面宽度为 2.8 m，行车道高度 2.5 m，路面下为预制仰拱块，最大厚度为470 mm，设有两侧向中间的 1%横坡以利于排除路面积水。皮带机宽 2 m，高 1.5 m，两侧设有检修道。中板采用 200 mm 厚的型钢混凝土板，将型钢与钢筋混凝土管片进行固定连接，在中板上设横向 1%单向坡，将水流通道左侧排水孔，引至下部排水管道。在仰拱块中部设置一直径为 300 mm的纵向排水管道。方案一如图 4-4 所示。

方案二：行车道在上，皮带机在下。

行车道路面宽度为 2.8 m，行车道高度 2.5 m。皮带机宽 2 m，高 1.5 m，两侧设有检修道。皮带机安装在底拱上，底拱地面设横向 1%单向坡以利于排除地面积水。中板厚 300 mm，二衬侧墙厚 250 mm，底拱最大厚度为 600 mm，采用现浇钢筋混凝土结构。在底拱左侧内设置一直径为 300 mm 的纵向排水管道。在中板上设横向 1%单向坡，将水流通道左侧排水孔，引至下部排水管道。方案二如图 4-5 所示。

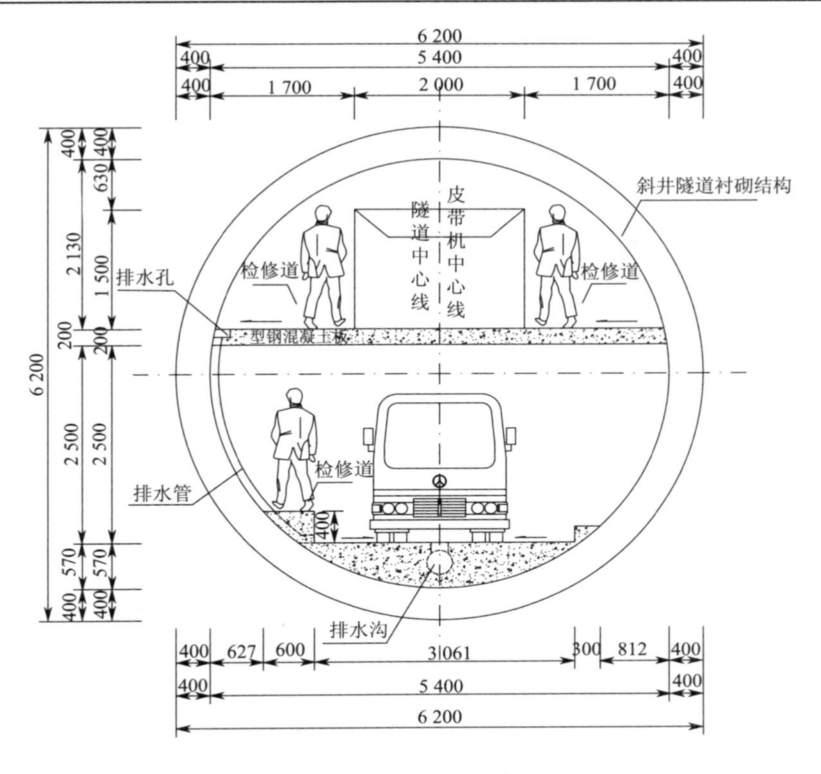

图4-4　主井横断面布置方案一(mm)

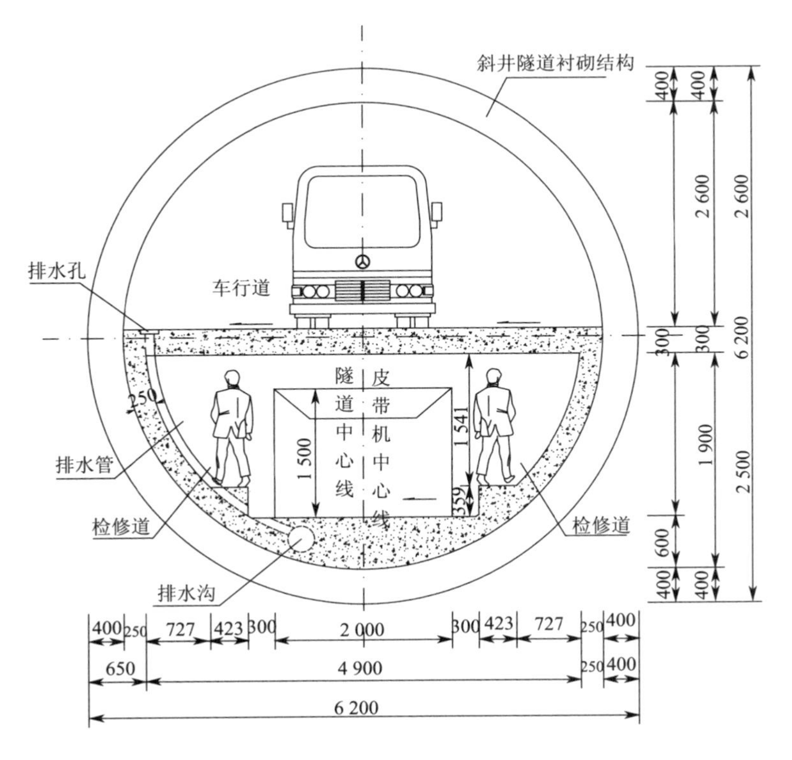

图4-5　主井横断面布置方案二(mm)

现将主井横断面布置设计方案进行比较对照，如表 4-4 所述。

表 4-4　主井横断面布置设计比较表

项目	方案一	方案二
方案特点	皮带机在上，行车道在下	行车道在上，皮带机在下
断面布置情况	布置较合理	皮带机两侧检修道或宽度不足，或高度不足
与联络通道接口情况	在管片侧方开洞，主井的车辆设备和行人可以顺利进入联络通道，并到达副井。副井的行人也可顺利进入主井。接口关系简单明确，结构受力较好	在管片上侧方开洞，主井的车辆设备和行人可以顺利进入联络通道，并到达副井。副井的行人也可顺利进入主井。接口关系明确，对结构实力不利
与联络通道接口施工难度	施工接口处难度较小	施工难度较大
对工期的影响	在主井隧道施工完毕后，将型钢混凝土中板固定连接，对工期影响较小	在主井隧道施工完毕后，进行中板、底拱及局部侧墙的钢筋混凝土结构施工。对工期影响较大
经济性比较	费用较低	费用较高

通过上述比较分析，设计建议采用方案一的主井横断面布置情况，皮带机设置在上，行车道设置在下。

2. 副井横断面设计

根据《煤矿安全规程》、井巷工程和公路隧道的设计要求，结合建设单位对横断面内净空的要求，将隧道内最小内直径确定为 7 m。路面宽度为 5.4 m。副井横断面内布置情况，如图 4-6 所示。

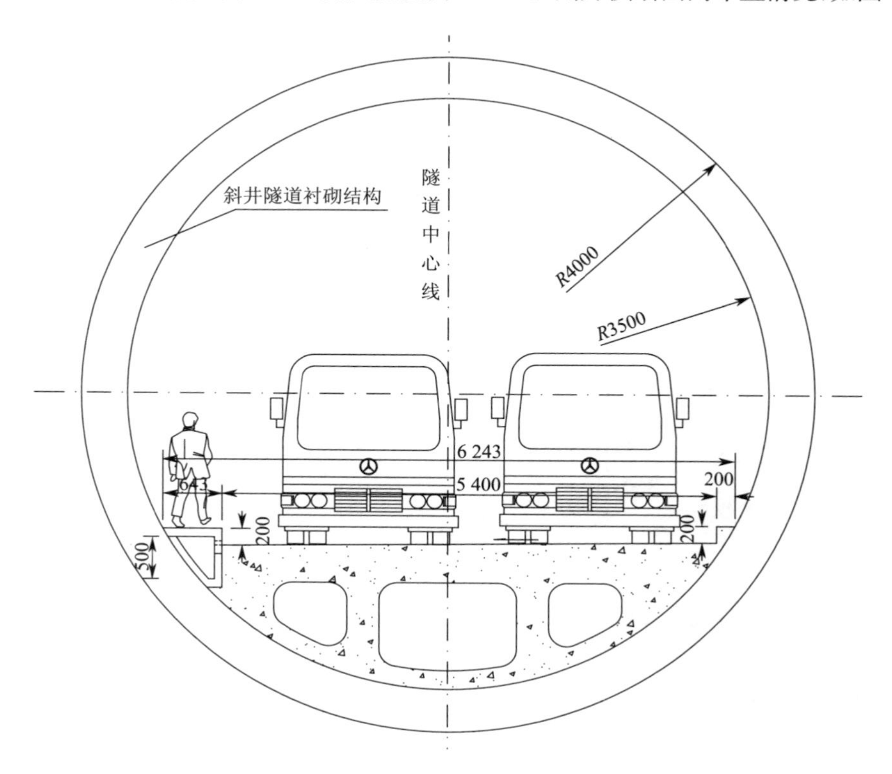

图 4-6　副井横断面布置图(mm)

在副井左侧设置人行道和排水沟，右侧设置护轮带。人行道宽度0.7 m，护轮带宽0.2 m。在人行道下方设置水沟，水沟盖板侧向设置与路面平齐的ϕ50 mm进水孔。路面设置1%横向坡，便于路面水流汇入排水边沟内。排水沟及盖板采用C30钢筋混凝土预制，现场拼装。

4.3　管片结构设计与检算

在世界范围内，掘进机施工的隧道一般都采用预制管片作为衬砌结构。在掘进过程中为控制围岩稳定和减少围岩下沉，通常紧跟着掘进工作面同步进行管片拼装及管片背后注浆等作业。盾构隧道衬砌管片的主要作用有：

第一，衬砌在施工阶段作为隧道施工的支护结构，它维持开挖面以防止土体变形、土体坍塌及泥水渗入，承受来自地层的土压力、水压力，承受盾构的推进力和各种施工设备构成的内荷载。

第二，隧道成形后，衬砌管片单独作为隧道永久性支撑结构，能够防止泥水渗入，同时承受衬砌结构周围的水、土压力，以及使用阶段和某些特殊需要的荷载，满足结构的预期使用要求。

第三，管片自身具备的规整度和抗腐蚀作用，对于隧道结构防水、防锈蚀、修正隧道施工误差，以及减少内壁糙率等均有较良好的作用。

4.3.1　管片结构选型

管片从结构型式上，有带肋的箱形管片和不带肋的平板形管片等型式。

箱形管片是具有主肋和接头板或纵向肋构成的凹形管片的总称，钢制和球墨黑铅铁制管片都叫作箱形管片。

平板形管片是具有实心断面的管片，一般都是由钢筋混凝土制作。有时会对管片的表面用钢板覆包或用钢材代替钢筋进行加工。复合型管片属于平板形管片的一种，一般是由钢材和钢筋混凝土或者钢材和素混凝上复合制成。最近，也开发出用桁架、平钢、型钢等代替钢筋而制成钢骨混凝土系列管片。在相同断面的情况下，复合型管片可以设计出较高的刚度和强度，虽然比钢筋混凝土管片要昂贵些，但是有减小管片高度的优点。

球墨铸铁管片：强度高、延性好，易于铸成薄壁结构，重量轻，搬运安装比较方便。在接触面和螺栓部位采用机械加工，尺寸精度高、外形准确、安装速度快、防水性能好。一般不需做二次衬砌，可减少隧道的开挖量。但管片造价高，目前只用于地下水多、土质恶劣及地铁车站、弯道等部位。

全钢管片：强度高、延性好，可做成薄壁结构，运输方便，安装速度快。造价和制作精度稍低于铸铁管片。在掘进机千斤顶推压下，边缘易变形损坏造成漏水，同时易锈蚀，因此全钢管片安装后，内部还需做混凝土第二层衬砌。日本直径3 m左右的小隧洞大都采用全钢管片做衬砌。

钢筋混凝土管片：有一定的强度，加工制作比较容易，采用钢模制作(单块生产)时，能保证管片的精度(国内外都能达到±0.05 mm)，具有耐腐蚀，造价低，因而使用比较广泛。但较笨重(最重可达5 t多)，运输安装过程中边缘易碰损，特别是箱形管片在盾构千斤顶作用下容易开裂。目前钢筋混凝土管片已经成为了掘进机施工的主流。

衬砌管片分类如图 4-7 所示。管片形状分类对照如表 4-5 所示。

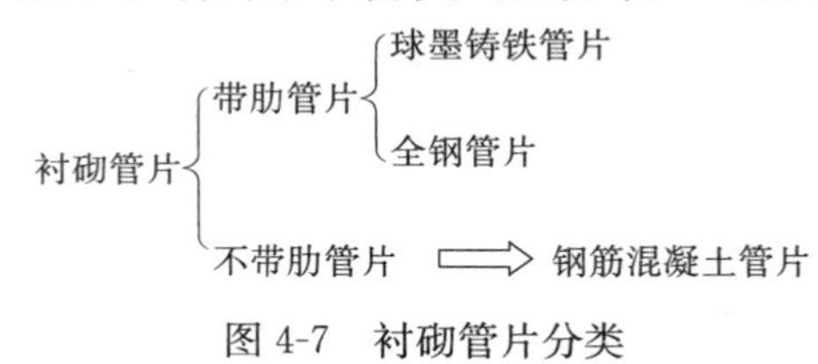

图 4-7　衬砌管片分类

表 4-5　管片形状分类对照表

分类	优　点	缺　点
菱形	管片之间不用螺栓连接，安装方便	拼装接触面多，制造和安装精度高，防水性能差
平板形	防水效果好	需要螺栓连接
梯形	不需要单独的楔块	管片环易变形(片间斜面接触)，最后管片从轴向放入，推力油缸和护盾需加长

管片选型的原则即要求适合隧道设计线路，也要求适应掘进机的工作姿态；因此根据上述几种管片类型的比较，结合以往同类型工程经验，计划采用预制混凝土平板形管片。

4.3.2　管片的厚度、宽度选择及分块

1. 管片的厚度

管片厚度取决于土质条件、覆盖层厚度等，而主要是取决于荷载条件，但有时隧道的使用目的和管片施工条件也起支配作用。根据同类施工经验，对于大口径的管片的厚度一般为管片外径的 5%～6%。

目前，国内上海地铁、南京地铁的管片厚度为 350 mm，而广州地铁及北京地铁的管片厚度皆为 300 mm。按照国内的设计经验，一般在富水的软流塑地层中管片采用 350 mm 的厚度；在地基承载力较高的地层中采用 300 mm 厚度。按照国内地铁隧道的埋深和地质情况，软土地层中管片的厚度并不取决于管片的结构受力，主要取决于管片的耐久性要求，若单纯从受力分析，管片厚度有减薄的可能性。

对大直径、大埋深、高水压下的公路隧道，管片的厚度较地铁隧道大，上海延安东路越黄浦江公路隧道(最大埋深 36 m，设计水头压力 0.3 MPa，管片外径 11.0 m，内径 9.9 m，环宽 1.0 m)管片厚 550 mm；上海大连路越黄浦江公路隧道管片厚从 550 mm 优化到 480 mm；日本东京湾海底隧道(海水面下约 55 m，水深约 28 m，覆土约 20 m，管片外径 13.9 m，内径 12.6 m，环宽 1.5 m)管片厚 650 mm 等。同国外的相似条件下的工程进行比较，管片厚度差别很小。大体上说与欧洲相比，我国的管片相对厚一点，与日本相比我国又相对薄一点。但我国在对结构耐久性的研究和相关规范的制定方面却落后于国外，在国外对于结构的耐久性从设计到施工都有着比较详细的规定，而我国的相关规范可操作性较差。因此在下一步的设计中，管片厚度的能否减薄主要取决于结构耐久性方面的研究。

结合目前掌握的本工程特点、地质情况，本煤矿斜井的衬砌管片厚度，计划确定为400 mm 和 500 mm 两种。

具体到何种地层采用何种管片厚度，将在下节通过结构计算得出结论。

2. 管片的宽度

根据国内外已建隧道管片宽度情况，我们进行了比较分析，详见表 4-6。

表 4-6　管片宽度的比较分析

项目	管片宽度 1.2 m、1.5 m	管片宽度 1.8 m	管片宽度 2.0 m
国内应用情况	北京地铁，天津地铁，南京地铁，沈阳地铁	北京站到西客站地下直径线、天津站到西客站地下直径线	武汉长江隧道
国外应用情况	日本、欧洲常用	近年来欧洲较常用	近年来欧洲较常用
结构受力	横截面受力：与管片宽度关系不大； 局部抗压：随着管片的加宽，千斤顶的推力加大，但对于平板型管片，局部抗压皆能满足要求； 施工荷载影响：施工中千斤顶的偏心、管片纠偏造成的附加荷载随着管片的加宽，其不利影响加大； 纵向受力：随着管片的加宽，整体刚度变大，而且整个隧道的环向接缝变少，对于控制纵向不均匀沉降有利，但环间接缝受力变大		
结构防水	随着管片的加宽，整个隧道的环向接缝变少，有利于隧道防水		
经济性	管片越宽，接缝越少，防水材料、钢筋、螺栓用量越省。但由于管片加重，对吊装有更高的要求		
掘进机灵敏度	随着管片的加宽，掘进机加长，灵敏度逐渐降低		
施工效率	在整个施工系统配备合适的情况下，管片加宽，有利于提高施工进度		
水平运输系统	简单	较简单	要求高，价格高
垂直运输系统	简单	较简单	要求高，价格高

由表中的内容可以开出，管片环宽越大，即管片宽度越宽，衬砌环之间的节缝越少，因而漏水环节、螺栓数量就越少，施工速度越快，费用越省。但掘进机的推进千斤顶的行程要大，施工难度亦有一定提高。与环宽 1.2 m 的管片相比，采用环宽 1.5 m 的管片，一方面减少了 20% 的环向接缝数量，降低了接缝漏水的几率，提高隧道防水质量；另一方面，降低了接缝止水材料和连接螺栓的使用量；此外还可减少 20% 的拼装时间。

同时，环宽 1.5 m 管片配合采用小封顶块，施工时先径向搭接 2/3，再纵向推入 1/3，不需将推进千斤顶行程加得过长。且在计划设置的 300 m 半径曲线上，环宽 1.5 m 管片比 1.2 m、1.0 m 宽管片的设计线路拟合误差很小。

经过以上比较，综合施工实践经验及经济要求，从整个工程的策划考虑，斜井隧道的管片宽度计划统一采用 1 500 mm 宽度。

4.3.3　管片的分块

衬砌圆环的分块数与隧道直径大小、纵向螺栓个数及管片的制作、运输、吊装及拼装方式有关。管片环一般由数块标准 A 型管片、两块相邻 B 型管片和一块封顶 K 型管片组成。K 型管片有的使用从隧道内侧插入的（半径方向插入型），有的使用从隧道轴方向插入的（轴方向插入型），也有两者都采用。其中，从隧道内侧插入的（半径方向插入型）K 型管片的长度取小于 A、B 型管片的为好。从过去的经验及实际运用情况来看，根据管片的外径，铁路隧道等分块为 6～11 块，其中分为 6～8 块的较多。上下水道和电力通信等隧道，一般分为 5～7 块。

共考虑了七种分块方式，均采用错缝拼装，如表 4-7 所示。

表 4-7 管片分块方式表

序号	分块型式	说　明	
1	5+1 模式	3B(67.5°)+2L(67.5°)+K(22.5°)	一环内纵向采用 20 个等圆心角布置
2	6+1 模式	4B(54°)+2L(54°)+K(36°)	一环内纵向采用 14 个等圆心角布置
3	7+1 模式	5B(51.428°)+2L(46.43°)+K(10°)	一环内纵向采用 28 个等圆心角布置
4	等分 8 块	5B(45°)+2L(45°)+K(45°)	一环内纵向采用 24 个等圆心角布置
5	8+1 模式	6B(45°)+2L(40°)+K(10°)	一环内纵向采用 24 个等圆心角布置
6	等分 9 块	6B(40°)+2L(40°)+K(40°)	一环内纵向采用 36 个等圆心角布置
7	9+1 模式	7B(40°)+2L(36°)+K(8°)	一环内纵向采用 36 个等圆心角布置

根据国内的施工实践，结合本工程特点，现将管片分块分为：

内径 D=5.2 m 主井隧道拟采用 5+1 分块：3 个标准块 B、2 个邻接块 L、1 个小封顶块 K，即 67.5°×3+67.5°×2+22.5°=360°；

内径 D=7.0 m 副井隧道拟采用 6+1 分块：4 个标准块 B、2 个邻接块 L、1 个小封顶块 K，即 54°×4+54°×2+36°=360°。

4.3.4 管片拼装方式

管片拼装方式包括管片环间拼装方式和封顶块插入方式。

环间拼装方式：环间拼装方式有通缝拼装和错缝拼装两种。通缝拼装施工简单，错缝拼装可提高管片接缝刚度、改善接缝防水性能，但若管片制作及拼装精度不够理想，施工中管片接缝处混凝土易被顶裂。在国内，上海的地铁隧道一般采用通缝拼装，广州地铁、南京地铁、北京地铁试验段皆采用错缝拼装。在国外，一般以错缝拼装为主。

为加强结构的整体性，改善接缝的防水性能，本斜井管片采用错缝拼装。

封顶块的插入方式：封顶块的插入方式包括径向插入、纵向插入、径向插入和纵向插入相结合三种方式。第三种方式综合了前两种方式的优点：既有利于减小千斤顶的行程以增加管片宽度，又改善了封顶块的接缝受力性能。在国内外的施工实践中采用第三种方式居多。

本项目顶块计划采用径向插入和纵向插入相结合的插入方式。

4.3.5 管片连接方式

管片的连接方式有三种：螺栓连接、无螺栓连接、销钉连接。

国外三种连接方式均有采用，其中采用螺栓连接的较多，国内采用螺栓连接较多，鉴于国内的设计施工水平，宜采用螺栓连接。

螺栓连接主要包括直螺栓连接、弯螺栓连接和斜螺栓连接。

直螺栓连接对精度要求不高，但其开手孔较大，对管片截面削弱较大；弯螺栓连接对精度要求较高，开手孔较小，对管片截面削弱较小；斜螺栓对管片截面削弱最小，施工最方便，但其对螺栓和预埋件精度要求最高，材料可能需从国外进口而增加工程造价。

工程应用情况：国外弯螺栓、斜螺栓采用较多，国内在上海三种均有采用，但主要是直螺栓，其他如北京地铁、广州地铁、南京地铁等均采用弯螺栓。结合国内的施工水平和材料的生产能力，管片连接采用U形弯螺栓连接。

内径5.4 m的管片纵向连接采用12根M24的螺栓相连，既能适应一定的变形，又能将隧道纵向变形控制在满足列车运行及防水要求的范围内。管片环向连接每块管片间用2根（一环共12根）M24螺栓相连，有效减小纵缝张开及结构变形。内径7.2 m的管片纵向连接采用14根M24的螺栓相连，环向连接用2根（一环共14根）M24螺栓相连。

4.3.6　管片接触面构造形式

管片接触面构造包括密封垫槽、嵌缝槽及凸凹榫的设计，其中前两者为通用的构造形式，而凸凹榫的设置与否在不同时期、不同区域的工程实践中有着不同的理解：凸凹榫的设置有助于提高接缝刚度、控制不均匀沉降、改善接缝防水性能，也利于管片拼装就位，但与此同时增加了管片制造、拼装的难度，是拼装及隧道后期沉降过程中管片开裂的因素之一，客观上又削弱了管片防水性能。

在国内，上海地铁1、2号线环、纵缝接触面均设凸凹榫；南京地铁、上海黄浦江人行隧道仅在纵缝设凸凹榫；广州地铁1、2号线，北京地铁5、10号线环、纵缝均不设凸凹榫。

可以看出，随着施工设备的改进和施工水平的提高，接缝不设凸凹榫同样能满足盾构隧道对接缝刚度，管片拼装精度的要求。

从降低管片制造、拼装的难度，减少拼装及隧道后期沉降过程中管片开裂的角度考虑，本斜井管片接触面不设凸凹榫。

4.3.7　管片制作及拼装精度要求

为保证装配式结构良好的受力性能，提供符合计算假定的条件，管片制作及拼装必须达到的精度如表4-8所示。

表4-8　管片制作允差表

项　目		允差值	备　注
单块检验	管片宽度	±0.3 mm	
	管片弧长、弦长	1.0 mm	
	四周沿边管片厚度	1.0 mm	
	管片内半径	±1.0 mm	
	管片外半径	±3.0 mm	
整环拼装检验	螺栓孔直径与孔位	±1.0 mm	
	环面间隙	0.6～0.8 mm	内表面测定
	纵缝间隙	1.5～2.5 mm	
	对应的环向螺栓孔的不同轴度	<1.0 mm	

4.3.8　衬砌环的组合形式

为满足斜井运输需要，必须选择合适的衬砌环的形式，此时考虑了三种方案，并进行比较分析，具体如表4-9所示。

表 4-9　衬砌环的组合形式比较

方　法	特　点
标准衬砌环、左转弯衬砌环和右转弯衬砌环组合	直线地段除施工纠偏外，多采用标准衬砌环；曲线地段可通过标准衬砌环与左、右转弯衬砌环组合使用以模拟曲线。施工方便，操作简单
左转弯衬砌环和右转弯衬砌环组合	通过左转弯环、右转弯环组合来拟和线路。由于每环均为楔形，拼装时施工操作相对麻烦一些。欧洲常采用，国内未采用
通用管片	通过一种楔形环管片模拟直线、曲线及施工纠偏。管片排版时，衬砌环需扭转多种角度，封顶块有时位于隧道下半部，管片拼装相对复杂，国内只有深圳地铁中有采用

一般来说，在技术条件及施工水平允许的情况下，衬砌环类型越少，施工管理越方便，模具利用率越高，但国内习惯于按三种衬砌环组合来进行线路的模拟，而且施工相对方便。

选择国内常用的衬砌环的组合形式：标准环＋左转弯环＋右转弯环。

由于斜井只是设计一种竖向圆曲线，半径 R＝300 m(竖曲线)。依照曲线的圆心角与弯环偏角关系，各种施工段的的布置方式为：

1. 直线段：8＋1 模式

由于没有设计平、纵曲线，故仅考虑设备在掘进过程中，出现蛇行纠偏所表示的工况。即 8 个标准环加 1 个右(左)弯环配置。因为纠偏环多在缓和曲线到曲线之间，到曲线前就需提前安装纠偏环进行调整。

2. R＝300 m 曲线段：1＋1 模式

在 300 m 半径的竖向圆曲线上，每隔 1. 900 m 要配一环弯环，故按照 1 标准环＋1 左弯环间隔配置的方案。

4. 3. 9　管片结构的设计检算

1. 管片设计参数

本工程拟采用平板型管片的设计参数暂时按表 4-10 确定。

表 4-10　管片设计参数

项　目	特　征		备　注
	主井隧道	副井隧道	
管片内直径	ϕ5400 mm	ϕ7000 mm	
管片外直径	ϕ6200 mm	ϕ8000 mm	
管片厚度	400 mm	400 mm、500 mm	
管片分块	6 块	7 块	
管片宽度	1 500 mm		
管片拼装方式	错缝拼装		
管片接触面构造	管片环、纵缝接触面皆不设置榫槽		
衬砌环组合形式	标准衬砌环、左转弯衬砌环和右转弯衬砌环组合		
管片连接形式	弯螺栓连接		

2. 管片结构计算模型

模型采用荷载-结构模型平面杆系有限单元法，计算模型简图如图 4-8 所示。

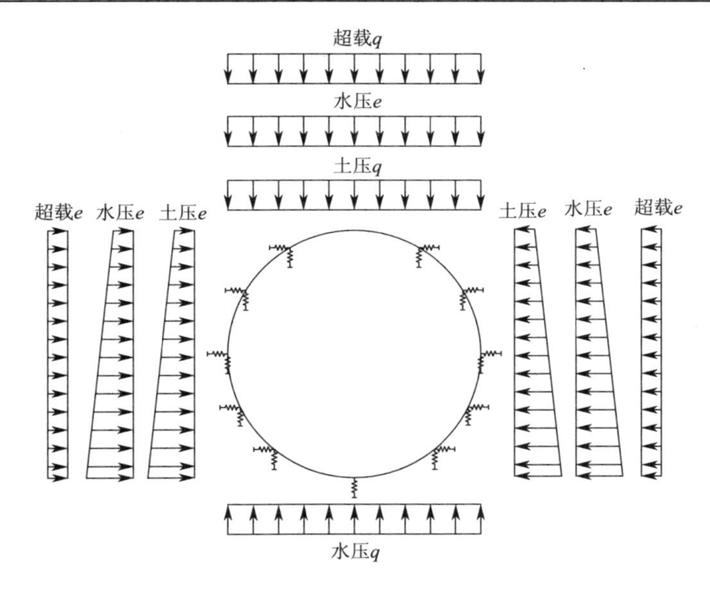

图 4-8　弹性地基圆环计算模型

(1)结构纵向取 1 延米作为一个计算单元,作为平面应变问题来近似处理;

(2)假定衬砌为小变形弹性梁,衬砌离散为足够多个等厚度直梁单元;

(3)用布置于各节点上的弹簧单元来模拟围岩与衬砌间的相互约束,以及反映围岩与结构的相互作用。

3. 荷载及荷载组合

(1)荷载

荷载分为永久荷载、活载、附加荷载和特殊荷载等四种。

①永久荷载:管片自重、水土压力、上部建筑物基础产生的荷载。考虑地层特征采取水土合算或水土分算。

②活载:地面活载按 20 kN/m^2 计算。

③特殊荷载:由于本区域抗震设防烈度为 6 度,地震动峰值加速度为 0.05g(第三组),根据《建筑抗震设计规范》(GB 50011—2010)和《铁路工程抗震设计规范》(GB 50111—2006)的规定,不考虑地震作用的影响。且不考虑人防作用,不考虑人防荷载。

管片承受荷载可以参考地铁盾构掘进时地下结构荷载情况,详见表 4-11。

表 4-11　地下结构承受荷载类型

荷载类型	荷载名称		荷载计算及取值
永久荷载	结构自重		按实际考虑
	地层压力	竖向压力	参照规范要求选取
		水平压力	参照规范要求选取
	水压力及浮力		参照规范要求选取
	侧向地层抗力及地基反力		侧向地层抗力及地基反力按结构型式及其在荷载作用下的变形、结构与地层刚度、施工方法等情况及围岩性质,根据所采用的结构计算简图和计算方法加以确定

续上表

荷载类型	荷载名称		荷载计算及取值
可变荷载	基本可变荷载	地面车辆荷载及冲击力	地面车辆荷载按 20 kN/m² 的均布荷载并不计冲击力的影响
		地面车辆引起的侧向力	按 8 kN/m² 的均布荷载考虑
偶然荷载	人防荷载		
	地震作用		

(2)荷载组合

根据《建筑结构荷载规范》(GB 50009—2001)(2006 年版)、《建筑抗震设计规范》(GB 50011—2010)和《地铁设计规范》(GB 50157—2003)的规定,按结构在施工阶段和使用阶段可能出现的最不利情况进行荷载组合。

各种荷载组合及分项系数如表 4-12 所示。

表 4-12　荷载组合与分项系数

荷载种类	永久荷载	可变荷载	人防荷载	地震荷载
基本组合 1:永久荷载+基本可变荷载	1.35	1.4		
标准组合 2:永久荷载+基本可变荷载	1.0	1.0		

(3)错缝拼装对弯矩的影响

圆隧道衬砌结构采用装配式管片错缝拼装而成,计算时考虑环间弯矩的纵向传递,其模型计算简图如图 4-9 所示。

错缝拼装时,衬砌环中由于接缝的存在,接缝部位的抗弯能力小于管片主体截面,错缝拼装时通过相邻环间的摩擦力、纵向螺栓或环缝面上的凹凸榫槽的剪切力作用,接头纵缝部位的部分弯矩可传递到相邻的管片截面上。

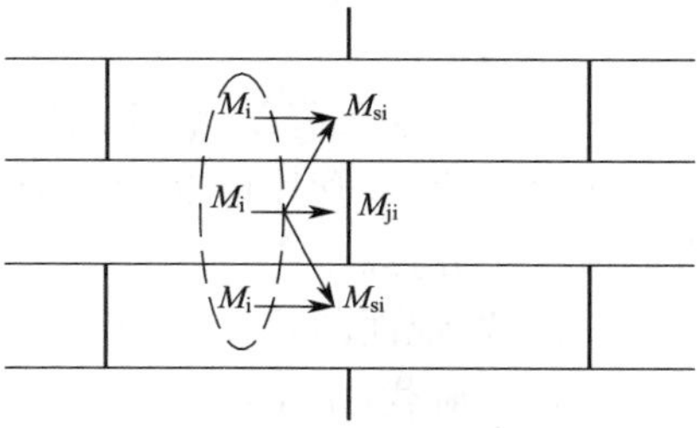

图 4-9　错缝拼装计算模型

衬砌环在接头处的内力按下式计算:

$$\left.\begin{aligned} M_{ji}&=(1-\zeta)M_i \\ N_{ji}&=N_i \end{aligned}\right\} \tag{4-1}$$

与接头位置对应得相邻管片截面内力按下式计算:

$$\left.\begin{aligned} M_{si}&=(1+\zeta)M_i \\ N_{ji}&=N_i \end{aligned}\right\} \tag{4-2}$$

弯矩调整系数 ζ 为 0.2～0.4,本次计算中取最大值 0.4,即 $M_{si}=1.4M_i$。

4. 计算工况的确定

(1)浅埋隧道分界深度的确定

由于斜井从埋深与 8 m 到 750 m,属于由浅埋向深埋过渡。根据《公路隧道设计规范》(JTG D70—2004)附录 E 对隧道埋深进行区分,然后以进行深埋和浅埋工况进行计算。

深埋和浅埋隧道的分界,按荷载等效高度值,并结合地质条件、施工方法等因素综合判定。按荷载等效高度的判定公式为:

$$H_p=(2\sim2.5)h_q \tag{4-3}$$

式中　H_p——浅埋隧道分界深度(m)；

h_q——荷载等效高度(m)，按下式计算：

$$h_q=q/\gamma \tag{4-4}$$

q——深埋隧道垂直均布压力(kN/m²)，按《公路隧道设计规范》(JTG D70—2004)第6.2.3条中公式进行计算；

γ——围岩重度(kN/m³)。

《公路隧道设计规范》(JTG D70—2004)第6.2.3条规定垂直均布压力计算：

$$q=\gamma h \tag{4-5}$$

$$h=0.45\times2^{S-1}\times\omega \tag{4-6}$$

式中　q——垂直均布压力(kN/m²)；

γ——围岩重度(kN/m³)；

S——围岩级别；

ω——宽度影响系数，$\omega=1+i(B-5)$；

B——隧道宽度(m)；

i——B每增减1 m时的围岩压力增减率，以$B=5$ m的围岩垂直均布压力为准，当$B<5$ m时，取$i=0.2$；当$B>5$ m时，取$i=0.1$。

《铁路隧道设计规范》(TB 10003—2005)第3.2.8条规定各级围岩的物理力学指标标准值应按试验资料确定，无试验资料时可按表4-13选用。

(2)水压力的确定

斜井埋深由8 m至750 m，结合目前的地质资料，从上到下地层依次有：全新统风积砂层孔隙潜水含水层(Q_4^{eol})、上更新统萨拉乌素组孔隙潜水含水层(Q_3)、白垩系下统志丹群(K_1zh)孔隙潜水～承压水含水层、侏罗系中统直罗组(J_2z)碎屑岩类承压水含水层、侏罗系中统延安组($J_{1-2}y$)顶部隔水层、侏罗系中统延安组($J_{1-2}y$)碎屑岩类承压水含水层、侏罗系中统延安组底部隔水层、三叠系上统延长组(T_3y)碎屑岩类承压水含水层。

通过泄水和堵水相结合的方式，来释放和减小管片外侧水压力。

表4-13　各级围岩的物理力学指标

围岩级别	重度γ(kN/m³)	弹反系数K(MPa/m)	变形模量E(GPa)	泊松比ν	内摩擦角φ(°)	黏聚力c(MPa)	摩擦角φ_c(°)
Ⅰ	26～28	1 800～2 800	>33	<0.2	>60	>2.1	>78
Ⅱ	25～27	1 200～1 800	20～33	0.2～0.25	50～60	1.5～2.1	70～78
Ⅲ	23～25	500～1 200	6～20	0.25～0.3	39～50	0.7～1.5	60～70
Ⅳ	20～23	200～500	1.3～6	0.3～0.35	27～39	0.2～0.7	50～60
Ⅴ	17～20	100～200	1～2	0.35～0.45	20～27	0.05～0.2	40～50
Ⅵ	15～17	<100	<1	0.4～0.5	<22	<0.1	30～40

注：选用计算摩擦角时，不再计内摩擦角和黏聚力。

结合围岩岩性和透水性，隧道的深层水压力按照岩性进行分层确定水压力：

①埋深小于24 m范围内，有全新统风积砂层孔隙潜水含水层(Q_4^{eol})，按照实际水压力进行计算，$q=\gamma h$；

②埋深 24～446 m、457～477 m 范围内，以白垩系下统志丹群(K_1zh)和侏罗系中统安定组(J_2a)的细粒砂岩为主，岩石渗透系数小，以岩石裂隙水为主，施工时将岩石裂隙释放，可不考虑水压力的影响；

③埋深 446～457 m、477～750 m 范围内，以泥岩夹层、粗粒砂岩、泥质砂岩为主，次为粉砂岩、泥岩、中～粗砂质泥岩等，厚度较稳定，分布较连续，隔水性能较好，存在孔隙潜水和承压水含水层，需要考虑水压力的影响。

(3)水平围岩应力系数的确定

本隧道斜井从埋深 8 m 到 750 m，属于由浅埋向深埋过渡。在隧道深埋阶段，地层中在深埋隧道中的水平围岩应力高于竖向围岩应力。参照姚裕春的《高水平应力软岩巷道围岩变形机理及支护对策》(2002 年 1 月)中提到的鄂尔多斯的安口煤矿巷道中，围岩侧压系数为 1.2～1.4。

本斜井隧道在深埋段，侧压系数取 1.4。

(4)计算工况的确定

将深埋和浅埋隧道的分界，并结合岩石的岩性和透水中水压力确定，确定三个工况进行分析计算。

工况一：埋深小于 24 m 范围，考虑水压力的影响；

工况二：埋深 24～446 m、457～477 m 范围，不考虑水压力的影响；

工况三：埋深 446～457 m、477～750 m 范围，考虑水压力的影响。

5. 管片结构检算(D=5.4 m)

工况一：埋深在小于 24 m 范围内，地质以风积沙和细粒砂岩为主，地下水位按地面取值。以埋深为 24 m 处为最不利受力断面进行设计计算。水位按地面取值。

结合以往设计经验，初步确定工况一的管片尺寸和材料如表 4-14 所示。

表 4-14　工况一管片尺寸和材料拟定

项目	管片外径(mm)	管片厚度(mm)	管片混凝土材料
1	6 200	400	C50 P10

(1)荷载确定

拱顶垂直围岩压力：14×(17−10)+10×(20−10)=198 kPa。

水平围岩压力：随着深度递增，参照浅埋隧道设计确定，侧压力系数取 0.4。

拱顶水平围岩压力：198×0.4=79.2 kPa。

拱底水平围岩压力：198×0.4+5.8×10×0.4=102.4 kPa。

水压力：

拱顶水压力：24×10=240 kPa。

拱底水压力：240+5.8×10=298 kPa。

弹性反力系数 K 取 150 MPa/m，参照表 4-13Ⅴ级围岩确定。

垂直超载：按 20 kPa 取值。

水平超载：按 8 kPa 取值。

(2)计算结果

采用计算软件为 SAP2000 版本，为通用结构计算软件。各种结构计算的信息和荷载都是在计算过程中分别组合并直接加载在结构上。计算结果如图 4-10～图 4-13 所示，配筋计算如表 4-15～表 4-17 所示。

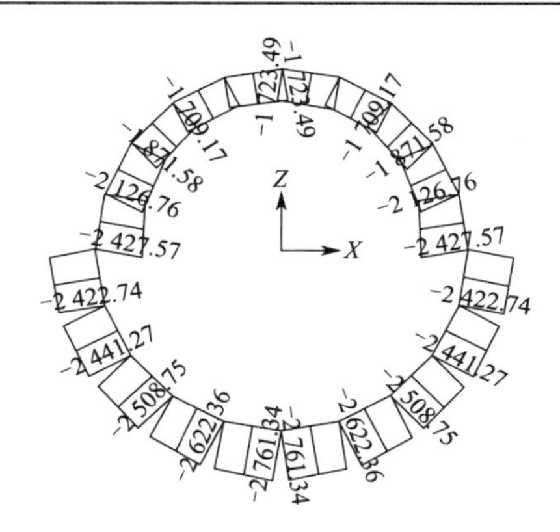

图 4-10　基本组合弯矩(kN · m)

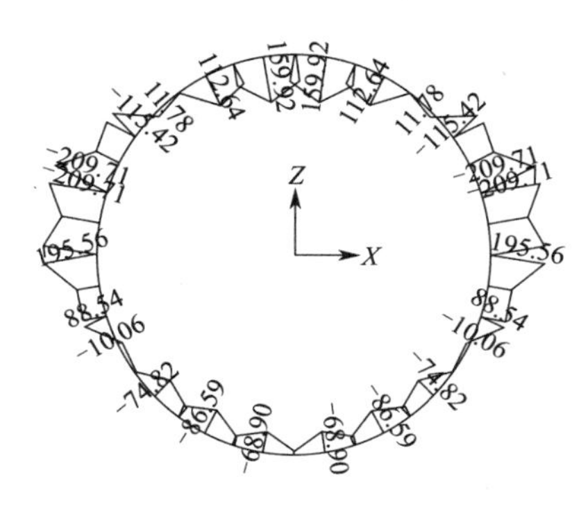

图 4-11　基本组合轴力(kN)

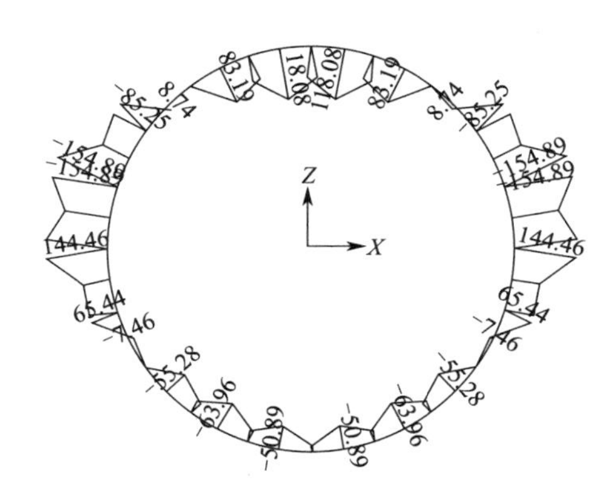

图 4-12　标准组合弯矩(kN · m)

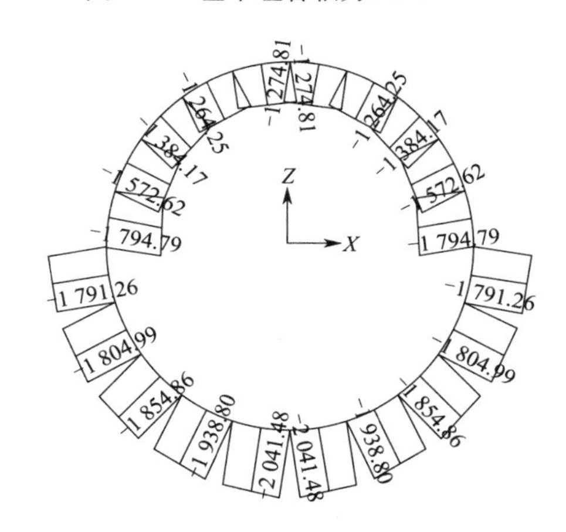

图 4-13　标准组合轴力(kN)

表 4-15　基本组合内力及配筋表

位置	截面尺寸(mm²)	弯矩(kN · m)	轴力(kN)	计算配筋
管片上部	1 000×400	223.89	1 700.43	7Φ22Ⅱ筋
管片下部	1 000×400	121.23	2 565.55	4Φ22Ⅱ筋
管片左右侧部	1 000×400	293.59	2 126.76	10Φ22Ⅱ筋

表 4-16　标准组合内力及配筋表

位置	截面尺寸(mm²)	弯矩(kN · m)	轴力(kN)	计算配筋	裂缝宽度(mm)
管片上部	1 000×400	165.31	1 251.80	7Φ22Ⅱ筋	0.15
管片下部	1 000×400	89.17	1 896.83	4Φ22Ⅱ筋	0.09
管片左右侧部	1 000×400	216.85	1 572.62	10Φ22Ⅱ筋	0.16

表 4-17　最终选筋结果

位置	截面尺寸(mm²)	最终配筋
管片上部	1 000×400	10Φ22Ⅱ筋
管片下部	1 000×400	10Φ22Ⅱ筋
管片左右侧部	1 000×400	10Φ22Ⅱ筋

工况二：埋深 24～446 m、457～477 m 范围，不考虑水压力的影响。按深埋隧道进行受力计算。

结合以往设计经验，初步确定工况二的管片尺寸和材料如表 4-18 所示。

表 4-18 工况二管片尺寸和材料拟定

项目	管片外径(mm)	管片厚度(mm)	管片混凝土材料
1	6 200	400	C60 P12

(1)荷载确定

管片外径 6.2 m，掘进机开挖直径为 6.2＋0.14×2＝6.48 m，取 $B=6.5$ m。

根据《新街矿区地质资料》，在接近地表处的围岩取为Ⅴ级。参照表 4-13，围岩重度 γ 取 23 kN/m³。

拱顶垂直围岩压力：

$$q=\gamma\times 0.45\times 2^{S-1}\times\omega=23\times 0.45\times 2^{5-1}\times[1+0.1\times(6.5-5)]=190.44\ \text{kN/m}^2$$

水平围岩压力：随着深度递增，考虑高地应力影响，侧压力系数取 1.4。

拱顶水平围岩压力：190.44×1.4＝266.62 kPa。

拱底水平围岩压力：190.44×1.4＋5.8×23×1.4＝453.38 kPa。

水压力：按岩层只存在裂隙水，不考虑水压力影响。

弹性反力系数 K 取 400 MPa/m，参照表 4-13 中Ⅳ级围岩确定。

垂直超载：按 20 kPa 取值。

水平超载：按 8 kPa 取值。

(2)计算结果

采用计算软件为 SAP2000 版本，为通用结构计算软件。各种结构计算的信息和荷载都是在计算过程中分别组合并直接加载在结构上。计算结果如图 4-14～图 4-17 所示，配筋计算如表 4-19～表 4-21 所示。

工况三：埋深 446～457 m、477～750 m 范围，考虑水压力的影响，按深埋隧道进行受力计算。由于本隧道埋深大，考虑采用泄水与堵水相结合的方式来有效控制管片的外水压力。在管片埋管设置泄压止回阀，当外水压力大于 300 kPa 时进行泄水。

结合以往设计经验，初步确定工况三的管片尺寸和材料如表 4-22 所示。

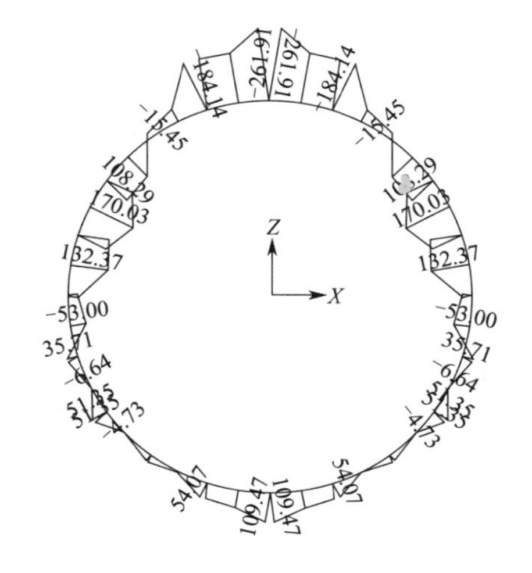

图 4-14 基本组合弯矩(kN·m)

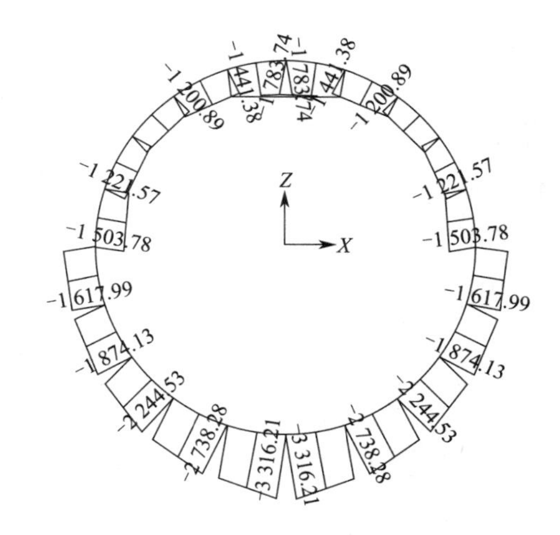

图 4-15 基本组合轴力(kN)

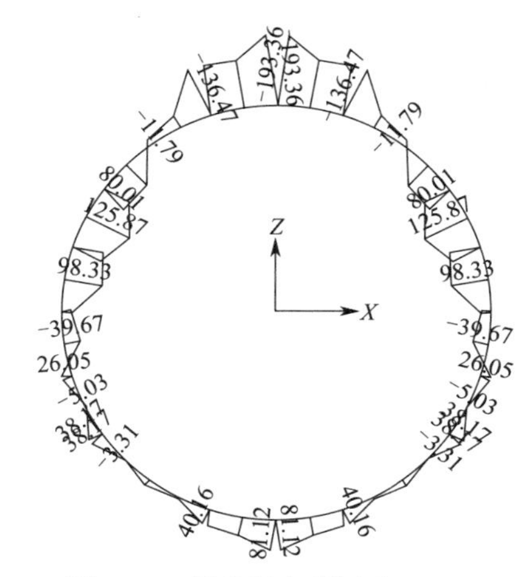

图4-16　标准组合弯矩(kN·m)

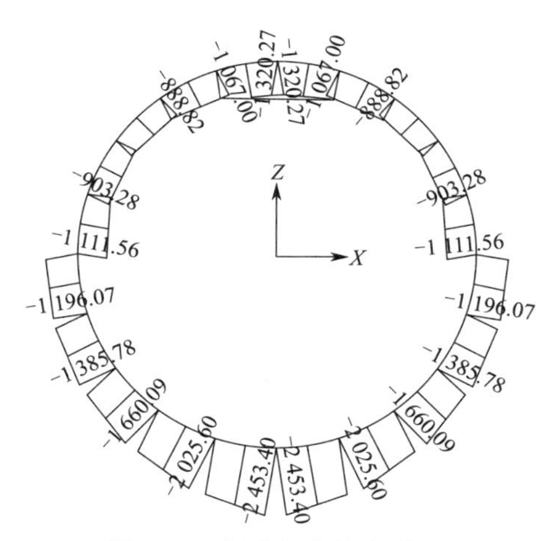

图4-17　标准组合轴力(kN)

表4-19　基本组合内力及配筋表

位置	截面尺寸(mm²)	弯矩(kN·m)	轴力(kN)	计算配筋
管片上部	1 000×400	366.67	1 783.74	10Φ25Ⅱ筋
管片下部	1 000×400	153.26	3 316.21	4Φ22Ⅱ筋
管片左右侧部	1 000×400	238.04	1 179.32	7Φ22Ⅱ筋

表4-20　标准组合内力及配筋表

位置	截面尺寸(mm²)	弯矩(kN·m)	轴力(kN)	计算配筋	裂缝宽度(mm)
管片上部	1 000×400	270.70	1 320.27	10Φ25Ⅱ筋	0.18
管片下部	1 000×400	113.57	2 453.40	2Φ22Ⅱ筋	0.196
管片左右侧部	1 000×400	176.22	866.7	7Φ22Ⅱ筋	0.178

表4-21　最终选筋结果

位置	截面尺寸(mm²)	最终配筋
管片上部	1 000×400	10Φ25Ⅱ筋
管片下部	1 000×400	10Φ25Ⅱ筋
管片左右侧部	1 000×400	10Φ25Ⅱ筋

表4-22　工况三管片尺寸和材料拟定

项目	管片外径(mm)	管片厚度(mm)	管片混凝土材料
1	6 200	400	C60 P12

(1)荷载确定

参照工况二中深埋隧道围岩垂直压力计算的方法进行荷载确定。埋深为457 m处断面为受力最不利断面,进行受力计算。

拱顶垂直围岩压力:

$$q=\gamma\times0.45\times2^{S-1}\times\omega=23\times0.45\times2^{5-1}\times[1+0.1\times(6.5-5)]=190.44\ \text{kN/m}^2$$

水平围岩压力:随着深度递增,考虑高地应力影响,侧压力系数取1.4。

拱顶水平围岩压力:190.44×1.4=266.62 kPa。

拱底水平围岩压力:190.44×1.4+5.8×23×1.4=453.38 kPa。

水压力:

拱顶水压力:300 kPa。

拱底水压力：300＋5.8×10×1＝358 kPa。

弹性反力系数 K 取 400 MPa/m，参照表 4-13Ⅳ围岩确定。

超载：本隧道属于深埋隧道，不考虑地面超载对隧道的影响。

(2)计算结果

采用计算软件为 SAP2000 版本，为通用结构计算软件。各种结构计算的信息和荷载都是在计算过程中分别组合并直接加载在结构上。计算结果如图 4-18～图 4-21 所示，配筋计算如表 4-23～表 4-25 所示。

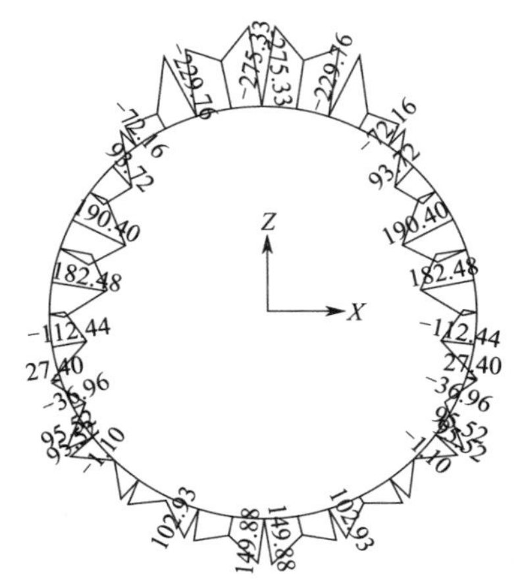

图 4-18　基本组合弯矩(kN·m)

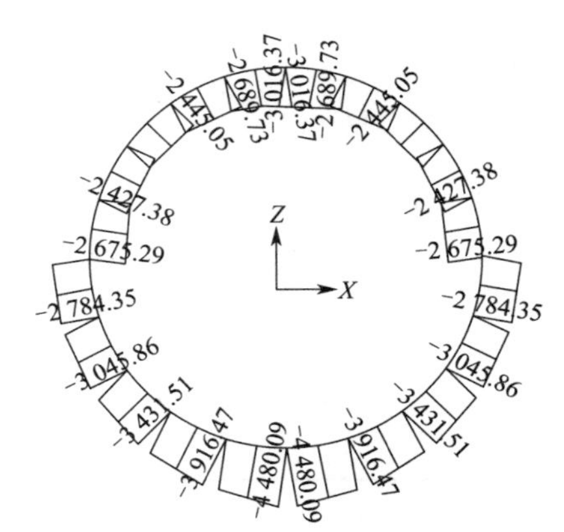

图 4-19　基本组合轴力(kN)

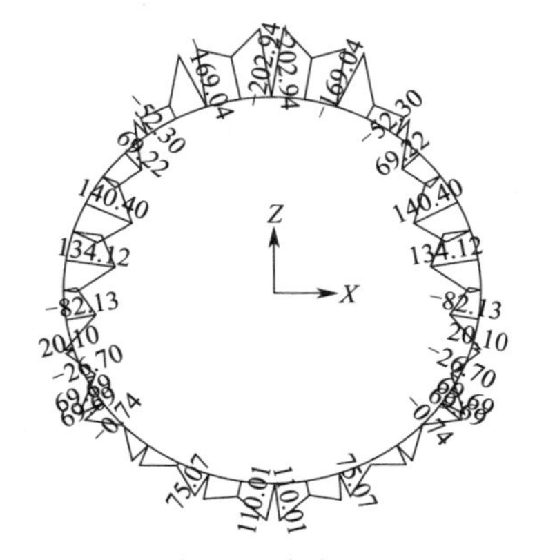

图 4-20　标准组合弯矩(kN·m)

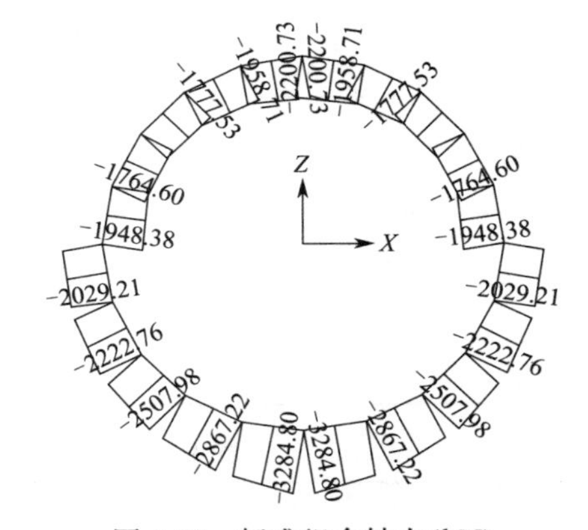

图 4-21　标准组合轴力(kN)

表 4-23　基本组合内力及配筋表

位置	截面尺寸(mm^2)	弯矩(kN·m)	轴力(kN)	计算配筋
管片上部	1 000×400	385.74	3 016.37	12Φ22Ⅱ筋
管片下部	1 000×400	209.83	4 480.09	5Φ22Ⅱ筋
管片左右侧部	1 000×400	266.56	2 386.65	6Φ22Ⅱ筋

表 4-24　标准组合内力及配筋表

位置	截面尺寸(mm^2)	弯矩(kN·m)	轴力(kN)	计算配筋	裂缝宽度(mm)
管片上部	1 000×400	284.12	2 200.73	12Φ22Ⅱ筋	0.19
管片下部	1 000×400	155.32	3 284.80	7Φ22Ⅱ筋	0.13
管片左右侧部	1 000×400	196.56	1 734.46	10Φ22Ⅱ筋	0.13

表 4-25　最终选筋结果

位置	截面尺寸(mm^2)	最终配筋
管片上部	1 000×400	12 Φ 22 Ⅱ 筋
管片下部	1 000×400	12 Φ 22 Ⅱ 筋
管片左右侧部	1 000×400	12 Φ 22 Ⅱ 筋

6. 管片结构检算(D=7.0 m)

工况一：埋深在小于 24 m 范围内，地质以风积沙和细粒砂岩为主，地下水位按地面取值。以埋深为 24 m 处为最不利受力断面进行设计计算。水位按地面取值。

结合以往设计经验，初步确定工况一的管片尺寸和材料如表 4-26 所示。

表 4-26　工况一管片尺寸和材料拟定

项目	管片外径(mm)	管片厚度(mm)	管片混凝土材料
1	8 000	400	C50 P10

(1)荷载确定

拱顶垂直围岩压力：14×(17－10)＋10×(20－10)＝198 kPa。

水平围岩压力：随着深度递增，参照浅埋隧道设计确定，侧压力系数取 0.4。

拱顶水平围岩压力：198×0.4＝79.2 kPa。

拱底水平围岩压力：198×0.4＋7.6×10×0.4＝109.6 kPa。

水压力：

拱顶水压力：24×10＝240 kPa。

拱底水压力：240＋7.6×10＝316 kPa。

弹性反力系数 K 取 150 MPa/m，参照表 4-13 中Ⅴ级围岩确定。

垂直超载：按 20 kPa 取值。

水平超载：按 8 kPa 取值。

(2)计算结果

采用计算软件为 SAP2000 版本，为通用结构计算软件。各种结构计算的信息和荷载都是在计算过程中分别组合并直接加载在结构上，计算结果如图 4-22～图 4-25 所示，配筋计算如表 4-27～表 4-29 所示。

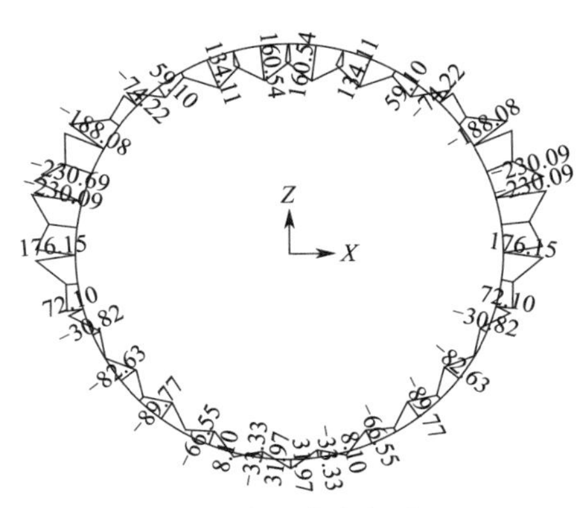

图 4-22　基本组合弯矩(kN · m)

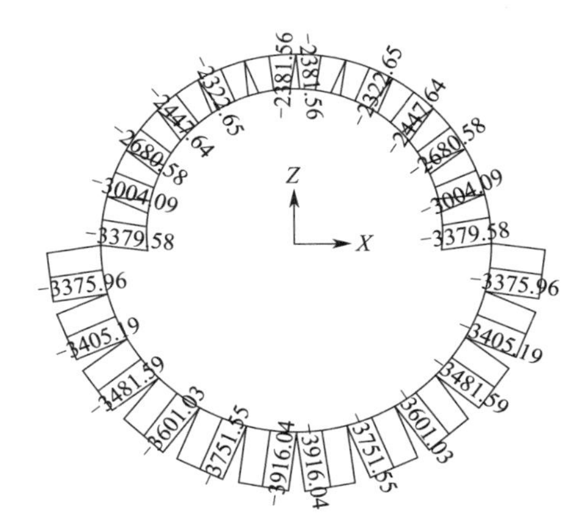

图 4-23　基本组合轴力(kN)

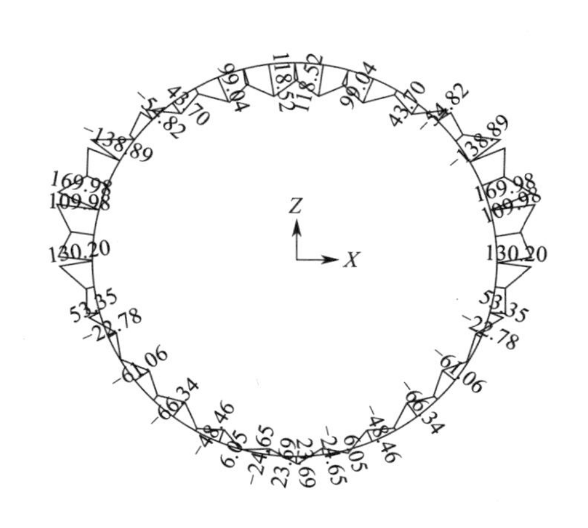

图 4-24　标准组合弯矩(kN·m)

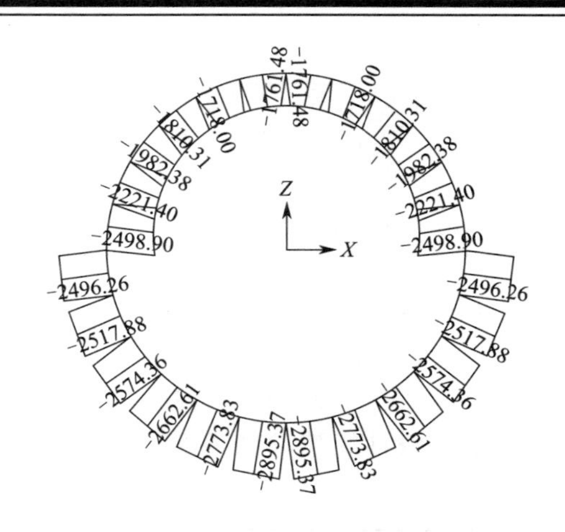

图 4-25　标准组合轴力(kN)

表 4-27　基本组合内力及配筋表

位置	截面尺寸(mm^2)	弯矩(kN·m)	轴力(kN)	计算配筋
管片上部	1 000×400	224.76	2 346.68	7Φ22Ⅱ筋
管片下部	1 000×400	125.68	3 004.09	4Φ22Ⅱ筋
管片左右侧部	1 000×400	322.13	3 541.34	10Φ22Ⅱ筋

表 4-28　标准组合内力及配筋表

位置	截面尺寸(mm^2)	弯矩(kN·m)	轴力(kN)	计算配筋	裂缝宽度(mm)
管片上部	1 000×400	165.93	1 735.73	7Φ22Ⅱ筋	0.180
管片下部	1 000×400	92.88	2 618.50	4Φ22Ⅱ筋	0.11
管片左右侧部	1 000×400	237.97	2 221.40	11Φ22Ⅱ筋	0.175

表 4-29　最终选筋结果

位置	截面尺寸(mm^2)	最终配筋
管片上部	1 000×400	11Φ22Ⅱ筋
管片下部	1 000×400	11Φ22Ⅱ筋
管片左右侧部	1 000×400	11Φ22Ⅱ筋

工况二:埋深 24～446 m、457～477 m 范围,不考虑水压力的影响。按深埋隧道进行受力计算。

结合以往设计经验,初步确定工况二的管片尺寸和材料如表 4-30 所示。

表 4-30　工况二管片尺寸和材料拟定

项目	管片外径(mm)	管片厚度(mm)	管片混凝土材料
1	8 000	400	C60 P12

(1)荷载确定斜井管片的内直径为 7.2 m,管片厚度为 400 mm,外直径为 8 m,掘进机开挖直径为 8+0.15×2=8.3 m。取 B=8.3 m。

根据《新街矿区地质资料》,在接近地表处的围岩取为Ⅴ级。结合表 4-13,围岩重度 γ 取

23 kN/m^3。

拱顶垂直围岩压力：

$$q=\gamma\times0.45\times2^{S-1}\times\omega=23\times0.45\times2^{5-1}\times[1+0.1\times(8.3-5)]=220.45\ \text{kN/m}^2$$

水平围岩压力：随着深度递增，考虑高地应力影响，侧压力系数取 1.4。

拱顶水平围岩压力：220.45×1.4=308.63 kPa。

拱底水平围岩压力：220.45×1.4+7.6×23×1.4=553.35 kPa。

水压力：按岩层只存在裂隙水，不考虑水压力影响。

弹性反力系数 K 取 400 MPa/m，参照表 4-13 中Ⅳ围岩确定。

垂直超载：按 20 kPa 取值。

水平超载：按 8 kPa 取值。

(2)计算结果

采用计算软件为 SAP2000 版本，为通用结构计算软件。各种结构计算的信息和荷载都是在计算过程中分别组合并直接加载在结构上。计算结果如图 4-26～图 4-29 所示，配筋计算如表 4-31～表 4-33 所示。

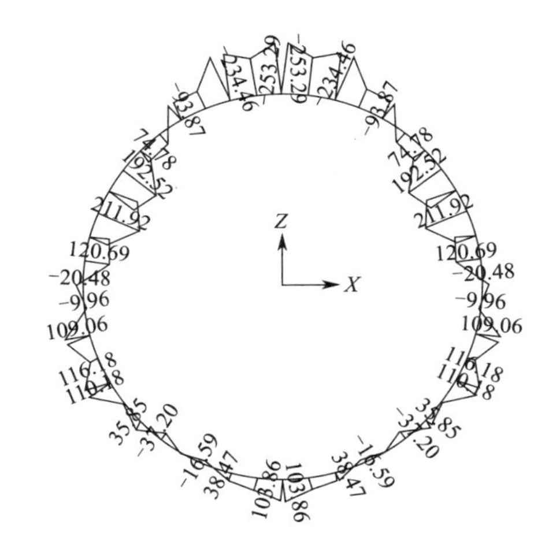

图 4-26　基本组合弯矩(kN·m)

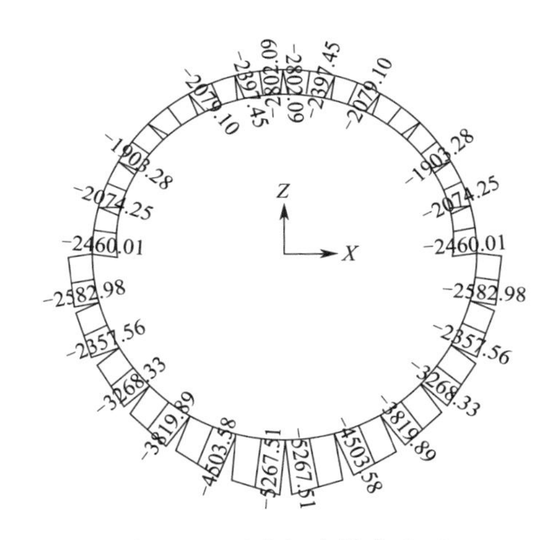

图 4-27　基本组合轴力(kN)

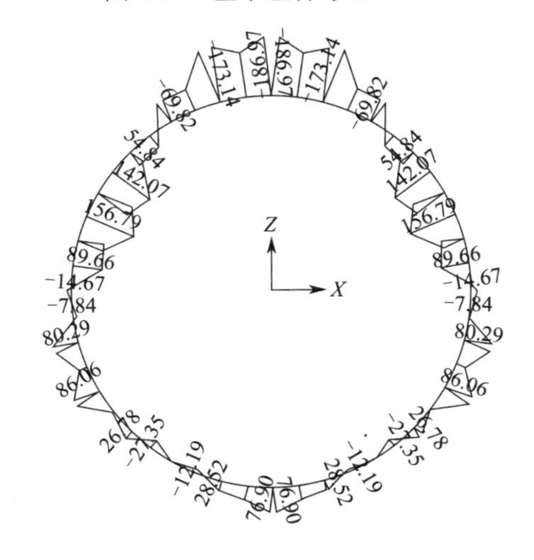

图 4-28　标准组合弯矩(kN·m)

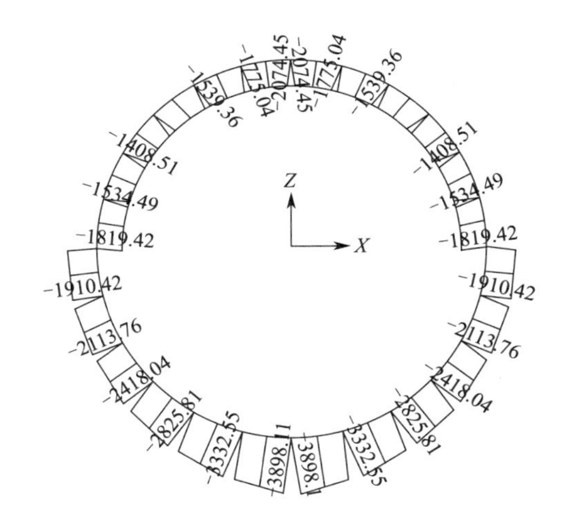

图 4-29　标准组合轴力(kN)

表 4-31　基本组合内力及配筋表

位置	截面尺寸(mm^2)	弯矩(kN·m)	轴力(kN)	计算配筋
管片上部	1 000×400	354.606	2 802.09	11Φ22Ⅱ筋
管片下部	1 000×400	145.54	5 267.51	6Φ22Ⅱ筋
管片左右侧部	1 000×400	296.69	1 988.77	10Φ22Ⅱ筋

表 4-32　标准组合内力及配筋表

位置	截面尺寸(mm^2)	弯矩(kN·m)	轴力(kN)	计算配筋	裂缝宽度(mm)
管片上部	1 000×400	261.76	2 074.45	11Φ22Ⅱ筋	0.190
管片下部	1 000×400	107.66	3 898.11	6Φ22Ⅱ筋	0.07
管片左右侧部	1 000×400	219.51	1 471.50	10Φ22Ⅱ筋	0.166

表 4-33　最终选筋结果

位置	截面尺寸(mm^2)	最终配筋
管片上部	1 000×400	11Φ22Ⅱ筋
管片下部	1 000×400	11Φ22Ⅱ筋
管片左右侧部	1 000×400	11Φ22Ⅱ筋

工况三：埋深 446～457 m、477～750 m 范围，考虑水压力的影响，按深埋隧道进行受力计算。由于本隧道埋深大，考虑采用泄水与堵水相结合的方式来有效控制管片的外水压力。在管片埋管设置泄压止回阀，当外水压力大于 300 kPa 时进行泄水。

结合以往设计经验，初步确定工况三的管片尺寸和材料如表 4-34 所示。

表 4-34　工况二管片尺寸和材料拟定

项目	管片外径(mm)	管片厚度(mm)	管片混凝土材料
1	8 000	500	C60 P12

(1)荷载确定

参照工况二中深埋隧道围岩垂直压力计算的方法进行荷载确定。埋深为 457m 处断面为受力最不利断面，进行受力计算。

拱顶垂直围岩压力：

$$q=\gamma\times0.45\times2^{S-1}\times\omega=23\times0.45\times2^{5-1}\times[1+0.1\times(8.3-5)]=220.45\ \mathrm{kN/m^2}$$

水平围岩压力：随着深度递增，考虑高地应力影响，侧压力系数取 1.4。

拱顶水平围岩压力：220.45×1.4=308.63 kPa。

拱底水平围岩压力：220.45×1.4+7.5×23×1.4=550.13 kPa。

水压力：

拱顶水压力：300 kPa。

拱底水压力：300+7.5×10×1=375 kPa。

弹性反力系数 K 取 400 MPa/m，参照表 4-13 中Ⅳ级围岩确定。

超载：本隧道属于深埋隧道，不考虑地面超载对隧道的影响。

(2)计算结果

采用计算软件为SAP2000版本,为通用结构计算软件。各种结构计算的信息和荷载都是在计算过程中分别组合并直接加载在结构上。计算结果如图4-30～图4-33所示,配筋计算如表4-35～表4-37所示。

图4-30　基本组合弯矩(kN·m)

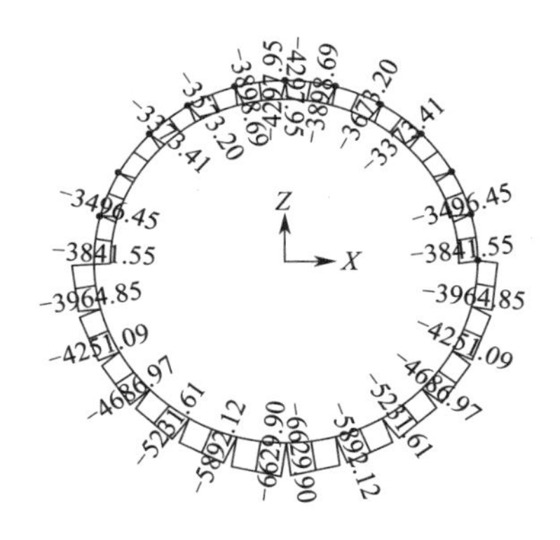

图4-31　基本组合轴力(kN)

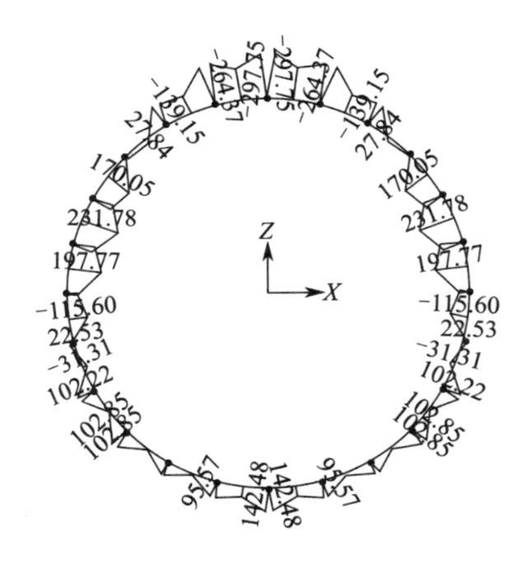

图4-32　标准组合弯矩(kN·m)

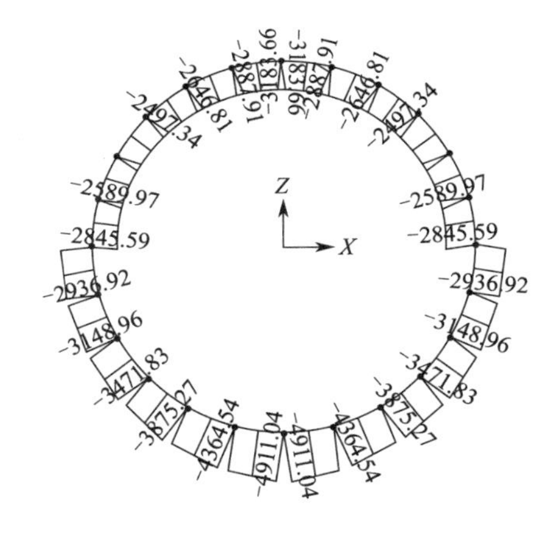

图4-33　标准组合轴力(kN)

表4-35　基本组合内力及配筋表

位置	截面尺寸(mm^2)	弯矩(kN·m)	轴力(kN)	计算配筋
管片上部	1 000×500	562.76	4 297.95	14Φ22Ⅱ筋
管片下部	1 000×500	438.06	6 629.90	9Φ22Ⅱ筋
管片左右侧部	1 000×500	269.29	3 418.99	11Φ22Ⅱ筋

表4-36　标准组合内力及配筋表

位置	截面尺寸(mm^2)	弯矩(kN·m)	轴力(kN)	计算配筋	裂缝宽度(mm)
管片上部	1 000×500	416.85	3 183.66	14Φ22Ⅱ筋	0.188
管片下部	1 000×500	199.47	4 911.04	9Φ22Ⅱ筋	0.056
管片左右侧部	1 000×500	324.49	2 537.70	11Φ22Ⅱ筋	0.176

表 4-37　最终选筋结果

位置	截面尺寸(mm^2)	最终配筋
管片上部	1 000×500	14 Φ 22 Ⅱ 筋
管片下部	1 000×500	14 Φ 22 Ⅱ 筋
管片左右侧部	1 000×500	14 Φ 22 Ⅱ 筋

7. 管片结构检算结果

通过上述计算可知，在目前资料的基础下确定的管片设计，是可行的。各工况下管片结构每环配筋情况如表 4-38、表 4-39 所示。

表 4-38　管片(D=5. 2 m)结构设计

工况	隧道埋深(m)	管片外径(mm)	管片宽度(mm)	管片厚度(mm)	管片混凝土标号	设计配筋	备注
1	<24	6 200	1 500	400	C50 P10	15 Φ 22 Ⅱ 筋	
2	24～446 457～477	6 200	1 500	400	C60 P12	18 Φ 22 Ⅱ 筋	
3	446～457 477～750	6 200	1 500	400	C60 P12	18 Φ 22 Ⅱ 筋	

表 4-39　管片(D=7. 0 m)结构设计

工况	隧道埋深(m)	管片内径(mm)	管片宽度(mm)	管片厚度(mm)	管片混凝土标号	设计配筋	备注
1	<24	7 200	1 500	400	C50 P10	20 Φ 22 Ⅱ 筋	
2	24～446 457～477	7 200	1 500	400	C60 P12	20 Φ 22 Ⅱ 筋	
3	446～457 477～750	7 000	1 500	500	C60 P12	26 Φ 22 Ⅱ 筋	

8. 管片螺栓检算

管片连接螺栓采用强度等级为 5. 6 级、性能等级为 A 级的钢材。环与环之间设 14 个纵向连接螺栓，沿圆周均匀布置；一环中相邻两块管片间环向连接设 2 个螺栓，每环共设 14 个环向螺栓。验算管片环接头剪切面应力如下：

(1)考虑管片(锥形)塌陷的计算

$$S_B = 2\pi WRB \cdot \frac{\theta}{360} \tag{4-7}$$

式中　S_B——螺栓产生的剪切力；

W——顶部垂直土压力和壁后注浆压力两者中较大者，此处取 300 kPa；

B——管片宽，取 1. 5 m；

R——管片外半径，取 3. 85 m；

θ——顶块中心角，取 36°。

管片连接螺栓 14×M33(5. 6，B 级)，A_b=6. 94 cm^2/根。

计算得：$S_B=130.63\times10^4$ N。

故每根螺栓的剪应力为：

$$\tau=\frac{S_B}{\sum nA_b}=188.22\times10^6\ \text{Pa}<190\times10^6\ \text{Pa}$$

(2)考虑整环管片塌陷的计算

考虑由所有的环连接螺栓来承受。管片环自重36.37×10^4 N/环，垂直荷载$W_1=30\times10^4$ Pa。

$$W=2W_1R+W_{自重}=267.37\times10^4\ \text{N} \tag{4-8}$$

故每根螺栓的剪应力为：

$$\tau=\frac{W}{2nA_b}=\frac{267.37\times10^4}{2\times20\times6.94\times10^{-4}}$$

$$=96.31\times10^6\ \text{Pa}<190\times10^6\ \text{Pa}$$

(3)考虑车辆刹车影响的计算

考虑由所有的环连接螺栓来承受设备刹车冲击力。

运营期间最大车辆荷载为：120×10^4 N。

根据《建筑结构荷载规范》(GB 50009—2001)(2006年版)第4.6.2条规定，车辆启动和刹车的动力系数，可采用1.1～1.3。在此取1.3进行计算。

设备刹车荷载为：

$$W=120\times10^4\times1.3=156\times10^4\ \text{N}$$

故每根螺栓的拉应力为：

$$\sigma=\frac{W}{nA_b}=\frac{156\times10^4}{20\times6.94\times10^{-4}}$$

$$=112.39\times10^6\ \text{Pa}<210\times10^6\ \text{Pa}$$

综上计算，采用M33(5.6，B级)螺栓，满足承载力计算要求。

9.管片结构设计的动态调整

目前的管片结构设计，是根据项目前期勘探资料，和类似工程经验进行分别设计确定的。随着工程的进展，根据地质详细勘察资料、施工过程中的地质超前预报、施工监测等施工过程中反馈的各种信息，对施工方法(包括特殊的、辅助的施工方法)、结构参数(管片结构的厚度、材料、配筋)等进行合理调整，以保证施工安全、围岩稳定、施工质量和支护结构的经济性。

4.4　结构防水、防腐蚀设计

4.4.1　防水设计

1.防水原则

以防为主，多道设防，综合治理。

以管片混凝土自身防水，管片接缝防水，隧道与其他结构接头部位防水为重点，确保隧道整体防水性能。

从百年大计考虑，采用防水性能好，耐久性优良的框型弹性密封垫圈，以满足管片施工、运营阶段的接缝防水要求。

2.防水标准

隧道防水等级为二级，且各工程部位满足表 4-40 要求。

表 4-40 防水标准

防水等级	渗漏标准	工程部位
A	不允许渗漏水，结构表面无湿渍	管片
B	不允许渗漏水，结构表面偶见湿渍	隧道上半部
C	有少量漏点，无线流和漏泥砂，实际渗水量<0.1 L/(m^2 · d)	下半部、洞门

3. 防水技术要求

管片混凝土抗渗等级为 P10、P12；洞门混凝土抗渗等级为 P10；联络通道混凝土抗渗等级为 P12。

管片裂缝应不大于 0.2 mm，洞门和联络通道裂缝应不大于 0.3 mm。

地下水对混凝土有腐蚀时，要求混凝土的抗侵蚀系数大于 0.8。

接头防水弹性密封垫的性能指标应符合表 4-41 要求。

表 4-41 弹性密封垫性能指标

性　能	氯丁橡胶	遇水膨胀橡胶	性　能	氯丁橡胶	遇水膨胀橡胶
硬度(SH)	65±5	50±5	膨胀率(%)		≥200
拉伸强度(MPa)	≥12	≥4	缓膨时间(h)		≥2
伸长率(%)	≥400	≥400	使用寿命(年)	≥100	≥100
永久压缩变形	≤20	≤25			

4. 管片防水

(1)管片背后充填注浆防水

根据盾构施工特点，在衬砌管片与天然土体之间存在环形空隙，通过管片背后填充与填充注浆来充填空隙，形成一道外围防水层，有利于隧道的防水。

管片背后填充豆粒石，在管片拼装完成后注入水泥砂浆。豆粒石具有较大孔隙，可以缓解和适应高地应力引起的围岩变形，减小地应力对隧道结构的影响。根据现场施工试验，必要时注浆材料采用惰性浆液。

注浆压力一般为 0.1～0.3 MPa，施工中应根据管片背后注浆情况进行调整，但需满足以下要求：a. 不能使管片因受压而错位变形；b. 不能使浆液经常或大量从管片间或盾构机与管片间渗漏。另外注浆时应采取合理措施保证注浆量。

(2)衬砌混凝土自防水

为满足衬砌混凝土自防水要求(抗渗等级 P10、P12)，在管片生产中，通过合理的配合比设计、规范的材料选购、严格的生产控制和检测来确保管片的抗渗性能。

(3)管片接缝防水

为了满足接缝防水要求，在管片接缝处设置了框形弹性密封垫和嵌缝两道防水措施，并以弹性密封垫为主要防水措施。

①弹性密封垫防水

弹性密封垫的材料选择首先应能满足防水要求的各项技术指标。目前国内、国际采用的材料大体分为三种：氯丁橡胶与水膨胀橡胶复合型、水膨胀橡胶和三元乙丙橡胶，此外，还发展有三元乙丙橡胶与水膨胀橡胶的复合型。

在弹性密封垫的应用方面，国内氯丁橡胶和水膨胀橡胶使用最多，技术成熟。国外，特别是欧洲则大量使用三元乙丙橡胶，具体比较情况如表4-42所示。

通过比较可以看出，三种类型的防水材料都可以满足复合盾构隧道的防水要求，工程实践也表明其防水性能的可靠性。从结构的早期防水效果看，三元乙丙橡胶有一定的优势，但由于拼装应力大，弹性密封垫若粘贴不当，在封顶块和邻接块接缝处，易于错位影响防水效果。水膨胀橡胶材料遇水膨胀的特点尤其适合于地下工程，对于结构长期使用后弹性密封垫应力衰减后其材料膨胀力有助于结构防水，而且由于管片拼装应力小，施工相对方便，但材料拼装前膨胀将影响其防水效果。因此施工管理要求严格。

综合考虑上述因素，结合地铁施工中的经验，防水材料采用遇水膨胀橡胶弹性密封垫。

为保证材料的防水效果，施工中管片封顶块在纵向插入时要求采用减摩润滑剂，以免相邻管片间止水条错位过大甚至完全错开而影响防水效果。

表4-42　防水材料性能比较

项目	水膨胀橡胶	三元乙丙橡胶	氯丁橡胶
防水机理	通过水膨胀力和橡胶的压缩弹性力止水	靠橡胶压缩弹性力止水	通过水膨胀橡胶的水膨胀力和氯丁橡胶的压缩弹性力止水
压缩特征曲线	曲线较陡	压缩量在适中区段压应力与压缩变形曲线平缓	曲线较陡
构造特点	矩形和梯形构造稳定，底面与沟槽尺寸相匹配，易固定。适应张开量小，带凸缘时适应张开量大	因中孔梳型构造和厚度大，在接缝张开量较大时，抗水压能力较强，密封垫完全压密时压应力也不至于太大	由于中孔梳型构造和厚度大，能适应较大张开量。氯丁橡胶具有使水膨胀橡胶膨胀只可在垂直方向膨胀，侧向膨胀受到限制的作用
耐久性	耐久性的试验方法仍在探讨之中，老化标准不确定。采用温度加速老化试验推算其耐久性。认为30年后压应力变化量为50%。也有试验推算其寿命为50～100年。一般认为其耐久性比氯丁橡胶和三元乙丙橡胶耐久性差	耐久性和耐老化性能优良。德国PHOENIX公司，通过大量的和长期试验研究表明，三元乙丙橡胶经过50年，其应力减少40%，并能达到100年的防水效果	氯丁橡胶具有较好的耐久性；复合的水膨胀橡胶材料是因掺有遇水膨胀树脂影响其耐久性；氯丁橡胶和水膨胀橡胶的复合型耐久性试验标准和方法仍在探讨之中
断面形状	矩形和矩形带凸缘；梯形和梯形带凸缘	爪型；梳型；中孔爪型和梳型	中孔爪型和梳型
几何尺寸	宽度、厚度较小	宽度、厚度较大	宽度、厚度较大
施工性	厚度薄、整体性好，易粘贴，管片拼装容易；水膨胀橡胶在漏涂缓膨剂时遇水，雨淋、遇潮及下坡施工时，会发生预膨胀，导致密封垫不能装入沟槽而造成漏水	虽然厚度较大，但由于其压缩特性曲线较平缓，拼装时，不会产生较大的压缩应力，不会对管片产生开裂；冬季施工时施工操作材料不会发生结晶变硬	水膨胀橡胶须涂缓膨剂；冬季施工时材料会发生结晶变硬，须进行烘烤
应用情况	首先由日本使用，亚洲普遍使用，我国上海盾构隧道、广州地铁均大量应用	欧洲管片接缝防水的主流产品；近年来我国上海地铁2号线、黄浦江人行隧道，广州地铁2号线，北京亮马河排污隧道等已开始使用	在我国上海应用最广泛，是上海管片接缝防水的主流产品

②嵌缝防水

嵌缝防水是构成接缝防水的第二道防线。在密封垫寿命期满之后，虽然无法更新密封垫，但作为内道防水线的嵌缝材料是容易剔除并重新嵌填。

嵌缝范围：洞门段 30 m、联络通道处等变形量大的衬砌环段进行整环嵌填，其余区段则在拱顶 45°范围和拱底 90°范围内嵌填的。

嵌缝材料：嵌缝槽密封材料内部嵌填可采用聚合物水泥（如氯丁胶乳水泥），材料与混凝土结合面用界面处理剂进行处理。

（4）螺栓孔及吊装孔（注浆孔）的防水

螺栓孔防水：采用遇水膨胀橡胶密封圈作为螺栓孔密封圈，利用压密和膨胀双重作用加强防水，而且材料到期可以更换。

吊装孔（注浆孔）防水：当吊装孔和注浆孔结合使用时，为减少注浆孔作为隧道渗水的薄弱环节，在吊装孔的管片外侧留 50 mm 的素混凝土，当需要进行衬砌背后二次注浆时，将吊装孔素混凝土破开，作为注浆孔使用。注浆孔设置一道遇水膨胀螺孔密封圈加强防水。

5. 洞门防水

（1）防水等级

按照要求，洞门防水等级应达到二级标准。

（2）防水措施

洞门端墙采用防水混凝土浇筑，其抗渗等级为 P10。

洞门段管片加强嵌缝防水。

6. 主副井横向联络通道防水设计

（1）防水等级

主副井横向联络通道防水等级应达到二级防水标准。

（2）防水措施

主副井横向联络通道采用矿山法施工，支护形式为复合衬砌，防水方式根据结构及施工特点其具体措施如下：

主副井横向联络通道采用全封闭卷材防水，并结合混凝土结构自防水。防水卷材采用无纺布＋PVC 防水板，或按业主的统一要求执行。结构自防水要求混凝土的抗渗标号为 P10。

二衬结构设计中考虑水压的影响，以免混凝土产生后期裂缝。并控制结构在短期荷载组合或长期荷载组合下，其裂缝宽度不大于 0.3 mm。

主副井横向联络通道与盾构接头处是防水的薄弱环节。根据地铁通道的设计施工经验，防水板由 PVC 先过渡到 ECB，再过渡到 SBS 后粘贴到盾构管片上，并在联络通道二衬与隧道管片接头处设置两道框形遇水膨胀橡胶止水条。

4.4.2 防腐蚀设计

根据地质勘探资料，本矿区大部分地段地下水对混凝土的侵蚀性为无～弱，为保证结构的耐久性，应采取相应的保护措施，腐蚀防护等级如表 4-43 所示。

表 4-43 防护等级表

腐蚀等级	防护等级	水泥	水灰比	最小水泥用量(kg)	铝酸三钙	保护层厚度
弱腐蚀	一级	普通硅酸盐水泥、 矿渣硅酸盐水泥、 火山灰硅酸盐水泥	0.6	340～360	＜8	

防腐设计采取以下措施：

混凝土的抗侵蚀系数不得低于0.8。

混凝土按防护等级选用合适的水泥品种，控制水灰比和水泥用量。

适度加大钢筋的保护层，结构迎水面钢筋保护层的厚度为50 mm。

保证管片背后空隙注浆回填的密实性。其中在中等腐蚀段，回填注浆材料中水泥可选择抗腐蚀性能较好的抗硫酸盐水泥，而且应进行二次注浆，保证盾尾空隙回填的密实性。

保证混凝土的密实性。

控制管片在加工、起吊、堆放、运输以及拼装等各个施工环节的开裂。

联络通道处钢管片采用环氧沥青漆等涂料进行防锈、防腐处理。

所有的外露铁件均须进行防腐蚀处理。

4.5　地层注浆加固、堵水、泄水设计

4.5.1　堵水与泄水的论证分析

本项目斜井由浅埋向深埋过渡，从埋深8 m到750 m要经历多个隔水层、潜水含水层、承压水含水层、沙层、含煤层、不良地层等。根据目前掌握的地勘资料显示，地层中的隔水层发育状况良好，起到了很好的隔水效果。由于复合盾构机的连续施工，会将各个隔水层和含水层破坏，形成一种连通状态。为了减小在埋深较大时水压力对主体结构受力的影响，需要减小隧道结构外侧水压力。根据山岭隧道和引水隧道等的设计施工经验，在含水地层采取以堵为主、疏堵结合的方式进行设计。

疏：就是用钻孔泄水，以降低穿过岩层的水压。

堵：就是采用注浆加固止水的方式，堵住流水进入隧道斜井的裂隙或空洞，使巷道通过的岩层与水源隔绝，做到无水或少水。

另外，对不良地质条件进行注浆加固。

4.5.2　注浆加固及堵水设计

管片衬砌外防水采用管片背后填充注浆和地层加固止水注浆两种方式相结合。在前面防水部分已对管片背后填充注浆进行了介绍。在此将地层加固止水注浆的设计进行说明。

1.注浆加固及堵水的目的

含水地层中，含有大量地下水。在含水层的上下均分布有稳定的隔水层。在隧道施工通过后，对含水地层、沙层、含煤层、不良地层等，进行注浆加固及堵水措施，有以下6个目的：

(1)恢复隔水层的隔水效果；

(2)有效增强地层的抗渗透能力；

(3)降低隧道结构外的地下水压力；

(4)减小含水层中地下水对隧道结构的影响；

(5)避免隧道外出现连通状态，形成一个庞大的水仓包围着隧道；

(6)改良不良地质条件，提高围岩稳定性，改善围岩力学参数。

2.注浆加固及堵水设计

(1)注浆加固及堵水横断面设计(图4-34、图4-35)

在含水地层范围内，对隧道周围360°全范围注浆。注浆材料采用水泥浆，如遇承压水等

特殊地层，可以考虑采用水泥水玻璃双液注浆及时堵水。

主井：注浆深度 6 m，注浆固结区半径 9.1 m。注浆管环向沿管片内弧每 30°布置一个孔，共 12 孔。注浆压力控制在 0.3～1 MPa 的静止压力。施工中可以根据地层特征进行局部调整。

副井：注浆深度 8 m，注浆固结区半径 12 m。注浆管环向沿管片内弧同样是每 30°布置一个，共 12 孔。注浆压力一般为 0.5～1.2 MPa 的静止压力，施工中可以根据地层特征进行适当调整。

(2)注浆加固及堵水深度范围确定

本盾构隧道斜井由浅埋向深埋过渡，从埋深 8 m 到 750 m 隧道要经历多个隔水层、潜水含水层、承压水含水层。隧道施工会将各个隔水层和含水层破坏，形成一种连通状态。

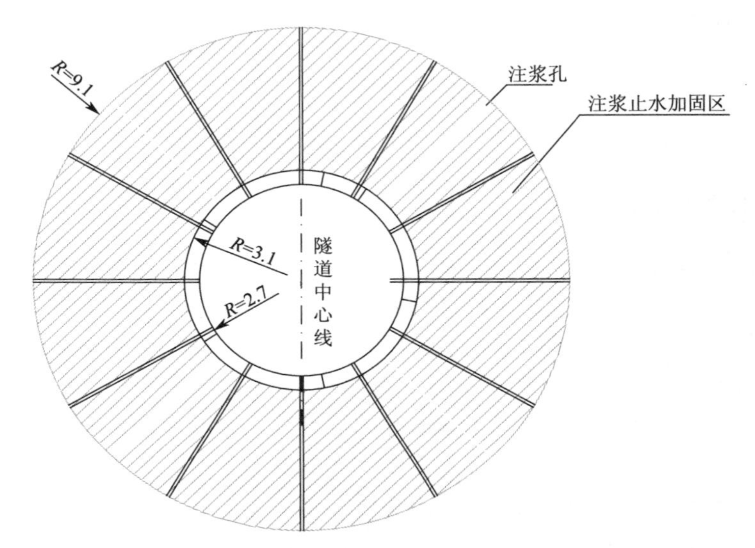

图 4-34　主井管片外地层注浆加固图(m)

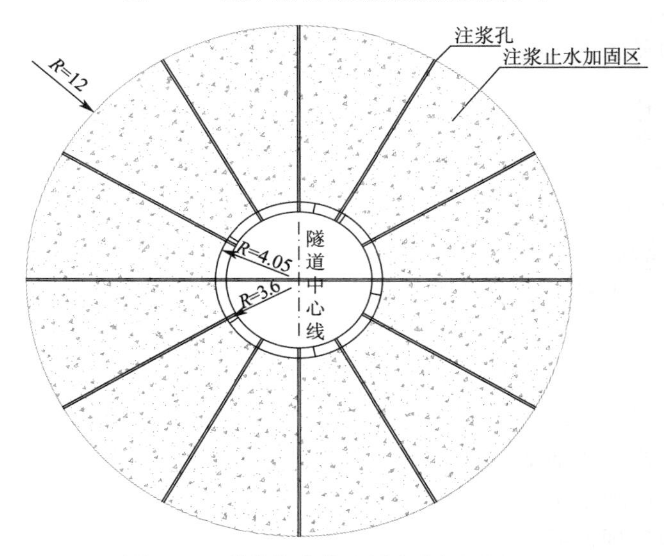

图 4-35　副井管片外地层注浆加固图(m)

鉴于前述提到的 6 种注浆目的，结合地层围岩的岩性和透水性，现将隧道外地层加固注浆分为：连续性注浆和间隔性注浆。

连续性注浆：为了保持含水地层中注浆加固止水的连续性，要在隧道外围含水地层进行连续性注浆。注浆环的纵向间距分别为：主井3 m；副井3.6 m。

间隔性注浆：为了避免在隧道外围形成一个庞大的连通水仓，要在含水量低、渗透系数低的地层进行间隔性注浆。注浆环的纵向间距为45 m。

随着隧道的埋深增大，结合地层围岩的岩性和透水性，现将注浆范围分别确定如下：

①连续性注浆区

埋深小于24 m范围内，有全新统风积砂层孔隙潜水含水层（Q_4^{eol}）；

埋深24～477 m范围内，以白垩系下统志丹群（K_1zh）和侏罗系中统安定组（J_2a）的细粒砂岩为主，岩石渗透系数小，以岩石裂隙水为主，施工时将岩石裂隙释放。

②间隔性注浆区

埋深477～750 m范围内，以泥岩夹层、粗粒砂岩、泥质砂岩为主，次为粉砂岩、泥岩、中～粗砂质泥岩等，厚度较稳定，分布较连续，隔水性能较好，存在孔隙潜水和承压水含水层。

(3)注浆加固及堵水范围动态调整

目前的地层注浆加固范围，是根据建设单位前期提供的1个柱状图进行分别确定的。

随着工程的进展，根据地质详细勘察资料、施工过程中的地质超前预报、施工监测等，需要进行动态设计，适时调整地层注浆加固及堵水范围。

4.5.3　泄水设计

1.泄水的目的

隧道埋深由8 m到750 m，地下的水压力对管片的受力影响逐渐增大。在大埋深含水地层中，采取注浆加固堵水措施难以彻底减小结构外水压力。为了结构的受力安全，当水压力大于0.3 MPa时，进行泄水减压，控制结构所承受的外部水压力不会超过0.3 MPa。

2.泄水设计

泄压孔沿斜井走向，呈二、三分布，在斜井横断面上，分别在10点、12点、2点钟位置，以及11点、1点钟位置设置泄水孔，结合泄水孔纵向间距，采取梅花形布置分布。泄水管采用金属管状过滤器型式，在隧道内端部设置泄压阀。当水压力大于0.3 MPa时，泄压阀自动泄水。

泄水孔断面纵向间距及泄水管长度：主井纵向间距为4 m，泄水管长6 m；副井纵向间距5 m，泄水管长9 m。

靠近排水沟侧的排水管用软管接入排水沟内；远离排水沟一侧的排水沟用软管引入路面底板内直径300 mm的PVC，经横截沟引入排水沟内。

在隧道内纵向设置排水沟，将泄压水和路面积水排入井下水仓，经排水系统排出隧道。

4.6　附属工程设计

鉴于盾构斜井依托于煤矿的主、副井，需要满足煤矿井筒的功能性要求。根据矿井的使用特点，需要进行附属工程设计，主要包括主、副井横向联络通道、洞门、路面结构等。

4.6.1　主、副井横向联络通道设计

考虑到长距离隧道的消防逃生等问题，结合《铁路隧道设计规范》（TB 10003—2005）和《公路隧道设计规范》(JTG D70—2004)的条文规定，结合建设单位的意见，每隔1 km设置一处主、副井横向联络通道，通道与主隧道成45°交角，如图4-36、图4-37所示。

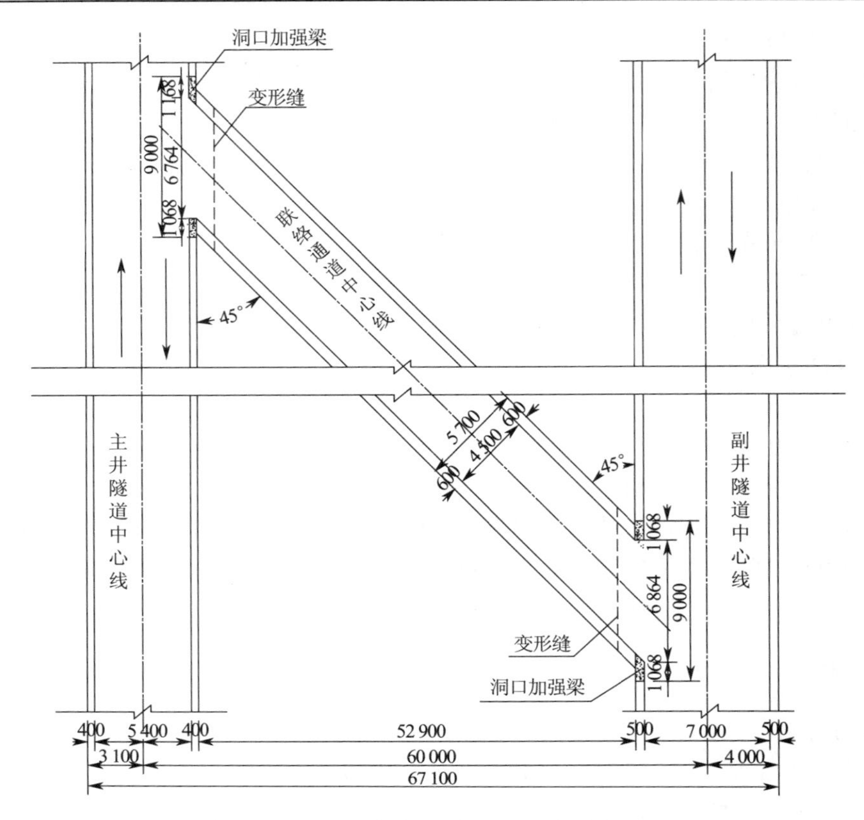

图 4-36　主、副井横向联络通道平面图(mm)

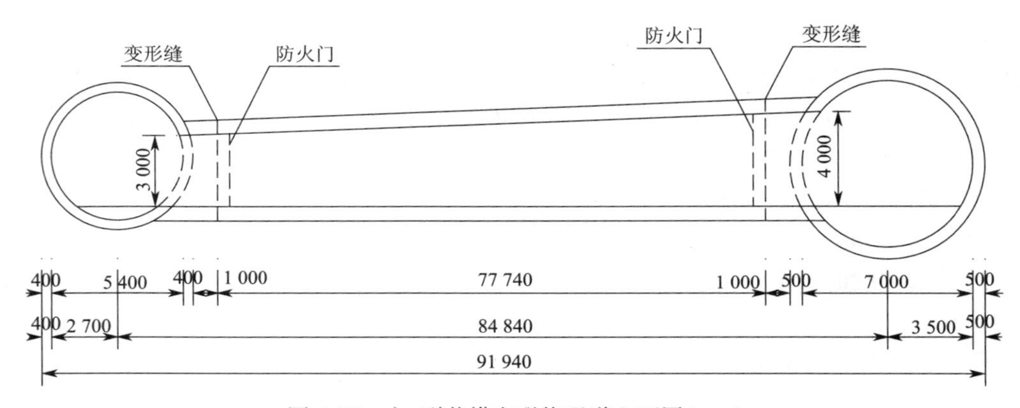

图 4-37　主、副井横向联络通道立面图(mm)

联络通道主要用于主井和副井之间人员紧急逃生，主井车辆转到副井行驶。在联络通道靠近主井和副井侧分别设置防火卷帘门，主井侧为 3 m(高)×4.5 m(宽)，副井侧为 4 m(高)×4.5 m(宽)。联络通道有效长度为 80.74 m。

通过主、副井横向联络通道平面图可知，主井和副井与联络通道成 45°角斜交。在通道对应位置，通过拆除钢筋混凝土管片，采用矿山法施工来完成联络通道。

结合主井通行车辆的规格，联络通道断面：在主井侧路面宽度为 4 m，最大净高度为 3 m；在副井侧路面宽度为 4 m，最大净高度为 4 m。

联络通道结构的支护形式为：①系统梅花形布置带垫板砂浆锚杆 $\phi25$，$L=4.5$ m，@1.0×

1.0，入岩 4.4 m；②ϕ6.5 单层钢筋网，网格间距 150 mm×150 mm；③C30 网喷混凝土初支；④400 g/m^2 无纺布＋PVC 防水板；⑤C40 P10 模筑混凝土。如图 4-38、图 4-39 所示。

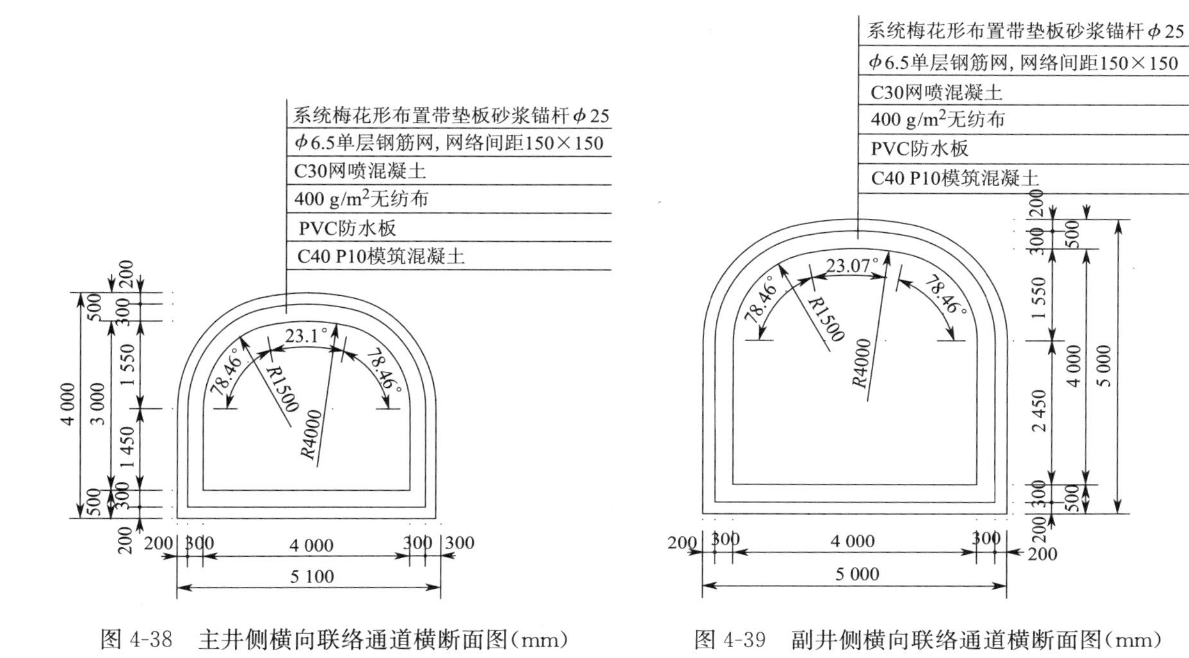

图 4-38　主井侧横向联络通道横断面图(mm)　　图 4-39　副井侧横向联络通道横断面图(mm)

4.6.2　洞门结构设计

隧道洞门指盾构隧道与 U 形槽端头井的接头部位的端墙洞口位置的结构。本工程主井和副井隧道分别只有 1 个洞门。

为了保证盾构机的顺利始发，需要在洞口处设置洞门端墙，端墙与隧道走向垂直，以利于盾构的始发掘进姿态。洞门端墙呈仰坡 6°。

洞门设计首先考虑施工时避免破除已做管片及洞门突出 U 形槽端墙。为此，通过设置合适的反力架和后盾管片，并结合隧道的管片排版情况，控制第一环管片的位置，使洞门厚度在 300～800 mm 之间调节。

具体施作：首先在盾构始发前在 U 形槽端墙内预埋钢筋，在斜井盾构隧道施工完毕后，进行洞门锁口环梁结构施工。锁口环梁断面为 600 mm×900 mm。

洞门结构设计为钢筋混凝土，混凝土的强度等级为 C40，抗渗等级为 P10。

4.6.3　副井路面结构设计

1. 路面结构设计基础(图 4-40)

由于斜井隧道在施工期与运营期两阶段，对运能要求差距较大，因此根据不同的运能要求，分别进行了路面结构设计。

(1)斜井施工阶段：计划采用的运输车辆是进口的全液压 MSV 多功能运输车，车辆宽1.9 m，车辆满载总重 70 t，为便于施工及满足工期要求，考虑将底拱设计成预制框架结构，纵向分块安装，可实现道路的快速施工，不妨碍掘进机施工。预制仰拱块宽度同管片环宽，宽度为 1.5 m。

(2)斜井的运营阶段，由于车辆限界宽 2.3 m，车辆满载总重 120 t，为满足材料运输要求，同样考虑采用双车道运输方案。在施工期道路的仰拱块路面上做铺装层，使道路宽度达到5.4 m，满足运输期双车道运输断面要求。

2. 仰拱块拼装方式

根据路面要求，我们计划采用C40预制钢筋混凝土仰拱块方案。根据施工需要将结构仰拱块与管片分别预制、安装。仰拱块设置3个箱室，可以在箱室内设排水通道及布设管线。

(1)管片与仰拱块之间的接触面均设置凸凹榫槽，便于路面荷载的传递。同时，为了将管片与仰拱块有效地结合到一起，在管片与仰拱块之间有20 mm高强水泥砂浆铺底。

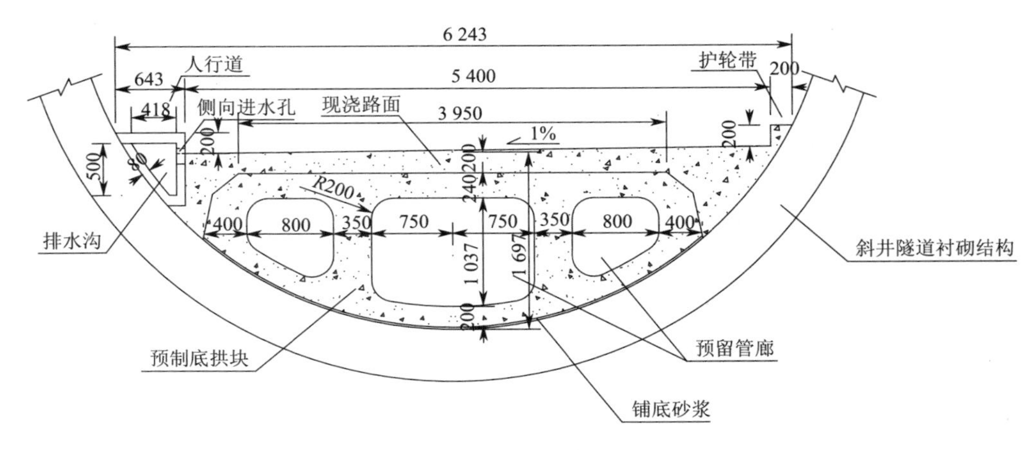

图 4-40 路面结构横断面图(mm)

(2)预制仰拱块之间的接触面均设置凸凹榫槽，便于预制块之间接触面的有效结合。

(3)为保证预制仰拱块的整体性，设置纵向预应力连接方式。在仰拱块预制时，中腹板上预留预应力孔道。按每10环张拉一次，将预制仰拱块纵向紧密连接起来。首次张拉，采用双向张拉；之后采用连接器将内部钢绞线接头连接，然后采用单端张拉的方式进行张拉连接。每次张拉完毕，进行填充注浆，注入微膨胀水泥浆。之后采用环氧树脂砂浆进行封锚处理。

(4)施工期间为满足斜井运营期间大载重量车辆通行要求，在仰拱块上方后浇20 cm厚混凝土路面，与仰拱块叠合共同承载。

3. 路面结构设计分析

(1)路面结构设计参数

本工程盾构隧道的路面结构形式采用现浇钢筋混凝土路面和预制钢筋混凝土仰拱块组合形式，路面结构设计参数暂时按表4-44确定。

表 4-44 路面结构设计参数

项　目	特　征	备　注
现浇路面结构厚度	200 mm	
预制底拱底板结构厚度	200 mm	
预制底拱顶板结构厚度	240 mm	
预制底拱中腹板结构厚度	350 mm	
预制底拱边腹板结构厚度	400 mm	
预制底拱块材料	C40 预应力钢筋混凝土	设纵连预应力
现浇路面结构材料	C40 钢筋混凝土	

（2）路面结构计算模型

模型采用荷载一结构模型平面杆系有限单元法，计算模型简图如图 4-41 所示。

①结构纵向取 1 延米作为一个计算单元，作为平面应变问题来近似处理；

②假定衬砌为小变形弹性梁，路面结构离散为足够多个等厚度直梁单元；

③用布置于各节点上的弹簧单元来模拟仰拱块与衬砌间的相互约束，以及反映仰拱块与衬砌结构之间的相互作用。

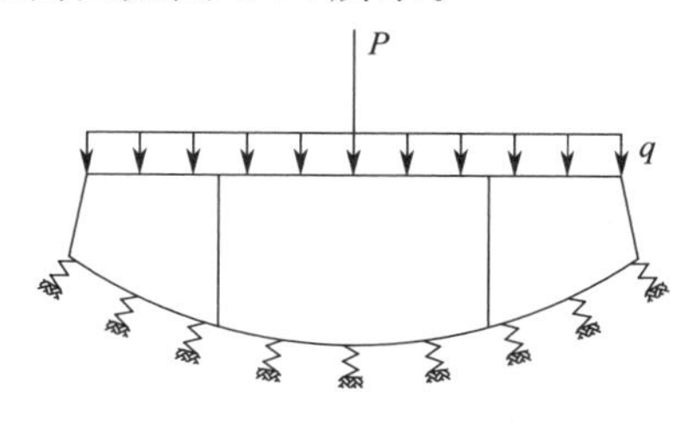

图 4-41　路面结构荷载-结构模型

（3）荷载及荷载组合

路面结构承受荷载根据使用期间永久荷载、活载确定。

永久荷载：路面结构自重。

活载：根据使用阶段不同，参照《公路桥涵设计通用规范》（JTG D60—2004）进行分别确定。

其中，施工期车辆荷载：70 t，$P=700/4=175$ kN，轮距 1.9 m。

运营期车辆荷载：120 t，$P=1\ 200/4=300$ kN，轮距 3.6 m。

根据《建筑结构荷载规范》（GB 50009—2001）（2006 年版）的规定，按路面结构在施工阶段和使用阶段可能出现的最不利情况进行荷载组合。各种荷载组合及分项系数如表 4-45 所示。

表 4-45　荷载组合与分项系数

荷载种类 / 组合	永久荷载	可变荷载	人防荷载	地震荷载
基本组合 1：永久荷载＋基本可变荷载	1.35	1.4		
标准组合 2：永久荷载＋基本可变荷载	1.0	1.0		

（4）计算工况的确定

由于斜井隧道在施工期与运营期两阶段，对运能要求差距较大，因此根据不同的运能要求，分别进行了路面结构设计。

在此检算时，共分两个工况分别进行：施工期与运营期。

施工期：主要由底拱预制块来承受施工期的各种荷载。

运营期：由现浇路面与底拱预制块共同承受运营期的各种荷载。

4. 结构检算

（1）施工期的检算

施工期的路面结构主要底拱预制块，由底拱预制块来承受施工期的各种荷载。施工期主要通行全液压 MSV 多功能运输车，最大车辆荷载为 70 t。

①荷载确定

车辆荷载：$P=700/4=175$ kN。

衬砌管片对底拱有支撑作用，用弹簧模拟支撑力。弹性反力系数 K 取 400 MPa/m。

选取 2 种车辆位置进行计算（L 为车辆中心线至路面左端点的距离）。

工况 a：车辆一中心线距路面右端点的距离 L_1 为 0.7 m；车辆二中心线距路面右端点的距

离 L_2 为 2.9 m,车辆之间的净距为 0.3 m。

工况 b:车辆一中心线距路面右端点的距离 L_1 为 0.9 m;车辆二中心线距路面右端点的距离 L_2 为 3.1 m,车辆之间的净距为 0.3 m。

②计算结果

采用计算软件为 SAP2000 版本,为通用结构计算软件。各种结构计算的信息和荷载都是在计算过程中分别组合并直接加载在结构上,计算结果如图 4-42～图 4-45 所示,配筋计算如表 4-46～表 4-48 所示。

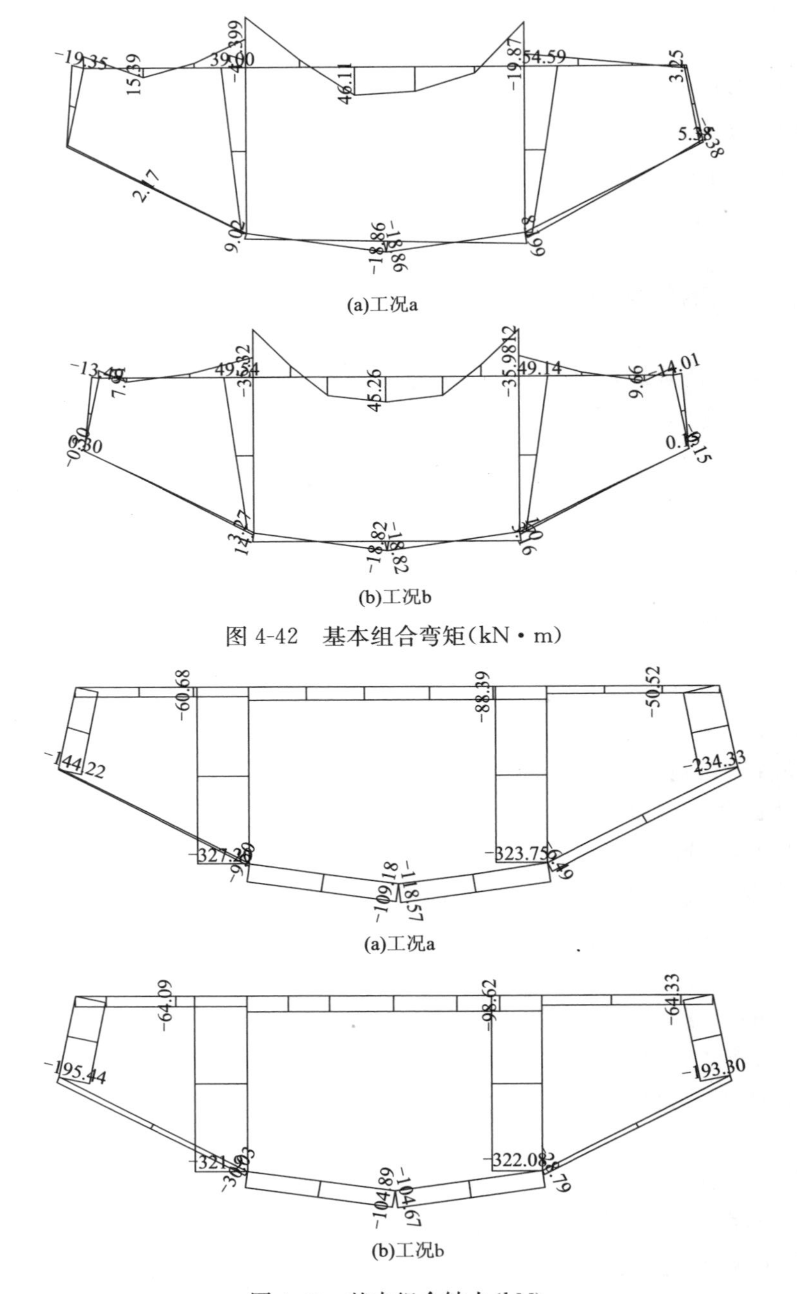

(a)工况a

(b)工况b

图 4-42 基本组合弯矩(kN·m)

(a)工况a

(b)工况b

图 4-43 基本组合轴力(kN)

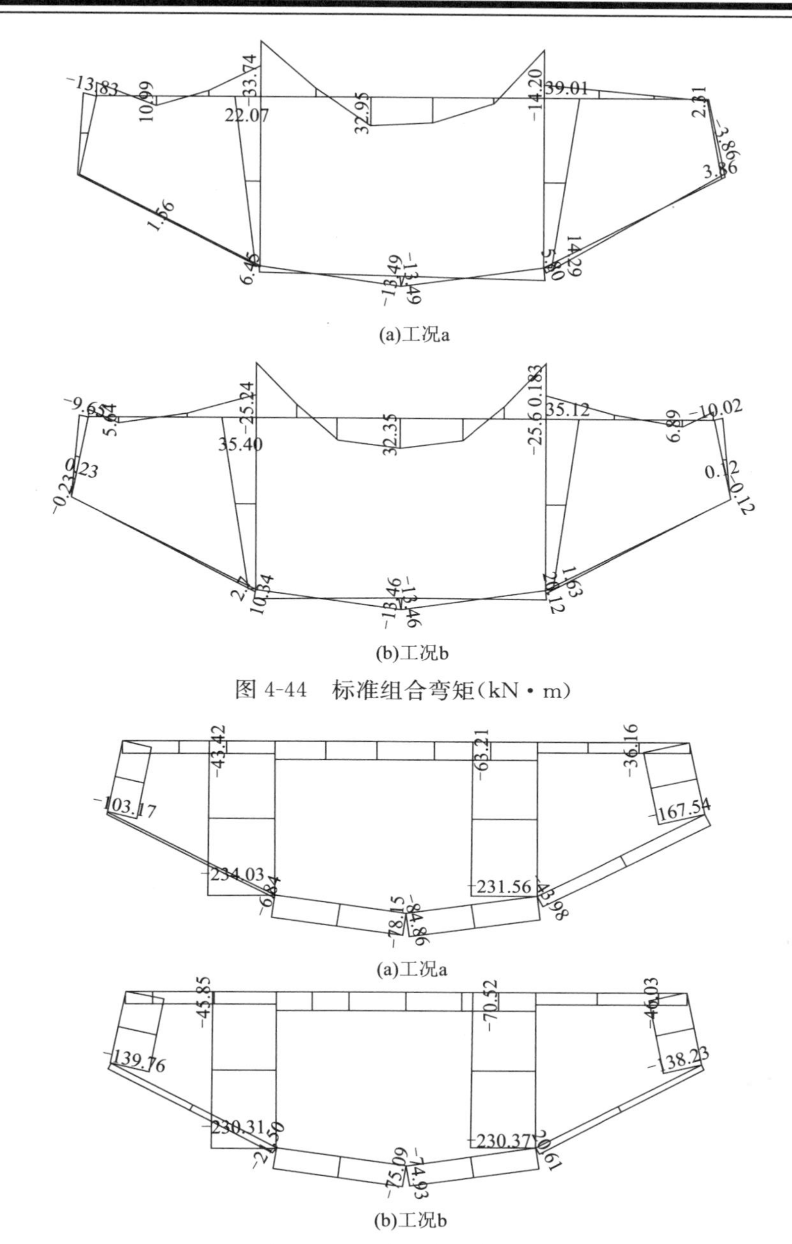

(a)工况a

(b)工况b

图 4-44　标准组合弯矩(kN·m)

(a)工况a

(b)工况b

图 4-45　标准组合轴力(kN)

由上述图中可知，工况 a 的荷载值均高于工况 b 的荷载值，因此选取工况 a 进行计算分析。

表 4-46　基本组合内力及配筋表

位置	截面尺寸(mm^2)	弯矩(kN·m)	轴力(kN)	计算配筋
预制块顶板	500×240	86.39	88.39	5Φ22Ⅱ筋
预制块底板	500×200	19.99	118.57	5Φ16Ⅱ筋
预制块中腹板	500×350	54.59	317.47	5Φ20Ⅱ筋
预制块侧腹板	500×400	19.35	140.88	5Φ20Ⅱ筋

表 4-47　标准组合内力及配筋表

位置	截面尺寸(mm^2)	弯矩(kN·m)	轴力(kN)	计算配筋	控制因素
预制块顶板	500×240	61.74	63.21	5 Φ 22 Ⅱ 筋	—
预制块底板	500×200	13.49	84.56	5 Φ 16 Ⅱ 筋	构造配筋
预制块中腹板	500×350	39.01	226.91	5 Φ 20 Ⅱ 筋	构造配筋
预制块侧腹板	500×400	13.83	100.70	5 Φ 20 Ⅱ 筋	构造配筋

表 4-48　施工期选筋结果

位置	截面尺寸(mm^2)	最终配筋	位置	截面尺寸(mm^2)	最终配筋
预制块顶板	1 000×240	10 Φ 22 Ⅱ 筋	预制块中腹板	1 000×350	10 Φ 20 Ⅱ 筋
预制块底板	1 000×200	10 Φ 16 Ⅱ 筋	预制块侧腹板	1 000×400	10 Φ 20 Ⅱ 筋

(2)运营期的检算

运营期的路面结构由现浇路面与底拱预制块组成，由现浇路面与底拱预制块共同承受运营期的各种荷载。运营期通行最大车辆荷载为 120 t(含车重和载重)。

①荷载确定

车辆荷载：$P=1\ 200/4=300$ kN。

衬砌管片对底拱有支撑作用，用弹簧模拟支撑力。弹性反力系数 K 取 400 MPa/m。

选取 2 种模式进行计算(L 为车辆中心线至路面左端点的距离)：

工况 a：车辆中心线距路面右端点的距离 L 为 1.99 m。

工况 b：将车辆荷载平均分布在路面上，$P=300\times2/(3.9\times0.5)\times0.5=150$ kN/m。

②计算结果

采用计算软件为 SAP2000 版本，为通用结构计算软件。各种结构计算的信息和荷载都是在计算过程中分别组合并直接加载在结构上，计算结果如图 4-46～图 4-49 所示，配筋计算如表 4-49～表 4-51 所示。

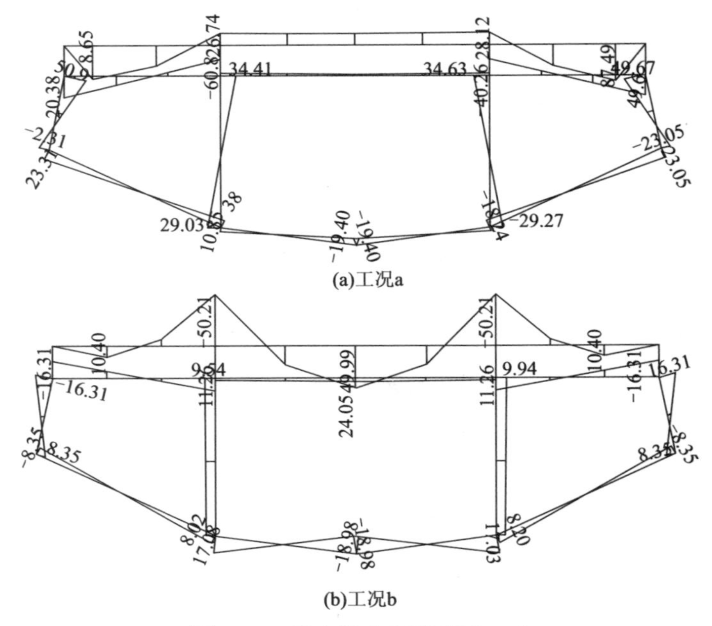

(a)工况a

(b)工况b

图 4-46　基本组合弯矩(kN·m)

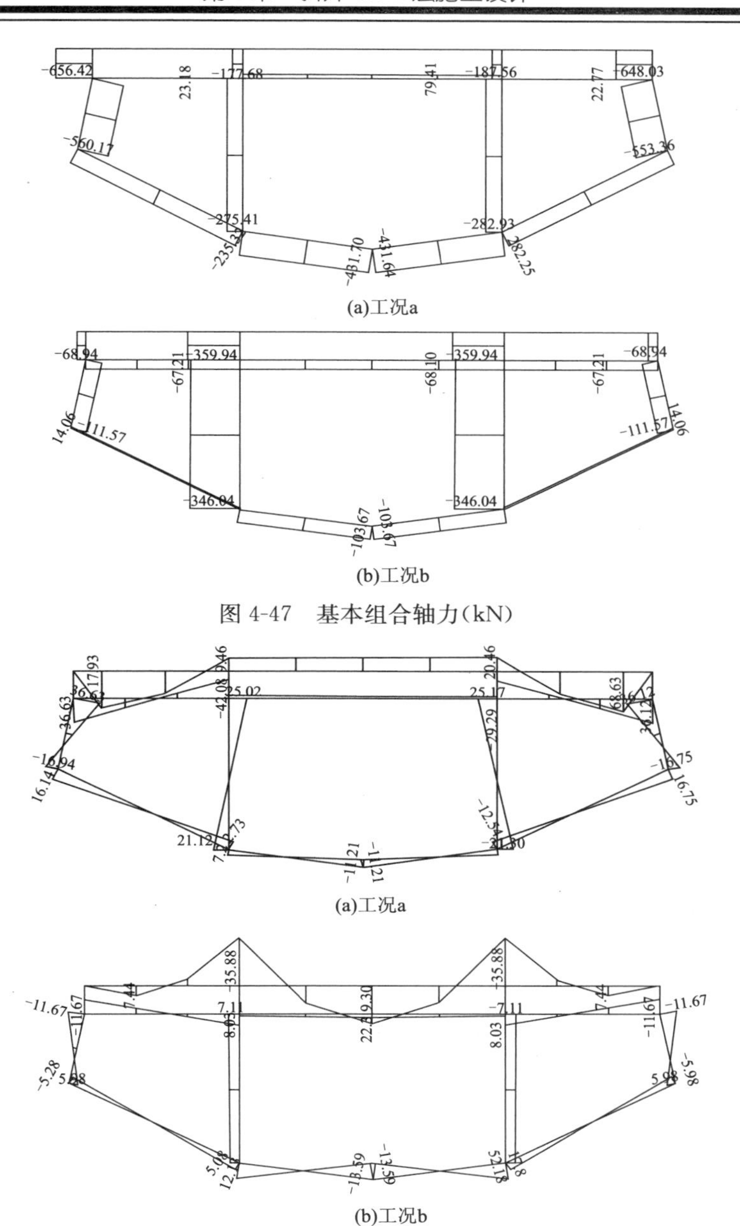

(a)工况a

(b)工况b

图 4-47　基本组合轴力(kN)

(a)工况a

(b)工况b

图 4-48　标准组合弯矩(kN·m)

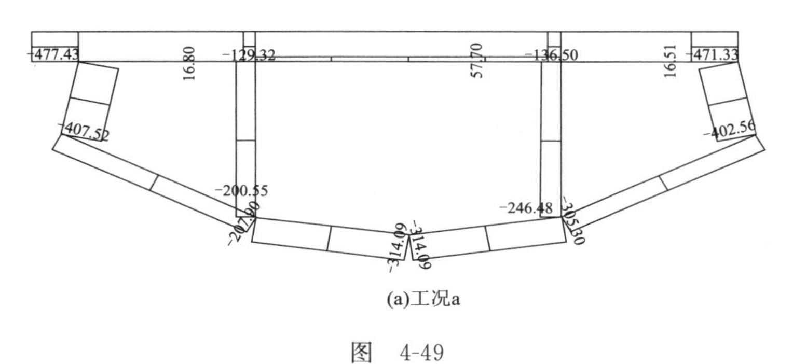

(a)工况a

图　4-49

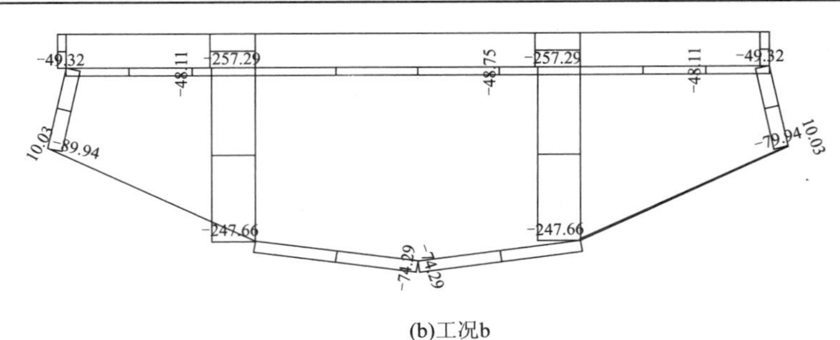

(b)工况b

图 4-49　标准组合轴力(kN)

由上述图中可知,工况 a 的荷载值高于工况 b 的荷载值,选取工况 a 进行分析。

表 4-49　基本组合内力及配筋表

位　　置	截面尺寸(mm²)	弯矩(kN·m)	轴力(kN)	计算配筋
现浇路面	500×200	87.49	—	5Φ28Ⅱ筋
预制块顶板	500×240	50.38	79.41	5Φ22Ⅱ筋
预制块底板	500×200	15.39	431.56	5Φ16Ⅱ筋
预制块中腹板	500×350	34.63	269.13	5Φ20Ⅱ筋
预制块侧腹板	500×400	50.38	556.84	5Φ20Ⅱ筋

表 4-50　标准组合内力及配筋表

位　　置	截面尺寸(mm²)	弯矩(kN·m)	轴力(kN)	计算配筋	控制因素
现浇路面	500×200	50.21	—	5Φ28Ⅱ筋	—
预制块顶板	500×240	16.31	67.21	5Φ22Ⅱ筋	—
预制块底板	500×200	18.98	103.67	5Φ16Ⅱ筋	构造配筋
预制块中腹板	500×350	9.94	339.76	5Φ20Ⅱ筋	构造配筋
预制块侧腹板	500×400	16.31	68.94	5Φ20Ⅱ筋	构造配筋

表 4-51　运营期选筋结果

位　　置	截面尺寸(mm²)	最终配筋
现浇路面	1 000×200	10Φ28Ⅱ筋
预制块顶板	1 000×240	10Φ22Ⅱ筋
预制块底板	1 000×200	10Φ16Ⅱ筋
预制块中腹板	1 000×350	10Φ20Ⅱ筋
预制块侧腹板	1 000×400	10Φ20Ⅱ筋

通过施工期与运营期的路面结构分别检算得知,本路面结构是可行的。比较两者的选筋结果运营期的配筋略高于施工期的配筋。表 4-52 为最终选筋结果。

表 4-52　最终选筋结果

位　　置	截面尺寸(mm²)	最终配筋
现浇路面	1 000×200	10Φ28Ⅱ筋
预制块顶板	1 000×240	10Φ22Ⅱ筋
预制块底板	1 000×200	10Φ16Ⅱ筋
预制块中腹板	1 000×350	10Φ20Ⅱ筋
预制块侧腹板	1 000×400	10Φ20Ⅱ筋

第5章　掘进机选型

5.1　设备选型

5.1.1　选型原则及要点

掘进机的选型要考虑到：设计要求、安全可靠、造价低、功效高、节能环保等方面。

针对本工程掘进机选型应按照以下原则：

(1)掘进机机型和功能必须满足本工程斜井施工条件和环境等要求。

(2)按本工程的地质条件，要求其性能与工程地质、水文地质条件相适应。

(3)具有良好的性能和可靠性，具备超前预报和一定自救自护能力。

(4)系统机电一体化，并与出渣及供应运输系统配套，具备满足掘进进度指标要求的能力。

(5)类似地质、施工条件下掘进机选型、施工实例及其效果。

(6)掘进机机制造商的知名度、良好的业绩、信誉与技术服务，并进行有针对性的设计与制造。

5.1.2　选型依据

(1)工程与水文地质条件。斜井穿越的风积沙、砂岩、砂质泥岩、煤层等地层，岩石抗压强度20～60 MPa，普遍在30 MPa以下，坚硬程度：软弱～中等硬度；直接充水含水层(J_2y)以孔隙含水层为主，裂隙含水层次之。含水层富水性微弱，补给条件和径流条件较差；涌水量较小。

(2)斜井设计根据斜井断面要求，如坡度及支护结构等。

(3)施工安全要求。要求机载超前地质预测预报系统，及早发现未曾预见的不良地质状况，及时快速准确的提供服务信息；配备机器超前勘探的能力，使用多功能钻机来实现；确保设备的推进速度，缩短作业时间；对有害气体环境有良好的适应性。

(4)应对复杂地质能力，软硬通吃。对掘进机要求具有刀盘大扭矩，短护盾长度，提高通过破碎围岩和挤压地层的适应性；要求设备提供大推力，在通过硬岩和完好地层时具有良好的推进能力。

(5)满足进度要求。平均月掘进应达到450 m，高峰期应达到月掘进700 m。

5.1.3　掘进机的特点及适应性分析

1. 掘进机类型简介(表5-1)

表5-1　全断面掘进机分类表

<table>
<tr><td rowspan="4">全断面
掘进机</td><td rowspan="4">开敞式
掘进机</td><td rowspan="2">撑靴式</td><td>单撑靴</td></tr>
<tr><td>双撑靴</td></tr>
<tr><td rowspan="2">护盾式</td><td>双护盾</td></tr>
<tr><td>单护盾</td></tr>
</table>

续上表

全断面掘进机	密闭式掘进机	泥水式
		土压式
		复合式

2. 开敞式掘进机特点及适应性分析

(1)撑靴式 TBM 掘进机

撑靴式硬岩掘进机的主要功能系统包括挖掘、支撑和安全支护系统，撑靴式 TBM 特点：

①撑靴式 TBM 是为隧道（洞）地质条件好、地层稳定、岩质坚硬而设计的开敞式掘进设备，具有设备坚固、掘进速度快、成本购成低等特点。

②此类 TBM 的刀盘结构坚固，面板上几乎没有开口，只是在刀盘周边设置几个铲斗装渣，从刀盘面板背后的中心开口卸渣至胶带输送机上。

③由于掌子面地层稳定，主要由刀盘上安装且具有挤压破碎硬岩的盘（碟）型滚刀破岩，开敞式掘进。

④该 TBM 由设备两侧的撑靴撑往已掘进后的洞壁（接地压力大于 3 MPa）上，以提供刀盘掘进时足够的破岩推力的支撑反力，同时，稳定主梁以保持着 TBM 的掘进方向。

⑤此类 TBM 配备有锚杆一挂钢筋网、钢拱架（或钢格珊）、初喷和重复喷射混凝土等设备，对巷道开挖表面进行初期支护，一般待巷道全部贯通后，再进行巷道整体模筑衬砌，不采用昂贵的管片衬砌。

⑥硬岩 TBM 没有全圆的钢制盾壳保护，只在刀盘部位设置有分块式（顶护盾、侧护盾和前下支撑）的伸缩护盾，以稳定刀盘沿着指定的方向掘进。

⑦一般的硬岩 TBM 还配备了管棚钻机及钻具，以便采用注浆预加固断层破碎带，再掘进通过并保证巷道稳定。

⑧TBM 换步时，撑靴收回，利用前下支撑和尾部支撑调准机器主梁（视为钻杆）方向，并由撑靴固定，掘进过程中机器不能调向。

撑靴式 TBM 主要优点：

①由于硬岩 TBM 没有全圆钢制盾壳，因此，不会被围岩变形卡住盾壳而难以脱困。

②机器上设置有完善的锚杆一挂网钢拱架和喷混凝土等巷道初期支护设备，能较好对巷道的变形进行柔性支护，以适应 TBM 通过断层破碎带和高地应力区段掘进，待变形稳定后再进行二次衬砌，以确保巷道施工质量。

③采用硬岩 TBM 施工的巷道，可不用昂贵的管片衬砌巷道，而采用一般柔性支护，待变形趋稳后再模筑衬砌，以改善结构受力和降低隧道成本。

④硬岩 TBM 掘进的巷道能较好的与钻爆法施工巷道相互利用，便于采用相应的应变措施通过巷道施工中的困难地段。

撑靴式 TBM 设备缺陷分析：

①地质适应性较差。撑靴式 TBM 对地层最为敏感，对于穿越软弱地层及断层破碎带，大型的岩溶暗河发育的隧道、高地应力隧道、软岩大变形隧道、可能发生较大规模突水涌泥的隧道等特殊不良地质隧道，钻爆法较 TBM 施工更能发挥其机动灵活的优越性。

②工程适应性单一。TBM 体积庞大，运输移动较困难，施工准备和辅助施工的配套系统较复杂，加工制造工期长，对于短隧道和中长隧道很难发挥其优越性，而钻爆法则具有相对经

济的优势；对于 10～20 km 的特长隧道，可以对 TBM 法和钻爆法施工进行经济技术比较。

③断面适应性较差。断面直径过小时，TBM 后配套系统不易布置，施工较困难；而断面过大时，又会带来动力不足、运输困难、造价昂贵等种种问题。另一方面，变断面隧道也不能采用 TBM 施工。

④对施工场地环境有特殊要求。TBM 属大型专用设备，设备重超千吨，最大部件重量达数百吨，拼装长度一般都超过 200 m。同时配套设施多，主要有混凝土搅拌系统、管片预制厂，修理车间、配件库、材料库、供水、供电、供风系统，运渣和翻渣系统，装卸调运系统，进场场区道路，TBM 组装场地等。对施工场地环境和运输方案等都提出了很高的要求。

(2)单护盾掘进机(图 5-1)

单护盾掘进机主要由护盾、刀盘部件及驱动机构、刀盘支承壳体、刀盘轴承及密封、推进系统、激光导向机构、出渣系统、通风除尘系统和衬砌安装系统等组成。

其基本原理是隧道开挖时，掘进机由推进油缸动作来产生必要的推力。同时，刀盘转动破碎工作面的岩石，岩石碎屑由位于主机中部的皮带机运出。当掘进到一定长度后，掘进停止，在盾尾的保护下，进行管片安装及注浆，从而完成一个工作循环。为减小在巷道覆盖层较厚或围岩收缩挤压作用较大时护盾被挤住，护盾沿巷道轴线方向的长度应尽可能短些，这样也可使机器的方向调整更为容易。

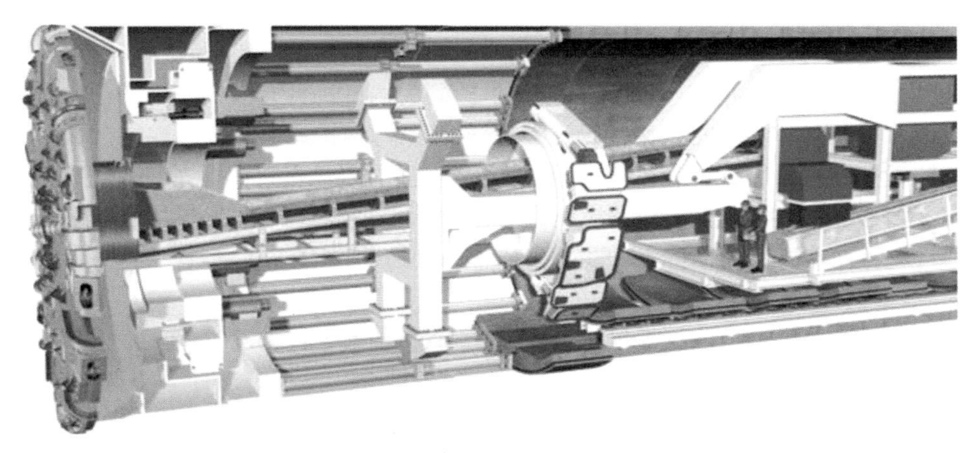

图 5-1　单护盾 TBM 示意图

①单护盾掘进机的应用特点

单护盾掘进机只有一个护盾，大多用于软岩和破碎地层，不采用象撑靴式掘进机那样的支撑靴板。在开挖巷道时，机器的作业和巷道衬砌是在护盾的保护下进行的。由于不使用支撑靴板，机器的前推力是靠护盾尾部的推进油缸支撑在衬砌上获得的，即掘进机的前进要靠衬砌作为“后座”。现在国际上在软岩或破碎地层中和单护盾掘进机配套的衬砌方法一般采用洞外预制的预应力钢筋混凝土衬砌管片。用单护盾掘进机内的衬砌管片安装器来进行安装。衬砌块可设计成最终初砌，也可设计成初步衬砌随后再进行混凝土现场浇筑。

由于这类掘进机的掘进需靠衬砌管片来承受推力，因此在安装衬砌管片时必须停止掘进，即机器的岩石开挖和管片村砌块的铺设不能同时进行，从而限制了掘进速度。但由于巷道衬砌紧接在机器后部进行，消除了支撑式掘进机因岩石支护而引起的停机延误，因此掘进速度可以有所补偿。

②单护盾 TBM 适用范围

当隧道以软弱围岩为主，抗压强度较低时，适用于护盾式，但如果采用双护盾，护盾盾体相对于单护盾长，而且大多数情况下都采用单模工作，无法发挥双护盾的作业优势。单护盾盾体短，更能快速通过挤压收敛地层段；从经济角度看单护盾比双护盾便宜，可以节约施工成本。所以这种地质情况，宜采用单护盾 TBM。

(3)双护盾掘进机(图 5-2)

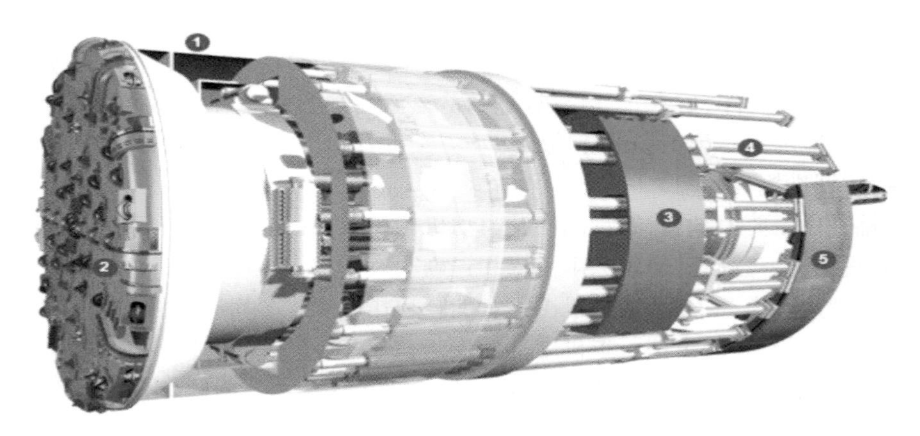

图 5-2　双护盾掘进机示意图

从隧道掘进操作方面来讲，双护盾硬岩掘进机属于最复杂的掘进机类型。撑靴理念与管片安装操作的完美结合，使双护盾掘进机能较好地适应地质情况。因此，该设备是用于含有断层的中、硬岩地层中理想的隧道掘进设备。双护盾硬岩掘进机具有以下应用特点：

①双护盾掘进机的主机安装在前后两个钢壳护盾中，两护盾之间铰接连接。

②双护盾掘进机可用撑靴紧撑掘进后的洞壁，以提供刀盘掘进时足够的破岩推力的支撑反力，当在软岩或土层中掘进，撑靴紧撑掘进后的洞壁不足以提供掘进推力所需支撑力时，则撑靴收回且靴板面与盾壳弧面齐平，此时，由盾壳内周边的推力油缸撑顶在盾尾内已拼装好的管片端面上，提供刀盘所需的掘进破岩推力。

③当采用撑靴提供推进油缸支撑反力座时，类似硬岩掘进机掘进时，尾盾内的管片拼装作业可与掘进作业同时进行，此时的掘进速度最快。

④在软弱地层中采用推力油缸撑顶在管片端面上(类似掘进机掘进)提供掘进推力时，掘进和管片拼装为交替顺序作业，此时的掘进速度较慢。

双护盾硬岩掘进机适应性特点：

①双护盾掘进机既适应在硬岩中掘进巷道，也适应在软弱地层中掘进巷道，具有广泛的地质条件适应性，故应用广泛。

②双护盾掘进机机器价格高，施工的巷道一般需用钢筋混凝土管片衬砌，则巷道的成洞成本高，但由于它们掘进速度快而有利于降低综合成本。

③由于双护盾掘进机可在护盾保护下完成巷道掘进各作业程序，因此，巷道掘进安全、环保，特别适应在地层较差的特长巷道掘进中使用。

④双护盾掘进机在高地应力区段掘进时，当掘进机停机时间较长时，盾壳往往被洞室变形卡死，使掘进机脱离困境十分困难，因此，在高地应力的巷道掘进中慎用。

双护盾硬岩掘进机缺陷：

①开挖中遇到不稳定或稳定性差的围岩时，会发生局部围岩松动塌落，需采用超前钻探提前了解前方地层情况并采取预防措施。

②在深埋软岩段或断层破碎带地层施工时，可能引发软岩的塑性变形，因松散岩层对掘进机护盾的压力较大，易卡住护盾及掘进机机头下沉事故，施工前需准确勘探地质，并先行预处理，并在施工中采取相应对策。

③对深埋软岩巷道，地应力较大，由于掘进机掘进的表面比较光滑，因此地应力不容易释放，与钻爆法相比，更容易诱发高地压。且双护盾掘进机施工采用刚性管片支护，这与高应力条件下的支护原则是不相符的，相对于柔性支护来说，更容易受损。

3. 密闭式掘进机特点及适应性分析

(1)土压平衡盾构机(图 5-3)

土压平衡盾构机主要由盾体、刀盘及驱动机构、主轴承及密封、推进系统、激光导向机构、出渣系统、通风系统和衬砌安装系统等组成。

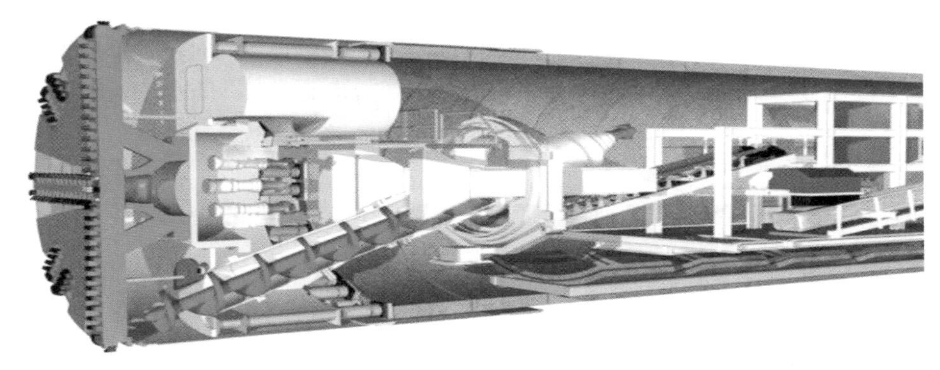

图 5-3　土压平衡盾构机示意图

土压平衡盾构的基本工作原理是由旋转刀盘上的刀具将土体切割下来，然后将土体通过刀盘开口挤入土仓，与土仓内已有的黏性土浆混合。千斤顶的压力通过舱壁传给土仓内土体，从而保证开挖面的稳定。当土仓内的土体不能再被土压力和水压力压紧时，就达到了土压平衡，这时开挖面的土压约等于土仓中土体的压力。当土仓中土体的压力增加至超过平衡时的土压时，土仓中土体就会压紧开挖面的土体，这会导致盾构前方的地面隆起。当土仓中的土体压力小于平衡土压时，通常会引起地面下沉。

土仓中的土体在压力的作用下通过螺旋输送机被输送出去。在一定速度下进行掘进时通常可以通过改变螺旋输送机的速度来控制土压。当螺旋输送机转速较快时泥土就会迅速被运出去，这时土压就会降低，相反土压就升高。为了保证掘进过程中土压的稳定，土仓的压力应和刀盘前的水压＋土压保持一致，以防止刀盘前的土体下沉和土体的泄漏。

当掘进到一定长度后，掘进停止，在盾尾的保护下，进行管片安装，从而完成一个工作循环。

土压平衡盾构的应用特点：土压平衡盾构机特别适用于低渗水性的黏土、亚黏土或淤泥质的混合土质，也适合局部含有 150 MPa 以下岩层的复合地层，并且在渣土改良的配合下也能适合于高渗透性的砂层、砾石层和卵石层。

(2)泥水式盾构机

泥水平衡盾构通过向刀盘密封舱内加入泥水(浆)来平衡开挖面的水、土压力，刀盘的旋转切削和推进在泥水(浆)的环境下进行。泥水、渣是通过泥水泵抽出，泥水是通过循环的泥水系统处理添加。由于使用泥水泵和泥水处理系统，能有效地控制掌子面的泥水压力，保持开挖面的平衡稳定性及控制地面沉降。

泥水盾构的特点：

①泥水盾构机在施工过程连续性好，效率高，目刀具在泥水环境中工作，由于泥水的冷却与润滑作用，刀具磨损小，有利于长距离掘进。

②泥水平衡盾构在掌子面根据要求添加泥水（浆），对掌子面的地层进行了改良，泥水平衡盾构设置卵石破碎机，对孤石进行破碎处理，所以泥水平衡盾构对高水压和砂、K 性、含孤石等地层都能适应。

③由于泥水平衡盾构不设置螺旋输送机，盾构内部空间变大，在大直径隧道施工具有一定技术优势。

泥水盾构的适应性及缺点：泥水盾构对硬岩适应性差，排渣磨损大，能耗高；很难实现有掘必探，不能超前钻孔卸压强排水，风险大。

(3)双模式复合盾构（图 5-4、图 5-5）

复合盾构是单护盾掘进机与土压平衡盾构机的结合体。该种设备同时具备单护盾掘进机与土压平衡盾构机的优势，既能够在中硬岩地层中高速顺利推进，也能够在不良地层中灵活摆脱束缚。

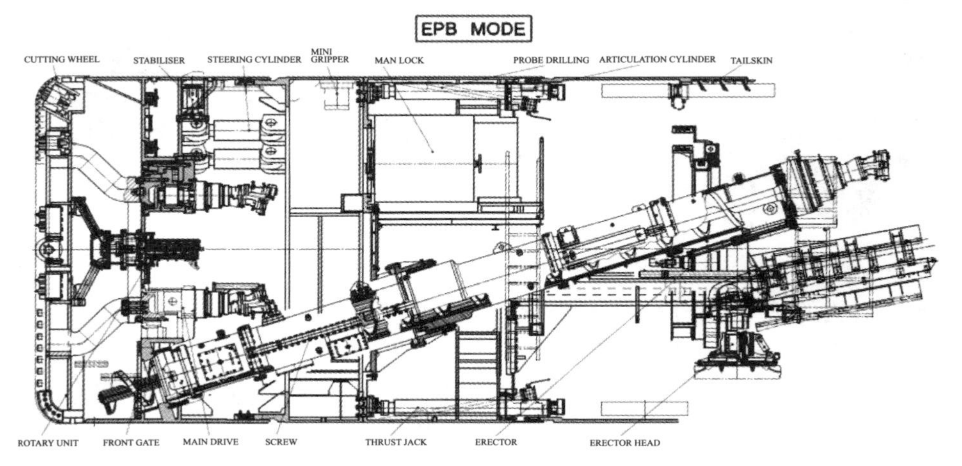

图 5-4　复合盾构土压平衡模式下示意图（螺旋输送机出渣）

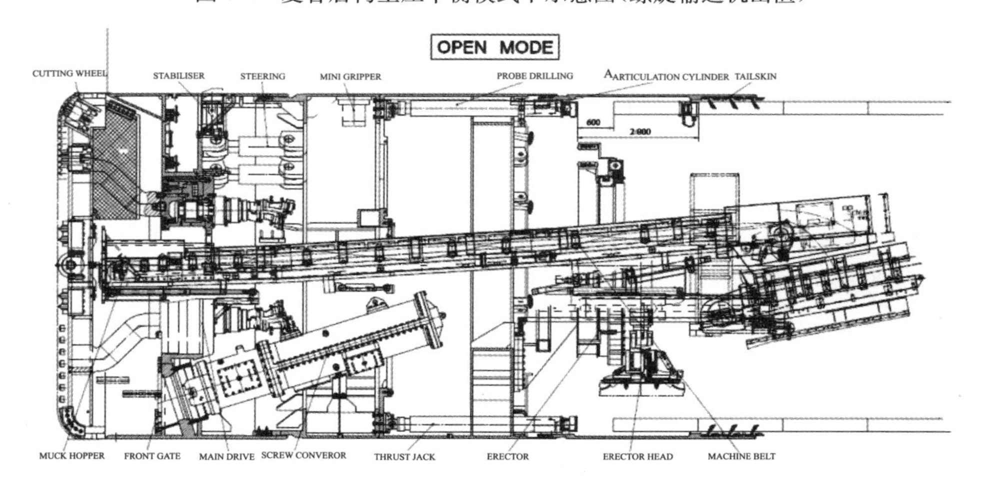

图 5-5　复合盾构单护盾模式下示意图（皮带输送机出渣）

双模式复合盾构的特点：

①双模式复合盾构采用独特的通用性设计，是单护盾掘进机与土压平衡盾构机的优化组合，拥有针对不同围岩状态的两种掘进模式，即可以在不需要支护的敞开模式，与开挖面需要压力平衡的密闭式EPB模式间，灵活地实施掘进转变。既具备掘进机简单、快捷、经济的优点，更饱含盾构机稳重、持续、抗变的强势。从软土到岩层适应的地质范围更大。

②与护盾式掘进机同样，该机型实现了工厂化作业。在护盾的保护下完成掘进、出渣、管片拼装等作业，具有机械化程度高，施工工序连续的特点。与传统的隧道施工方法相比，施工进度快，周期短，无须支模、绑筋、浇筑、养护、拆模等工艺；避免了湿作业，施工现场噪声小，减少了环境污染。管片拼装不仅实现了隧道施工的工厂化，且更方便隧道运营后的更换与维修。

③双模式复合盾构靠衬砌管片来承受推力，因此在安装衬砌管片时必须停止掘进，即设备的推进和衬砌进行，从而限制了掘进速度。但由于管片安装紧接在机器后部进行，消除了支撑式掘进机因岩石支护而引起的停机延误，因此掘进速度可以有所补偿。

④具备采用螺旋机出渣的功能，有利于在涌水量大或有瓦斯气体的地层中将渣土尽可能地限制在密闭的、可控的空间内，降低施工风险。

双模式复合盾构适应性分析：

①特殊地质条件适应性强。双模式复合盾构对不同的工程、水文地质状况，从中硬岩到软岩具有大范围的适用性。特别是对软弱破碎的不良地质条件，具有良好的作业能力。

②等同于护盾式掘进机，同样采用预制混凝土管片跟进衬砌的作业方式，施工进度快质量好。由于跟进衬砌及时，而使得大部分在地层中赋存的承压水，不会因为地层开挖而得以及时释放，因此白垩纪岩层遇水软化崩解的地质灾害，会随之大幅度的缓解。

③在应对断层破碎带、突涌水、高地压、崩解等复杂地质条件方面，复合盾构适应性比较护盾式掘进机优势突出。成功案例无须赘述。

④综合利用机载的地质预测预报系统，及超前地质钻探系统，能够有效地对破碎带、岩溶、突涌水等提前预知，提前采取应对措施，避免事故的发生。

⑤掘进机配置有瓦斯监测系统，一旦瓦斯浓度达到警报临界，将及时发出警报并自动停止工作，启动防爆应急设备，加大通风对瓦斯气体进行稀释。

⑥双模式复合盾构可在掘进过程中在刀盘前方注入泡沫剂和水雾，从而避免了刀盘切削岩石时产生火花，防范了火花引燃瓦斯燃烧甚至爆炸的危险。

(4)缺陷分析

①双模式复合盾构的推进与管片安装不能同步。在一定程度上影响施工效率。

②设备上的初级输送器采用的是螺旋输送机，受螺旋机自身设计限制，掘进机的出渣能力在一定程度上受限制。

③双模式复合盾构不同于护盾式掘进机的封闭式刀盘结构，受开口率制约刀具数量有所降低，刀盘的刃间距偏大，整机的破岩能力有一定程度的降低。

5.1.4　选型建议

各种掘进机适应性对照如表5-2所示。

表5-2　各型掘进机适应性对照表

类　型	撑靴式	单护盾	双护盾	双模式复合盾构
适合围岩类别	硬岩	中硬岩、软岩	硬岩及中软岩	中硬岩、软岩
岩层完整性要求	完整	完整及破碎均可	完整、中等破碎	完整及破碎均可

续上表

类　型	撑靴式	单护盾	双护盾	双模式复合盾构
成洞进度	较快	较快	快	较快
连续作业	只在伸、收撑靴时停止掘进	安装完一环管片后才能续推进	掘进与管片拼装同步遇软岩先拼管片再推进	安装完一环管片后才能续推进
要求初期支护	锚杆、挂网、喷混凝土、型钢拱架	管片	管片	管片
处理塌方及涌水	较易	方便	较难	方便
应对围岩变形脱困能力	强	较强	较弱	强
防高地压能力	较差	较好	较好	较好

各种掘进机的掘进工艺适应性分析如表 5-3 所示。

表 5-3　各种掘进机掘进工艺适应性表

掘进工艺	岩石稳定性		岩石可撑性		转弯半径			适应性星级评价
	不能自稳	能自稳	撑得住	撑不住	小	中	大	
开敞式掘进机＋锚网喷支护法		√	√		√	√	√	★★★☆
单护盾式掘进机＋管片支护法		√	√	√		√	√	★★★★
双护盾式掘进机＋管片支护法		√	√	√			√	★★★★
双模式复合盾构＋管片支护法	√	√	√	√		√	√	★★★★☆

注：√表示适应此种情况。适应性星级评价中，★表示一星，☆表示半星。

遵照现有的地勘资料，我们认为双模式复合盾构、单护盾掘进机、双护盾掘进机都能胜任斜井工作。由于前者应对复杂地质条件能力更强，且斜井长度不大，双模式复合盾构相对于双护盾掘进机的速度劣势不明显，因此更适用于台格庙矿区斜井项目。

新型双模式复合盾构，具有单护盾施工机特点，又兼备土压平衡盾构的特点。正常情况下，按单护盾模式掘进，在通过围岩稳定性差的不良地层、断层、富水层时可改为土压平衡模式。有鉴于此，我们在煤矿斜井第一个掘进机法施工项目中，首推新型双模式复合盾构。

5.2　复合盾构机的适应性分析

5.2.1　与地质条件的适应性

1. 盾构机施工斜井的适用条件分析

从 20 世纪 60 年代逐渐发展起来的施工机掘进技术，经过国内外科技人员多年的不懈努力已日趋成熟，在推进速度方面，掘进机表现出了绝对优势。这正是它能够迅速发展的主要原因，特别是在长隧洞中的运用被列为首选方案。1985 年，应用掘进机贯通了世界著名的英吉利海峡海底隧道。自 1992 年来我国在甘肃省引大入秦工程中首次成功运用掘进机，并在之后的万家寨引黄工程中，取得日最高进尺 113 m 的纪录。掘进机所具有的高速掘进能力有目共睹。

(1)挖得动

以往的研究数据表明，复合盾构机对岩石强度变化有很好的适应性，能够在很大范围的地层内有效地切削单轴抗压强度 5～120 MPa 的岩层。新街台格庙矿区岩石的单轴抗压强度(R_c)值自然状态 7.4～70.7 MPa，平均 26.2 MPa，吸水状态下抗压强度明显降低，非常适合掘进机作业。

(2)行得畅

斜井施工，在平面掘进机作业功能需求的基础上，不但增加了推进的难度，给掘进机的稳定性和支护结构的安全稳定，也随之带来了相应的困难。国内目前尚没有掘进机的大坡度斜井施工记录，但在国外已经是屡见不鲜。根据已经掌握的资料，大坡度斜井的掘进机施工项目超过上百个，最大斜井坡度达 47.7°。且与传统的矿山法施工技术相比较，盾构法有着无可比拟的速度优势。有资料显示盾构法的月进度最高已超过 1 km，能够保持正常运转 10 km，高速、安全、便捷的特性一览无遗。

(3)稳得住

盾构机施工是将钻爆法施工的破岩、装渣、运输、施工测量和通风降尘等工序，集成联合作业，工厂化、程序化完成，使隧道的修建速度、质量、安全可靠的修建能力、劳动条件、环境控制和保护都有很大的提高。当盾构机穿越软弱破碎带、挤压带、富水带等特殊地层时，不可避免地会遇到地层失稳、塌落，甚至可能会出现沉陷、卡机、空洞等灾难性事故。就新街矿而言，掘进机的斜井推进过程中，可能要穿越煤层，需要经的起煤尘、瓦斯、坍落、沉陷等个性化考验。特别是下坡斜井施工，更要面对地下水汇集的考验。要求能够针对不同状况，通过采取针对性的技术措施，确保盾构机的顺利推进。

2. 矿区地层对盾构的基础性要求

根据有限的地质勘测成果，选择使用某种掘进机机型。在任何一条长巷道开挖中，基于地质条件的不确定性而出现某种未曾勘测到的特殊地质状况属正常现象。遇到这种情况，不可能另换机型来适应新出现的地质条件，这就要求掘进机能够对复杂地质条件具备广泛、良好的适应性，以应对不同的特殊状况。在强调推进速度快的同时，该设备还要求具有如下特点：

(1)要求短护盾长度，提高通过破碎围岩和挤压地层的适应性。

(2)要求在通过硬岩和完好地层时具有良好的推进能力。

(3)要求机载超前地质预测预报系统，及早发现未曾预见的不良地质状况，及时快速准确的提供服务信息。

(4)配备机器超前勘探的能力，使用多功能钻机来实现。

(5)确保设备的推进速度，缩短作业时间。

(6)对有害气体环境有良好的适应性。

3. 盾构机对矿区地质条件的适应性分析(图 5-6、表 5-4)

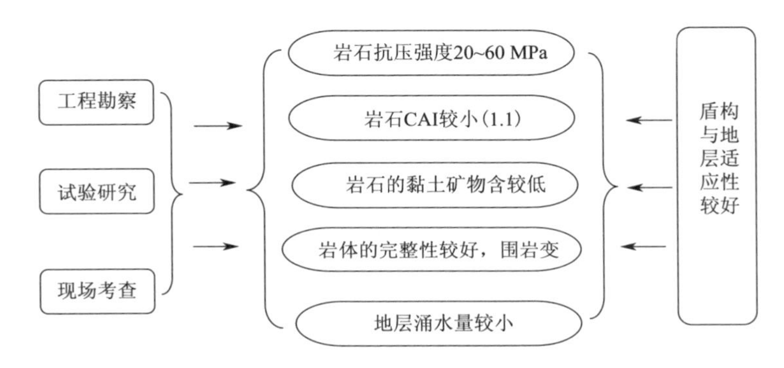

图 5-6　地质条件与掘进机适应性综合分析

表 5-4　地质条件适应性分析对照表

工程地质条件		盾构机的设备条件	适应性评价
岩石坚硬程度	岩石抗压强度 20～60 MPa，抗压强度低普遍在 30 MPa 以下，坚硬程度：软弱～中等硬度	盾构机配置有单刃或双刃滚刀、刮刀、切削刀，满足不同岩性破岩需要，刀具破岩能力超过 120 MPa；高压推进油缸的大推力可实现快速掘进	√
岩石耐磨性	磨蚀指数 CAI 值较小，平均在 1.1 左右；石英含量较低，最大 41%，平均约为 25.5%	高强度耐磨合金刀具和刀盘可减少换刀次数，螺旋输送机内螺旋板使用寿命也满足要求	√
岩石完整性	节理裂隙不太发育，完整性较好，岩石质量指标（RQD）值 31%～70%，平均 61%；自然状态下岩石的质量中等，围岩变形对施工影响小	岩石完整性较好及围岩变形小，均利于盾构机快速安全掘进	√
水文地质	直接充水含水层（J_2y）以孔隙含水层为主，裂隙含水层次之。含水层富水性微弱，补给条件和径流条件较差；涌水量较小	由于盾构机的密封性较好，且采用管片衬砌和防水，不惧地下水危害；并且非富水地层对盾构机施工更加有利	√
不良地质	矿区地层泥岩分布非常广泛，泥岩遇水后软化变形，甚至崩解破坏。其他未见显著的不良地质状况	盾构机掘进对围岩的扰动小，尤其是在土压平衡模式下，能够稳定掌子面土压力，可防止泥岩遇水软化后发生塌方等问题。 盾构机配置的超前预报系统和超前钻机可提前获知前方围岩状况。配置的有害气体监测和报警系统、盾构机的密封性较好，能有效应对有害气体	√

5.2.2　设备自身的适应能力分析

1. 掘进能力

掘进机具有足够大的推力以及脱困能力，可满足高峰 700 m/月、平均进度指标不低于 450 m/月的掘进能力。

2. 出渣能力

出渣系统主要由三部分组成：螺旋输送机（中心皮带机）＋后配套皮带机＋洞内连续皮带机。其出渣能力不低于 450 t/h，可满足高峰期 700 m/月的出渣量。

3. 通风能力

通过洞外配置的大功率通风机、掘进机本身配置的通风机以及高强度风管，构成压入式通风系统，能够满足断面风速 1 m/s 通风需求。

4. 排水能力

掘进机配置了整机强排水系统，双路排水通道，三重高压泵保险，共同构建了复合盾构机的强排水系统，强排能力不低于 200 m^3/h。

5. 有掘必探的能力

掘进机设备上配置有超前钻探设备，可满足 360°范围各种角度的钻孔，钻孔深度满足 30～40 m要求。

有 1 套超前钻机安装在拼装机架上。

另外 2 套超前钻机安装在第一节台车上的环状托架上。

配合掘进机设备上配置的超前钻探设备，还可以配置 Gwelogical Investigation 地质探测-MWD(Measuring While Drilling)（钻进记录）如图 5-7、图 5-8 所示。MWD 系统主要技术特点为：

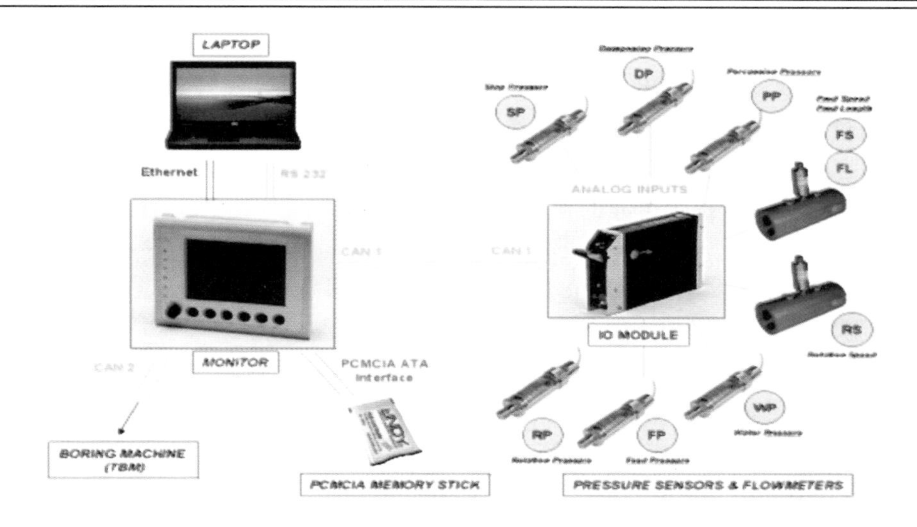

图 5-7　超前钻机 MWD 系统构成

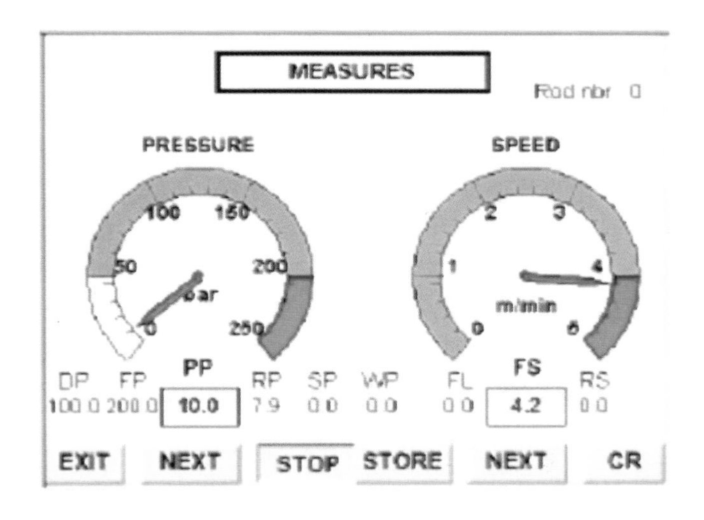

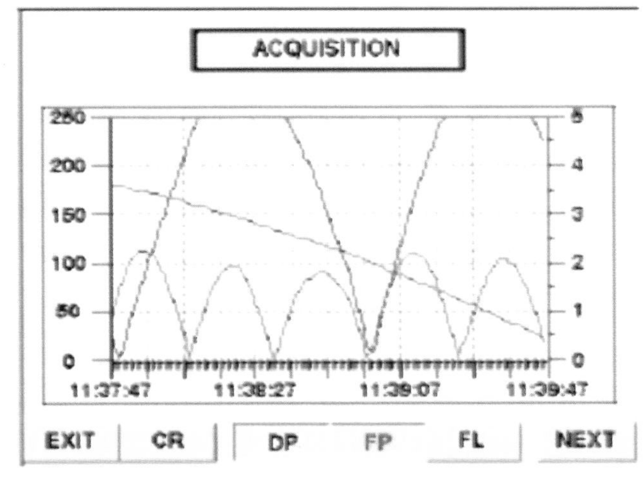

图 5-8　MWD 系统进行钻孔数据分析

(1)配置专门的感应器,与超前钻探的钻杆相结合(如同钻杆连接套),可以接收钻孔过程中的压力、钻孔速度、转速、扭矩、钻杆波动、钻孔水量、温度等等数据,通过收集这些钻孔过程的数据,再通过专业系统软件分析,以获得超前钻孔范围的围岩情况。使用 MWD 钻孔记录分析系统,可以替代传统的钻孔取芯、孔内电视、声波测试等方法,更迅速、更直观地了解刀盘前方的围岩情况,为掘进提供可靠的参考。

(2)技术特点

①CAN-Bus technology,combined with the electrical control I/O system(总线控制技术,结合电气控制 I/O 系统);

②6 pressure sensors and 2 flow meters,all class IP65(6 个压力感应器,保护等级 IP65);

③Data acquisition color montior with RJ45,serial and PCMCIA connections(数据采集使用彩色监视器,配置 RJ45 接口,串行接口及 PCMCIA 储存卡);

④Complete connection set,impact and water proof housing(完成连接固定,冲击和防水外壳);

⑤Entirely intern Herrenknecht AG developed and programmed(由海瑞克公司开发)。

6. 超前地质预报能力

掘进机法采用的超前地质预报方法有:

(1)地质超前预报不能采用单一方法进行,应采多信息源用综合的预报方式,钻爆法隧道常规一般采用包括以 TSP 为主的长期预报,以 BEAM、CT 测试为主的短期预报,同时在现场施工过程中长期配备一名跟班作业地质人员,通过已揭露的地质情况和开挖出的石渣进行综合分析,预报前方的地质情况。根据盾构机施工的特点,以及以往的施工经验,在斜井盾构中主要采用超前探孔配合 MWD 系统、BEAM、地质人员跟班作业分析石渣、掘进参数来预估围岩情况等方式进行超前地质预报。

(2)各种测试方法的适用条件不同,针对可能出现不同的地质体应采用不同的预报手段。例如德国 GD 公司的 BEAM 系统采用电法进行预测,预测指标主要包含电阻率、孔隙率,能够对前方的水体和岩溶进行比较好的预测。

7. 应对不良地质条件的能力

在通过断层破碎带、煤层及含瓦斯地层、含水地层等不良地质条件下,双模式复合盾构可采取土压平衡模式,无需地层加固等其他措施,就可以通过。

土压平衡式就是在盾构开挖时,利用土仓内的土压或加注辅助材料产生的压力来平衡开挖面的土压及地下水压力,以避免掌子面坍塌或地层失水过多而引起流塑性水土流失。如图 5-9所示。

渣土改良是土压平衡掘进中的重要组成部分。渣土改良的目的是:降低渣土的内摩擦角而降低刀盘的扭矩,增加渣土的流动性,降低渣土的渗透性,从而达到堵水、减磨、降扭及保压的效果。

土压平衡式掘进主要用于开挖面不能自稳、或地下水较多以及流塑性的断层破碎带地层的盾构施工。盾构在土压平衡模式下工作时,具备以下功能特点:

(1)具有土仓土压监测功能,以便对土仓内的土压进行适时监控和调节。

(2)刀盘同样适应软弱地层开挖的需要,特别是刀盘开口率及刀盘开口的布置对开挖时的影响非常大,配置的刀具也必须适应于软土开挖。

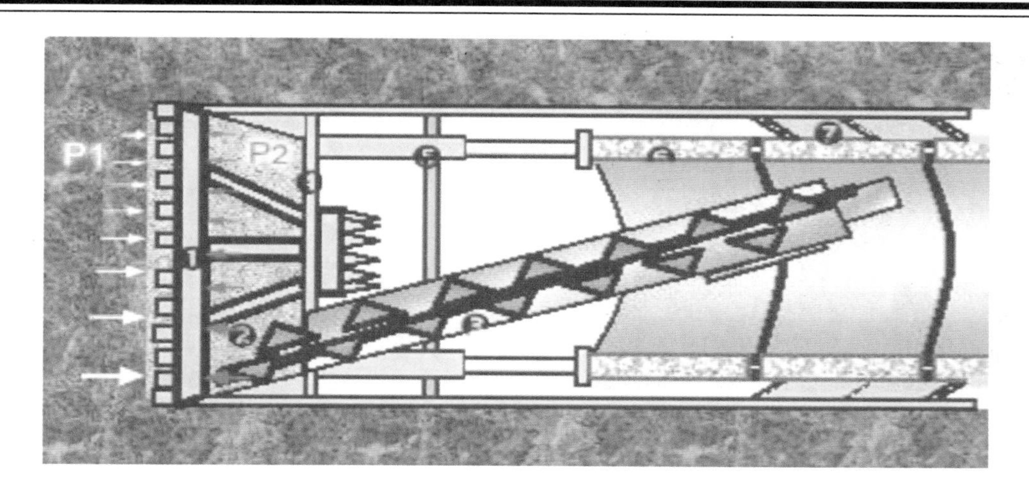

图 5-9　土压平衡模式示意图

(3)盾构具有泡沫、膨润土和压缩空气注入系统。通过注入这些不同的附加材料,可以在不同的地层中根据需要进行土仓加压、改良渣土和堵水。

(4)盾体本身具有密封性较高的防水性能,具体就是指铰接密封和盾尾密封必须具有一定的防水性能。

(5)刀盘的主轴承密封能承受一定的土压力。

(6)螺旋输送机出渣量及出渣速度可以控制,螺旋输送机必须可以随时关闭,并具有防喷涌的功能,螺旋输送机必须能建立土塞效应。

在土仓内提供平衡压力的方式主要有以下两种方式:一是在土仓内充满渣土以产生压力;二是向土仓内加注辅助材料如泡沫、膨润土或空气来产生一定的压力。土仓内的压力值应根据不同的地质情况来设定,辅助材料是通过自动控制系统来控制注入的速度和注入量的。

单(双)护盾掘进机通过此类地层,需要采取地层超前加固措施,也能通过,但掘进速度较为缓慢。

8. 应对有害气体的能力

掘进机可利用有害气体监测及报警系统、强力通风系统、钻孔抽排、喷雾洒水等措施,防治有害气体超标。另外双模式复合盾构,还可采用土压平衡模式,形成密闭环境,隔绝有害气体。

(1)有害气体监测仪器与布置

在掘进机的出机口、盾尾和第一节后配套台车处设置固定式自动报警有毒有害其他监测装置。另外,在巷道施工面及成形巷道内再配置1台手持式有害气体监测仪器,3台手持式瓦斯监测仪器。在操作室安装瓦斯自动报警装置,且瓦斯自动报警装置应与电源制动切断系统相连,当瓦斯浓度到达1.5%时,启动电源自动切断系统。

手持式监测仪器在有毒有害气体段施工时,进行人工24 h的监测。所有监测设备在施工前必须到位,并经检验合格后投入使用。另考虑到第一、第二、第三节后配套台车电器设备较多,且较接近瓦斯涌出源,故除第一节台车已放置了固定式自动监测报警装置外,在第二和第三节台车间固定放置一把移动式手持有害气体监测仪器,作为该区域特定的检测设备,如图5-10～图5-12所示。瓦斯固定监测仪安放位置如表5-5所示。

图 5-10　瓦斯固定监测仪

图 5-11　盾构驾驶舱内的瓦斯报警

表 5-5　瓦斯固定监测仪安放位置

仪器编号	位　置	仪器编号	位　置
1 号	在螺旋机出土口前上方	2 号	在 1# 台车右侧头部
3 号	在螺旋机出土口上方	4 号	在主机里面 H 钢右上侧
5 号	在 2# 台车右侧集中润滑上部	6 号	1# 台车左侧前面
7 号	3# 台车左侧前面	8 号	在 3# 台车左侧尾部

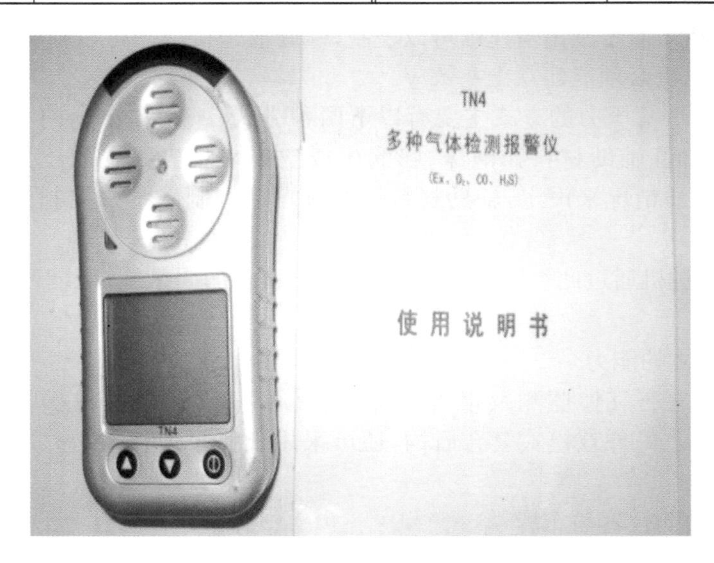

图 5-12　TN4 手持式多气体检测报警仪

(2)监测制度

每个巷道的每个掘进工班都应配置两名瓦斯监测员，值班人员在值班时间不得擅自离开工作岗位，保证 24 h 有人监测。

瓦斯检测员必须挑选责任心强、吃苦耐劳、有一定业务能力、经过专门培训、经考试合格、取得操作合格证的人员，担任检测工。

建立严格的瓦斯检测、记录、公布制度，并按 24 h 逐级报告。当发现瓦斯含量有急剧上升时，应立即通知洞口值班室，并详细寻找瓦斯渗出泄露原因、部位，随时观测其变化结果且详细记录，作为重要交接班的主要内容。

按表5-6要求进行瓦斯监测和采取控制措施。

表5-6　瓦斯监测作业规程

瓦斯浓度	作业标准	措施内容
不足0.25%	平常作业	向入巷道者明示测量结果
0.25%～0.5%	一次警戒作业（中止用火的作业及以此为准的作业）	(1)向入巷道者明示测量结果；(2)向作业人员通报测量结果；(3)注意标志；(4)巷道内外联络；(5)与监督员联络；(6)调查发生源；(7)增加巷道内换气量
0.5%～1.0%	二次警戒作业	(1)向入巷道者明示测量结果；(2)将测量结果向作业人员通报；(3)注意标志；(4)巷道内外联络；(5)与监督员联络；(6)调查发生源；(7)增加巷道内换气量
1.0%～1.5%	中止作业	(1)紧急撤退警报联络信号；(2)将测量结果向作业人员通报；(3)注意标志；(4)巷道内外联络；(5)与监督员联络；(6)调查发生源；(7)增加巷道内换气量
1.5%以上	中止作业	(1)紧急撤退警报联络信号；(2)将测量结果向作业人员通报；(3)作业人员撤退；(4)与监督员联络；(5)设置禁止入内标志；(6)截断通行，设置围栏；(7)停止送电；(8)调查发生源；(9)增加巷道内换气量

9.设备防爆的能力

掘进机在穿越含煤地层时，需要进行防爆处理，以保证施工安全。

由于掘进机是非标设备，价值巨大，并且投入使用后再进行改造非常困难，因此掘进机设备采取重点部位防爆。施工防爆重点考虑通风系统和应急排水系统的防爆。

设备防爆覆盖面：

(1)主要电气设备(变压器，配电柜，控制箱，电缆连接器等)；

(2)新的起吊系统(不能为金属之间的摩擦接触)；

(3)新的出渣系统，容纳含不明气体的渣土至后配套系统有限的区域内；

(4)自动切断主机电源的不良气体检测系统，一旦瓦斯超标即自动切断主机电源；

(5)通风系统采用防爆设计；

(6)排水系统采用防爆设计。

10.管片拼装的能力

掘进机配置了管片拼装机。其拼装能力与掘进机推进能力相匹配，满足不低于450 m/月，高峰期达到700 m/月的需求。

管片安装机安装在盾尾中，由一对举升油缸、大回转机构、抓取机构和平移机构等组成。管片安装机的控制方式有无线遥控和有线控制两种方式，均可对每个动作进行单独灵活的操作控制。管片安装机通过这些机构的协同动作把管片安装到准确的位置。

管片安装机由单独的液压系统供应动力，管片安装机通过液压马达和液压缸实现对管片前后、上下移动、旋转、俯仰等6个自由度的调整，从而对管片进行精确的定位。其结构如图5-13所示。

11.自动导向的能力

掘进机搭载了自动激光导向系统，能够自行进行定位、导向、纠偏。

例如海瑞克公司在掘进机上配置的 VMT 公司的 SLS-TAPD 盾构激光导向系统。本系统能够对盾构在掘进中的各种姿态、盾构的线路和位置关系进行精确的测量和显示。操作人员可以及时地根据导向系统提供的信息，快速、实时地对盾构的掘进方向及姿态进行调整，再辅以人工测量复核，保证了盾构掘进方向的正确。SLS-TAPD 盾构激光导向系统由激光发射单元、接收靶单元、控制单元、显示屏、PIC 控制系统和推进油缸电-液伺服系统等组成。如图 5-14、图 5-15 所示。

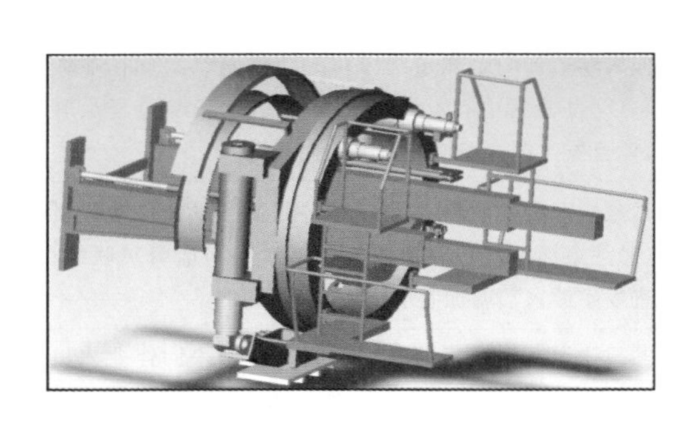

图 5-13　管片安装机结构示意图

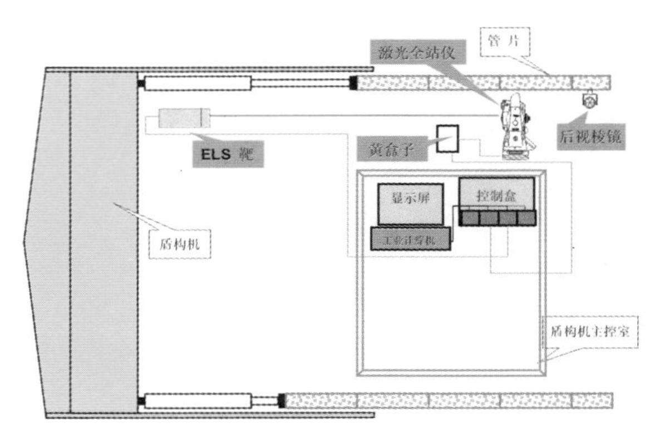

图 5-14　SLS-T 导向系统图

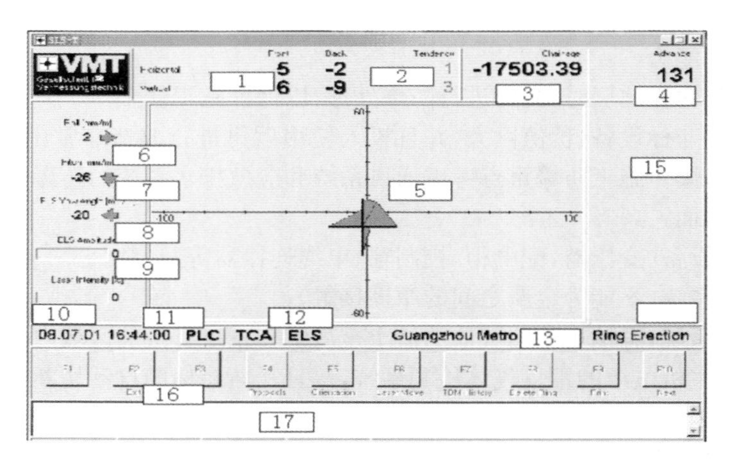

图 5-15　激光导向系统指示图

该系统还具有以下几个特点：

(1)计算盾构机位置并以图表和文字的形式显示出来；

(2)计算和显示管片安装，并显示管片环安装的位置；

(3)计算和显示盾构机掘进趋势，如图 5-15 所示；

(4)计算和显示管片环的布置趋势；

(5)计算返回到盾构机设计路线的修正路线；

(6)预先计算部分管片环的安装；

(7)隧道掘进的完整文档(掘进文档、管片安装文档、停机文档)；

(8)显示沿着计算的修正曲线前进设计千斤顶身伸长量；

(9)管片安装期间，激光导向的变化等。

5.2.3　复合盾构机的可靠性

在掘进过程中，会遇到很多不良地质，如断层发育洞段或溶洞、泥质膨胀发育洞段、煤系地层洞段、土洞段、含水洞段等，其主要难点和措施有：

1. 断层发育洞段或溶洞

如果掘进机在掘进中发现主推进压力下降，进尺加快出渣量减少等情况，应马上停机，及时进入掌子面观察，此时可能出现断层或溶洞。断层或溶洞较小时，可采用水泥灌浆后通过，如果断层较大时，则可先超前注浆加固后，再采用回填注浆的方法通过。

如在掘进中遇到较大溶洞，可在主机旁开一导洞，用人工开挖一段主洞，然后在溶洞上架一座钢拱架混凝土桥，然后掘进通过。

2. 煤系地层地段

针对本工程隧洞可能穿越瓦斯地层，在通过含有瓦斯的地段时容易发生中毒和爆炸，施工较危险，掘进机应采用以下应对措施：

(1)超前探测及卸压。掘进机配置地质预报仪和超前钻机，能根据需要对可能的瓦斯聚集煤层采用超前钻探检验其浓度，并对聚集的瓦斯采取打孔卸压的方法卸压并稀释。

(2)瓦斯监测系统。根据瓦斯气体涌出的规律，掘进机配置瓦斯监测系统，分别在主机皮带机进渣口、螺旋输送机下料口、主机皮带机卸渣口、除尘风机出口和主机皮带机卸渣5处设置瓦斯监测器，监测瓦斯和氧气浓度。监测器采集的数据与掘进数据采集系统相连，并输入PLC控制系统。当瓦斯浓度达到一级警报临界值时，瓦斯警报器将发出警报；当瓦斯浓度达到二级警报临界值时，掘进机停止工作，只有防爆应急设备处于工作状态。

(3)通风能力。掘进机二次通风机通风能力应充分考虑了对瓦斯气体的稀释能力。

(4)配置防爆应急设备。掘进机配置的应急设备：二次风机、水泵、应急发电机、应急照明灯等全部为防爆设备，同时隧洞内配置的通风机也为防爆风机。

在通过瓦斯地层时严格履行上述施工措施是安全施工的前提，无疑这些安全保证措施会增加工程投资。

当掘进机掘进到此地段时需要有一套完整的防火措施。首先对瓦斯浓度报警器进行检测，另派瓦斯检测人员随时流动检测，严禁将打火机等易燃易爆物品带入洞内，禁止吸烟。加大洞内通风量，使用安全照明灯具，防止产生火花，如果探测器报警，马上停止掘进机运行，如有必要，应立即进入紧急避难室，如图5-16所示。同时考虑煤层的掘进机下沉和围岩不稳定问题，使用超前钻探钻孔进行超前支护，超前注浆，提高其强度，掘进机再次掘进。

3. 放射性地质环境洞段

由于放射性元素矿床多与煤系地层伴生，可能会出现环境氡气浓度、γ辐射超射剂量、内照射剂量、外照射指数超标现象。当掘进机掘进到此洞段时首先加强γ辐射照射剂量率和氡气浓度监测。根据监测结果，按照国家的安全规程施工，并加强洞内的通风措施。

4. 含水洞段

由于下坡掘进，因此在掘进机主机及后配套处都预先配有足够的泵组，并且在后配套配有污水箱和污水管卷筒。如图5-17所示。如遇涌水，便能及时抽排。地质工程师适时监测隧道含水情况，提前做好防水准备。

5. 双模盾构后配套自滑问题

在后配套台车上加气动刹车，防止后配套自滑。如图5-18所示。

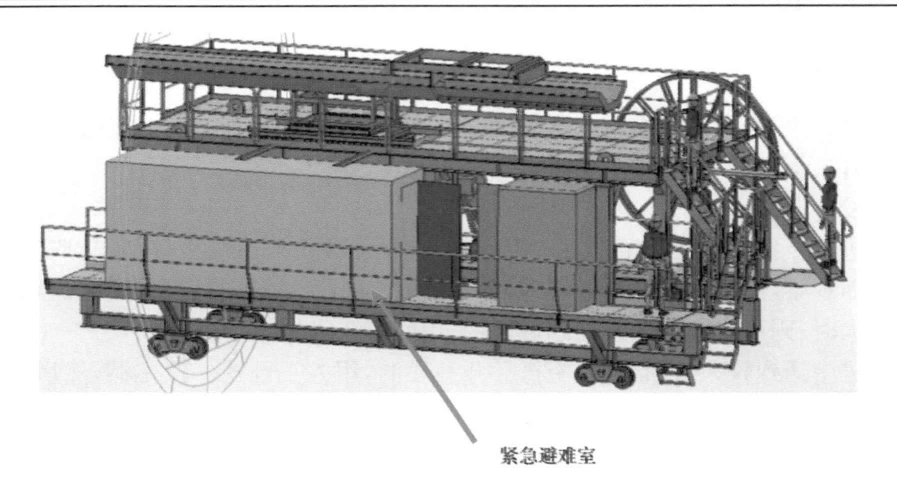

图 5-16　紧急避难室示意图

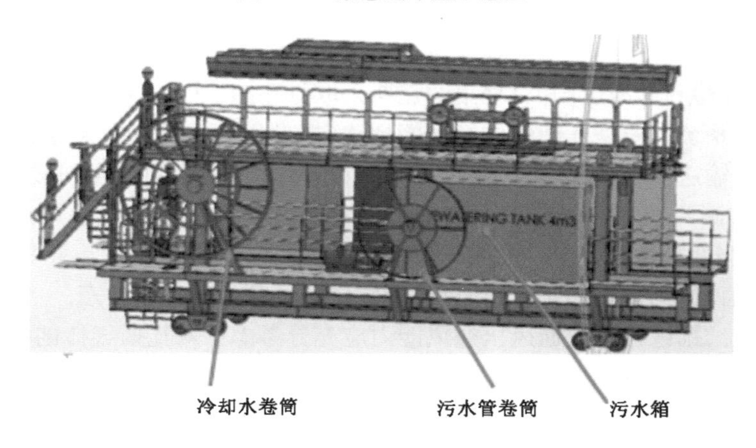

图 5-17　应对地下水的设备配套

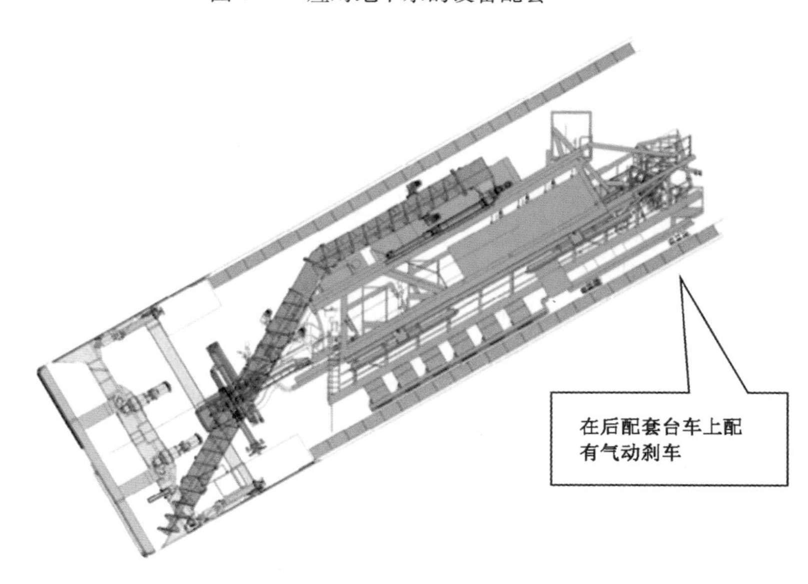

图 5-18　后配套制动设备配套

6.提供方式及工期需要

盾构机根据地质适应性要求进行设计制造，工地车板交货周期约10个月。

5.3 盾构机主要部件功能描述

盾构是一种集多种功能于一体的综合性设备，它集合了盾构施工过程中的开挖、出土、支护、注浆、导向等全部的功能。不同形式的盾构其主机结构特点及配套设施也是不同的，对盾构来说，盾构施工的过程也就是这些功能合理运用的过程。

在结构上包括刀盘、盾体、人舱、螺旋输送机、管片安装机、整圆器、管片小车、皮带机和后配套拖车等；在功能上包括开挖系统、主驱动系统、推进系统、出渣系统、注浆系统、油脂系统、液压系统、电气控制系统、激光导向系统及通风、供水、供电系统等。下面根据这些部件或系统在盾构施工中的不同功能特点来分别进行说明。

5.3.1 开挖系统

1.刀盘驱动系统

刀盘驱动系统为变频电机驱动方式，包括主轴承及其密封系统、变速箱、变频电机及变频器等。

为优化主轴承的寿命及使刀盘前面达到稳定的开挖条件，可设计考虑刀盘驱动装置配备较大的刚性。

主轴承设计主要特点：

主轴承装在和土压平衡(高扭矩、高推力)相匹配的固定刚性结构上。

系统的大部分机械部件都采用锻钢加工而成(如：轴承支承、刀架等)。

(1)主轴承

重型轴承，带有圆柱滚子和齿圈。

自动润滑系统和齿轮油润滑循环系统(油位/油温/油压等)与刀盘驱动连锁实现永久润滑。

(2)主轴承密封系统

为了确保在掘进期间主轴承密封的性能，采用一种自动地对主轴承内密封注脂的系统，不需要在定期的日常维护时对密封进行集中注脂。

如果在掘进过程中出现油脂或油的异常损失或压力损失，应立即停机以保证设备安全。

检查泄漏测试腔是否正常是日常检修项目非常重要的内容。在润滑回路和油箱都设有取油样阀。

为了确保将油脂按所需压力和流量安全地分配到各密封腔室内，盾体内安装了定量分配泵和压力传感器等监控元件。

(3)主轴承齿轮油润滑、冷却系统主轴承和驱动装置的润滑采用浸油式润滑。即使润滑系统停止了工作，这种设计也确保了设备安全地运行。

主轴承的润滑，由刀盘驱动装置联锁控制，润滑回路有三个功能：

①确保对主轴承的滚柱滚道进行强制式润滑循环；

②确保油的过滤；

③确保运动部件的冷却。

驱动装置的焊接框架构成了一个油箱，在油箱里，主轴承和齿圈及驱动小齿轮都被油浸泡着，油面高为驱动装置高度的 2/3。这个闭式系统有一个探测门，在底部有一个排油阀，还有油位指示，顶部有通气阀。

轴承和齿圈顶部通过注入口来润滑，每个注入口都有一个单向阀。油低压流过注入口，有一个压力开关来调节压力。油通过电机泵送至这些注射口上，这个装置有一个泵将油从油箱的底部提上来。油压通过供油管路上的压力表来显示。油温通过温度调节器来调节，流量通过设置流量控制器来调节。

一个装备有磁性沉积杯的滤清器使油经过滤清后循环地使用。如有任何故障发生，刀盘将立即停止回转。安装在回路和焊接框架上的取样出口，允许进行定期的油质分析，因此有可能发现主轴承状况的细微变化（如磨损，有水或土）。这种监测既简单又可靠。还可以进行补充性的监测，以便对润滑系统的故障作出诊断。

(4)主轴承控制

①可以监控主轴承齿轮油液位、油温、流量和是否无油运行；

②可以监控主轴承密封冲洗油的液位、压力；

③可以监控主轴承密封油脂的压力、流量和是否无脂运行。

(5)变频电机驱动系统

①变频电机，通过变速箱及双侧球轴承支承的小齿轮来驱动主轴承的大齿圈；

②变频电机由变频器控制；

③驱动装置可以实现顺时针和逆时针双向旋转，并能实现刀盘脱困功能。

2. 刀盘

刀盘开口的优化设计，防止盾构在砂土性地层中出现泥饼或涌砂等现象。刀盘辐条上安装了刮刀和滚刀。刀具的形状和位置便于开挖和排渣。

刀盘设计兼顾土压平衡及护盾式硬岩掘进机的特点，并适合于在粉质黏土、中粗砂、砾砂、圆砾、岩层等复合地层条件下进行开挖。刀盘由辐条和辐板组成。每个辐条两边安装刮刀。

所有的刀具均为背装式，可以在开挖仓内进行拆卸和更换。

3. 刀具的特点

刀盘上布置刀具有：滚刀，刮刀，周边刮刀。刀盘还安装有一把液压驱动的仿形刀，布置在刀盘的外缘。仿形刀是用于更换刀具或其他特殊要求时，扩大开挖直径。

(1)刮刀（图 5-19）

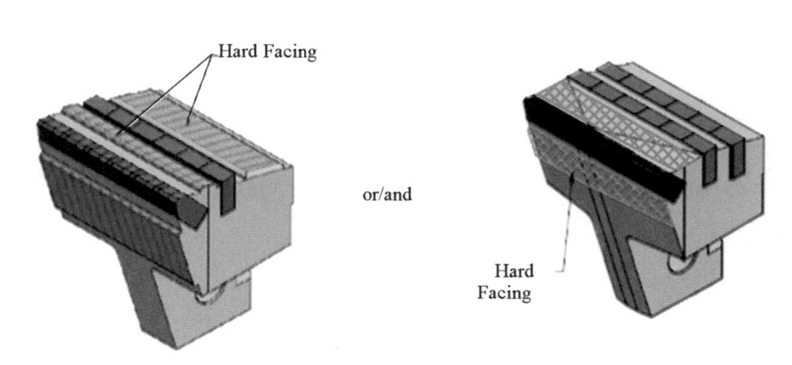

图 5-19 刮刀照片

刮刀用来破碎、切削掌子面的未固结的渣土。刮刀安有碳化钨刀刃，具有很好的抗磨损性。

刮刀用来切割未固结的土壤。并把切削土刮入土仓中，刀具的形状和位置按便于切削地层和便于将土刮入土仓来设计。所有的切削刀具配有刀齿，背部设有碳钨合金柱齿以提高刀具的耐磨性，所有的刮刀均可以从开挖仓内拆卸和更换。

(2)滚刀

用于挤压、破碎泥岩、砂岩等单轴抗压强度大的岩层，不仅切削效率较高，也起到保护刮刀和刀盘体的作用。

(3)周边刮刀(图5-20)

周边刮刀安装在刀盘的外圈用于清除边缘部分的开挖渣土，防止渣土沉积，确保刀盘的开挖直径以及防止刀盘外缘的间接磨损。该刀的切削面上设有连续的碳钨合金齿和碳钨合金柱齿，用于增强刀具的耐磨。确保即使在掘进几公里之后刀盘仍然有一个正确的开挖直径。周边刮刀的最大磨损量为10 mm。

所有的刮刀可从切削仓内进行更换。

(4)仿形刀图

在刀盘的外缘上安装有一把仿形刀，它是通过一个液压油缸来动作的。操作手可以控制仿形刀开挖的深度(即超挖的深度)，以及超挖的位置是在机器左侧还是右侧。仿形刀系统包括：有特殊耐磨防护的刀具、油缸安装支座、控制线缆和相应管路。

图5-20　周边刮刀图

5.3.2　出渣系统功能

1. 螺旋输送机

螺旋输送机倾斜安装于开挖室下部，其作用是有效地输送渣土和更好地控制压力。

在螺旋输送机内壳和螺旋叶片表面进行了硬化焊接处理，提高了耐磨性。螺旋输送机的驱动为液压驱动，而且为变量泵驱动，可以实现无级调速，在主控室控制面板上可实时调节螺旋输送机流量。

2. 皮带输送机(图5-21)

皮带输送机上安装的辊轴可防止皮带滑至一边，有入口以进行维修。

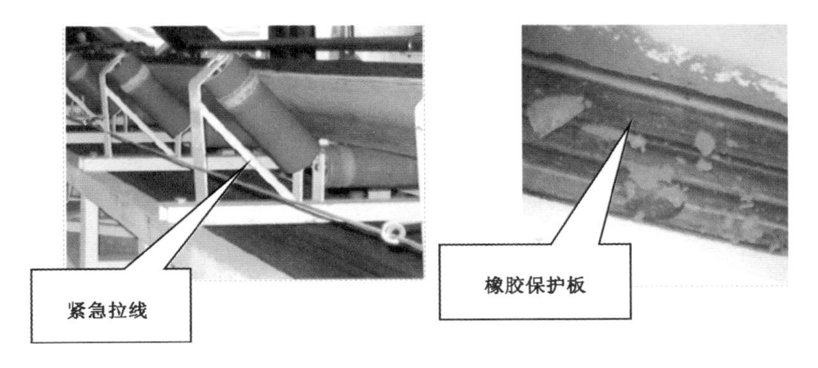

图5-21　皮带机照片

皮带输送机结构是为保证连续开挖而设计的，装渣的区域设计经过加固处理，借助防震辊轴和阻尼杆来保护皮带。皮带输送机末端安装料斗以方便装渣装运。

在皮带输送机上设置有橡胶刮板，并设计有皮带张紧装置以及急停拉线装置。皮带机出渣口设计有橡胶防护板以防止渣土外溅。

5.3.3 护盾

盾构设计及加工考虑了拆装方便，护盾由三部分构成，采用耐磨钢板加工：前护盾、中护盾及尾护盾。前护盾和中护盾之间的连接采用非焊接的方式(螺栓连接)。

前盾：遮罩刀盘、刀盘驱动装置以及人闸。

中盾：遮罩推进油缸并支承管片拼装机。

尾盾：提供混凝土管片周边的保护和密封性。

1. 结构

护盾结构由平钢板或焊接的钢板制成，确保盾壳圆周范围内有一个一致的、连续的厚度，以便确保在较高的压力条件下盾构断面形状的完整一致。

护盾结构所使用的材料和护盾的尺寸与工程地质(土的含水量及磨损介质等等)和遇到的工作条件是匹配的。为了适应曲线掘进，护盾的设计为梭形，即尾护盾的直径要比中护盾和前护盾的直径小一些。

沿盾壳周圈间隔预留超前注浆孔，以便万一需要时预先加固地层。

2. 盾尾设计

盾尾壳的设计特点是整个盾尾壳的厚度是均匀统一的。将所有在盾尾部位的管路都安装在盾尾壳内侧。如图 5-22 所示。

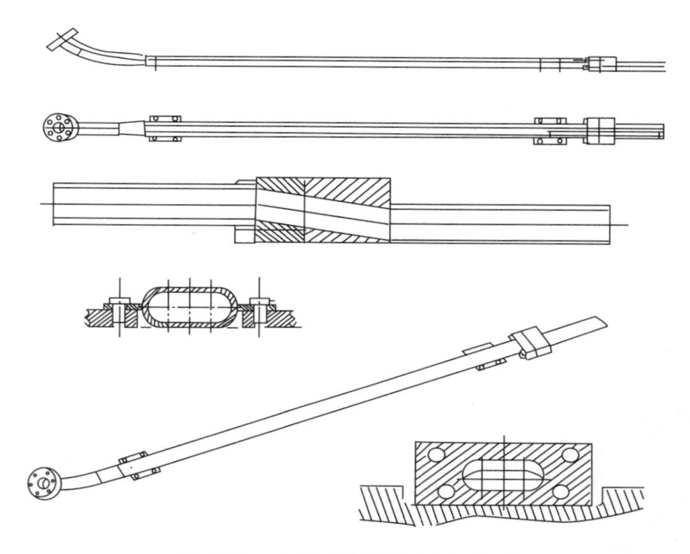

图 5-22　内置式管路布置示意图

5.3.4 人闸

人闸用来进入开挖室和隧道掌子面以便在压缩空气下进行维修操作。人闸安装在护盾的上部并与承压隔板用螺栓连接。

1. 人闸组成及配套设备

为满足作业人员在带压情况下快速地进行检查、更换刀具以及检查、维修刀盘内其他部件的要求，采用双舱人闸。人闸由主人闸室和应急人闸室构成，应急人闸的功能是在需要时，在降压状态下，医务人员以及工作人员可以进入到主舱室，同时也可向主舱室内运送工具和材料等以提高工作效率。主人闸室用于一般的工作。实际上，主人闸室拥有自己单独使用的压缩空气供给网络系统，使主人闸能安全地独立使用。应急人闸室加压不能高于主人闸室。更换刀具时，可以直接从人闸里进行刀盘慢转操作。

2. 人闸介绍

人闸用来进入开挖室和隧道掌子面以便在压缩空气下进行维修操作。人闸安装在护盾的上部并与承压隔板用螺栓连接。

5.3.5　推进系统

主机的向前推进由推进系统来实现，推进系统主要由推进油缸、液压泵站及控制装置组成。推进油缸共分为四组，推进油缸作用在前一环的混凝土管片上，借助带球铰的撑靴(附有一层聚亚安酯板)将力均匀地分散在接触表面，以防止对混凝土管片的任何损坏。每组推进油缸的压力可通过操纵控制台上的电位计手工调整，在管片拼装模式下，推进油缸也可单独或分组选择控制。

为了方便主机的方向操纵，油缸直接顶推在靠近机器重心的前护盾上，并安装有行程传感器用以测量机器的开挖进尺及推进速度，推进速度通过控制面板可以连续地调整。液压锁的设计能够防止盾构机在停机时被动回缩。

在管片安装模式时，可通过管片安装机的遥控器或固定操作面板单独或分组选择控制任何一根油缸，以满足封顶块安装在不同的点位上。

在管片安装模式时，正在安装的混凝土管片所对应的油缸缩回，其他油缸的撑靴保持足够压力与管片接触，以确保安装期间管片的安全、混凝土管片之间密封的压力以及维持开挖室里的限定压力。

管片安装模式时，当每一片管片安装完毕，重新伸出推进油缸与管片接触并施加压力时，要控制推进油缸的撑紧压力(此压力可以很容易地进行预先设定)，以避免盾构机向前移动、损坏拼装机的安装臂或造成已安装好的管片开裂。

5.3.6　铰接密封及铰接油缸

中盾和盾尾之间设计有 2 道铰接密封，即 1 道唇型密封和 1 道止浆板密封(钢板束)，密封之间用油脂进行充填，这种弹性钢板制成的止浆板密封可以防止在掘进过程中泥沙的进入，从而使得铰接动作自如。

铰接是被动型的，用油缸拉动后护盾体，其作用如同一个液压球窝接头。推进力不经过铰接油缸。铰接以及盾尾间隙的设计满足盾构机在曲线掘进和安装管片的要求。

铰接系统具有被动铰接模式、释放模式及回收模式三种工作模式，以适应铰接系统不同的工况。当正常掘进时，通常采用被动铰接模式，使得盾尾能够根据线路等情况被动的被拖动和调整与前、中护盾的夹角；当铰接油缸的压力过大或铰接油缸的行程差过大时，采用释放模式用以将盾尾调整到正常的姿态；当铰接油缸行程过大时，采用回收模式将盾尾收回至正常位置。

5.3.7　盾尾密封

盾尾密封由用螺栓连接的盾尾钢丝刷组成，盾尾刷由弹性钢板保护。线刷形成了环形空间，中间一直充满油脂，由后配套上流量可调的油脂泵注入。注脂是连续的，并通过每个注入口的压力监测器从控制盘上进行监测。如图 5-23 所示。

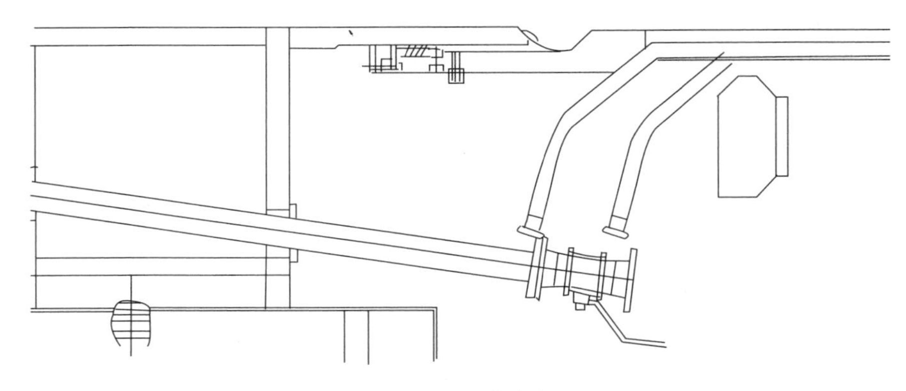

图 5-23　铰接密封

注脂设备由控制室进行监控。操作是循环性的(对各个注入点的注脂是逐个进行的)。从一个阀到另一个阀的转换过程由控制室里(流量调节器)所设定的若干泵的运行参数来进行控制，或者通过对控制室里可调压力界限的设定来进行控制。注脂控制与刀盘旋转是互锁的。当刀盘停止旋转时司机可以强行注脂。气动式注脂泵直接安装在后配套第一节台车上的油脂桶上，通过电动气动阀为各个注脂点(或扇区)供应油脂。

根据本项目的地质情况，在正常操作情况下不会出现漏水、漏浆现象，也不需更换盾尾刷，在需要更换盾尾刷时要防止推进千斤顶伸出过长。为安全起见，最后一道密封不得漏出。

耐磨钢板束制成的止浆板可以防止砂浆充填至盾壳前部，同时也可以防止土仓内的泥浆窜至盾壳尾部，影响注浆效果。

5.3.8　添加剂注入系统

1. 泡沫注入系统

泡沫注入方法现已广泛应用于 EPB 技术当中。使用发泡溶液和压缩空气混合产生的泡沫，可改进开挖室中渣土的流动性和渗透性。有很多明显的优点：

(1)泡沫的特性使得可以更好地控制掌子面的稳定。由许多微小气泡组成的泡沫缓冲效应可限制掌子面压力的波动。

(2)由于泡沫填补了被开挖物料的缝隙，使其可渗透性降低，因而使高水压开挖成为可能。

(3)泡沫的润滑作用能增加被开挖物料的流动性，减小渣土室中堵塞的风险，并减小工作扭矩因而减少电力消耗。

(4)所有添加剂都是生物可降解的，这就意味着注射泡沫后无需任何针对渣土的特别处理措施。

(5)泡沫可以减小地层的研磨性，从而增加和地层接触部件的寿命。

(6)泡沫喷嘴的单向阀设计能够有效地防止管路的堵塞，意外堵塞后易于疏通、清洗。

发泡过程特点：

（1）泡沫发生器利用水、乳化剂和压缩空气产生高度膨胀泡沫，一定时期内这些泡沫非常稳定。

（2）系统采用压缩空气加压的方式，这样可以吸纳更多的气体。为了使水和空气混合产生的泡沫气泡大小均匀，系统使用了专门设计的静力混合器，防止泡沫由于大气泡而破裂。

2. 膨润土泥浆注入系统

膨润土通过旋转接头的泡沫管线向刀盘前部注入。

操作模式，四个阀都是手动控制并可以在系统中变更。

（1）模式一：所有点膨润土注入；

（2）模式二：所有点泡沫注入；

（3）模式三：同时注入泡沫和膨润土。中心部分的泡沫可以使渣土蓬松，周边的膨润土的注入可以润滑刀具和稳定地层。

5.3.9　管片壁后注浆系统

1. 注浆的目的

开挖土体和管片之间的间隙在盾构掘进过程中需要持续不断地通过安装在盾尾的几根管路将砂浆或其他液体注入到间隙中。背部注浆的主要功能是：

（1）避免地面下沉（在盾尾的压力最小为盾构前方的水土压力）；

（2）维持管片衬砌环脱离盾尾后的形状，维持衬砌环之间的密封压力。

2. 注浆系统的组成

背部注浆系统安装在后配套拖车上，这个系统包括一个砂浆存储搅拌罐和两个双柱塞泵以及控制单元组成。图5-24为砂浆搅拌罐照片。

存储搅拌罐带有搅拌器，充料过程是通过服务列车中的砂浆运输车及转运泵来实现的。搅拌器的作用是用来防止砂浆在管片拼装以及停机期间发生凝固。

3. 注浆泵（图5-25）

注浆泵通过异形连接管和砂浆罐相连，连接段还有清洗接口。泵直接装在砂浆罐的下方用于提高泵的效率。

砂浆泵为双柱塞类型，通过液压活塞驱动，每个柱塞将砂浆注入到一条注浆管路中。因此，每一条管路都是独立的；每个柱塞的速度是连续可调的，因此注浆管路的流量可以单独调整；注浆的压力、流量和每条线的注入量通过控制系统监测；水箱可以实现对砂浆泵柱塞密封系统的持续自动清洗。

图5-24　砂浆搅拌罐

图5-25　注浆泵

4. 注浆管路

注浆是通过内置于盾尾内壁的注浆管道来实现的,详见图 5-26。

注浆管路完全内置于盾尾壳的内侧,万一有管路被堵住时,被堵塞的管路能够很容易地被更换。

在每条管线靠近盾尾注入点处都安装有一个压力传感器。在砂浆注完后,这些管路可以被关住,以防止长时间停机期间外面水的流入。

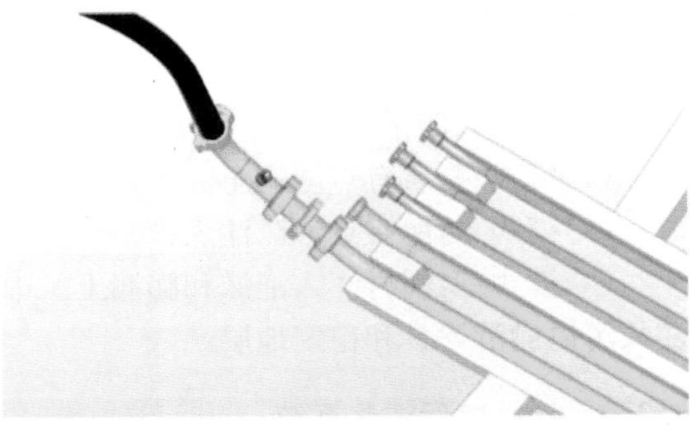

图 5-26 内置式注浆管布置示意图

5. 控制系统

控制系统通过测量压力来控制,每条注浆线路既可以调节压力又可以调节排量。操作手可以选择两种工作模式:手动和自动。

自动模式下,水泥砂浆注入所有选定的灌浆点,并通过每条线路的两个压力极限来控制。

最小压力启动注浆过程,最大压力停止注浆。注浆操纵在自动模式下受到保护。主要参数传输显示在监视屏上,尤其是每条线路的最大和最小压力、每条线路的注浆量(L)以及每环总的注浆量(m^3)。

手动模式下,水泥砂浆连续注入选定的灌浆点,直到达到现场表盘上设定的最大压力极限,然后停止注浆。

5.3.10 豆砾石充填与回填灌浆

1. 充填豆砾石与回填灌浆目的

一般在衬砌管片脱离盾尾后对管片与洞体围岩间的空隙实施填充。掘进机施工引起的地层损失和洞体周围受扰动或受剪切破坏的破碎岩再固结以及地下水的渗透,将导致围岩的应力重新分布。为了防止隧道围岩的变形,使管片衬砌与被开挖围岩形成整体结构以共同受力,减少管片在自重及内部荷载下的变形。需要给开挖过的隧道和管片之间的空隙采用豆砾石充填并进行必要的灌浆。这种封闭灌浆同时可起到衬砌防水作用,成为保证管片衬砌安全及防水固结的关键。

双模式复合盾构机采用的是即时跟踪注浆技术,能够满足三方面的功效:

首先是通过即时充填豆砾石和注浆,及时填充管片与围岩之间的空隙,可以控制围岩变形的发展,减少围岩的压力,有利于管片结构稳定;

其次是确保管片衬砌结构的早期稳定性,保证作用在管片上的外力均匀化。防止管片上浮、侧移和错台。

再次是管片衬砌属于拼装结构,通过管片背后的回填注浆,在其周围形成稳定的加固圈,有利于增加管片的整体稳定性,同样可以作为对衬砌的结构安全储备和防止内水外渗的第二道防线;

即时跟踪注浆技术的工艺核心,是先吹填豆砾石再灌水泥浆的二步法作业。

2. 充填豆砾石

管片拼装成环脱出掘进机盾尾后,豆砾石吹填便即时安排,以尽量缩短尾部空隙的发生和尾部填充时间的延迟。管片外侧与岩石之间的空隙应充填密实。由豆砾石材料车将豆砾石运至豆砾石泵，然后用高压风通过管片的手孔吹填豆砾石。充填顺次应是先拱底、次两侧、后拱顶，避免充填的豆砾石出现架空。

吹填注浆考虑在距离盾尾10～20 m的位置处进行，一方面保证管片拼装作业及轨道续接作业的同步进行，另一方面也防止灌注浆液流入盾壳与围岩间隙，引发次生的不必要灾害。根据经验公式计算和施工经验，充填豆砾石量取环形间隙理论体积的1.2～1.6倍。

3. 回填灌浆

充填豆砾石完成后，还需要进行回填灌注水泥浆液，以固结豆砾石。

(1)注浆材料

采用水泥砂浆作为回填灌浆材料，该浆材具有结石率高、结石体强度高、耐久性好和能防止地下水浸析的特点。

(2)浆液配比及主要物理力学指标

在施工中，根据地层条件、地下水情况及周边条件等，通过现场试验优化确定水泥浆液配合比。浆液的主要物理力学性能应满足下列指标：

胶凝时间：一般为3～10 h，根据地层条件和掘进速度，通过现场试验加入促凝剂及变更配比来调整胶凝时间。对于强透水地层和需要注浆提供较高的早期强度的地段，可通过现场试验进一步调整配比和加入早强剂，进一步缩短胶凝时间。

固结体强度：一天不小于0.2 MPa，28 d不小于2.5 MPa。

浆液结石率：＞95%，即固结收缩率＜5%。

浆液稠度：8～12 cm。

浆液稳定性：倾析率(静置沉淀后上浮水体积与总体积之比)小于5%。

(3)主要技术参数

注浆压力：为保证达到对环向空隙的有效充填，同时又能确保管片结构不因注浆产生变形和损坏，根据计算和经验，注浆压力取值为0.2～0.5 MPa。

灌浆量：根据经验公式计算和施工经验，灌浆量取充填豆砾石理论体积的0.3～0.6倍。

注浆速度：注浆速度应与掘进速度相匹配，按完成一环掘进的时间内完成当环注浆量来确定其平均注浆速度。

注浆结束标准：采用注浆压力和注浆量双指标控制标准，即当注浆压力达到设定值，注浆量达到设计值的85%以上时，即可认为达到了质量要求。

(4)注浆效果检查

注浆效果检查主要采用分析法，即根据 P-Q-t 曲线，结合掘进速度及衬砌、地表与周围建筑物变形量测结果进行综合分析判断，必要时采用无损探测法进行效果检查，当注浆效果不能满足要求时，要及时进行二次补强注浆。

采用即时跟踪注浆技术实施豆砾石注浆，必要时采用重复注浆的方法，二步法可以做到“满填漫灌”。在管片与围岩之间形成等厚的注浆结石层，从而形成了一个稳定的、具有一定强度和抗渗能力的加固圈。

4. 注浆管清洗

在每次注浆完成后，为了防止管路堵塞，可将注浆管路填满膨润土浆液。

在每次长时间停机前，管路通常采用一个特殊的装置清洗，如采用一个橡胶球并压力水打入，这样就可以清洗整个管路。

如果万一管路被堵，用一个可供选择的带有快速接头的高压清洗机(200 bar)可以接到被堵塞的管路上来疏通被堵塞的管路。

5.3.11 管片安装系统

管片拼装机是用来抓取、吊运和安放管片的。如图 5-27 所示。拼装机由两个主要部件组成：

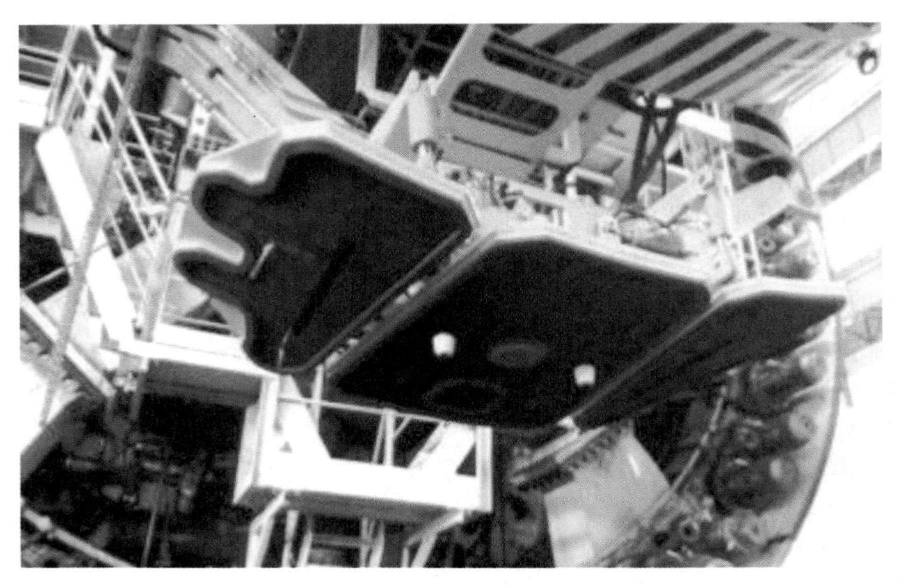

图 5-27 拼装机机构示意图

(1)用以支撑管片抓取装置的固定框架。

(2)用以支撑旋转和提升装置的转动体。

转动体由液压齿轮马达和小齿轮驱动，在固定于拼装机定子上的环形齿圈上转动。

拼装机是为纵向插入式管片衬砌封闭块而设计的，配备有真空抓取装置。

拼装机的纵向行程使拼装机能够拆卸上一个管片环的衬砌块而不需借助任何其他工具，以便万一需要更换盾尾密封刷等操作时使用。

所有运动均为液压驱动。所有运动或者由 1 个无线控制站或者由 1 个固定控制站进行控制。司机通常使用远程控制面板，因此在拼装机工作时不需要司机站在其工作区域内。

提升和平移运动具有两种速度，最低速度仅用作管片的精确定位。其他运动只有低速。围绕隧道轴线的旋转为使用比例控制。

拼装机和抓取系统受到保护，可防止由于推进油缸的靠近和加压而产生的运动和受力。

管片安装机容许不需要任何其他专用工具即可实现拆卸之前安装的最后一环管片，以便更换前面两道盾尾刷。

在盾构机上，最危险的工作区域就是管片安装区域。因为这个原因，整个系统及其控制都经过专门的设计把风险降到最小。另外，为了便于遥控器的操作和携带，下面的互锁也集成在系统里。

(1)当盾构机完成一环的掘进后，操作员选择管片安装模式。这样推进油缸及管片安装机的控制权交给了前面提到的固定控制面板或遥控器面板。操作员就不能推进或者控制推进油缸。液压系统也转换为低压大流量模式。控制权只能由管片拼装司机在管片安装区域返还到控制室。

(2)真空度的互锁功能可以防止真空度低于80%时抓取管片。真空度连续的显示,在真空度低于75%时发出警报。报警后真空吸盘仍能抓举管片最少30 min。

(3)所有的安装器控制均装有支撑互锁或弹回中间挡位控制。

(4)真空释放只能在同时按住两个按钮时才能进行(必须用两双手操作)以防止误操作而放松管片。

5.3.12　后配套拖车

后配套根据在隧道内轨道上运行的服务列车进行设计。

后配套为盾构机的工作提供各种支持,机器的电气、液压、控制等系统及其他辅助设备都安装在后配套台车上。开挖物料也在后配套上卸入出渣矿车并运出洞外。

后配套的门架式拖车属于同样的设计(机械焊接结构),装在轮子上并在轨道上行驶。门架车装有走道、护栏和扶梯,保证工作人员行动的安全与方便。

皮带输送机安装在整个后配套沿线的上部。每个门架车上都有导向系统所需空间。后配套台车是设置主控制室、液压、电气、注浆设备等(由于盾构直径、形式、容量等原因无法设置在盾构内)的台车,具有装备盾构各系统设备用的机械装置、放置材料和各种场所作业的能力。隧道断面和后配套拖车的配备根据下列因素考虑:

(1)设备的维护管理;

(2)满足材料运输;

(3)轨道铺设、管线延伸等各种场所施工。

应制订计划以确保各项作业顺利进行。在小断面盾构中,由于难以保证设置避车道,需要采取相应的安全管理措施。在大断面盾构中,需要设置防止坠落的扶手等设施。后配套拖车根据形状可分为门形拖车、单侧配置拖车等,可根据隧道直径、工程特点适当选择。一般都铺设后配套拖车专用轨道或在管片上安装托架,使配套拖车在上面行驶。拖车行驶方式有两种:

一种使用连杆等将后配套与拖车与盾构本体连接在一起,在推进盾构的同时进行牵引的方式;

另一种是台车自身跟随盾构机械的自行式。

制订后配套拖车结构计划时,应根据急曲线施工区间后配套拖车行驶需确保拖车与隧道间的间隙,牵引时需防止拖车倾覆、脱轨,陡坡施工区段需防止拖车失控等需求。

5.3.13　导向系统

1. RMS-D系统的原理

这个系统基于和通常的几何方法一样的原理。因此,现场几何方法应用者同样能使用这个系统,与他们在自己工作中应用的一样。用来学习这个系统的时间很短并且重新定位该系统非常容易。

该系统由标准硬件组成:高精度倾斜仪和遥控棱镜。因此出于维修成本考虑时,备品备件的供应简单并且价钱比单独购买特殊部件便宜。但是该系统的可靠性却非常的高。

2. 导向系统的组成

RMS-D系统包括:

(1)硬件:工业电脑、激光全站仪、双轴倾斜计、电脑和激光全站仪之间无线连接、激光全站仪电源、2个电动棱镜和1个参考棱镜和1套电缆。

(2)软件:修正曲线的计算和显示、根据输入的数据计算和输入隧道理论中心线、为在设备控制面板上显示计算出的“环号”(表示位置)的通讯联系、衬砌环拼装程序,可出示衬砌环报告。

3. 导向系统的精度

全站仪和棱镜之间的角度精确性:优于 2″;

全站仪和棱镜间最大操作距离:500 m;

双轴倾角计测量滚动精度:≈0. 1 mm/m;

双轴倾角计测量倾斜精度:≈0. 1 mm/m;

所有设备数据和地面计算机的传输以及调制解调器(备选);

通过导向系统的监控,可控制掘进方向(水平及竖直)误差为±10 mm。

除非另有说明所用用于连接到设备和后配套的电缆和管线由其他供货商提供。

4. RMS-D 系统描述

为了测量掘进机的位置和开挖方向,至少要测量掘进机的两个确定点位置及倾斜和转动角度。这两个点就是安装在掘进机前部的两块棱镜。其相对于掘进机轴心线的精确位置和局部坐标系统必须在组装掘进机时就确定下来。

由于掘进机可能转动和倾斜,掘进机局部坐标系通常不与地球坐标系平行,因此掘进机转动和倾斜的角度必须通过安装在掘进机内部的双轴倾斜计精确测量出来。

预先固定好位置和方向的机动全站仪自动测量掘进机里面的两块棱镜。通过标准勘测方法可以很轻松地确定全站仪新的位置。不过,因为全站仪的水平角度测量系统没有定义参考点,所以必须在安装过程中通过人工测定预先确定好坐标的参考点来定向全站仪。测量得到的资料由勘测人员输入系统电脑。

然后,通过已定向的全站仪测量斜距及水平和垂直角度就可以建立掘进机两块棱镜的地球坐标。由于掘进机局部坐标系中两棱镜的位置在组装掘进机时已确定,而且掘进机转动和倾斜的角度任何时候都可知,所以掘进机上任意点(如:刀盘中心)在三维空间中的位置都可以计算出来。地球坐标系中的设计中心线是已知的并预先输入系统电脑,因此,掘进机相对中心线水平和垂直方向的偏差以及掘进机方位可以很容易计算出来并且以图形方式显示给司机。如果需要,还可以计算出投影路径并且将偏离的掘进机调回设计中心线的最佳路线显示出来,计算时考虑一些参数如最小转弯半径或与预制衬砌管片几何图形有关的参数。

远程棱镜的作用绝对不能低估。它不仅可以定向全站仪,而且能够自动联机检测全站仪固定点移动造成的潜在误差。因为全站仪通常安装在掘进机后面 25～300 m 处刚开挖的可能不稳定的隧道壁上,所以全站仪移动的可能性很高。如果没有检测到这种移动就会对开挖准确度产生巨大影响。掘进机导向系统定期测量远程棱镜检查全站仪固定点的稳定性,一旦发生移动即刻通知司机。测量这些参考点的时间间隔由用户操作密码保护的菜单确定。

5. 3. 14 有害气体和氧气的自动监测系统

气体检测系统包括:一个安装在控制室内的中心控制面板,针对 O_2、CO、CO_2、CH_4 每种气体设置两个传感器,总共 8 个传感器。

中心面板检测每种气体的含量并当气体含量达到第一阶段的报警值时开始报警。当达到第二阶段的报警值时,中心控制面板请求人员疏散。这两个阶段的值分别为极限值的 20%和 50%。

传感器放置在作业区：如管片拼装区，操作室区域等。

5.3.15　辅助系统

1. 工业用气系统

工业用气回路向所有气动装置、沿后配套每节门架车、联接桥和主机内设置的闭合压力点供气。

它包括空压机、储气罐、所有的阀及安装在后配拖车上的所有管路。储气罐上安装安全阀、单向阀和压力表。分配管路通过两路过滤器过滤并通过装有一个自动水分离器的干燥器来干燥。

2. 工业用水系统

工业用水线路通过软管一直连接到隧道里，后配套台车上安装有给盾构内设备供应水的泵，这些需要水的设备包括油冷却器、刀盘驱动装置、齿轮减速机以及其他需要水的地方。

3. 污水排放系统

排水回路的作用是将进入盾构机的积水排走。因此用户可在护盾里装排污泵，它将积水转送到污水箱。

4. 通风系统

盾构机配置一个二次通风系统。从盾构机前方靠近护盾的地方将空气抽出并在后配套尾部排出。初次通风的风管储存器及其更换起吊设备安装在后配套拖车的尾部。

5.3.16　其他

盾构设备内配有很多其他的设施，如吊机，用于周转材料和消耗材料的转运。

5.4　盾构机关键参数计算

5.4.1　计算条件

表 5-7 中给出了本工程基本地质条件和盾构机基本设计参数。

表 5-7　地质估计参数和盾构机基本设计参数

参数名称	符　号	数　值	单　位
最大覆土厚度	H	750	m
地下水位	H'_w	30	m
地层的天然重度	γ	23	kN/m³
地层的有效重度	γ'	13	kN/m³
水容重	γ_w	10.00	kN/m³
地表附加荷载	P_0	20.00	kN/m²
内摩擦角	φ	10	(°)
黏聚力	c	30	kPa
侧向土压系数	λ	0.5	—
地基反力系数	k	2×10^5	kN/m³
壳板的外径	D_0	7 900	mm

续上表

参数名称	符　　号	数　　值	单　　位
壳板的板厚	t	30	mm
盾构机机长	L	10 000	mm
盾构机重量	W	5 000	kN

注：地质为砂岩、泥岩、风积沙等。

5.4.2　作用于盾构机的载荷

1. 松弛高度计算（图 5-28）

松弛高度 h 的计算方法如下：

(1)全覆土；

(2)太沙基的松弛高度；

(3)太沙基的松弛高度或与 $2D_0$ 的较大者；

(4)指定松弛高度。

在此，太沙基的松弛高度由下列公式得出：

$$h = \frac{B_1}{K_0 \tan\varphi}(1 - e^{-K_0 \cdot \tan\varphi \cdot H/B_1}) + \frac{P_0}{\gamma} e^{-K_0 \cdot \tan\varphi \cdot H/B_1} \tag{5-1}$$

$$B_1 = R_0 \cot \frac{45^\circ + \varphi/2}{2} \tag{5-2}$$

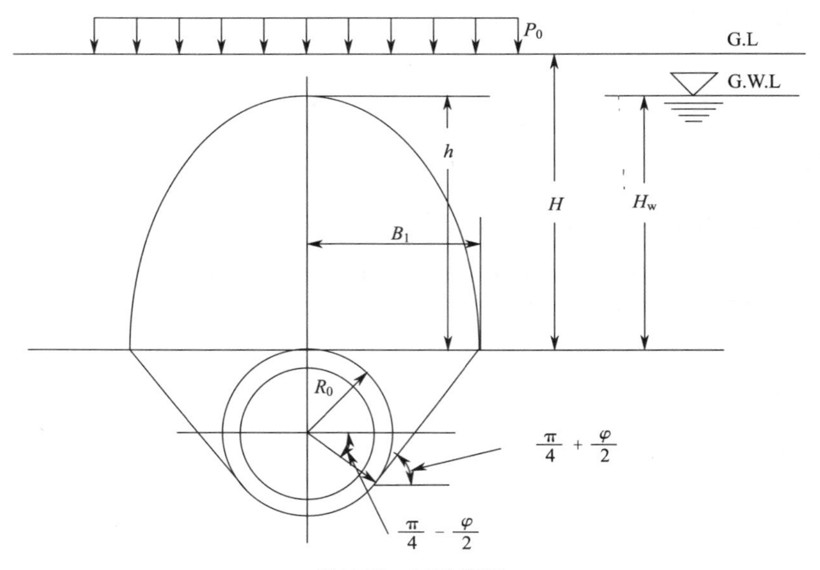

图 5-28　松弛高度

式中　K_0——水平土压与垂直土压之比（通常 $K_0=0.5$）；

φ——内部摩擦角，取 10°；

R_0——盾构机半径，取 4.00 m；

P_0——上载荷重，取 20.00 kN/m²；

H——盾构始发时，风积沙层全覆土厚 14.2 m。

经计算得：$h \approx 14.0\ \text{m} < 2D_0 = 16\ \text{m}$，取：$h=16$ m。

2. 作用于盾构机的荷载分布(图 5-29)

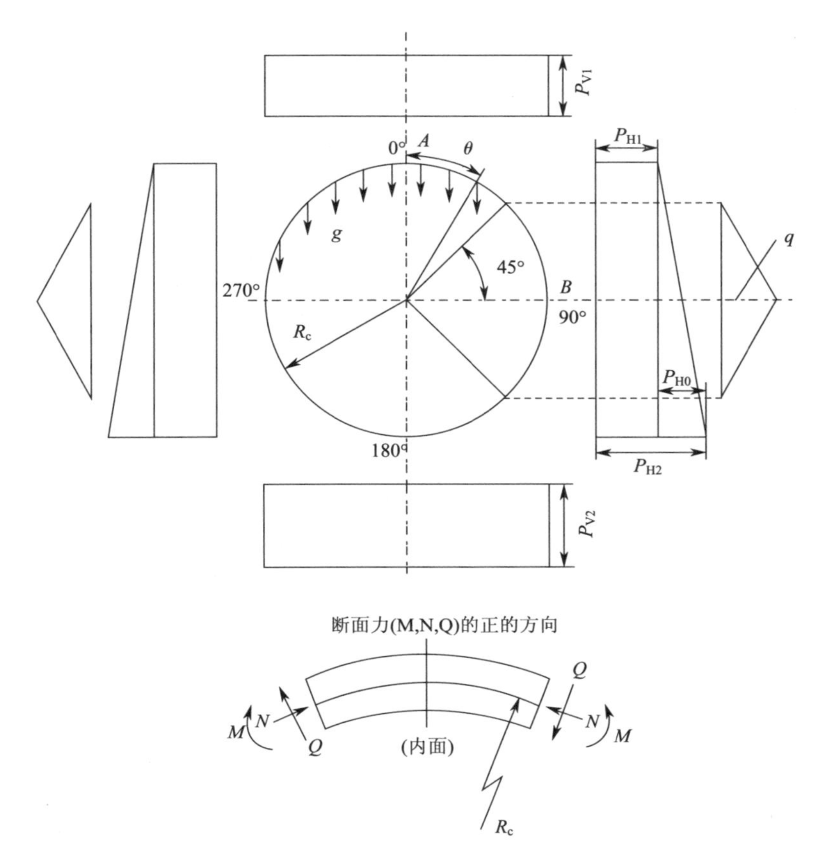

图 5-29　作用于盾构机的荷载分布

θ—从 A 点到任意点的角度($0\leqslant\theta\leqslant\pi$);$R_c$—壳板的中心半径;

M—弯矩;N—轴力;Q—剪力

3. 各参量计算

(1)盾构机沿长度方向单位长度自重:g

$$g = W/(2\cdot\pi\cdot R_c\cdot L) \tag{5-3}$$

$$R_c = \frac{D_0 - t}{2} \tag{5-4}$$

式中　g——盾构机沿长度方向单位长度自重;

D_0——内部摩擦角;

R_c——盾壳中心半径;

W——盾构自重;

L——盾构机长度;

t——盾壳厚度。

(2)拱顶竖向荷载(拱顶土压、水压及地表附加荷载):P_{V1}

岩层的情况如下:

$$P_{V1} = \gamma\cdot h + P_0 \tag{5-5}$$

式中　P——拱部水土压力;

P_0——附加荷载；

γ——土体容重；

h——松弛高度；

砂质土的情况如下：

若 $h>H_w$：

$$P_{V1}=\gamma\cdot(h-H_w)+\gamma'\cdot H_w+\gamma_w\cdot H_w \quad (5\text{-}6)$$

式中 P_{V1}——拱部水土压力；

γ——土体容重；

γ'——土体有效重度；

h——松弛高度；

H_w——隧道顶埋深；

γ_w——水的容重。

若 $h\leqslant H_w$：

$$P_{V1}=\gamma\cdot(h-H_w)+\gamma'\cdot H_w+\gamma_w\cdot H_w \quad (5\text{-}7)$$

(3)拱底竖向荷载(拱底土压、水压及地表附加荷载)：P_{V2}

$$P_{V2}=P_{V1}+\pi\times g \quad (5\text{-}8)$$

(4)侧向水平荷载(梯形上底)：P_{H1}

岩层的情况下：

$$P_{H1}=\lambda\cdot P_{V1} \quad (5\text{-}9)$$

式中 λ——侧压力系数。

砂性土的情况下：

$$P_{H1}=\lambda\cdot P_{V1}+(1-\lambda)\cdot\gamma_w\cdot H_w \quad (5\text{-}10)$$

(5)侧向水平荷载(梯形下底)：P_{H2}

岩层的情况下：

$$P_{H2}=\lambda\cdot P_{V2} \quad (5\text{-}11)$$

砂性土的情况下：

$$P_{H2}=P_{H1}+\lambda\cdot\gamma'\cdot D_0+\gamma_w\cdot D_0 \quad (5\text{-}12)$$

(6)水平地基反力(作用于盾构机水平直径点“B”)：q

$$q=k\times\delta \quad (5\text{-}13)$$

式中 k——地基反力系数；

δ——侧向水平位移(盾构机水平直径点“B”)。

$$\delta=\frac{(P_{V1}-P_{H1}-P_{H2}+P_{V2})\cdot R_c{}^4}{24\cdot(E\cdot I+0.0454\cdot k\cdot R_c{}^4)} \quad (5\text{-}14)$$

式中 E——盾壳弹性模量，$E=2.1\times10^5\ \text{N/mm}^2$；

I——单位长度的惯性矩，$I=\frac{t^3}{12}$。

4. 计算结果

(1)松弛高度

$$h=16\ \text{m}$$

(2)壳板的挠度

$$\delta=3.4\ \text{mm}$$

(3)计算荷载

$$P_{V1}=342\ \text{kN/m}^2$$
$$P_{H1}=171\ \text{kN/m}^2$$
$$P_{H0}=P_{H2}-P_{H1}=32.9\ \text{kN/m}^2$$
$$q=680\ \text{kN/m}^2$$
$$g=20.95\ \text{kN/m}^2$$

5.4.3　盾壳强度计算

1. 荷载作用下盾壳截面内力计算

(1)自重(g)引起的截面内力(M_g,N_g,Q_g)

假定自重反力在直径范围内均匀分布:$P_g=\pi\times g$

当$0\leqslant\theta\leqslant\frac{\pi}{2}$时:

$$\left.\begin{aligned}M_g&=\left(\frac{3}{8}\pi-\theta\cdot\sin\theta-\frac{5}{6}\cos\theta\right)\cdot g\cdot R_c{}^2\\N_g&=\left(\theta\cdot\sin\theta-\frac{1}{6}\cos\theta\right)\cdot g\cdot R_c\\Q_g&=-\left(\theta\cdot\cos\theta+\frac{1}{6}\sin\theta\right)\cdot g\cdot R_c\end{aligned}\right\}\tag{5-15}$$

式中　M_g——盾壳截面弯矩;

N_g——盾壳所受轴力;

Q_g——盾壳所受剪力。

当$\frac{\pi}{2}\leqslant\theta\leqslant\pi$时:

$$\left.\begin{aligned}M_g&=\left[-\frac{1}{8}\pi+(\pi-\theta)\sin\theta-\frac{5}{6}\cos\theta-\frac{1}{2}\pi\cdot\sin^2\theta\right]\cdot g\cdot R_c{}^2\\N_g&=\left(-\pi\cdot\sin\theta+\theta\cdot\sin\theta+\pi\cdot\sin^2\theta-\frac{1}{6}\cos\theta\right)\cdot g\cdot R_c\\Q_g&=\left[(\pi-\theta)\cos\theta-\pi\cdot\sin\theta\cdot\cos\theta-\frac{1}{6}\sin\theta\right]\cdot g\cdot R_c\end{aligned}\right\}\tag{5-16}$$

(2)竖向荷载(P_{V1})所产生的截面内力(M_{V1},N_{V1},Q_{V1})

$$\left.\begin{aligned}M_{V1}&=\frac{1}{4}(1-2\sin^2\theta)\cdot P_{V1}\cdot R_c{}^2\\N_{V1}&=P_{V1}\cdot R_c\sin^2\theta\\Q_{V1}&=-P_{V1}\cdot R_c\cdot\sin\theta\cdot\cos\theta\end{aligned}\right\}\tag{5-17}$$

式中　M_{V1}——竖向荷载引起的盾壳弯矩;

N_{V1}——竖向荷载引起的盾壳轴力;

Q_{V1}——竖向荷载引起的盾壳剪力。

(3)水平三角形荷载(P_{H0})所产生的截面内力(M_{H0},N_{H0},Q_{H0})

$$\left.\begin{aligned}M_{H0}&=\frac{1}{48}(6-3\cos\theta-12\cos^2\theta+4\cos^3\theta)\cdot P_{H0}\cdot R_c{}^2\\N_{H0}&=\frac{1}{16}(\cos\theta+8\cos^2\theta-4\cos^3\theta)\cdot P_{H0}\cdot R_c\\Q_{H0}&=\frac{1}{16}(\sin\theta+8\sin\theta\cdot\cos\theta-4\sin\theta\cdot\cos^2\theta)\cdot P_{H0}\cdot R_c\end{aligned}\right\}\tag{5-18}$$

式中 M_{H0}——水平三角形荷载引起的盾壳弯矩；

N_{H0}——水平三角形荷载引起的盾壳轴力；

Q_{H0}——水平三角形荷载引起的盾壳剪力。

(4)水平矩形荷载(P_{H1})所产生的截面内力(M_{H1}，N_{H1}，Q_{H1})

$$\left.\begin{aligned} M_{H1} &= \frac{1}{4}(1-2\cos^2\theta)\cdot P_{H1}\cdot R_c{}^2 \\ N_{H1} &= P_{H1}\cdot R_c\cdot \cos^2\theta \\ Q_{H1} &= P_{H1}\cdot R_c\cdot \sin\theta\cdot\cos\theta \end{aligned}\right\} \tag{5-19}$$

式中 M_{H1}——水平矩形荷载引起的盾壳弯矩；

N_{H1}——水平矩形荷载引起的盾壳轴力；

Q_{H1}——水平矩形荷载引起的盾壳剪力。

(5)水平地基反力($q=k\cdot\delta$)所产生的截面内力(M_q，N_q，Q_q)

当 $0\leqslant\theta\leqslant\frac{\pi}{4}$ 时：

$$\left.\begin{aligned} M_q &= (0.234\,6-0.353\,6\cos\theta)\cdot k\cdot\delta\cdot R_c{}^2 \\ N_q &= 0.353\,6\cos\theta\cdot k\cdot\delta\cdot R_c \\ Q_q &= 0.353\,6\sin\theta\cdot k\cdot\delta\cdot R_c \end{aligned}\right\} \tag{5-20}$$

式中 M_q——水平地基反力引起的盾壳弯矩；

N_q——水平地基反力引起的盾壳轴力；

Q_q——水平地基反力引起的盾壳剪力。

当 $\pi/4\leqslant\theta\leqslant\pi/2$ 时：

$$\left.\begin{aligned} M_q &= (-0.348\,7+0.5\sin^2\theta+0.235\,7\cos^3\theta)\cdot k\cdot\delta\cdot R_c{}^2 \\ N_q &= (-0.707\,1\cos\theta+\cos^2\theta+0.707\,1\sin^2\theta\cdot\cos\theta)\cdot k\cdot\delta\cdot R_c \\ Q_q &= (\sin\theta\cdot\cos\theta-0.707\,1\cos^2\theta\cdot\sin\theta)\cdot k\cdot\delta\cdot R_c \end{aligned}\right\} \tag{5-21}$$

2. 盾壳应力计算(σ，τ)

$$\left.\begin{aligned} &\sigma=\frac{\sum M}{Z}+\frac{\sum N}{A} \qquad \tau=\frac{\sum Q}{A} \\ &\sum M=M_g+M_{V1}+M_{H0}+M_{H1}+M_q \\ &\sum N=N_g+N_{V1}+N_{H0}+N_{H1}+N_q \\ &\sum Q=Q_g+Q_{V1}+Q_{H0}+Q_{H1}+Q_q \\ &Z=t^2/6,A=t \end{aligned}\right\} \tag{5-22}$$

式中 σ——拉压应力(拉应力为正、压应力为负)；

τ——剪应力。

其中截面物理参数如下：

$A=300.0\ \text{cm}^2$；

$Z(\text{OUT})=150.0\ \text{cm}^3$；

$Z(\text{IN})=150.0\ \text{cm}^3$。

3. 应力计算结果(表5-8)

表5-8　计算应力表

角度	壳板应力			壳板截面内力		
	拉压应力		剪应力	弯曲	轴力	剪力
(°)	外侧(MPa)	内侧(MPa)	(MPa)	M(kN·m)	N(kN)	Q(kN)
0	−110.57	77.80	0.00	31.79	737.33	0.00
10	−97.49	64.47	−0.36	27.33	743.13	−16.33
20	−61.95	28.19	−0.62	15.21	759.50	−28.05
30	−14.25	−20.58	−0.70	−1.07	783.56	−31.43
40	30.57	−66.62	−0.54	−16.40	811.15	−24.30
50	55.56	−92.76	−0.16	−25.03	837.00	−7.12
60	50.94	−88.88	0.27	−23.59	853.73	12.09
70	20.29	−58.54	0.55	−13.30	860.71	24.83
80	−20.63	−17.69	0.54	0.50	862.32	24.36
90	−48.00	9.49	0.16	9.70	866.29	7.42
100	−43.74	4.79	1.97	8.19	876.46	88.62
110	−21.26	−18.15	3.24	0.52	886.71	145.59
120	0.76	−40.40	3.88	−6.95	892.04	174.79
130	9.78	−49.32	3.59	−9.97	889.72	177.90
140	1.78	−40.91	3.57	−7.20	880.49	160.72
150	−17.87	−20.80	2.92	−0.49	870.20	131.27
160	−39.31	1.02	2.06	6.80	861.54	92.71
170	−55.16	17.12	1.07	12.20	855.86	47.93
180	−60.95	23.00	0.00	14.17	853.89	0.00

注:拉应力为正,压应力为负。

4. 强度验算(表5-9)

表5-9　盾壳材料容许应力表(MPa)

材料	长期荷载			短期荷载		
	拉应力	压应力	剪应力	拉应力	压应力	剪应力
Q345	192	192	115	288	288	172.5
备注	长期应力:根据道路·桥基准要求及同解说钢桥篇 短期应力:为长期应力的1.5倍					

盾壳实际最大应力:

最大拉伸应力=77.08 N/mm^2(角度0);

最大压缩应力=110.5713 N/mm^2(角度0);

最大剪断应力=3.99 N/mm^2(角度126°)。

计算结果表明:最大应力均小于容许应力极限,结构安全。

5.4.4　盾构机总推力计算

1. 盾构掘进所需推力计算

本工程选用双模式复合盾构,机器的掘进总推力由下式计算:

$$F=F_1+F_2+F_3+F_4 \tag{5-23}$$

式中 F——机器的掘进总推力；

F_1——盾构与地层之间的摩擦阻力；

F_2——刀盘正面推进阻力；

F_3——盾尾内部与管片之间的摩擦阻力；

F_4——后方台车的牵引阻力。

(1)作用在盾构上的水土压力计算

作用于盾构外周和正面的水压和土压如图 5-30 所示。

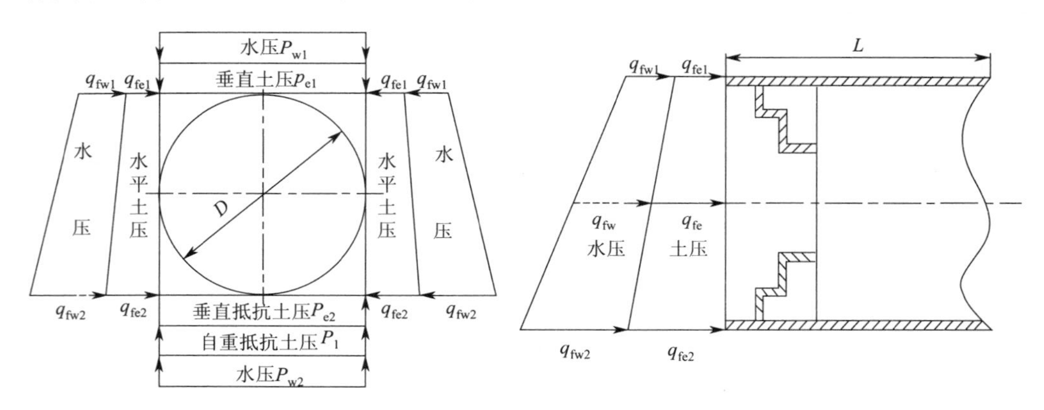

图 5-30 盾构推进阻力计算示意图

注：P_{e1}——盾构顶部的垂直土压，按全覆土柱计算，采用天然重度 γ 计算；

P_{e2}——盾构底部的垂直土压，按全覆土柱计算，采用天然重度 γ 计算；

q_{fe1}——盾构顶部水平土压，$q_{fe1}=\lambda\times P_{e1}$；

q_{fe2}——盾构底部水平土压，$q_{fe2}=\lambda\times P_{e2}$；

q_{fw1}——盾构顶部的水压；

q_{fw2}——盾构底部水压；

λ——侧压系数，取 0.5。

计算 P_{e1}、P_{e2}、q_{fe1}、q_{fe2}、q_{fw1}、q_{fw2} 得：

$$P_{e1}=20+23\times14=342\ \text{kN/m}^2$$

$$P_{e2}=P_{e1}+W/(D\times L) \tag{5-24}$$

式中 W——盾构机重量，取 500 t；

D——盾构外径，取 7.9 m；

L——盾构主机长度，取 10 m。

计算得：

$P_{e2}=342+62.3=402.3\ \text{kN/m}^2$；

$q_{fe1}=342\times0.5=171\ \text{kN/m}^2$；

$q_{fe2}=404.3\times0.5=202.15\ \text{kN/m}^2$；

$q_{fw1}=30\times9.8=294\ \text{kN/m}^2$；

$q_{fw2}=(30+7.9)\times9.8=371.42\ \text{kN/m}^2$。

(2)盾构与地层之间的摩擦阻力：F_1

计算可按公式：

$$F_1=M\times\pi\times D\times L\times P \tag{5-25}$$

式中 M——地层与钢板之间的摩擦系数，取 $M=0.2$；

D——盾构壳体计算外径，$D=7.9$ m；

L——盾构壳体长度，10 m；

P——平均压力，$P=(P_{e1}+P_{e2}+q_{fe1}+q_{fe2})/4=279.4$ kPa。

得：

$$F_1=0.2\times3.14\times7.9\times10\times279.4=13\ 859.73\ \text{kN}$$

(3)盾构前方的推进阻力 F_2

按水压和土压分算公式计算，将以上各项代入公式：

$$F_2=(\pi D^2)/4\times(q_{fe1}+q_{fe2}+q_{fw2}+q_{fw1})/4=12\ 720.37\ \text{kN} \tag{5-26}$$

(4)盾尾内部与管片之间的摩阻力：F_3

$$F_3=M_c\times W_s \tag{5-27}$$

式中 M_c——管件与钢板刷之间的摩擦阻力，取0.3；

W_s——压在盾尾内部Z环管的自重。

$$F_3=0.3\times2\times(3.141\ 6/4)(8.0^2-7.2^2)\times1.5\times2.5\times9.8=245.93\ \text{kN}$$

(5)后方台车的牵引阻力：F_4

$$F_4=\mu_2\times G_1=0.2\times2\ 000=400\ \text{kN}$$

(6)盾构总推力：F

$$F=F_1+F_2+F_3+F_4=13\ 859.73+12\ 720.37+245.93+400=27\ 226.03\ \text{kN} \tag{5-28}$$

2.实际装备推力

主推进系统最大推力为35 000 kN，辅助推进系统最大推力为45 000 kN。

主推进系统安全系数：

$$k=F_{主}/F=1.3$$

辅助推进系统安全系数：

$$k=F_{辅}/F=1.7$$

由理论计算可知，系统推进力足够，可保证顺利施工。

5.4.5 刀盘扭矩的计算

实践证明装备扭矩与盾构机的外径的关系极大，通常可用下式表示：

$$T_e=\alpha_1\times\alpha_2\times\alpha_0\times D_0{}^3 \tag{5-29}$$

式中 T_e——装备扭矩(kN·m)；

D_0——盾构机外径(m)；

α_1——刀盘支撑方式决定系数，简称为支撑系数(m)；

α_2——土质系数；

α_0——稳定掘削扭矩系数。

就中心支撑式刀盘而言，$\alpha_1=0.8\sim1$；对中间支撑方式而言，$\alpha_1=0.9\sim1.2$；对周边支撑式而言，$\alpha_1=1.1\sim1.4$。

对密实砂砾、泥岩而言，$\alpha_2=0.8\sim1$；对固结粉砂、黏土而言，$\alpha_2=0.8\sim0.9$；对松散砂而言，$\alpha_2=0.7\sim0.8$；对软粉砂而言，$\alpha_2=0.6\sim0.7$。

对土压盾构而言，$\alpha_0=14\sim23\ \text{kN/m}^3$；对泥水盾构而言，$\alpha_0=9\sim18\ \text{kN/m}^3$；对开放式盾构而言，$\alpha_0=8\sim15\ \text{kN/m}^3$。

计算可得：

$$T_e=\alpha_1\times\alpha_2\times\alpha_0\times D_0{}^3=1.0\times1\times18\times7.9\times7.9\times7.9=8\ 874.7\ \text{kN}\cdot\text{m}$$

盾构机配置扭矩：

$$T=22\ 188\ \text{kN}\cdot\text{m}(0\sim6\ \text{rpm})$$

选用盾构的额定扭矩为 8 875 kN·m，脱困扭矩 22 188 kN·m，均处于经验值范围内，该盾构刀盘扭矩可满足本工程的施工需要。

5.4.6 岩层切削性能计算(表 5-10)

掘进距离长度计算公式

$$L=(L_0\times V\times1\ 000)/(D\times\pi\times N) \tag{5-30}$$

式中 L——掘进距离(m)；

L_0——转动距离(km)；

V——掘进速度(m/min)；

D——切削外径(m)；

N——回转数(rpm)。

表 5-10 岩层切削性能的计算

单轴抗压强度(MPa)	切入深度(cm)	转速(rpm)	掘进速度(m/min)	转动距离(km)	掘进长度(m)
20	2.5	1.5	0.037 5	768	757
40	1.5	2.0	0.030 0	603	356
80	1.05	2.5	0.026 3	439	182
120	0.85	3.0	0.025 5	384	128
150	0.75	3.0	0.022 5	329	95

5.4.7 推进速度估算

盾构掘进速度、推力和扭矩之间的存在一定的关系。一般情况下，掘进速度

$$v=p\times n \tag{5-31}$$

式中 p——刀具每转切入岩层的深度；

n——刀盘的转速。

无论在软土还是在硬岩中，刀具每转的切入深度(又称贯入度)与刀具所受的推力呈正比，驱动刀盘所受的扭矩也和刀具切入的深度成正比，刀具的每转的贯入度越大，驱动刀盘所需的扭矩也就越大，在相同的转速下盾构的掘进速度也就越快。

刀盘所需的扭矩还和渣土改良的效果及土仓内的渣土量有直接的关系。无论在敞开模式还是在土压平衡模式下，加入泡沫或其他改良材料后，在土压平衡模式下可以显著的降低刀盘的驱动扭矩。在硬岩中掘进时，机器推力高而切入深度小，则刀盘驱车扭矩小，此时，可采用提高转速达到提高掘进速度的目的。

5.4.8 盾尾间隙计算

盾尾内径与管片外径间隙验算(按 400 m)曲线半径。

曲线开挖时要求的盾尾间隙计算如下：

(1)设计参数

盾尾内径 $D_0=7\ 300$ mm；

管片外径 D=7 800 mm；

管片宽度 W=1 800 mm；

曲线半径 R=400 m；

盾尾覆盖管片的长度 L=3 600 mm。

(2)盾尾间隙

理论值
$$X=X_1+X_2$$

式中　X_1——为拼装管片方便而考虑管片安装误差及偏移所取的间隙裕量；通常，X_1 的取值按表 5-11选择，取 X_1=30 mm；

X_2——曲线施工和修正盾构机蛇行所需的间隙。

表 5-11　盾尾间隙与盾构直径关系

$D<4$ m	4 m$\leqslant D<6$ m	6 m$\leqslant D<8$ m	8 m$\leqslant D<11$ m
20 mm	25 mm	30 mm	40 mm

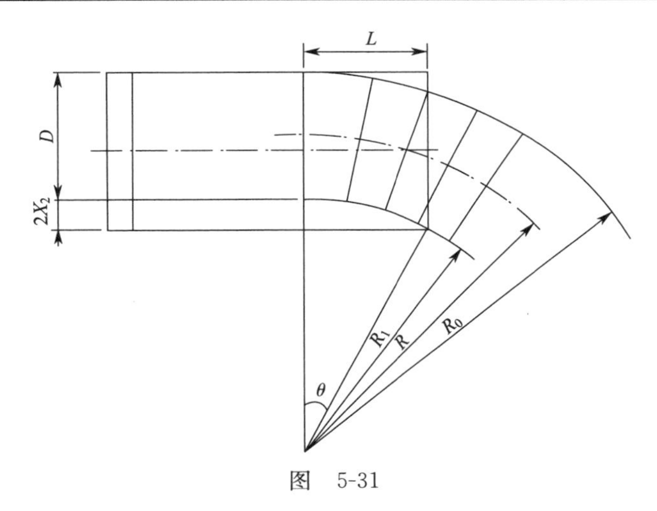

图　5-31

按图 5-31、表 5-11 所示，可求得：

$$2X_2=R_1-R_1\times\cos\theta, R_1=R-D/2, \sin\theta=L/R_1$$

化简成：
$$X_2=\frac{\left(R-\frac{D}{2}\right)-\sqrt{\left(R-\frac{D}{2}\right)^2-L^2}}{2}$$

假设最小转弯半径 R=400 m，将 R、D 代入上式，可得：

X_2=10.00 mm；

$X=X_1+X_2$=30+10.00=40 mm。

设计值 X=(7 300−7 000)/2=75 mm。

5.4.9　岩层切削性能与刀具磨损计算

1. 滚刀规格(表 5-12)

允许载荷：250 kN；

材质：特殊工具钢；

允许磨损量：20 mm；

允许线速度:150 m/min;
最小转动力:30～60 N·m;
允许磨损量:20 mm;
极限磨损量:25 mm。

表 5-12 滚刀样式规格

规格	12 in(305 mm)	14 in(356 mm)	15.5 in(394 mm)	17 in(432 mm)	19 in(483 mm)
允许载荷(kN)	125 kN	200 kN	225 kN	250 kN	320 kN
刀间距(mm)	60～70	65～75	75～85	80～90	90～100
允许圆周速度(m/min)	75	150	150	160	180

滚刀切入深度:根据掘进机施工业绩,得出滚刀切入系数与岩石单轴抗压强度关系如图 5-32 所示。

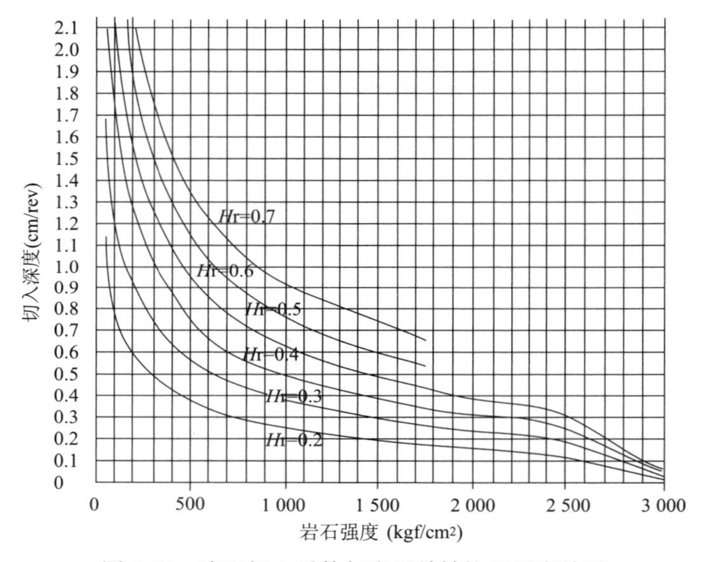

图 5-32 滚刀切入系数与岩石单轴抗压强度关系

2.滚刀转动距离

根据实际业绩滚刀在泥岩、砂岩中掘进距离如表 5-13 所示。

表 5-13 滚刀转动距离

滚刀规格	17 in(432 mm)
允许载荷刀具形状	250 kN 平面型
20 MPa	768 km
40 MPa	603 km
80 MPa	439 km
100 MPa	411 km
120 MPa	384 km
150 MPa	329 km

3.切削刀磨损量计算

以下的公式表示为刀盘磨损推定量：

$$\delta = \frac{L \cdot K \cdot N \cdot \pi \cdot D}{1\ 000V} \tag{5-32}$$

式中　δ——刀具磨损量；

L——挖掘距离；

K——刀具磨损系数；

D——挖掘外径，$D=8.1$ m；

N——刀盘旋转速度，$N=2.5\ \text{min}^{-1}$；

V——推进速度，$V=0.026\ 3$ m/min。

刮刀容许磨损量设为 25 mm，根据区间内不同土质比例统计计算磨损如表 5-14、表 5-15 所示。

表 5-14　不同土质比例统计计算磨损

有无刀具保护	有
磨损系数	40×10^{-3} mm/km
容许磨损量	25 mm
可掘进距离	260 m

表 5-15　刮刀损系数(10^{-3} mm/km)

项目	土压平衡		泥水平衡	
	有刀具保护	无刀具保护	有刀具保护	无刀具保护
黏性土、淤泥	5	10	2	4
砂质土	15	30	7	14
砂卵石	25	50	16	32
卵石	40	60	40	60
卵石(破碎)附带滚刀	33	50	33	50
岩层	40	150	40	150

4. 主驱动功率计算

主驱动功率计算

$$P = \frac{2\pi Tn}{60} = \frac{2\times3.14\times8\ 875\times0.9}{60} = 836\ \text{kW}$$

故配置 10×110 kW(400 V)变频电机。

第6章　始发U形槽设计与施工

由于矿区位于沙漠的边缘，斜井口周围施工场地开阔，无特殊条件要求，因此我们专门设计了在原地面开挖U形槽做掘进机组装场、始发站的方案，复合式盾构机在始发U形槽内进行设备组装、调试，始发。

6.1　始发U形槽设计边界条件

(1)场地的长、宽要求满足掘进机组装需要。项目拟采用的双模式复合盾构机全长150 m(含后配套长度)，设备主机最大宽度8.2 m。

(2)始发U形槽的端部，要求满足复合盾构机始发的基本需要，要求设计采用壁立式结构，设备的最小净埋深应大于1倍洞径。

(3)满足320 t履带吊与2台40 t龙门吊的走行轨布置及安全距离、作业空间的需要。

(4)满足开挖边坡稳定性与支护设计需要。结合场地条件U形槽计划放坡开挖，锚喷支护。

(5)复合掘进机始发姿态的需要，主要控制U形槽始发端的底板纵坡，与斜井的设计纵坡保持一致。

6.2　始发U形槽设计与检算

始发U形槽计划采用放坡明挖，基坑的左右两侧均采用二级放坡形式，锚喷支护。始发端头为确保掘进机顺利启动，计划采用壁立式钻孔灌注桩配合锚索外支撑的围护结构。

6.2.1　始发U形槽设计方案论证

1. 基坑等级的论证

本斜井始发站U形槽基坑最大开挖深度17.5 m，周边无重要建筑物，结合现场实际及既有工程经验等条件，根据《建筑基坑支护技术规程》(JGJ 120—99)等有关技术规范和规定要求，U形槽基坑安全等级设定为一级。

2. 始发站U形槽开挖方式的选择

(1)优先选择明挖法。

(2)当受环境或其他因素制约，可选择采用盖挖顺作法施工，或选择盖挖逆作法、倒边逆作法施工。

(3)当结构因技术经济原因，不宜采用明、盖挖法施工时，可采用矿山法或明暗相结合的方法施工。

各工法优缺点比较如表6-1所示。

表6-1 基坑施工方法的比较分析

项　　目	明挖法	盖挖法	暗挖法
对地面交通影响	大,需中断交通	较大,需短期占道	对交通无影响
对地下管线影响	大,管线改移多	部分管线需要改移	不需改移管线
施工技术	成熟	成熟	成熟
施工难度	小	较小	大
工程质量	好	较好	一般
防水质量	好	较好	一般
地面沉降	小	小	稍大
扰民程度	大	较大	小
施工工期	短	较短	长
土建造价	低	较高	高

结合本工程周边环境和工程特点,故本U形槽采用明挖法施工。

3. 始发U形槽边坡防护设计

由于始发站U形槽位于沙漠边缘,周围无重要建筑,无重要管线,施工场地开阔,对交通无特殊要求,故非常适合放坡开挖。

但地表砂层厚度达14 m以上,且稳定性差,土质参数及地下水位情况不明,有待进一步明确。考虑沙漠地区水量应不是很大,且现有的地质资料显示:地下0.5～3 m以下均为湿砂,有一定的黏聚力,砂土的内摩擦角一般在25°左右。因此,U形槽两侧及末端,计划采用放坡开挖,网喷混凝土护坡。根据相关规范及设计施工经验,此放坡段采用1∶1.75放坡开挖。

在始发端墙位置,采用进行壁立式围护结构支护。

4. U形槽始发端墙结构选择

目前,国内地下结构基坑工程已有大量的实践经验,基坑支护技术取得了较大的发展,已发展有地下连续墙、排桩支护、土钉墙、放坡、组合支护结构等多种结构形式,各种支护结构优缺点比较如表6-2所示。

表6-2 几种常用围护结构优缺点比较表

围护型式	优　　点	缺　　点
地下连续墙	1. 技术相对成熟; 2. 适用于各种地层,复杂周边环境工程;特别是止水要求严格的基坑支护; 3. 适用于基坑保护等级:一级、二级; 4. 适用于明挖法、盖挖法、矿山法	1. 施工机具要求较高; 2. 施工工艺较复杂; 3. 施工技术要求较高
人工挖孔桩	1. 成孔单价低; 2. 施工设备简单; 3. 成桩直径大; 4. 成桩质量容易保证; 5. 适用于基坑保护等级特级、一级、二级; 6. 适用于明挖法、盖挖法、矿山法	1. 工人劳动强度大,危险性高; 2. 受地质条件的限制较大,一般不宜用于淤泥及含水砂层; 3. 桩径大,需混凝土护壁,综合造价较高; 4. 采用人工挖孔桩尚须执行北京市颁发的有关规定

续上表

围护型式	优　点	缺　点
钻孔灌注桩	1. 技术相对成熟，工艺相对简单； 2. 适用于各种地层，受地质条件的限制较小； 3. 单桩成孔时间短，施工进度快； 4. 适用于基坑保护等级特级、一级、二级； 5. 适用于明挖法、盖挖法、矿山法	1. 施工精度控制较困难，技术要求较高； 2. 工程投资较高； 3. 对环境有一定影响； 4. 桩间需另设止水结构，或者开挖基坑时降水
套管咬合桩	1. 技术比较成熟，综合造价低； 2. 对环境影响小； 3. 桩间止水效果好； 4. 成桩精度高，一般为干作业成孔，混凝土浇筑质量好； 5. 成桩时间短，施工进度快； 6. 适用于基坑保护等级特级、一级、二级； 7. 适用于明挖法、盖挖法、矿山法	1. 施工机具要求较高，施工工艺较复杂，对混凝土配合比要求较高； 2. 对中风化岩层及以下的地层施工成桩困难
土钉墙	1. 技术比较成熟，造价低； 2. 施工进度快，施工简单； 3. 一般适用于基坑等级二级、三级	1. 施工场地大，对周边环境影响大； 2. 需降水作业； 3. 基坑深度不宜大于 12 m； 4. 当地下水位高于坡角时，需要降水
组合支护结构	根据基坑工程的具体情况，选择以上各种形式的不同组合	

由于钻孔灌注桩具有工艺成熟、自身刚度大、施工速度快、布置灵活、造价低等有点。本次端墙围护结构方案采用钻孔灌注桩围护结构，既经济又满足基坑开挖安全要求。

6.2.2 始发 U 形槽设计总体方案

1. U 形槽总体布局(图 6-1)

为了简化设计，我们暂按采用外径 8 m 复合盾构机，斜井坡度 6°考虑。

始发 U 形槽初步计划全长 180 m，槽底宽 18 m。槽底为方便排水横向设置成 1%的人字坡。槽内纵向综合考虑掘进机始发需要及组装便利，设计为由后向前由平坡向斜井坡过渡。

U 形槽挖深根据以往掘进机始发经验要求，取始发端上覆土安全厚度为 1 倍洞径，因此确定 U 形槽开挖深度 2 倍洞径即 16 m。

由于需要在 U 形槽内设备组装、调试和始发，为确保作业安全，槽内盾构主机安装区及反力架安装区，采用与斜井等坡度的纵坡设计；而设备桥及后配套安装区，计划按照 4‰坡设计，中间区域采用 100 m 半径竖曲线进行纵坡过渡。

为实现后配套的组装及协助履带吊对主机的组装，槽内计划部署 2 台 40 t 的纵向走行龙门吊，龙门吊覆盖整个 U 形槽盾构组装区，龙门吊基座按 4‰坡设计。

U 形槽两侧均采用 1∶1.75 的坡度进行放坡开挖。由于 U 形槽局部开挖深度较大，因此在距离放坡的中部设 2 m 宽马道，进行分台阶开挖。

根据主、副井施工关系情况，U 形槽平面布置可考虑三种方案：

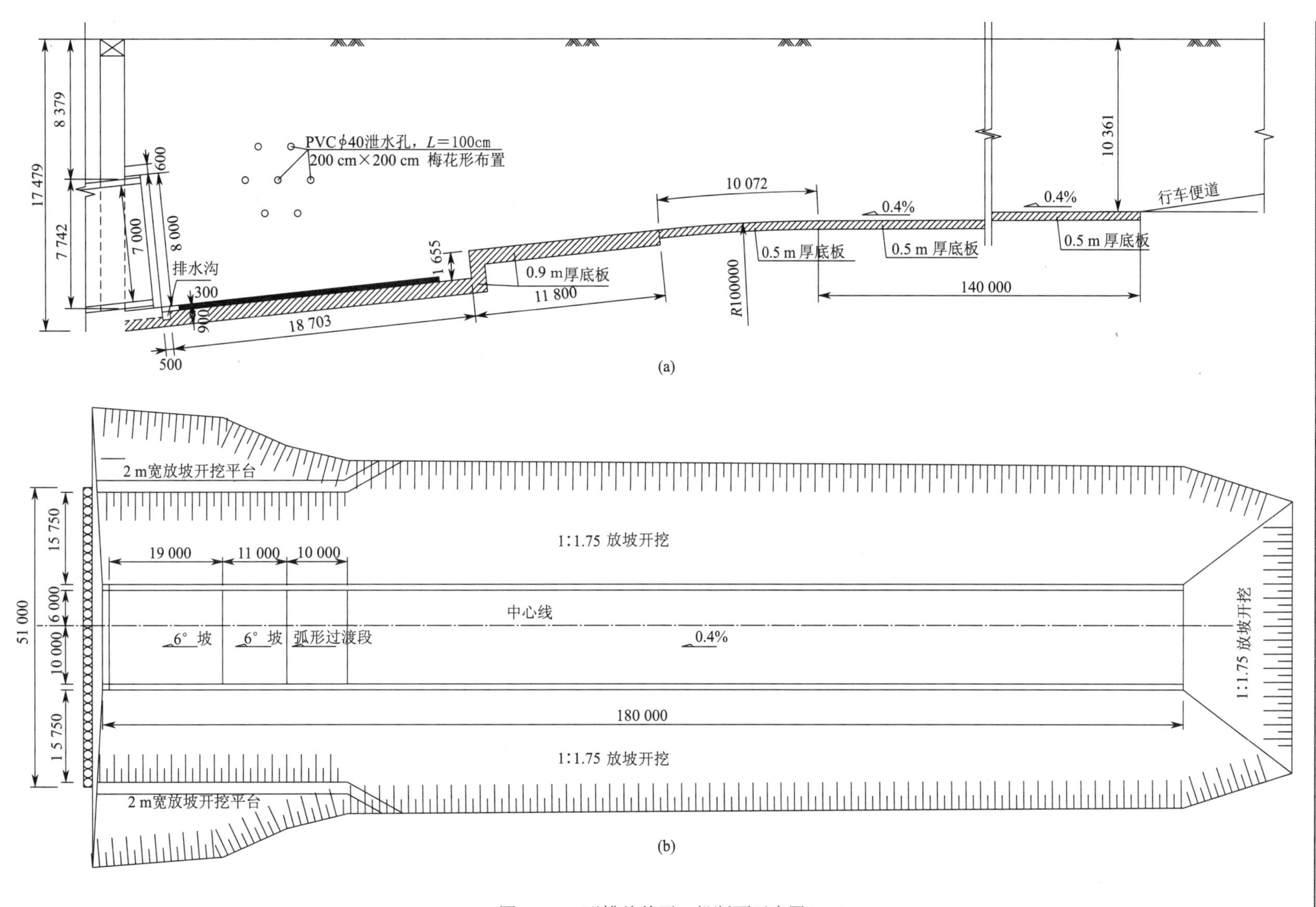

图6-1　U形槽总体平、纵断面示意图(mm)

方案一：U 形槽暂不考虑主井隧道的盾构施工及盾构组装，只考虑满足副井盾构隧道施工及副井盾构组装的需要，U 形槽底宽 18 m，设计布局示意如图 6-2 所示。

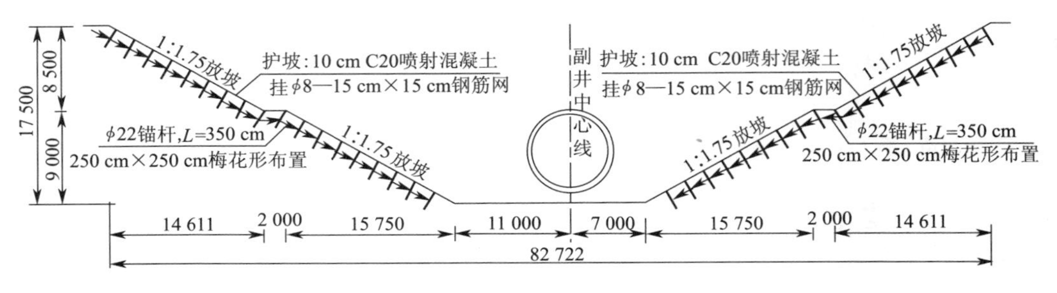

图 6-2　U 形槽总体布局方案一示意图(mm)

方案二：U 形槽同时考虑主、副井隧道的盾构施工及盾构组装，主副井洞门始发站连做，洞门中心间距 60 m，其间的砂土全部挖掉，两盾构组装区完全相通，组成一个底宽 74 m 大型 U 形槽，设计布局示意如图 6-3 所示。

方案三：U 形槽同时考虑主、副井隧道的盾构施工及盾构组装，主副井洞门始发站不连做，主副井 U 形槽各自独立，且两 U 形槽之间因刷坡形成一个高 9 m 的砂台，U 形槽底宽 18 m，设计布局如图 6-4 所示。

通过方案比较，推荐采用方案二的 U 形槽布局方案。如表 6-3 所示。

表 6-3　U 形槽布局方案的比较

项　　目	方案一	方案二	方案三
施工难度	小	较小	较大
主副井 U 形槽施工相互影响	大	小	较小
施工工期	短	较短	较长
相对造价	高	较低	低

2. 洞门开挖面设计

盾构始发端墙采用钻孔灌注排桩进行开挖面结构围护。始发洞门内径比盾构外径稍大，采用钢筋混凝土结构施作。

洞门范围内排桩与盾构刀盘面所形成的三角区采用喷射混凝土填平。

3. 始发站洞门土体加固

对盾构始发站 16 m 范围内土体采用 ϕ600 mm@400 mm 水泥搅拌桩进行加固，加固宽度为盾构外径向两侧外侧各延伸一倍的洞径，加固深度范围为盾构底往下 4 m。由于盾构机吊装等工况施工时，始发井端头要承受较大的施工荷载，因此地基加固都直接从地面开始。

主井加固范围为：横向宽 18.2 m，纵向长 15 m，深度 20.91 m。

副井加固范围为：横向宽 24.3 m，纵向长 16 m，深度 20.91 m。

加固范围尺寸及布置可见相关盾构端头井土体加固示意图。

6.2.3　始发 U 形槽边坡稳定性检算

U 形槽的边坡安全系数检算要求如图 6-5、图 6-6 所示，成果如表 6-4 所示。

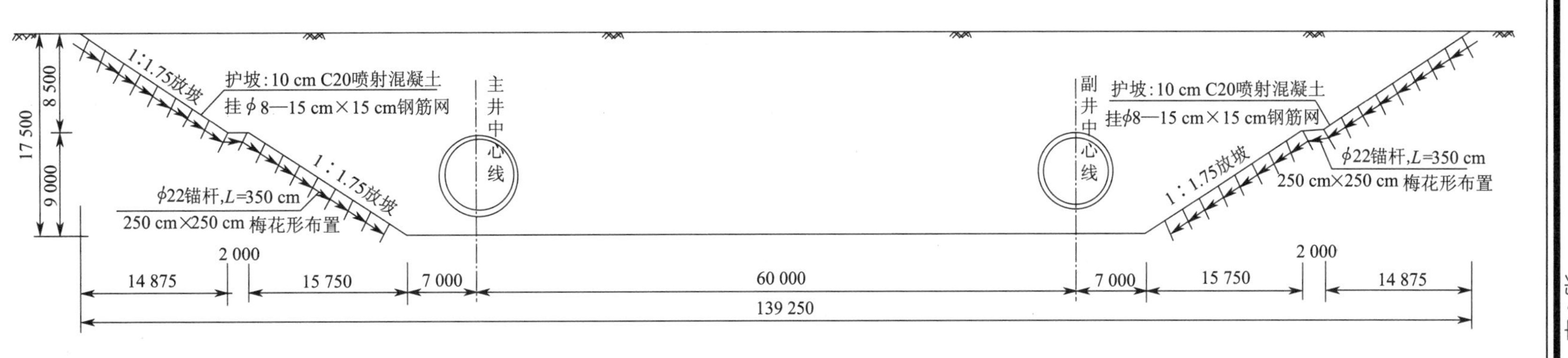

图6-3　U形槽总体布局方案二示意图(mm)

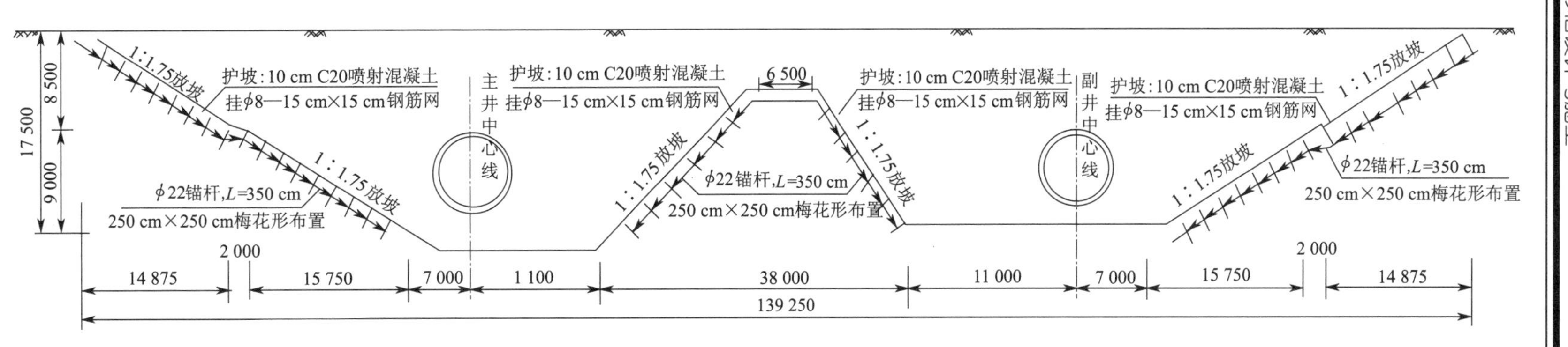

图6-4　U形槽总体布局方案三示意图

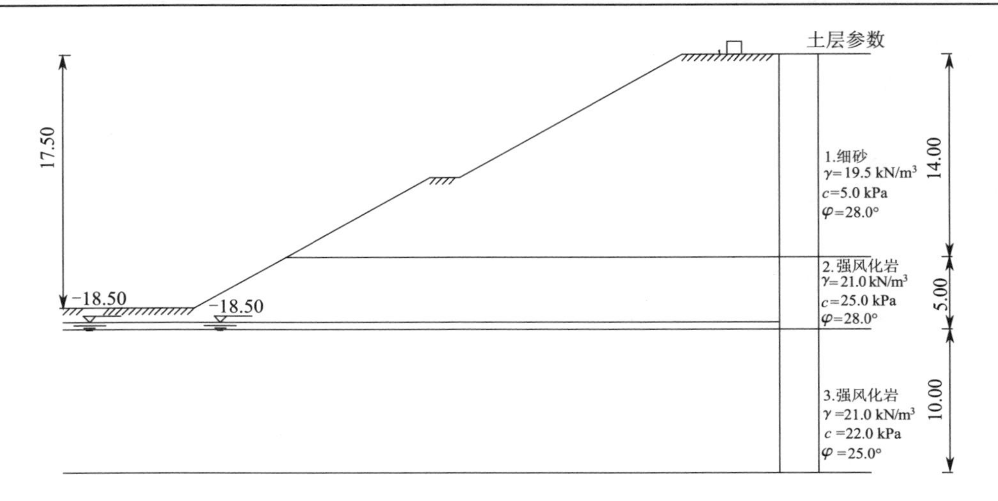

图 6-5　U 形槽边坡示意图(m)

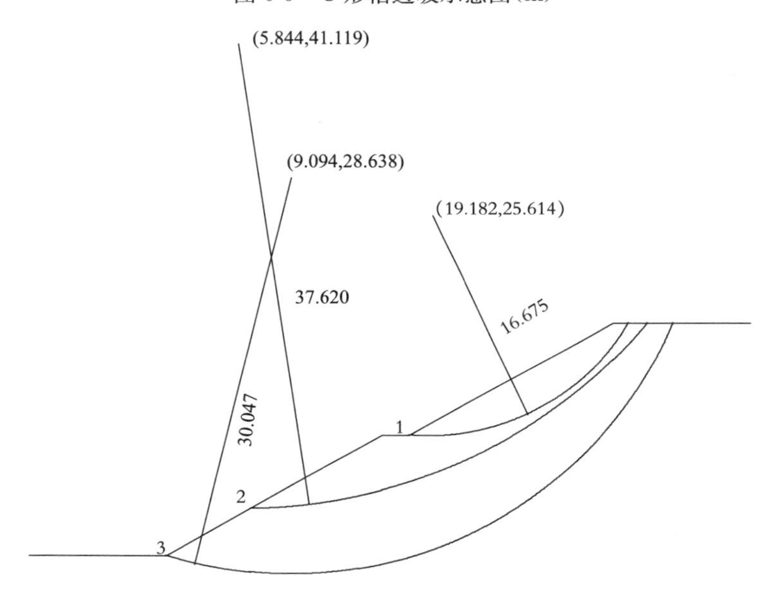

图 6-6　U 形槽边坡整体稳定验算图(m)

天然放坡计算条件：

计算方法：瑞典条分法；

应力状态：总应力法；

基坑底面以下的截止计算深度：0. 00 m；

基坑底面以下滑裂面搜索步长：5. 00 m；

条分法中的土条宽度：0. 20 m。

表 6-4　天然放坡计算结果表

道号	整体稳定安全系数	半径 R(m)	是否符合规范要求
1	1. 347	16. 675	符合
2	1. 339	37. 620	符合
3	1. 559	30. 047	符合

经检算，本工程所采用的放坡设计能满足基坑的整体稳定。

6.2.4　始发端墙结构检算

1. 围护结构及支撑形式的比选

本U形槽基坑底部最小宽度为18 m，最大深度17.5 m。由于U形槽采用大面积降水方案，始发端墙围护结构采用ϕ1500@1600 mm的钻孔灌注桩＋轻型井点降水。而且在基坑施工期间也要进行坑内排水。桩顶设冠梁，桩间采用挂网喷射混凝土保持桩间土稳定。

深基坑开挖一般采用锚索或钢管内支撑。钢管支撑刚度较大，有利于控制支护结构变形及地面沉降，但是支撑的架设会影响掘进机的组装作业。锚索支护可以为基坑开挖提供较为开敞的作业环境。故而本U形槽始发端墙采用锚索支撑体系的方案。

2. 荷载与组合

(1)永久荷载。

结构自重：钢筋混凝土自重按25 kN/m^3计。

水土侧压力：采用基坑内降水，土层采用水土合算，施工阶段按朗金公式计算其主动侧土压力。

(2)可变荷载

施工荷载：一般的施工荷载按8 kPa计。

地面超载：按20 kPa计。

(3)荷载组合

荷载组合根据《建筑结构荷载规范》(GB 50009—2001)(2006年版)的规定及可能出现的最不利情况确定。

3. 计算模型与计算简图

U形槽始发端墙施工阶段围护结构计算采用“增量法”原理模拟施工全过程进行计算分析。围护结构计算图式如图6-7所示。

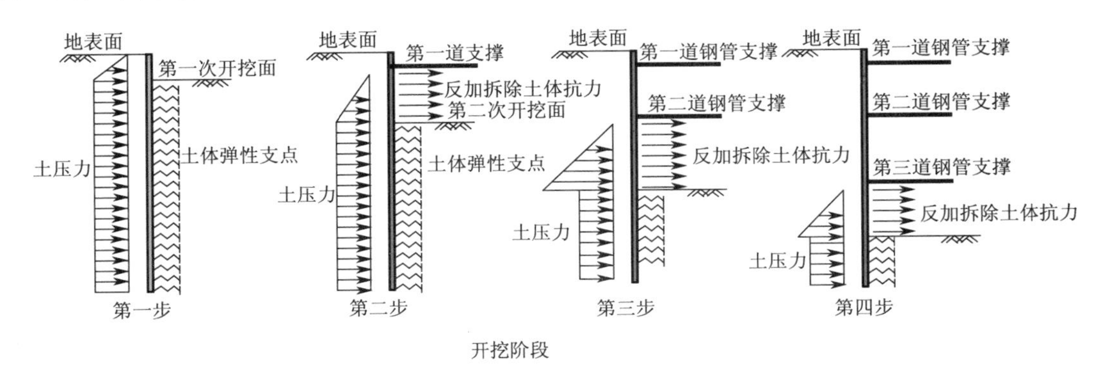

图6-7　围护结构计算图式

4. 围护结构入土深度的确定

根据U形槽所处地质情况，经整体稳定计算分析，并参照同类工程的施工经验，钻孔桩插入基坑深度取14.5 m。

5. 计算结果及分析

始发井端墙围护结构受力计算模拟开挖施工全过程，按“增量法”原理，分阶段采用“北京理正基坑计算软件”进行结构计算，围护结构控制内力、变形分别如图6-8～图6-19以及表6-5～表6-7所示。

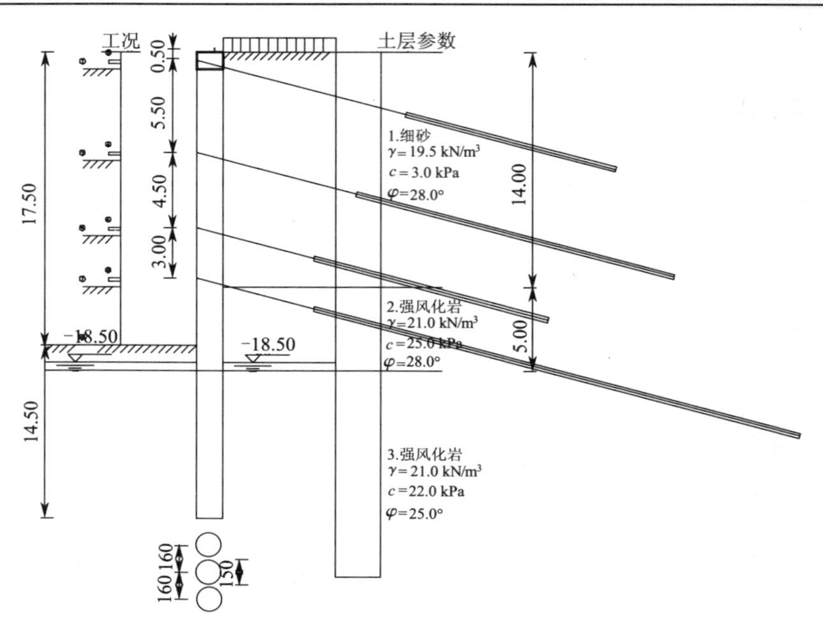

图 6-8　端墙围护结构示意图(m)

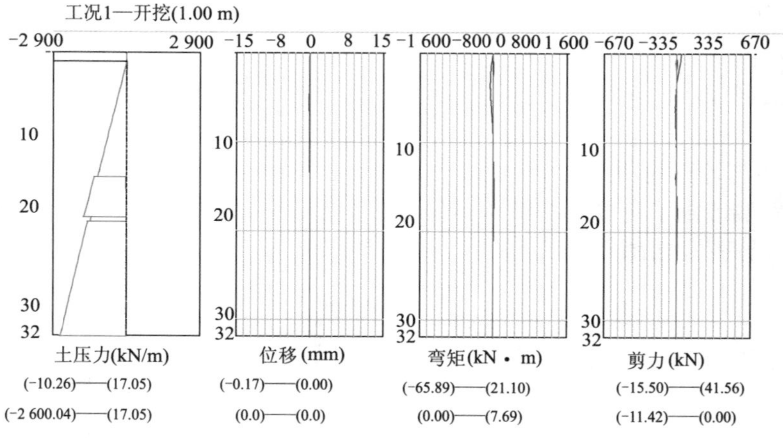

图 6-9　围护结构计算图(一)

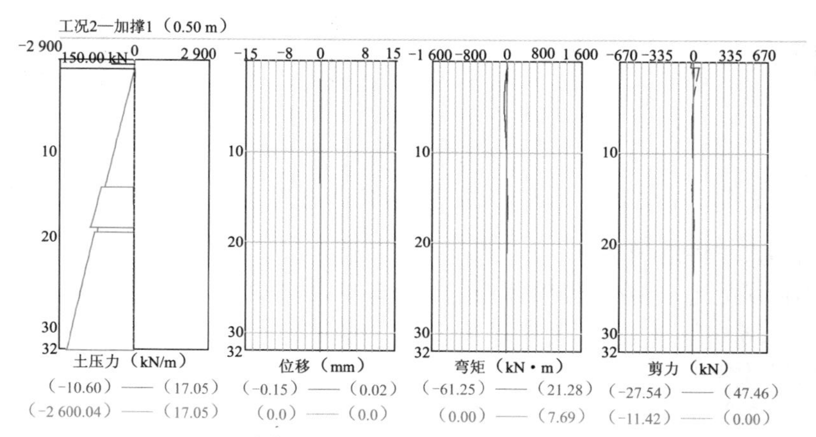

图 6-10　围护结构计算图(二)

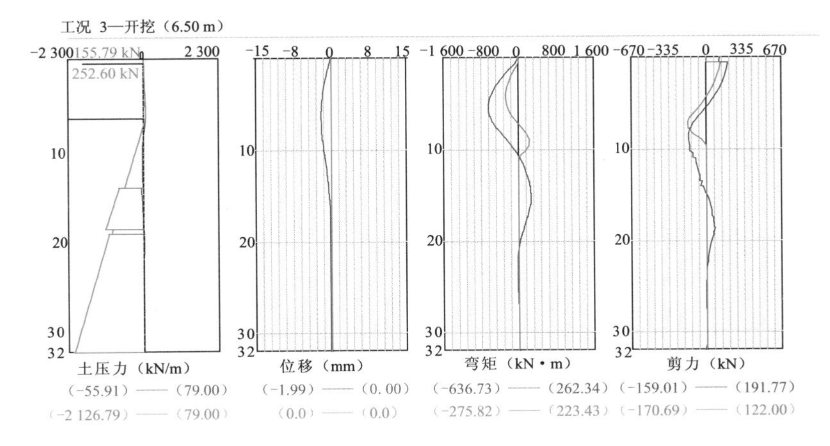

图 6-11　围护结构计算图(三)

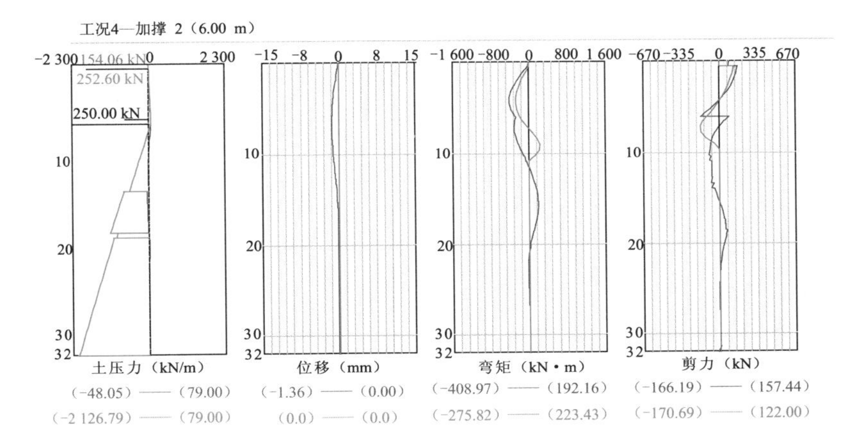

图 6-12　围护结构计算图(四)

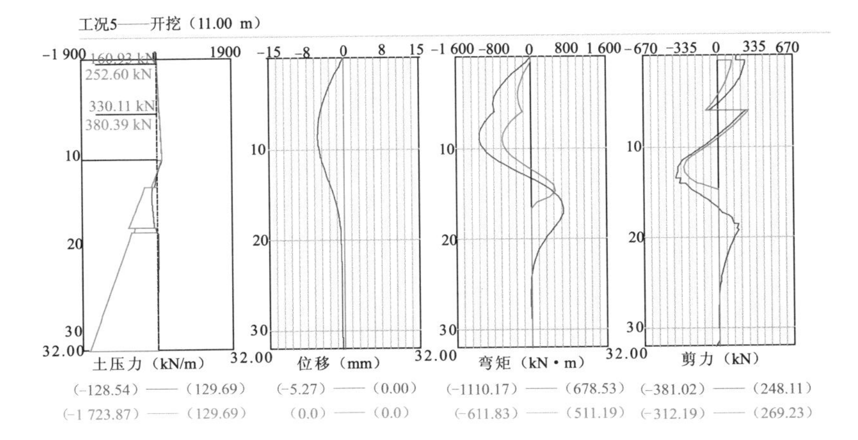

图 6-13　围护结构计算图(五)

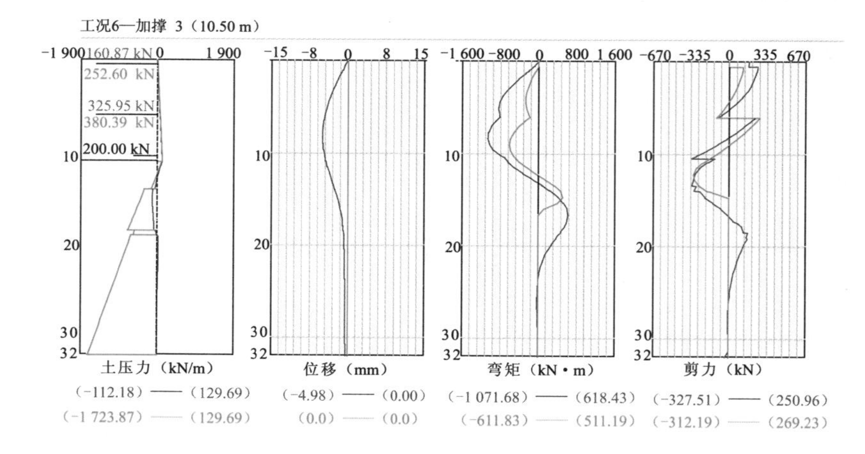

图 6-14　围护结构计算图(六)

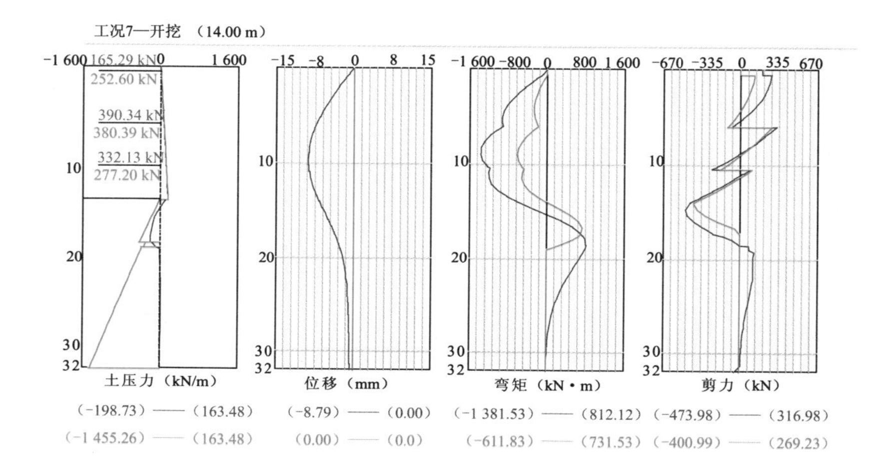

图 6-15　围护结构计算图(七)

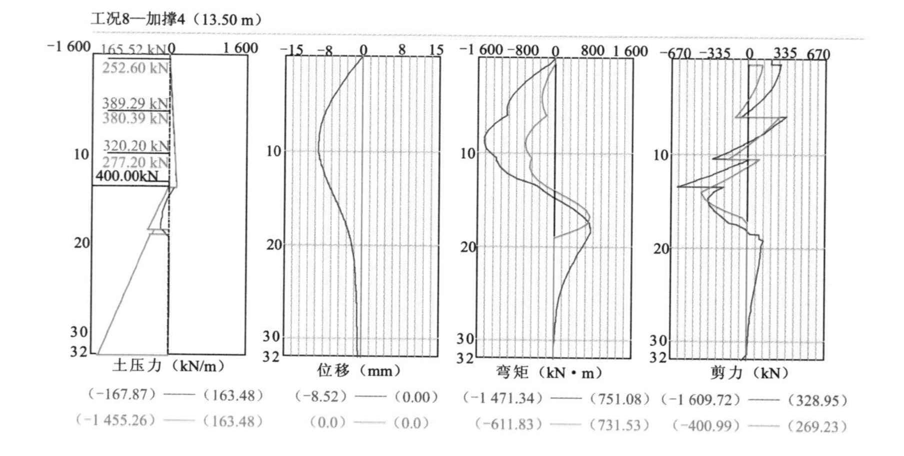

图 6-16　围护结构计算图(八)

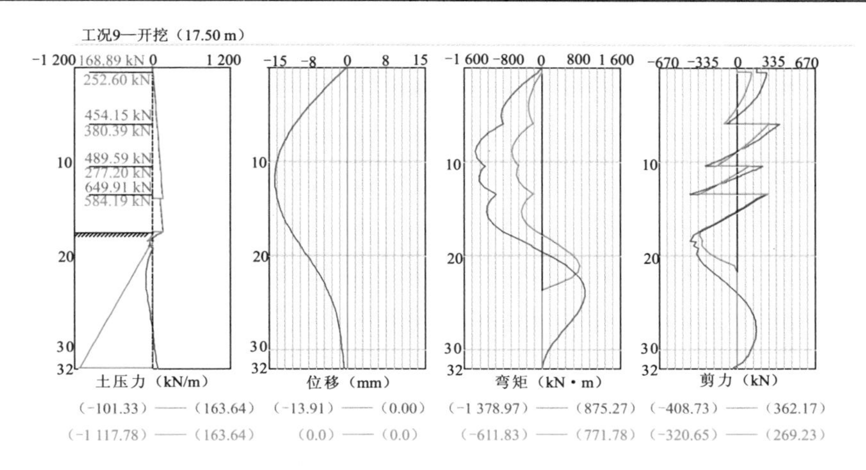

图 6-17　围护结构计算图(九)

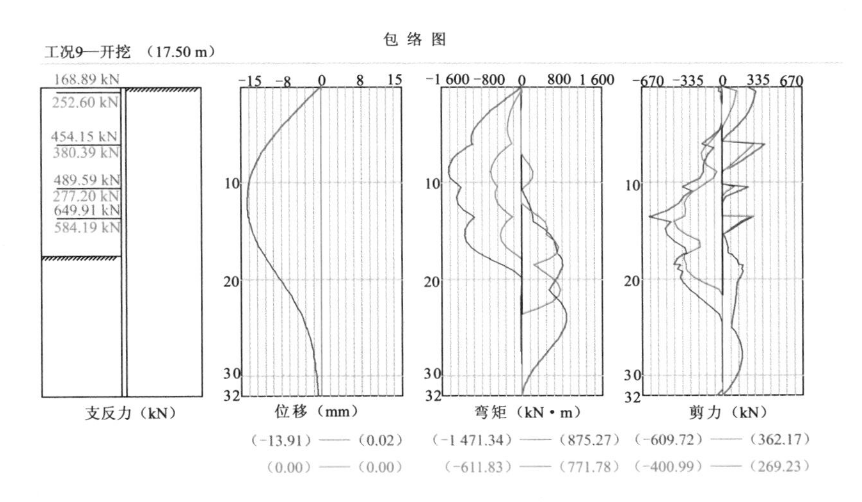

图 6-18　围护结构控制内力、变形包络图

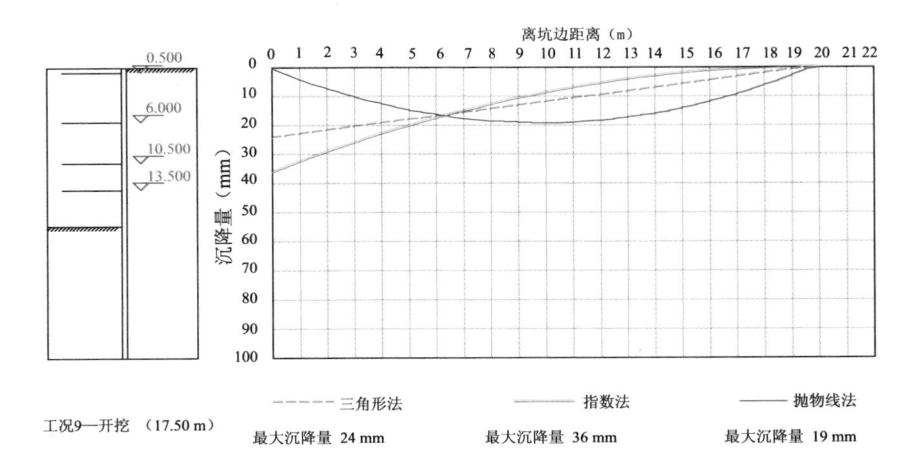

图 6-19　地表沉降图

端墙竖向设四道锚索：

第一道锚索采用 3s12.7(1×7)的锚索支撑，锚索 $L=25$ m，预加力 150 kN，支撑水平间距为 3.2 m；

第二道锚索采用 4s15.2(1×7)的锚索支撑，锚索 $L=28.5$ m，预加力 250 kN，支撑水平间距为 1.6 m；

第三道锚索采用 3s15.2(1×7)的锚索支撑，锚索 $L=21$ m，预加力 200 kN，支撑水平间距为 1.6 m；

第四道锚索采用 5s15.2(1×7)的锚索支撑，锚索 $L=36$ m，预加力 400 kN，支撑水平间距为 1.6 m。

表 6-5　施工阶段钻孔灌注桩单桩内力计算值

段号	内力类型	弹性法计算值	经典法计算值	内力设计值	内力实用值
1	基坑内侧最大弯矩(kN·m)	1 462.14	588.73	1 708.87	1 708.87
	基坑外侧最大弯矩(kN·m)	12.58	169.17	14.70	14.70
	最大剪力(kN)	362.17	269.23	497.99	497.99
2	基坑内侧最大弯矩(kN·m)	1 471.34	611.83	1 719.63	1 719.63
	基坑外侧最大弯矩(kN·m)	650.50	653.96	760.27	760.27
	最大剪力(kN)	609.72	400.99	838.37	838.37
3	基坑内侧最大弯矩(kN·m)	1 018.13	316.27	1 189.94	1 189.94
	基坑外侧最大弯矩(kN·m)	840.48	771.78	982.32	982.32
	最大剪力(kN)	446.52	319.83	613.96	613.96
4	基坑内侧最大弯矩(kN·m)	28.22	0.00	32.98	32.98
	基坑外侧最大弯矩(kN·m)	875.27	0.00	1 022.97	1 022.97
	最大剪力(kN)	224.05	0.00	308.06	308.06

表 6-6　锚 索 参 数

锚索钢筋级别	HRB400	锚索材料弹性模量($\times10^5$ MPa)	1.950
锚索材料强度设计值(MPa)	1 220.000	注浆体弹性模量($\times10^4$ MPa)	3.000
锚索采用钢绞线种类	1×7	土与锚固体黏结强度分项系数	1.300
锚索材料弹性模量($\times10^5$ MPa)	2.000	锚索荷载分项系数	1.250

表 6-7　锚索计算内力

支锚道号	锚索最大内力	锚索最大内力	锚索内力	锚索内力
	弹性法(kN)	经典法(kN)	设计值(kN)	实用值(kN)
1	168.89	252.60	347.33	347.33
2	454.15	380.39	523.04	523.04
3	489.59	277.20	381.15	381.15
4	649.91	584.19	803.27	803.27

经计算分析，围护结构最大水平位移值小于 0.15%基坑深度，满足《建筑基坑支护技术规程》(JGJ 120—99)，由于钻孔桩的水平位移较小，故能够确保周边地面及建筑物的沉降、变形

满足安全要求。

6. 基坑稳定性验算

经检算，本工程设计所采用的围护结构能满足基坑的整体稳定性、抗隆起的要求如图 6-20、图 6-21 所示。

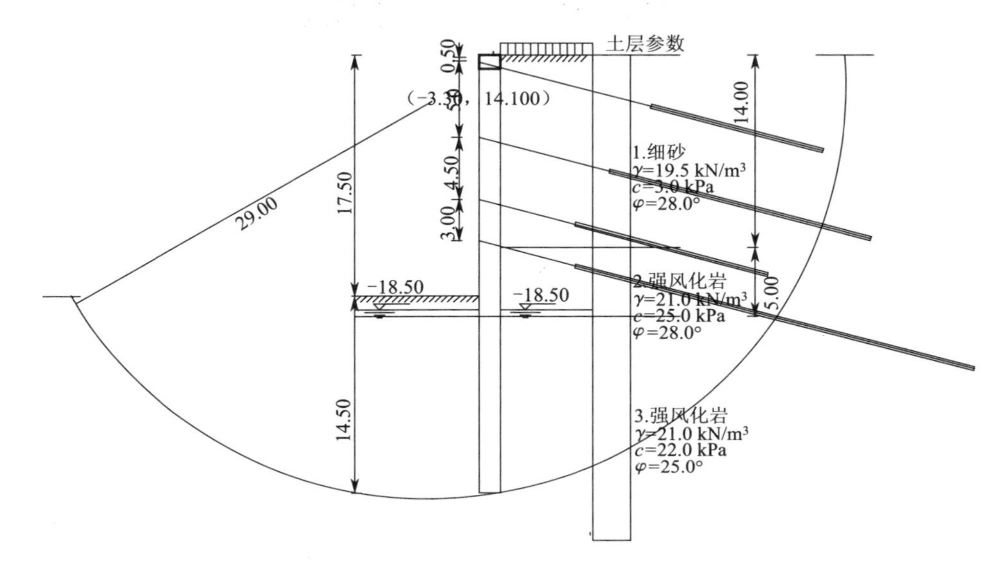

图 6-20　基坑整体性验算简图(m)

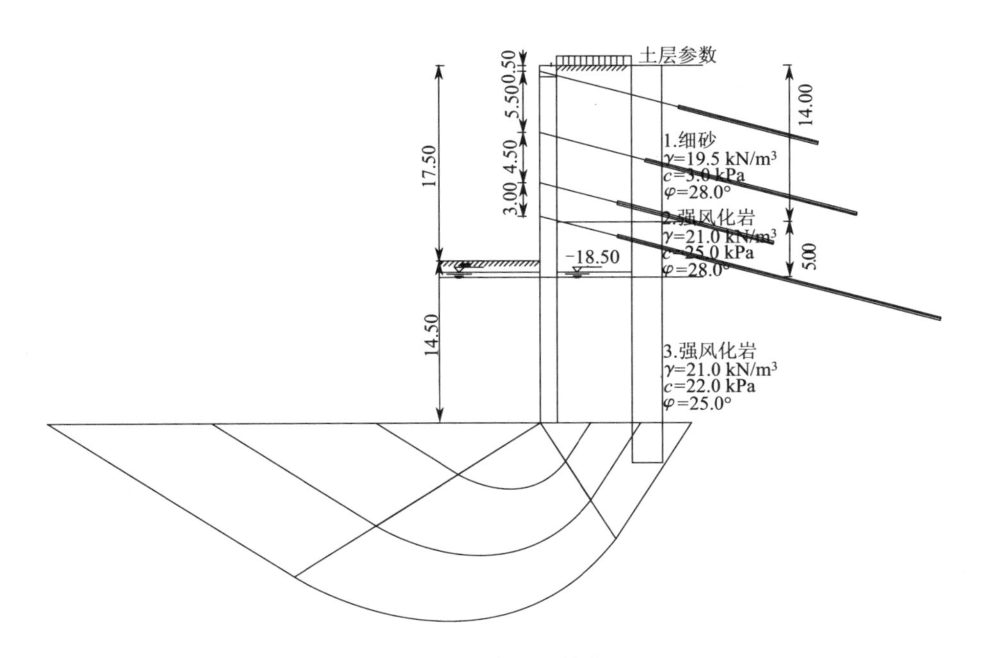

图 6-21　基坑抗隆起验算简图(m)

整体稳定验算：

整体稳定安全系数：K_S＝1. 995≥1. 200，满足规范要求。

抗倾覆验算：抗倾覆安全系数 K_S＝1. 861≥1. 200，满足规范要求。

抗隆起验算：$K_S=5.517\geqslant1.15$，满足规范要求。[注：采用 Prandtl(普朗德尔)公式($K_S\geqslant$ 1.1～1.2)，安全系数取自《建筑基坑工程技术规范》]。

6.3 始发 U 形槽工程特点及重难点分析

斜井盾构隧道工程的始发站 U 形槽位于沙漠区域，矿区表层覆盖有一层风积沙，沙层厚度达 14 m 以上，下部为岩性较好的砂岩，本工程 U 形槽开挖施工具有以下特点：

(1)施工场地平坦开阔，周边无建筑物及地下管线，无施工干扰；

(2)表层为厚度达 14 m 以上风积沙层，开挖容易，边坡稳定性差。风积沙层下面为岩性较好的深厚砂岩层，上软下硬，不利 U 形槽开挖施工。

(3)地下水位较高，但富水量不大。

经过对工程特点的分析、踏勘现场及借鉴我单位以往施工经验，U 形槽施工中重难点需要考虑：

(1)风积沙层中土方开挖边坡稳定性方案设计与施工；

(2)风积沙层基坑开挖降水方案；

(3)U 形槽及地表排水系统设计，防止雨季暴雨倒灌，确保施工安全。

6.4 始发 U 形槽工程筹划

6.4.1 主要施工方法

U 形槽计划纵向分层、竖向分段开挖，长臂挖掘机配合自卸汽车出渣。始发端头围护结构采用钻孔灌注桩和锚索外支撑，单排布置。施工方法采用反循环回转钻机，跳桩施工。

为了保证盾构始发时掌子面的稳定，需对前方土体进行加固。加固范围为 16 m 长、24 m 宽、21.2 m 深，采用咬合水泥搅拌桩进行加固。

6.4.2 U 形槽开挖程序

根据本工程特点及总体和节点工期要求，本工程 U 形槽始发站按先施工始发端头围护结构及始发端地基加固段，再施工 U 形槽主体开挖段的顺序。

U 形槽基坑开挖原则：遵循“竖向分层、纵向分段、两头向中间、边开挖边支护”的原则进行作业。

1. 纵向分区、区内分段施工

本工程 U 形槽，根据设计图纸，可将 U 形槽分为三个区段，掘进机始发到反力架部分为 N1 区，掘进机后配套行走部分为 N2 区，放坡施工便道部分为 N3 区。由于 N2 区较长，为便于快速施工，将其又可均分为三段，开挖施工工作面取为分区分段边界线。具体的分区分段及施工流向图如图 6-22 所示。

2. 竖向分层情况

本工程 U 形槽土方竖向最深处为掘进机始发端头部分，纵向按每 3 m 一层，最深处分六层开挖，在开挖过程中边进行边坡支护。

区内一层土方挖一段距离后，即开始施工纵横向锚杆围护结构，围护结构施工完毕后，新开一开挖作业面，挖下一层土方，开挖段与未开挖段间形成台阶状的分段形式。本期土方开挖以第一施工区为重点，以便掘进机始发附属设备的先行动工。

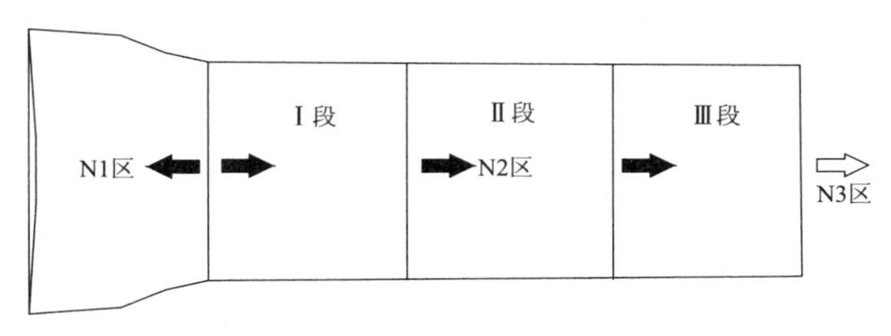

图 6-22　纵向分区分段开挖流向图

6.5　始发U形槽平面布置

U形槽在掘进机组装、调试期间，主要肩负满足材料、设备、机具临时场地堆放，大型运输车辆、吊机的往复作业，多机械联合协作进行掘进机组装等项工作。在掘进机正常掘进期间，在U形槽内部署综合加工厂、机械（汽车）修配车间、机械设备临时停放场地、综合材料库、设备维修中心、材料装卸转运等。始发U形槽场地布置示意如图 6-23 所示。

1. 综合加工厂

掘进机驶出后，因U形槽场内平地成空间规则分布，考虑有效利用空间，将综合加工厂布置线路中心线外侧。该处主要布置钢材存放场地、钢筋加工场地、型钢拱架弯制场地等。

2. 机械（汽车）修理车间

考虑交通方便的因素，机械（汽车）修理车间设在U形槽内。主要包括机械（汽车）配件及检修器具房和机械（汽车）停放场。占地面积约 300 m²。

3. 设备停放场

主要停放运输车、通风机、变压器（配电箱）及其他机械设备。布置在场地的外侧，占地面积约 1 000 m²。

4. 综合材料库

综合仓库主要存放添加剂、掘进机零配件、小型器具及其配件等。布置在外侧中部，占地面积约 180 m²。

5. 设备维修中心

布置在中部，主要包括备品备件和刀具维修车间，占地面积约 200 m²。

6. 场内交通规划

在整个场地内设置场内专用道路。同时为了满足载重汽车的行驶要求，路面全部作硬化处理。

7. 场内排水系统布置

因整个U形槽场地呈明挖深基坑形式，排水问题必须引起足够的重视。为了满足雨季场内施工的正常进行和道路的畅通，在场地四周设置排水沟，排水沟宽 60 cm，高 40 cm。使大面积的汇水流入排水沟，再由排水沟排出场地。

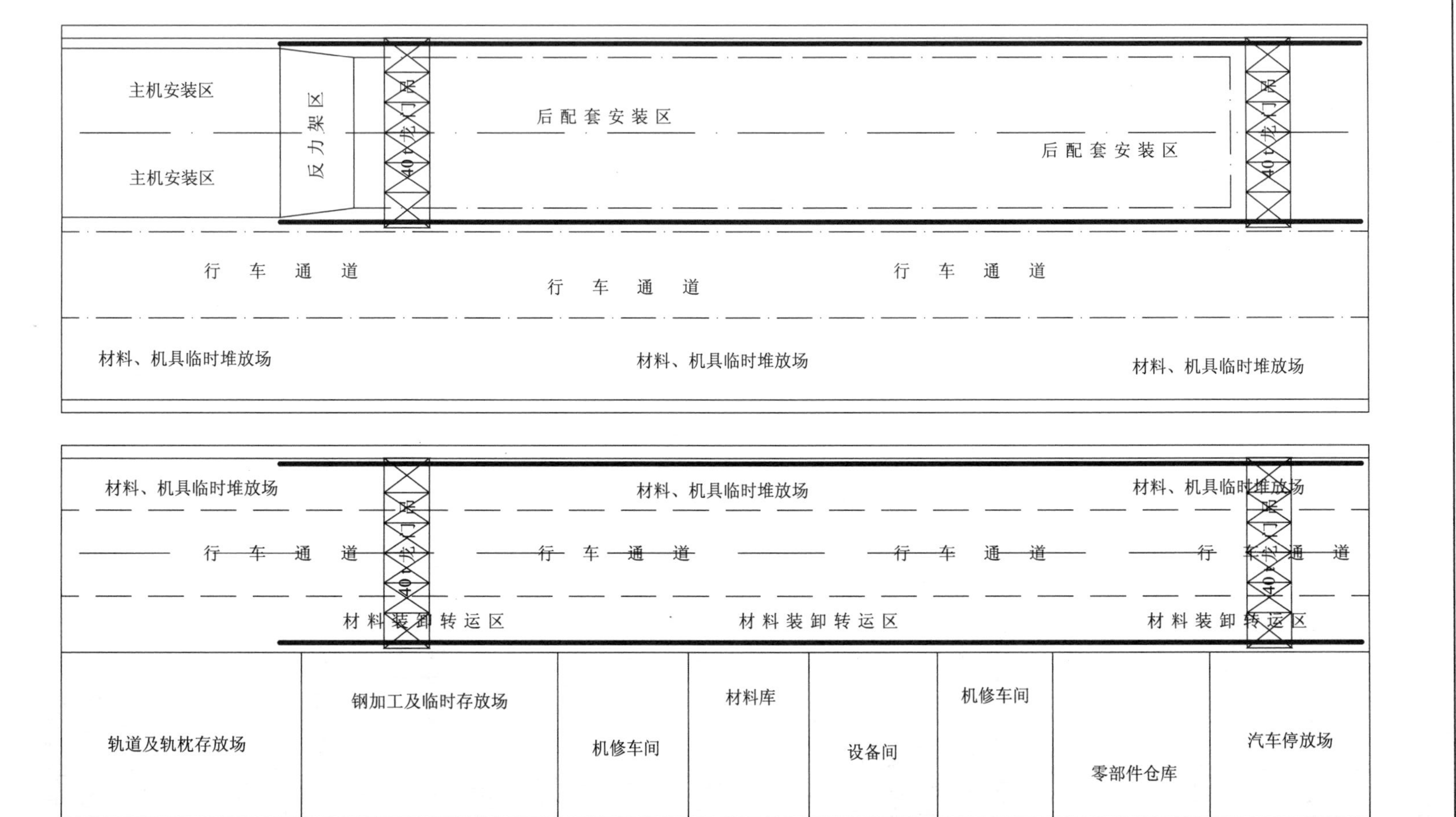

图6-23　始发U形槽(设备组装期、正常掘进期)场地布置示意图

6.6　U形槽施工计划

6.6.1　U形槽开挖

U形槽基坑开挖全面采用机械化作业，分区段分层施工。为保证U形槽始发端墙围护结构的同步作业，基坑开挖由末端开始向始发端逐层推进。

基坑开挖的实施过程均是常规做法，再次不再赘述。基坑边坡的喷锚支护工艺流程如图6-24所示。

6.6.2　始发端墙围护桩施工

施工准备完成后立即进行U形槽始发端钻孔灌注桩围护结构施工。钻孔桩采用跳位施工方式，与U形槽基坑开挖同步组织。

钻孔桩施工工艺流程如图6-25所示。

钻孔灌注桩质量控制要点图如图6-26所示。

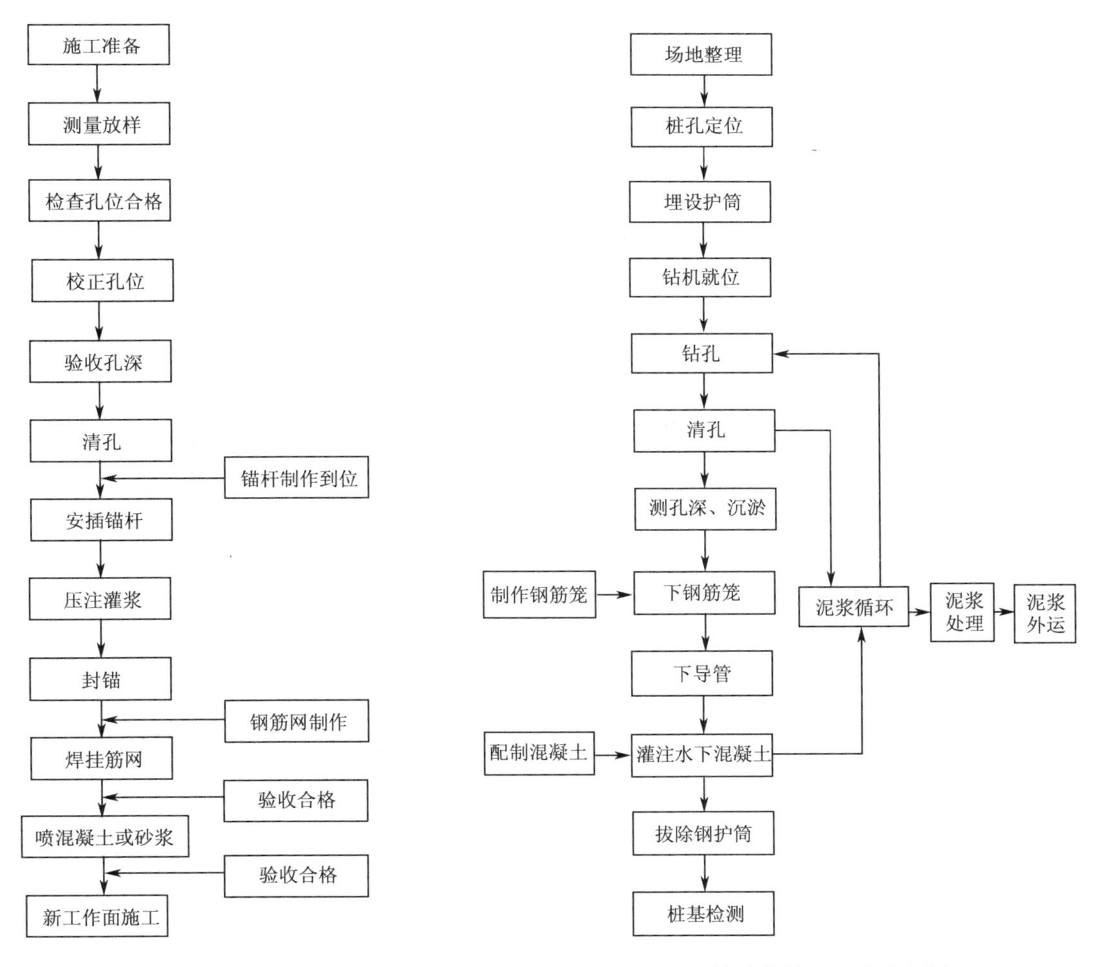

图6-24　喷锚支护施工工艺流程图　　图6-25　钻孔桩施工工艺流程图

6.6.3　U 形槽基坑降水

根据 U 形槽基坑开挖及基础底板结构施工的要求，在基坑开挖过程中，采取主动降水的措施，疏干开挖范围内土体中的地下水，方便挖掘机和工人在坑内施工作业，同时降低坑内土体含水量，提高坑内土体强度，减少坑底隆起和围护结构的变形量。

基坑井点降水的施工流程如图 6-27 所示。

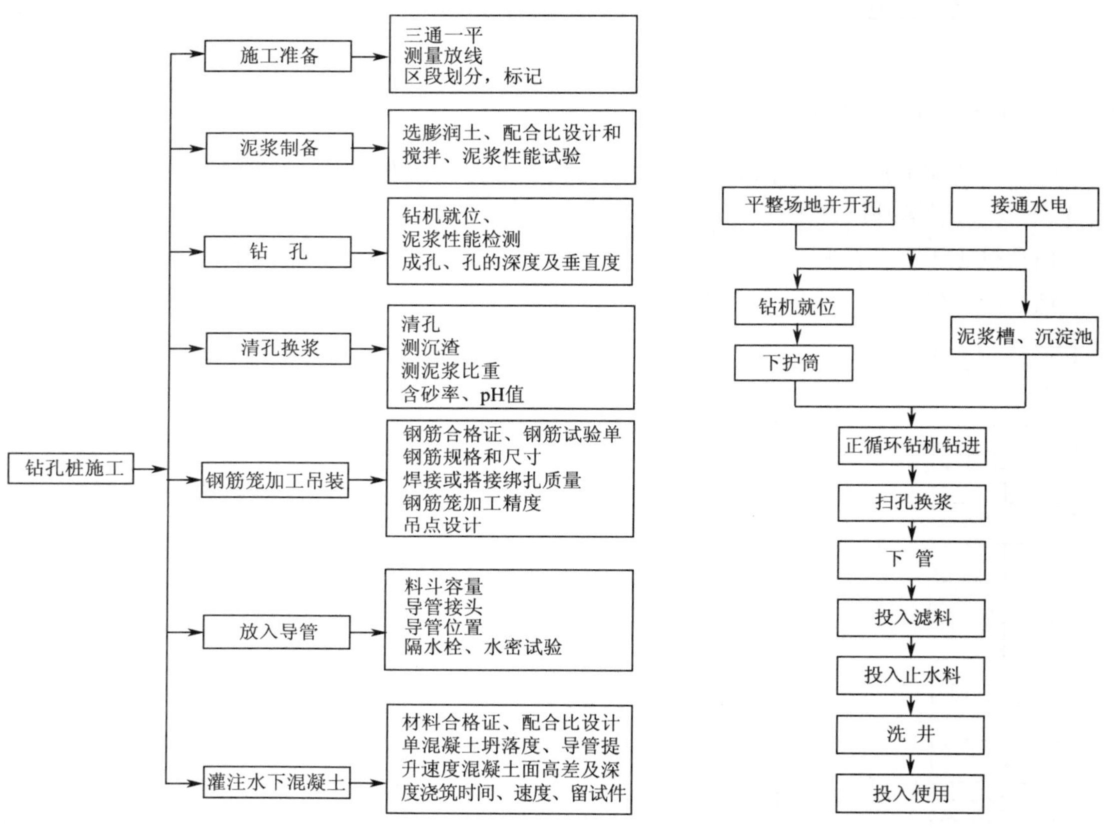

图 6-26　钻孔灌注桩质量控制要点图　　图 6-27　基坑降水施工流程图

6.6.4　U 形槽始发端基底加固

由于始发 U 形槽的底板座落在风积沙层上，地层松软承载力差，因此计划对掘进机始发端 30 m 范围内基底的地层，采用水泥搅拌桩进行加固。

加固宽度为掘进机外径向两侧外侧各延伸 2 m，加固深度范围为始发底板底往下 4 m。

6.6.5　始发端头加固

掘进机始发穿越风积沙层，需要应用土压平衡模式，以维持地层稳定和作业安全。但该模式只有在掘进机主机完全驶入地层后才能开启，故掘进机在初始阶段需要一个安全稳定的地层空间，来保证掘进机顺利实现模式启动。

根据以往类似工程的施工经验，我们计划采用水泥搅拌桩地层加固方案，进行始发端头的安全固结。

端头加固区计划长 16 m,加固宽度为掘进机外径向两侧外侧各延伸 8 m,加固深度范围由地表至掘进机底板底往下 4 m。

始发站端头土体采用 ϕ850 mm 搅拌桩加固。深层搅拌桩选用 GZB-850 型水泥搅拌桩机施工,其配套机具设备和施工工艺如图 6-28 所示。

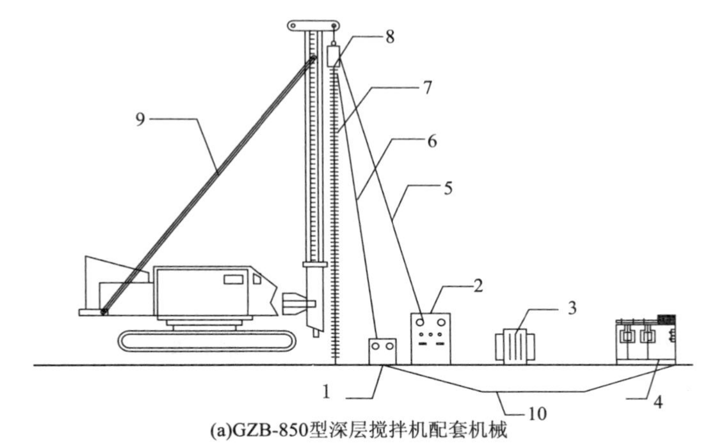

(a)GZB-850型深层搅拌机配套机械

1—流量计;2—控制柜;3—低压变压器;4—PM2-5浆送装置;5—电缆;6—输浆胶管;7—搅拌轴;8—搅拌机;9—打桩机;10—电缆

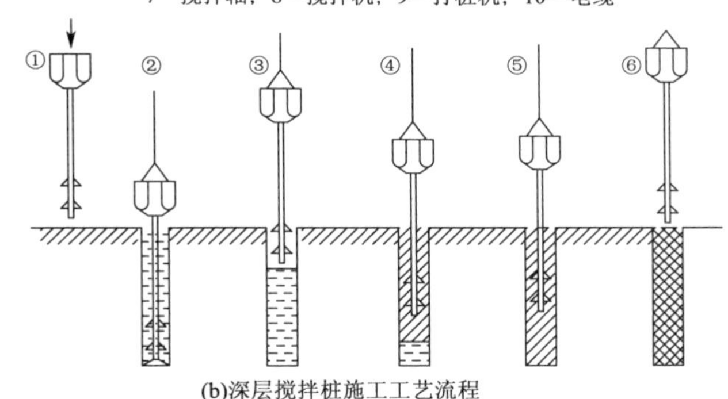

(b)深层搅拌桩施工工艺流程

①—桩机就拉;②—预搅下沉;③—喷浆搅拌提升;④—重复搅拌下沉;⑤—重复搅拌上升;⑥—施工结束

图 6-28　搅拌桩施工机具设备和施工工艺流程图

水泥搅拌桩施工工艺如图 6-29 所示。

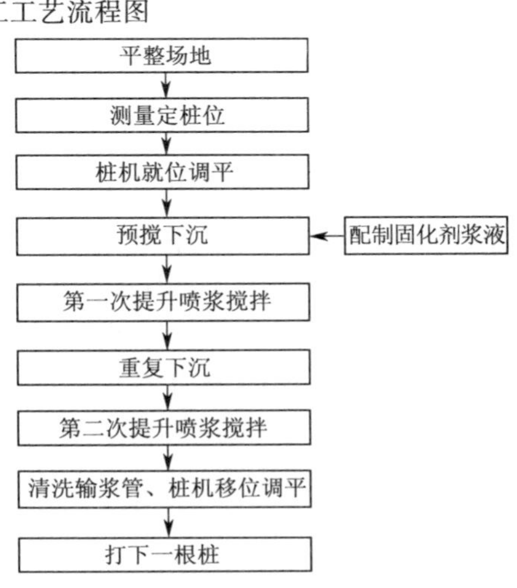

图 6-29　水泥搅拌桩施工工艺流程图

6.6.6　始发托架结构设计

1. 托架结构设计

(1)盾构中心线与轨面距离为 2 500 mm,轨面与始发井底面距离为 1 825 mm,故设计盾构中心线与始发井底面距离为 2 500＋1 825＝4 325 mm。预留 20 mm 找平高度,设计盾构中心线与始发托架底面的距离为 4 325－20＝4 305 mm。

(2)设计零环管片进入盾构隧道洞门内 600 mm(在 400～800 mm 范围内),反力架的反力环端面距盾构隧道洞门的距离为 1 800×10＋(1 800－600)＝

19 200 mm，这中间安装了 10 环负环管片。始发架的长度＝19 200 mm(反力环端面距洞门端面的距离)－1 000 mm(洞门前排水沟的宽度)－200 mm＝18 000 mm。

(3)盾体(前盾)外径距始发托架底面的距离为 4 305－4 000＝305 mm。后配套轨面 U 形槽底板高 150 mm，则托架底板与后配套底板高差为 1 805－150＝1 655 mm。

(4)盾体支撑采用 43 kg/m 重轨。重轨截面中心线过盾体中心，并且垂直于轨面，轨面距盾体中心 R4000(即前盾外径尺寸 8 000 的一半)，中盾安装时用铝板或铜板垫平，垫平厚度为 4 000－7 900÷2＝5 mm。后盾安装时也用铝板或铜板垫平，垫平厚度为 4 000－7 800÷2＝10 mm。

(5)盾体(前盾)外径距始发托架底面的距离为 4 305－4 000＝305 mm，故始发架底部支撑采用热轧 H 型钢(GB/T 11263—2005)H250×250 材料。

(6)始发托架底部焊一个 20 mm 厚钢板。重轨支撑采用 3 个 30 mm 厚钢板与 H 250×250 型钢及底部 20 mm 厚钢板一起焊接的方式。3 个 30 mm 厚钢板焊接成的工字形托架横向焊两个 30 mm 厚的加强筋板，筋板纵向间隔 890 mm(即 H 250×250 型钢的中心线上)；纵向焊两个 20 mm 厚钢板形成箱形结构。重轨焊接到工字形托架的表面，在重轨纵向的方向上每隔 500 mm 焊两个 20 mm 的三角形加强筋板。

(7)两重轨之间夹角的确定：设盾体重力为 G，重轨给盾体的支撑力为 N_1、N_2，截面受力分析如下，设两重轨界面中心线过圆心的夹角为 θ。如图 6-30 所示。

$$G=N_1\cos\frac{\theta}{2}+N_2\cos\frac{\theta}{2}=2N_1\cos\frac{\theta}{2},N_1\sin\frac{\theta}{2}=N_2\sin\frac{\theta}{2}$$

故 $N_1=\frac{G}{2}\cos\frac{\theta}{2}$，为了使 N_1 小，$\cos\frac{\theta}{2}$ 就得大，θ 角就越小越好，于是选 θ 角为 50°。$G=$350 t，于是 $N_1=\frac{350}{2}\cos\frac{50°}{2}=193$ t。

(8)盾体组装时用千斤顶顶推来实现。盾体主机总重暂按 350 t 设计，重轨表面涂抹黄油润滑，取有润滑钢对钢的摩擦系数 0.1，所需要推力 350×0.1＝35 t。利用两台 85 t 千斤顶可实现盾体平移组装。千斤顶挡板采用 30 mm 厚板焊接，成 L 形，后面加一支撑的方式。千斤顶挡板支架采用 H 型钢 250×250 材料，与底部支撑 H 型钢焊接在一起。挡板与挡板支架间用 M20 高强度螺栓固定。

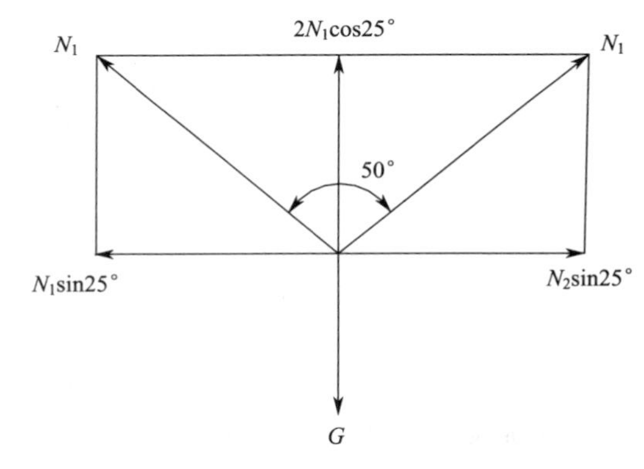

图 6-30　盾体受力分析

(9)管片支撑架采用 H 型钢 150×150 材料，焊成三角形与底部支撑 H250×250 一起与盾体底部支架通过两个 30 mm 厚的法兰板，用 M20 的高强度螺栓相连。管片支撑架的支撑面与管片之间有 200 mm 的距离，中间通过木楔子撑紧。

(10)始发架主体分为 8 个部分，纵向从中间一分为二，由两个 30 mm 厚的钢板用高强度螺旋连接。横向分为 4 个部分，中间两部分各长 2 700 mm，两头各长 2 500 mm，中间连接也是由两个 30 mm 的法兰板用高强度螺栓相连。等主体连接好后，将重轨放到预定位置进行焊接，同时每隔 500 mm 焊上两个 30 mm 厚加强板。管片支架安装时，先把支撑三角架分别与底座端头用两个 30 mm 厚钢板相连，然后把管片垫板用高强度螺栓连到支撑三角架上。

(11)重轨支承强度校核

支承架按 H250×250 型钢计算，因为每个重轨承受盾体的力为 193 t，所以支承架中的承重加上重轨及其他部件的总量约为 200 t。支承架长度以 10 m 计算，每米支承架的承受力 $P=200$ kN。

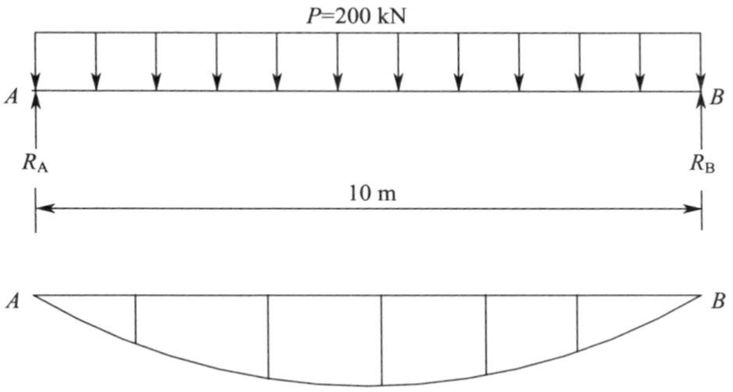

支架受力如图 6-31 所示。支反力 $R_A=R_B=P/2=200\ \text{kN}/2=100\ \text{kN}$，最大弯距在距两端 500 m 处。

$$M_{max}=R_A\times0.5=100\times0.5=50\ \text{kN}\cdot\text{m}$$

图 6-31　支架受力计算模型及结果

惯　性　矩：
$$I_Z=\int Ay^2\text{d}A$$
$$=1/3\times A\times y^2$$
$$=1/3\times92.18\times12.53$$
$$=60\ 013\ \text{cm}^4$$

最大弯应力：
$$J_{max}=M_{max}\cdot y/I_Z$$
$$=50\ \text{kN}\cdot\text{m}\times1.25\ \text{m}/(60\ 013\times10^{-8}\ \text{m}^4)$$
$$=1.04\times10^8\ \text{N/m}^2$$
$$=104\times10^6\ \text{Pa}$$
$$=104\ \text{MPa}<[J]=215\ \text{MPa}$$

故强度满足要求。

(12)始发架底架 H250×250 型钢之间，中间连接板两侧用[14a 槽钢焊接加强。还用两[14a 槽钢斜撑焊在重轨支架底部与中间槽钢下方。斜撑纵向夹角 55°。

托架最终设计图如图 6-32 所示。

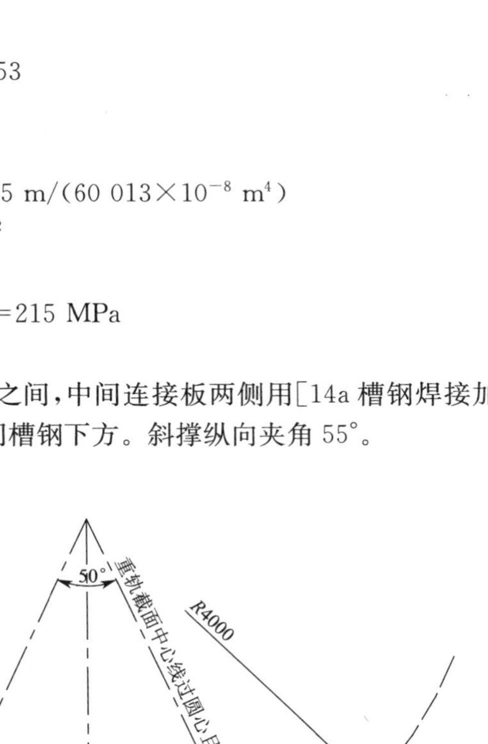

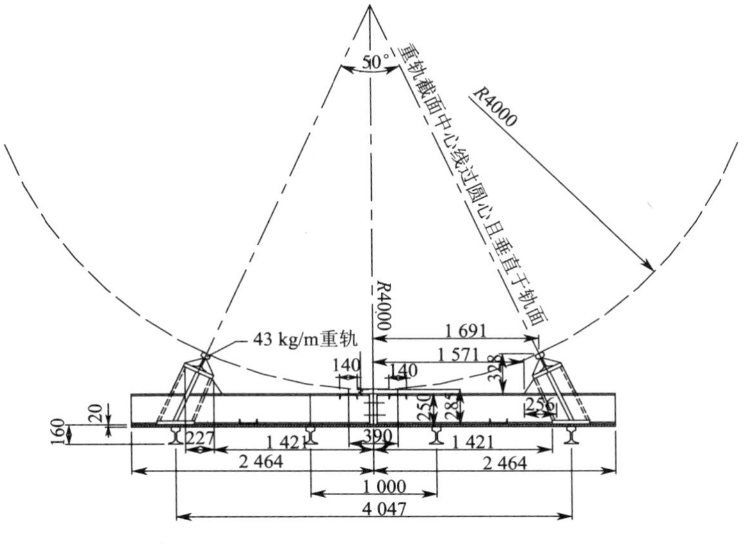

图 6-32　托架设计断面图(cm)

2. 托加结构加工

依据隧道设计轴线定出掘进机始发姿态的空间位置，然后反推出始发基座的空间位置，然后进行始发托架的加工安装。

6.6.7　反力架结构加工安装

1. 反力架结构设计

反力架主体结构采用 30 mm 厚钢板焊接成 H 型钢，截面尺寸为 1 000×300，四根承压梁之间用高强度螺栓连接，反力架长 8.555 m，宽 7.9 m，采用后方二道 60°角 609 钢管支撑加二道 45°角 609 钢管斜拉来提供反力。确保反力架结构安全。设计纵断面与平断面图如图 6-33 所示。

(1)横梁校核

以上部横梁计算：

反力架总推力按 1 200 t 设计，每根梁承受压力为 300 t。横梁每隔 1 000 mm 焊两个 30 mm厚钢板增加强度，取中间一段，承受均布载荷 P=300 t 计算。

求出反支力 $R_A=R_B=\frac{1}{2}P\times10=\frac{1}{2}\times300\times10=1\ 500$ kN

最大弯矩 $M_{max}=1\ 500\times0.5=750$ kN·m

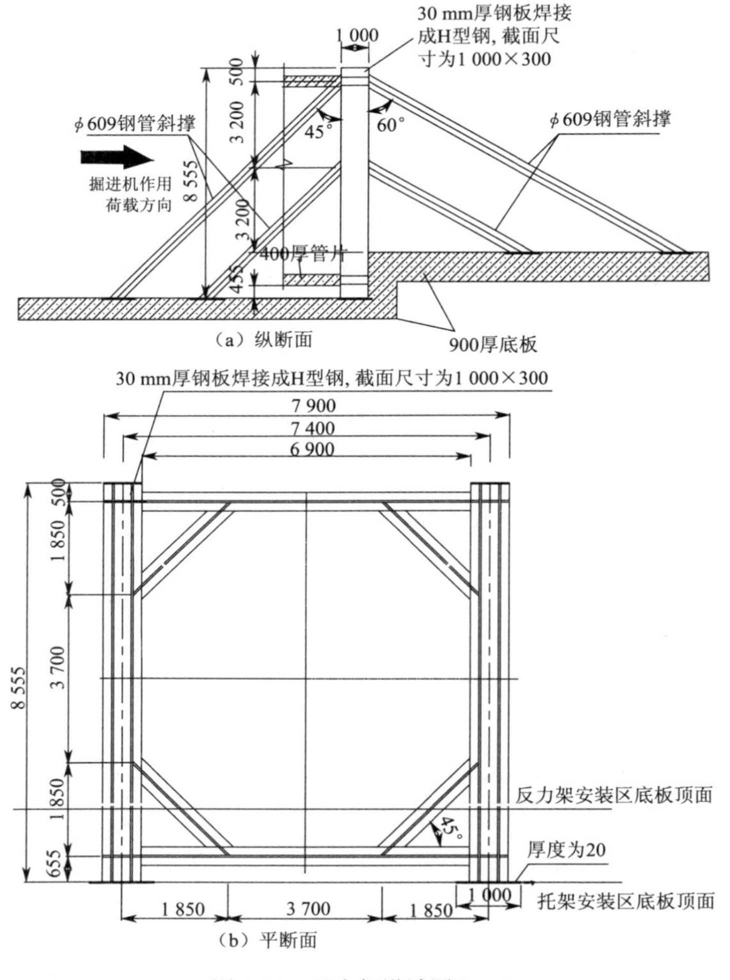

图 6-33　反力架设计图(mm)

横梁截面面积 $A=300\times30\times2+30\times(1\ 000-60)$

$=46\ 200\ \text{mm}^2$

$=462\ \text{cm}^2$

惯性矩 $I_Z=\int Ay^2\text{d}A$

$=498\ 000\ \text{cm}^4$

最大弯应力 $\sigma_{\max}=M_{\max}\cdot y/I_Z$

$=750\times10^3\ \text{N}\cdot\text{m}\times0.5\ \text{m}/(498\ 000\times10^{-8}\ \text{m}^4)$

$=75.3\times10^6\ \text{N/m}^2$

$=75.3\ \text{MPa}<[\sigma]$

故强度满足要求。

(2)609 钢管验算

①强度验算

作用于最顶层 609 钢管压、拉作用点处的荷载 $P=3\ 000\ \text{kN}$。取 609 钢管支(拉)作用点处进行受力分析,如图 6-34 所示。

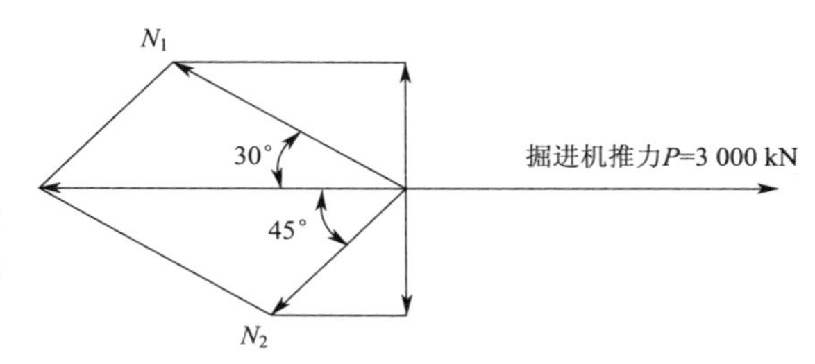

图 6-34　顶层钢管拉、压作用点受力分析

当受拉与受压杆作用平衡掘进机推力时,支点受力稳定,此时受压 609 钢管的压力为

$$N_1=3\ 000/(\cos45^\circ+\sin45^\circ\cos30^\circ/\sin30^\circ)=1\ 550\ \text{kN}$$

609 钢管面积为:$A=\pi(D^2-d^2)/4=\pi(60.9^2-58.5^2)/4=225\ \text{cm}^2$

$$\sigma=N/A=1\ 550\ \text{kN}/225\ \text{cm}^2=68.9\ \text{MPa}\leqslant[\sigma]=210\ \text{MPa}$$

所以 609 支撑强度满足要求。

②稳定性验算

$$\lambda=\mu L/i$$

式中　λ——杆件长细比;$\lambda\geqslant\lambda_P$ 属细长杆,$\lambda_P>\lambda>\lambda_S$ 属中长杆,$\lambda\leqslant\lambda_S$ 属短粗杆;

M——长度系数,此处取 0.7;

L——杆件长度,12.4 m;

i——截面惯性半径。

$$i=\sqrt{D^2+d^2}/4=\sqrt{0.609^2+0.585^2}/4=0.211$$

$$\lambda=\mu L/i=0.7\times12.4/0.211\ 1=41.1\leqslant\lambda_S=61.4$$

所以,此 609 支撑属粗短杆,杆件稳定性满足要求。

2. 组装反力架

反力架提供掘进机推进时所需的反力,因此反力架需要具有足够的刚度和强度。反力架支撑在 U 形槽底板上。反力架的纵向位置保证负一环混凝土管片拆除后浇筑洞门时满足洞门的结构尺寸和连接要求以及支撑的稳定性。反力架的横向位置保证负环管片传递的掘进机推力准确作用在反力架上,反力架在安装前需要进行掘进机姿态的测量,根据测量结果精确定位后安装反力架,反力架端面应与始发台水平轴垂直,以便掘进机轴线与隧道设计轴线保持平行。安装时反力架与 U 形槽底板结构连接部位的间隙要垫实,以保证反力架脚板有足够的抗压强度。

第 7 章　掘进机始发与掘进

7.1　掘进机组装调试

7.1.1　主要机具设备和材料准备(表 7-1)

表 7-1　掘进机组装工具、材料计划表

序号	名称	型号规格	单位	数量	备注
1	液压扭力扳手		把	1	用于紧固螺栓
2	拉伸预紧扳手		把	1	用于紧固刀盘螺栓
3	油泵		台	2	和液压、预紧扳手配套
4	风动扳手	1/2 寸、1 寸	把	各 1	
5	扭力扳手	450 N·m、1 800 N·m	把	各 2	
6	棘轮扳手	1/2 寸、1 寸	把	各 2	
7	重型套筒扳手		套	1	
8	内六角扳手	英制	套	2	
9	内六角扳手	22 mm、30 mm	把	各 2	
10	开口扳手	<42 mm	套	2	
11	开口扳手	≥42 mm	套	1	
12	管钳	200、300、450、600、900	把	各 1	
13	普通台虎钳	200	套	1	
14	撬棍	L=1.2 m、L=0.5 m	根	各 8	作辅助用
15	导链	1 t、3 t、5 t、10 t	个	各 2	
16	吊带	1.5 t、3 t、5 t	条	各 2	
17	千斤顶	5 t、10 t、16 t	个	各 2	
18	卧式千斤顶	1 t 或 1.5 t	台	1	装铰接密封用
19	推进油缸	50 t	根	2	用于推动主机等
20	高压油泵		台	2	供推进油缸使用
21	氧气乙炔割具		套	2	
22	电焊机		台	2	包括面罩、电焊手套等
23	空压机		台	1	包括连接软管 30 m
24	电动盘式砂光机	SIM100B	把	4	
25	电动盘式砂光机	SIM230B	把	2	
26	弯轨机		台	1	
27	轨道小车		台	1	

续上表

序号	名称	型号规格	单位	数量	备注
28	液压小推车		台	1	
29	注脂管路		套	1	
30	活动人梯		架	2	
31	油　　枕	1.2 m	根	30	
32	插线板		套	3	
33	电工工具		套	2	
34	钢丝绳	ϕ16、ϕ20，L=10 m	根	各 6	

7.1.2　掘进机组装准备工作

掘进机经三方验收，用大型平板车分批、分块运到掘进机始发施工现场后，在车站的掘进机吊装口吊装下井。

掘进机主体分成刀盘、前体、中体、盾尾、螺旋机、安装器等多块。采用一台 450 t 履带式吊机及一台 120 t 的汽车吊辅助进行下井吊装工作。

在掘进机在正式下井安装前，须预先完成下列各项准备工作：

(1)吊机工作场地的硬化，始发场地地基加固完成并达到强度要求。

(2)在掘进推进施工前，按常规进行施工用电、用水、通风、排水、照明等设施的安装工作，电缆、管路等接驳完成。

(3)施工材料、设备、机具备齐，以满足本阶段施工要求，管片、连结件等准备有足够的余量。

(4)建立测量控制网，并经复核、认可。

(5)完成吊机的安装和调试。

(6)施工场地准备完善，生产辅助设施安置妥当。

(7)掘进机托架安装到位：在掘进机组装前，根据设计的轴线和坡度，定出掘进机始发姿态的空间位置，然后反推出托架的空间位置，将托架安装就位。

(8)组装时的零部件供应：掘进机设备组装时的零部件供应工作对于组装十分重要，它直接影响着掘进机设备组装进度。在组装前应完成以下工作：

①组装前的详细标识；

②零部件的完整性检查；

③零部件运输和堆放的计划性和适用性检查；

④零部件的清洁和功能检查。

(9)编制组装施工组织设计，用以指导组装工作的有序进行。

(10)做好参与组装的各类人员的培训工作。

(11)做好其他人、材、物、机的准备工作。

7.1.3　掘进机组装

组织人员配合设备厂家进行组装调试工作，盾构机抵达施工现场后，根据盾构机组装程序进行现场组装。设备安装的程序如图 7-1 所示。由于盾构始发托架等同斜井的坡度，为确保盾构组装安全，不发生盾构部件滑移，在盾构机中体就位后需要临时焊接在托架上，在安装完成后，再切割焊条，实现盾构机的正常始发。

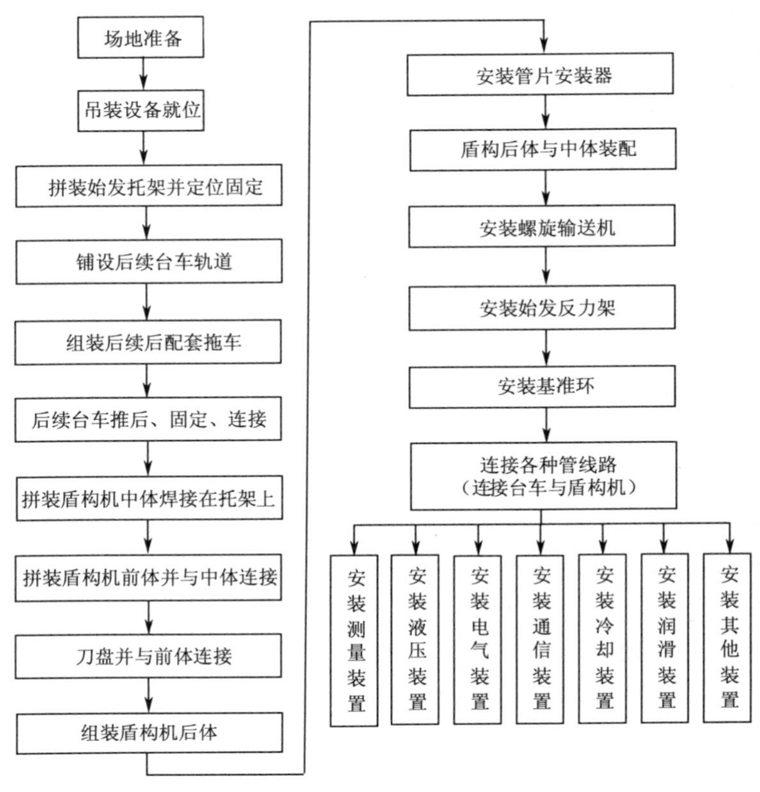

图 7-1 盾构机组装工序流程图

7.1.4 掘进机调试

盾构始发调试分空载调试、负载调试两个部分内容，总体调试顺序如图 7-2 所示。

1. 空载调试

盾构组装完毕后，即可进行空载调试。

空载调试的目的主要是检查盾构各系统和设备能否正常运行，并与工厂组装时的空载调试记录进行比较，从而检查各系统运行是否按要求运转，速度是否满足要求，对不满足要求的，要查找原因。调试内容为：液压系统、润滑系统、冷却系统、配电系统、注浆系统以用仪表校正。

(1)载调试流程

在掘进机设备运行之前，要对掘进机设备主机和后配套系统进行认真调试。首先是对后配套工作平台上的电气系统、液压动力系统及与主机系统连接架等进行全面的连接检验，经检查后进行掘进机设备的调试工作，调试工作包括所有的运行系统，设备调试由掘进机设备供应商派专业的人员到现场进行操作，设备调试流程如图 7-3 所示。

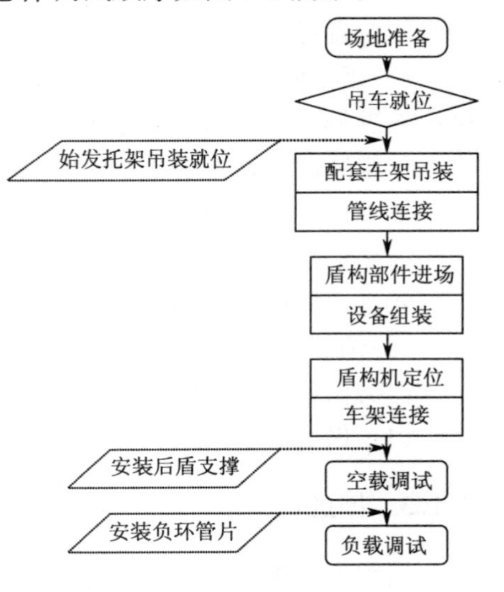

图 7-2 设备调试顺序流程图

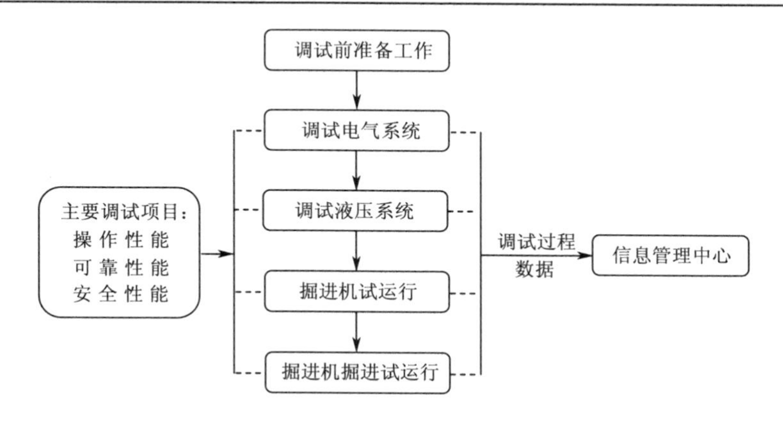

图7-3　掘进机设备空载调试工艺流程框图

①调试前,要对设备组装的完整性和安全性等进行检查,确保使调试工作安全、顺利地进行。

②调试时,主要试验设备操作性能、可靠性能、安全性能等,以便对TBM设备掘进施工起到指导作用。

③调试结束后,仔细清点调试过程中使用的辅助器械,避免影响TBM设备掘进施工。

(2)电气系统调试内容

①检查用电线路在通电情况下的电压是否正常;

②分别启动各用电设备及用电设备组,检查用电设备在空载情况下的电压、电流是否正常;

③调试各用电设备及用电设备组,检查用电设备的各种参数在加载情况下能否达至设计值;

④调试各用电设备紧急断路装置是否有效;

⑤调试控制系统是否有效运行。

(3)液压系统的调试

掘进机设备液压系统为掘进机设备掘进施工提供推力、支撑力与辅助系统的动力。液压系统密封要求高、易磨损,设备性能随外围条件的改变而改变。液压系统经过在厂家车间组装调试→拆卸→运至现场→组装这一过程后,整个液压设备及管路等能否达到设计的各项要求,将直接影响掘进机设备的掘进施工。因此,在组装完成后的液压系统调试对于整个掘进机设备系统来说将至关重要。

主要调试的内容有:

①泵的调试;

②控制系统的启动及其控制部件;

③进一步调试液压设备,检查油压管道工作组能否经受压力的变化、组装位置是否正确,在压力下组装的油管是否有摩擦的现象;

④高速运转系统的启动。

掘进机设备行走机构调试:

①调试液压步履机构实施步进的全过程;

②调试液压步履机构步进过程中液压系统参数是否能达到设计要求。

2. 负载调试

通过空载调试证明盾构具有工作能力后，即可进行盾构的负载调试。

空载调试的目的主要是检查各种管线及密封的负载能力，对空载调试不能完成的工作进一步完善，以使盾构机的各个系统和辅助系统达到满足正常生产要求的工作状态。试掘进时间即为设备的负载调试时间。负载调试时将采取严格的管理措施保证工程安全、工程质量和线型精度。

(1)调试前的准备工作

①确定试掘进岩石断面的岩石等级及岩石各项参数指标；

②掘进试运行前利用探伤测量仪器检查刀盘组装过程的焊缝质量是否合格；

③掘进机设备步行至掘进起始面；

④掘进施工操作机手、机械工程师、电气工程师等相关人员就位。

(2)调试的内容

①空载试运转，检查空载情况下的各项设备运行数据是否达到设计要求；

②按照掘进机设备供应商提供的掘进试运行操作规程，逐级加载进行掘进，熟悉设备的掘进性能，并获取所有掘进参数；

③通过对掘进参数和刀具磨损情况的了解，以便于对掘进施工进度、物资保证等组织计划，以及对正式掘进施工过程起到指导作用；

④测试掘进机设备主要功能达到安全限定时自动控制的可靠性。

(3)调试过程中的注意事项

①调试过程要统一指挥，各部门协调合作；

②调试过程严格按照掘进机设备供应商提供的操作规程进行；

③调试过程中注意设备有无异常噪声，如有异常噪声时，要立即确定引起异常噪声的原因，并排除。

7.2 掘进机拆卸及运输

7.2.1 拆卸的总体筹划

(1)拆卸作业安排在平坡段；

(2)盾构机完全解体外运；

(3)刀盘、护盾拆解充分，没有超宽、超重的大件，方便运出井巷；

(4)不论是施工拆卸硐室，或是实施设备拆卸全过程，均不影响采掘大巷的作业；

(5)硐室结构利于后续再利用。

7.2.2 拆卸方案

将盾构机推进至拆卸硐室，采用硐室内安装的桥机，实施盾构机的完全拆解，再按顺序运出洞外。

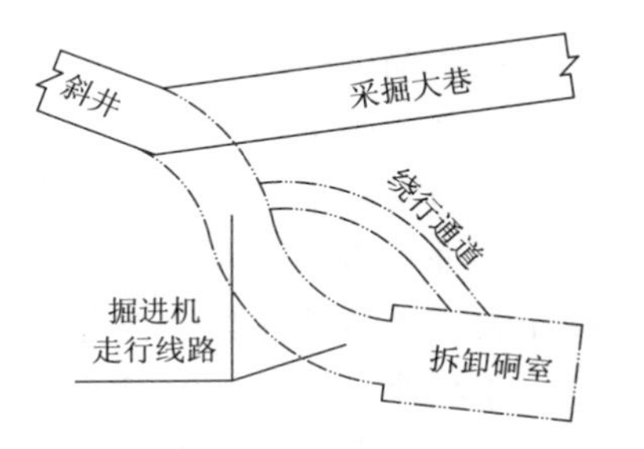

图 7-4 掘进机拆卸硐室平面布置示意图

1. 拆卸硐室的设计(图 7-4)

(1)设计原则

①保证硐室的结构安全和施工安全；

②加快循环周期和节省工程投资；

③利用成熟的施工方法、工艺；

④确保施工质量和施工进度满足要求。

(2)断面结构尺寸设计(图 7-5)

①综合利用桥机吊装设备，充分考虑桥机走行需要的空间(即拆卸洞顶部宽度)，以及桥机组装区域顶部宽度(考虑到桥机钢结构长度以及桥机组装时期人员操作空间)。并要求确保桥机起吊高度，保证拆卸时桥机能够正常起吊部件。

②方便钻爆法施工，方便现场人员作业，断面形式尽量少。

③考虑边墙开挖宽度因素，边墙位置在拆卸过程中，需要布设一些升降台车或者高脚手架，便于人员拆解作业，因此其宽度要考虑升降台车宽度、人员作业范围及吊装安全区，目的是加快拆卸速度、方便作业。

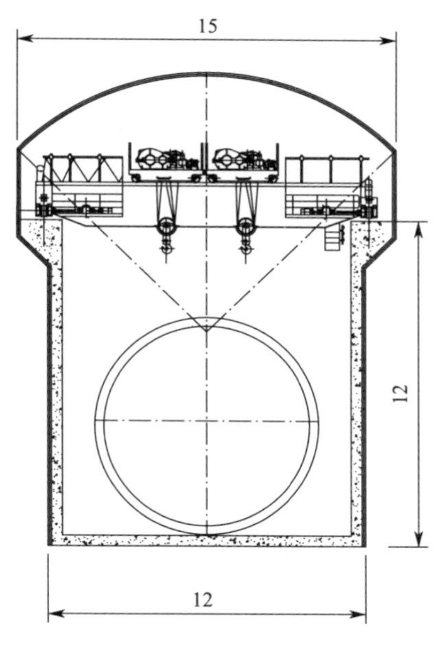

图 7-5　拆卸洞断面(m)

(3)拆卸洞结构设计

为了满足设备拆卸需求，在拆卸洞合适位置计划设置 1 台 200 t 以上的大吨位桥式起重机，用于盾构机拆卸时候的吊装。桥式起重机采用轨道行走方式。

桥机轨道基础采用钢筋混凝土梁型式，而不采用岩锚梁型式，主要是因为：第一，拆卸洞跨度较大，在拆卸洞钻爆法开挖过程中，尤其边墙表面部位(按照松弛圈 3 m 计算)的岩石都已经松动，考虑到桥机起吊重物加上桥机自身重量，为确保桥机起吊作业时候的安全，边墙全部衬砌，并采用钢筋混凝土。如果采用岩锚梁，对于岩锚梁支护结构要求更高，锚索锚固深度必然需要加深，施工难度更大。第二，岩锚梁岩台开挖成标准形状施工难度大，无法从根本上保证岩锚梁的结构安全。第三，拆卸洞洞室高度较大，必然导致边墙部位成型较差，边墙围岩松脆破裂崩落，容易造成岩锚梁下部的边墙脱空。第四，岩锚梁锚索施工工期较长，不利于拆卸洞开挖及工期要求。

2. 设备拆卸内容

(1)主机及辅助设备拆除；

(2)设备桥拆除；

(3)后配套台车及辅助设备拆除；

(4)连续皮带机拆除；

(5)10 或 25 kV 高压供电拆除。

3. 设备拆卸准备工作

将盾构机推进至拆卸硐室(事前做好)，可进行掘进机拆卸工作。在掘进机在正式拆卸前，须预先完成下列各项准备工作：

(1)拆卸硐室施工完成，支护结构达到设计强度要求；

(2)桥机吊装设备安装到位，按常规进行施工用电、用水、通风、排水、照明等设施的安装工作，电缆、管路等接驳完成；

(3)施工材料、设备、机具备齐，以满足本阶段施工要求；

(4)施工场地准备完善，生产辅助设施安置妥当；

(5)编制完善的掘进机拆卸施工组织设计，掘进机设备的零部件按拆卸方案编好顺序，用以指导组装工作的有序进行；

(6)做好参与拆卸施工的各类人员的培训工作；

(7)做好其他人、材、物、机的准备工作。

4. 设备拆解流程

(1)整套设备拆卸工作包括主机拆除和后配套拆除，以及高压电缆和连续皮带机的拆除。

(2)进入到拆卸硐室后，首先拆除主机、设备桥连接的水管、风管、液压管、油脂管、泡沫管等各种管线，设备桥与主机的连接，将掘进机油箱里面的油放干净，同时对各管口进行封堵保护。

(3)断开连续皮带，同时开始拆除连续皮带机、回收皮带、拆除皮带接力驱动、皮带主驱动、皮带支架等。

(4)设备桥前段安装临时行走轮对，与后配套一起牵引后退。先拆除皮带出渣系统和通风系统，然后对后配套采取解编逐节牵出的对策，将每节 10～15 m 长的后配套拖车，逐节拖移到洞外的盾构机组装场实施拆卸分装。

(5)再按顺序拆卸螺旋机→管片安装机→掘进机中后体的绞接油缸及密封件→盾尾→刀盘→主机前体→主机中体。

(6)最后进行高压电缆的拆除。

掘进机拆卸流程图如图 7-6 所示。

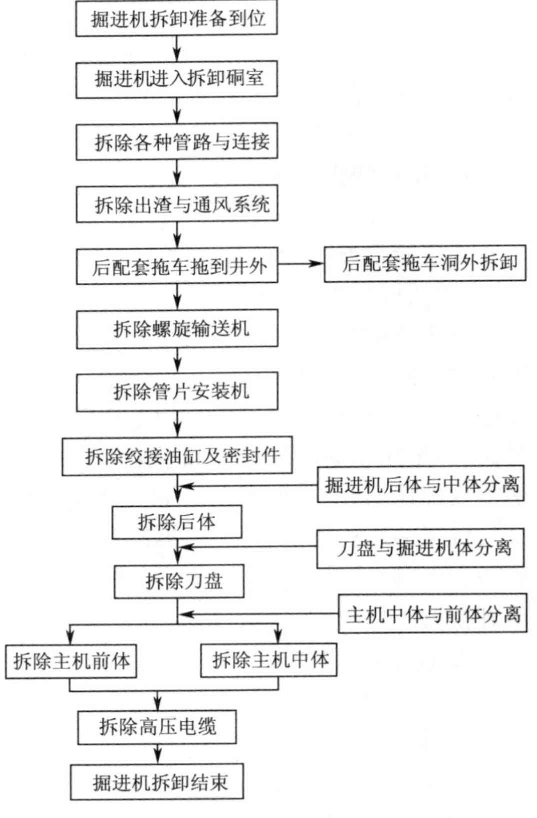

图 7-6　掘进机拆卸流程图

7.2.3　掘进机拆卸注意事项

(1)掘进机内环阀按图纸要求确认状态；

(2)拆解管路一定要捆扎好，用堵头堵好，把软管绑好固定；

(3)铰接油缸在与前盾连接处断开，铰接油缸固定螺栓拧好；

(4)软管卷盘的管子卷好固定；

(5)主机内各管路有可能有压力，拆解时需注意，铰接换向阀组的球阀一定先关闭后再拆管子；

(6)主机内阀组比较多，拆解时注意避免踩坏，尤其铰接油缸上的单向阀一定要注意。

7.2.4　掘进机拆卸运输

大件汽车运输路线需要满足转弯半径要求；考虑到桥机结构和大件运输要求，掘进机从斜井转弯入拆卸硐室的转弯半径与竖曲线半径都保持较大，保证车辆转弯及材料运输。

材料运输仍采用管片运输车辆 MSV 运输车辆，该车两端均有驾驶室，能够实现双向行驶(无需掉头)，双向驱动。因此拆卸升井运输可直接通过 MSV 运输车辆从井底沿斜井隧道运输至井外。

7.3 掘进机始发、试掘进

7.3.1 掘进机始发总体方案

根据掘进机选型分析，采用双模式复合盾构机进行斜井开拓作业，该掘进机可以在土压平衡模式与单护盾模式两种掘进模式间进行自由转换，大大提高掘进机的掘进效率和安全性。由于本工程始发场地表层有厚 10～70 m 的风积沙层，因此在掘进机始发中，都采用土压平衡模式进行掘进施工。

根据本标段始发时的场地条件，掘进机采用一次性整机始发。由于始发场为采用明挖法开挖的 U 形槽，始发场地开阔，始发负环管片设置为全环闭口环，错缝拼装。在掘进机始发时，管片、管线、轨排、砂浆、皮带机及电缆线路等材料由车辆运输至明挖 U 形槽段内。

为防止负环管片失圆，造成掘进始发时管片与洞门圈间隙不均，始发时随掘进机向前推进，管片与始发台两侧支撑架横梁之间加设钢、木楔块楔紧。同时由于在斜坡上进行掘进机始发，应特别注意掘进机始发时的姿态控制。

7.3.2 掘进机始发流程

掘进机始发按图 7-7 流程进行。

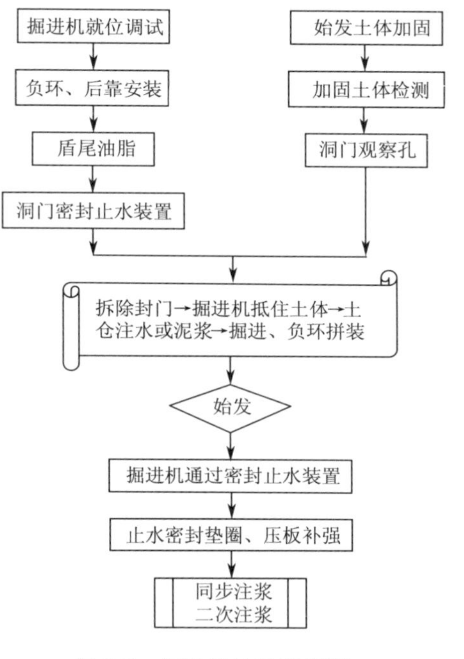

图 7-7 掘进机始发流程图

7.3.3 始发设施的安装

1. 始发台安装

始发台安装与定位在掘进机后配套组装之前完成。由于本工程掘进机在斜坡上进行始发掘进，因此始发托架安装在 U 形槽现浇钢筋混凝土底板上时，应与混凝土底板进行焊接，以固定始发托架。由于始发托架在掘进机始发时要承受纵向、横向的推力以及约束掘进旋转的扭矩。所以在掘进机始发之前，必须对始发托架两侧进行必要的加固。加固的方式如图 7-8 所示，始发台的安装高程可根据端头地质情况适当进行抬高。

掘进机始发台导轨定位按照测量放样的控制点进行，与始发托架导轨预埋件就位焊接，始发台高程及中线按照实测洞门中心位置进行推算，一般较推算理论高程高 10～15 mm 控制高程。始发台需经反复测量与调整精确定位。

2. 洞门临时密封装置安装

掘进机在始发过程中，为防止流沙及地下水从洞门圈与掘机机壳体间环形的空隙流入掘进机始发站内，影响掘进机开挖面土体的稳定，必须在掘进机始发前在洞门处设置性能良好的密封装置，该装置采用双袜套结构。钢套环与钢洞圈焊接后，应在内衬墙上凿出钢筋，焊接预埋钢板为 35 cm 正方形。用三角钢板将钢套环与预埋件焊接成一体。预埋件应尽量均匀分布。环向每 40°设置一块，共设 9 块。三角钢板采用 2 cm 厚钢板，长 40 cm，高 30 cm，如图 7-9 所示。

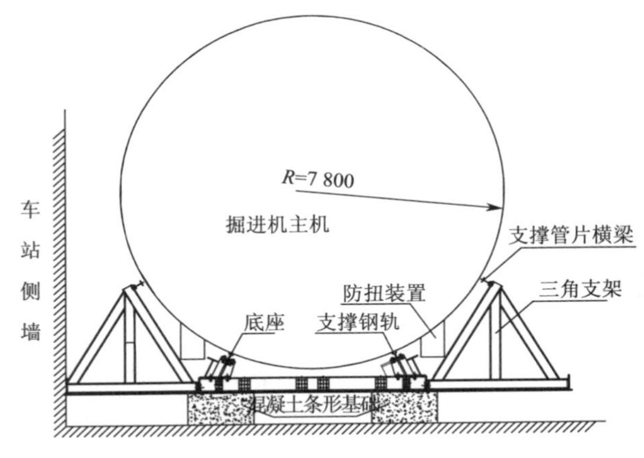

图 7-8　掘进机始发台安装示意图

图 7-9　洞口止水装置图

掘进机进入钢套环后，应在钢套环后部焊接弧形钢板，钢板与盾壳保持 2～5 mm 间隙，与钢套环焊接成一体，并用“7”字形钢板加固。

在洞门凿除前，应先安装洞圈止水装置。洞圈止水装置安装后应予以保护，特别是下部区域，防止洞门凿除对止水装置的破坏。

3. 反力架与基准钢环安装

本工程掘进机始发端墙与反力架的间距约为 18.2 m，因此，反力架背后采用背后二道钢支撑提供的推力及前面二道钢管提供的拉力共同承担掘进机掘进始发所需的反力。基准钢环采用 20 mm 厚钢板加肋板焊接成 300 mm 厚箱形结构。基准钢环与负环管片间采用特制螺栓连接。

4. 负环管片的安装

负环管片包括负环钢管片和负环混凝土管片。负环钢管片为 400 mm 厚，内径为 7 000 mm，外径为 7 800 mm 的钢制圆环。负环钢管片起到连接负环混凝土管片和反力架的作用。

在拼装第一环负环管片前，在掘进机尾部管片拼装区 180°范围内安设 7 根木条，以确保不损坏盾尾密封刷(如图 7-10 所示)。在掘进机内拼装好整环后利用掘进机推进千斤顶将管片缓慢推出盾尾，并将钢管片与推出盾尾的负环管片用螺栓连接。为了避免负环管片全部推出盾尾后下沉，在始发基座导轨上用圆钢将负环钢管片和负环钢筋混凝土管片托起。第二环负环以后管片将按照正常的安装方式进行安装。随着负环的进一步拼装，掘进机快速地通过洞门进行始发掘进施工。

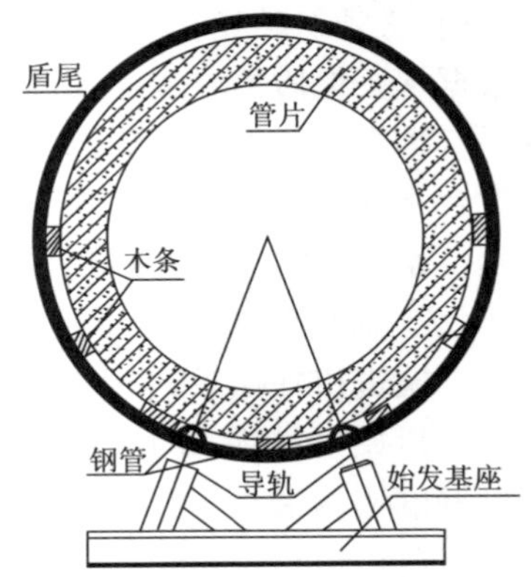

图 7-10　负环管片安装示意图

7.3.4　掘进机始发段掘进

掘进机始发段掘进是指掘进机始发后 80 环(120 m)的掘进。始发段掘进完成后开始拆除负环管片，然后掘进机施工进入正常掘进阶段。

1. 掘进机试掘进

掘进机试掘进一般由掘进机生产厂家派专业技术人员进行操作，并对掘进机司机进行培训。掘进机试掘进过程中，要根据不同地质条件、覆土厚度、地面情况设定土压力，并根据地表隆陷监测结果及时调整土仓压力及掘进机掘进参数。

在试掘进段的掘进速度要保持相对平稳，按操作规程控制好掘进纠偏量，减少对土体的扰动。在空旷地带选择多组不同的土仓压力指标试掘进。同步注浆量和注浆压力要根据推进速度、出渣量适当调整，并通过加强掘进机通过后地表隆陷监测确定同步注浆和掘进机通过后地表隆陷的关系。试掘进段加强盾构法隧道的轴线控制，掌握掘进机纠偏的主要施工参数。

掘进机始发段掘进中前40环(72 m)的掘进又称为试掘进段，通过试掘进段拟达到以下目的：

(1)用最短的时间对掘进机的操作方法、机械性能进行熟悉，较好地控制隧道轴线及地面沉降，达到掘进机正常状态掘进；

(2)了解和认识本工程的地质条件，掌握该地质条件下掘进机的施工方法；

(3)收集、整理、分析及归纳总结各地层的掘进参数，制定正常掘进各地层操作规程，实现快速、连续、高效地正常掘进；

(4)逐步熟悉掌握掘进机掘进、管片拼装的操作工序，并提高管片和轨道底部结构预制箱涵的拼装质量，加快施工进度；

(5)通过本段施工，加强对地面变形情况的监测分析，反映盾构机出洞时以及推进时对周围环境的影响，掌握盾构推进参数及同步注浆量。

主要施工参数控制：

(1)切口土仓压力

由于掘进机始发端头进行了加固，切口土压初步设定值为0.15～0.20 MPa，实际施工时作适当调整。

(2)推进速度

为确保掘进机能正常切削加固区土体，控制推进轴线，保护刀盘，始发时实际推进速度不宜过快，在主机全部进入加固区前掘进速度控制在5～15 mm/min，在掘进机脱离加固区后可逐步提高掘进速度到20～30 mm/min。始发掘进时，随时观察刀盘扭力变化情况，及时调整推进速度。同时，加强对反力架及其支撑系统的观察与检查，一旦出现异响、变形等情况，立即停止推进，查明原因并处理好后再恢复推进。

(3)轴线控制

始发施工中，当掘进机还在始发托台时，掘进机掘进不便调向，为了减小掘进机本体脱离始发托台后的低头影响，可将掘进台上的掘进机轴线比隧道设计抬高20 mm始发。

当掘进机离开托台后，立即进行管片背面同步注浆和补充注入双液快凝浆，将洞门首环管片固定在正确位置上，以便承受掘进机调向掘进的推力。

2. 参数调整段掘进

掘进机始发段掘进中后40环(72 m)的掘进又称为参数调整段掘进。即在掘进机在完成前40环(72 m)的试掘进后，将对掘进参数进行必要的调整，为后续的正常掘进提供条件。主要内容包括：

(1)根据地质条件和试掘进过程中的监测结果进一步优化掘进参数。

(2)掘进机应根据当班指令设定的参数推进，推进出土与衬砌背后注浆同步进行，严格控制地面沉降。

①每环推进过程中，严格控制土仓压力的波动，使正面土体保持稳定状态，以减少对土体扰动程度。

②采取信息反馈的施工方法沿隧道纵向轴线位置布设沉降观测点。在掘进机推进过程中进

行跟踪沉降观测，并将所测沉降数据进行分析并及时反馈，为调整下阶段的施工参数提供依据。

③及时充填盾尾建筑空隙，采用同步注浆及二次补充注浆工艺，对地面沉降控制要求高的地段，可根据监控量测结果跟踪补充注浆，补充注浆材料采用水泥-水玻璃双液浆。

④通过对实测数据与施工参数的收集和整理，形成一套较为完善的土压平衡掘进机施工数据库，指导以后的施工。

(3)推进过程中，严格控制好推进里程，将施工测量结果不断地与计算的三维坐标相校核，及时调整。

(4)掘进机掘进过程中，坡度不能突变。

(5)掘进机掘进施工全过程须严格受控，工程技术人员根据地质变化、隧道埋深、地面荷载、地表沉降、掘进机姿态、刀盘扭矩、千斤顶推力等各种勘探、测量数据信息，正确下达每班掘进指令，并即时跟踪调整。

(6)掘进机操作人员须严格执行指令，谨慎操作，对初始出现的小偏差应及时纠正，应尽量避免掘进机走"蛇"形，掘进机一次纠偏量不宜过大，以减少对地层的扰动。

作好施工记录，记录内容有：

①隧道掘进——施工进度

油缸行程、掘进速度、掘进机推力、土压力、刀盘、螺旋机转速；

掘进机内壁与管片外侧环形空隙(上、下、左、右)。

②同步注浆

注浆压力、数量、稠度、注浆材料配比、注浆试块强度(每天取样试验)。

③测量

掘进机倾斜度、隧道椭圆度、推进总距离；

隧道每环衬砌环轴心的确切位置(X,Y,Z)。

7.3.5 掘进机始发注意事项

(1)在进行始发台和基准钢环定位时，要严格检查和控制始发台和基准钢环的安装精度，确保掘进机始发姿态符合设计轴线。

(2)始发前检查地层加固的质量，确保加固土体强度和渗透性符合要求。

(3)第一环负环管片定位时，管片的后端面应与线路中线垂直。负环管片轴线与隧道中线的切线重合。为减小负环管片的失圆影响，负环管片采用错缝拼装方式，且外部设支撑钢、木楔块楔紧。

(4)在掘进机刀盘外圈、外圈刀具和帘布橡胶板上涂抹油脂，避免推进时刀具损坏洞门密封。

(5)始发掘进时需控制好掘进机姿态、防止掘进机过量扭转，可在掘进机上焊接防扭桩防止掘进机过量扭转，在掘进机推进过程中对即将进入洞口的防扭支座要及时割除并打磨，以免损坏洞门密封。

(6)掘进机在始发台上向前推进时，由于不可进行较大的姿态调整，因此必须通过控制推进油缸行程和选择合适的管片拼装位置使掘进机基本沿始发台向前推进。

(7)在始发阶段由于设备处于磨合阶段，要注意推力、扭矩的控制，同时也要注意各部位油脂的有效使用。掘进总推力应控制在反力架承受能力以下，同时确保在此推力下刀具切入地层所产生的扭矩小于始发台提供的反扭矩。

(8)始发掘进过程中还必须对始发台、反力架、负环管片和洞门密封等进行全程监视，如有异常及时进行处理,确保始发顺利。

(9)严格控制掘进机操作,调节好掘进机推进千斤顶的压力差,防止掘进机发生旋转、上飘或叩头。

7.4　掘进机正常掘进施工

7.4.1　掘进机工作模式选择

双模式复合盾构机不同于普通掘进机之处,主要在于它的主机同时安装了螺旋输送机和中心皮带机,可以根据地质条件的变化,在单护盾工作模式与土压平衡工作模式之间相互转换。

在地质条件复杂软弱、地下水量较大的不稳定地层中,可采用土压平衡模式掘进,等同于普通的土压平衡盾构机,切削下来的渣土通过螺旋输送机排放;土压平衡模式有利于在涌水量大或有瓦斯气体突出的地层中使用,以尽可能快地将涌水和突出瓦斯限制在密闭的、可控的空间内,降低施工风险。

而在进入稳定的硬岩、中硬岩地层,地下水较少时,可采用单护盾模式掘进,不再需要维持掌子面的土压平衡,则等同于单护盾硬岩掘进机,此时将螺旋输送机临时关闭,转换中心皮带机就位,利用中心皮带机出渣,可提高掘进效率。

7.4.2　土压平衡模式正常掘进施工

1. 土压平衡模式掘进施工流程

土压平衡模式掘进施工流程如图7-11所示。

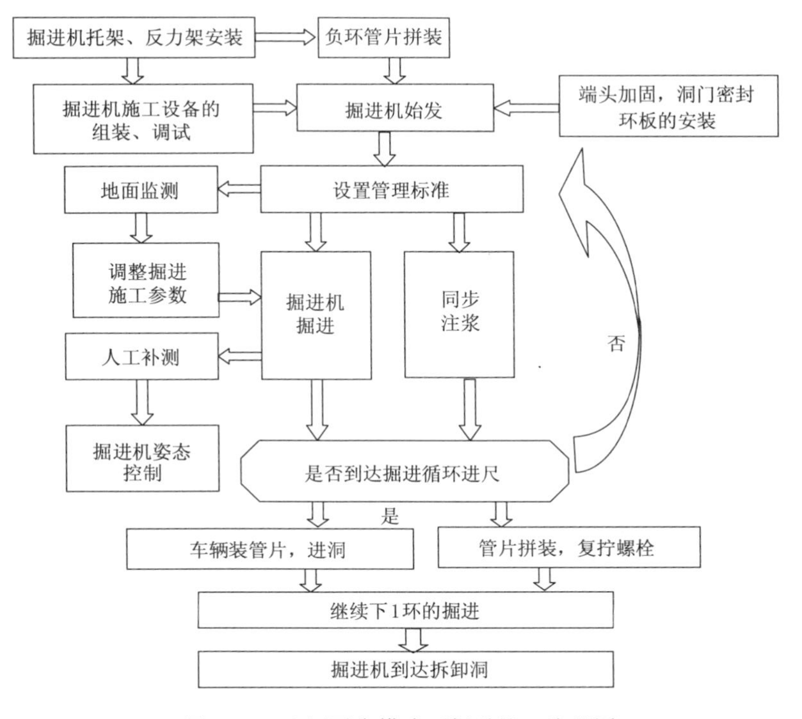

图7-11　土压平衡模式下掘进施工流程图

2. 掘进机推进和地层变形的控制

土压平衡模式掘进时，利用压力仓内的土压力来平衡开挖面的土体，从而达到对掘进机正前方开挖面支护的目的。平衡压力的设定是土压平衡模式施工的关键，维持和调整设定的压力值又是掘进机推进操作中的重要环节，这里面包含着推力、推进速度和出土量的三者相互关系，对掘进机施工轴线和地层变形量的控制起主导作用，所以在掘进机施工中根据不同土质和覆土厚度、地面建筑物，配合监测信息的分析，及时调整平衡压力值的设定，同时使推进坡度保持相对的平稳，控制每次纠偏的量，减少对土体的扰动，并为管片拼装创造良好的条件。同时根据推进速度、出土量和地层变形的监测数据，及时调整注浆量，从而将轴线和地层变形控制在允许的范围内。

3. 掘进机推进主要参数设定

(1)平衡压力值的设定原则

①浅埋时

正面平衡压力：
$$P=k_0\gamma h$$

式中　P——平衡压力(包括地下水)；

γ——土体的平均重度(kN/cm^3)；

h——隧道埋深，取隧道中心线位置(m)；

k_0——土的侧向静止平衡压力系数，取 0.6～0.8。

②深埋时

正面平衡压力：
$$P=k_0\gamma h$$
$$h=0.45\times 2^{S-1}\omega$$

式中　ω——宽度影响系数，$\omega=1+i(B-5)$；

B——坑道宽度；

i——B 每增减 1 m 时的围岩压力递减率；当 $B<5$ m 时，取 $i=0.2$；当 $B>5$ m 时，取 $i=0.1$。

掘进机在掘进施工中参照以上方法来取得平衡压力的设定值。具体施工设定值根据掘进机埋深、所在位置的土层状况以及监测数据进行动态调整。

(2)推进出土量控制

每环理论出土量$=\pi/4\times D^2\times L=\pi/4\times 8.1^2\times 1.5=77.3\ m^3$/环。

掘进机推进出土量控制在 98%～100%之间，即 75.6～77.3 m^3/环。

(3)推进速度

正常推进时速度控制在 10～30 cm/min 之间。

(4)掘进机轴线

掘进机掘进时偏离设计轴线值不大于±50 mm。

4. 掘进机超前地质预报

煤矿斜井隧道施工要求进行超前地质预报，本工程选用 BEAM 系统进行掘进施工超前地质预报。

BEAM 系统所有的装置都安装在掘进机上，随着巷道掘进，自动进行测量，并实时处理得出掌子面前方的测量结果。掘进机施工中 BEAM 系统的实施布置如图 7-12 所示。

(1)由 GD 工程师现场对安置于掘进机的 BEAM 系统进行改装，所需大约一周。

(2)掘进机掘进期间，BEAM 系统自动运行，由 GD 公司总部通过远程访问的方法进行监督。

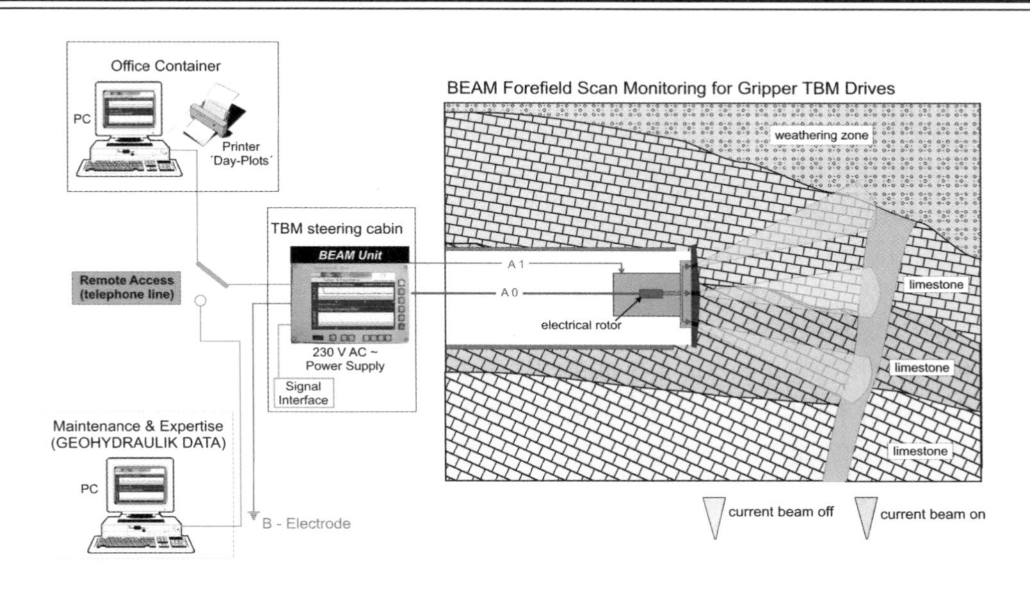

图 7-12　BEAM 系统实施示意图

(3)BEAM 系统结果分析

通过对 BEAM 系统在隧道施工时采集的电阻率图形显示结果(图 7-13),图中的蓝色和红色曲线分别反映岩石的电阻率和完整性情况,分四种情况分析掘进前方岩体可能出现的情况。最终分析结果是由 GD 公司总部通过远程访问获取现场数据进行解码编译,给出预报成果。

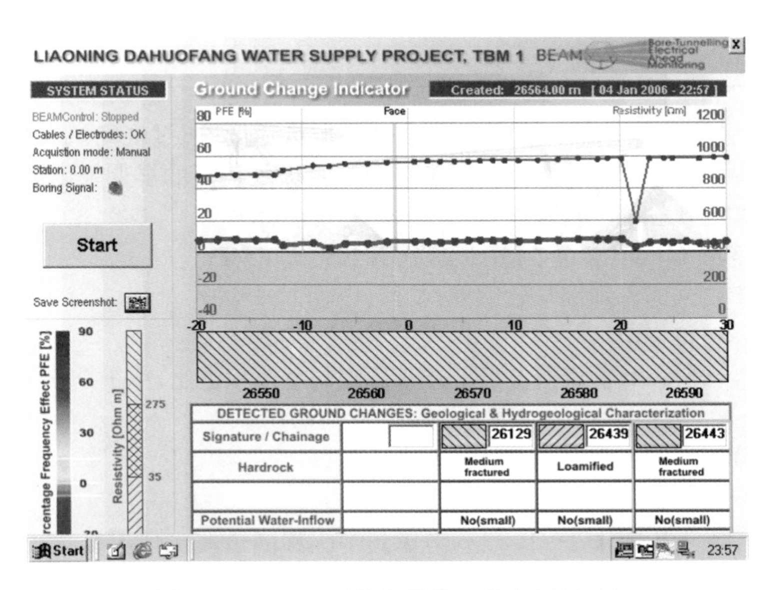

图 7-13　BEAM 系统预报的图形显示结果图

①两条曲线同时下降,说明掘进前方岩体完整性和电阻率降低,岩体较破碎且可能含水,或破碎岩体含有导电性较好的金属矿物。

②两条曲线同时上升,说明掘进前方岩体完整性和电阻率增加,岩体较完整且不含水及导电性强的矿物。

③蓝色曲线下降、红色曲线上升，说明掘进前方岩体电阻率降低、完整性增加，掘进前方岩体完整性较好，但可能含水或含导电性较好的矿物。

④蓝色曲线上升、红色曲线下降，说明掘进前方岩体电阻率增加、完整性降低，岩体较破碎且不含水及导电性矿物。

5. 同步注浆和二次补注浆

砂性土地段同步注浆采用聚氨酯，注浆在管片拼装完成后进行；二次注浆主要采用水泥浆。

(1)浆液比选

斜井隧道将穿越风积沙层，该层渗透性好，在未受到外界扰动时结构稳定，而当盾构机穿越后，如果在掘进机和管片的空隙里不能得到有效支护，则该地层易失稳，从而造成地面塌陷。

为了保证土层不发生塌陷，浆液应满足以下条件：

①稠度必须要高，足以支护周边地层。

②注浆材料可以充分填充到盾尾间隙的每一个角落。

③硬化后，体积的缩小量小、止水性好。

④由于地下水造成的稀释量小。

⑤能够进行长距离压送。

⑥环保型浆液，注浆后不会对周边土体造成污染。

⑦施工管理方便。

通过对单液浆、双液浆等各类浆液的比选，在本工程施工中，拟选用高稠度、大比重配比的单液浆，1 m^3 浆液配比如表 7-2 所示。

表 7-2　浆液配比表

材料	砂(细砂)(kg)	石灰(kg)	粉煤灰(kg)	膨润土(kg)	添加剂(kg)	水(kg)	稠度
重量	1 180	80	300	50	3.0	280	9～11

①胶凝时间：一般为 3～10 h，根据地层条件和掘进速度，通过现场试验加入促凝剂及变更配比来调整胶凝时间。对于强透水地层和需要注浆提供较高的早期强度的地段，可通过现场试验进一步调整配比和加入早强剂，进一步缩短胶凝时间。

②固结体强度：1 d 不小于 0.2 MPa，28 d 不小于 2.0 MPa。

③浆液结石率：＞95％，即固结收缩率＜5％。

④浆液稠度：8～12 cm。

⑤浆液稳定性：倾析率(静置沉淀后上浮水体积与总体积之比)小于 5％。

(2)压浆点

采用注浆泵分别控制 4 个注浆点进行同步注浆。

(3)注浆压力

设定值为上覆土土压力 1.1～1.2 倍，考虑到本工程隧道覆土情况变化较大，故注浆压力设定须根据实际施工情况作相应调整。

(4)注浆量

每推进一环的建筑空隙为：$V_1=1.2\times(8.2^2-8.0^2)/4=1.431\ m^3$。

盾构外径：ϕ8.2 m；管片外径：ϕ8.0 m。

(5)注浆施工工艺

注浆可根据需要采用自动控制或手动控制方式，自动控制方式即预先设定注浆压力，由控制程序自动调整注浆速度，当注浆压力达到设定值时，自行停止注浆。手动控制方式则由人工根据掘进情况随时调整注浆流量、速度、压力。

注浆工艺流程及管理程序如图 7-14 所示。

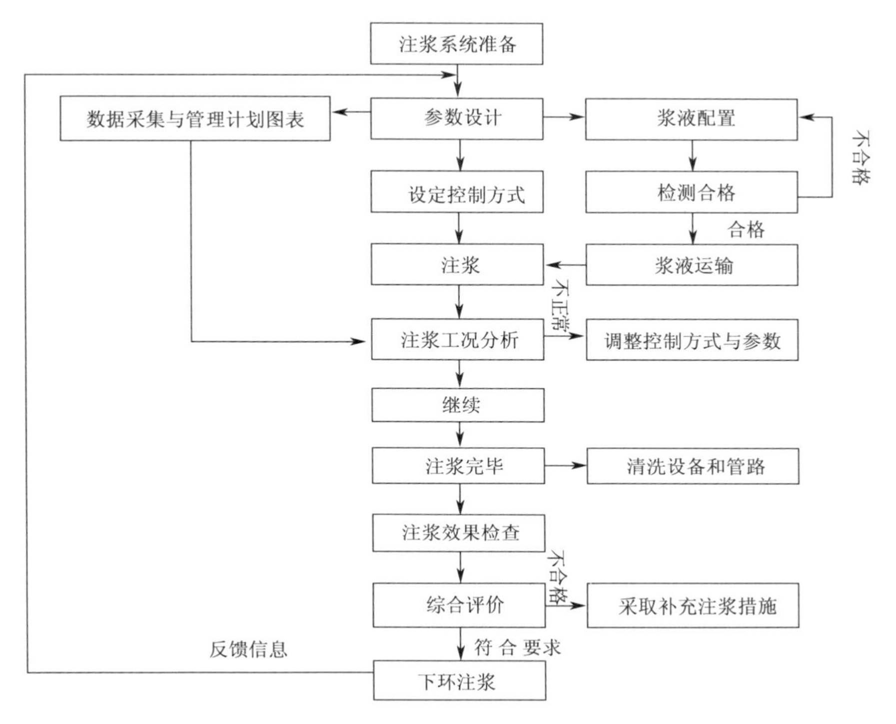

图 7-14　注浆工艺流程及管理程序

(6)设备配置

搅拌站：在施工场地内设计、建造搅拌站 1 座。

同步注浆系统：配备 2 套注浆泵，共有 8 个独立压力出口，每个压力出口直接接在注浆管上并由压力传感器监视。

运输系统：自制砂浆罐车，带有自搅拌功能和砂浆输送泵，随运输车运输。

(7)管路清洗

为确保管路畅通，浆液输送管每天清洗 1 次，工作面和压注管路，每次压注以后均要及时清洗。

(8)同步注浆质量保证措施

①在开工前制定详细的注浆作业指导书，并进行详细的浆材配比试验，选定合适的注浆材料及浆液配比。

②制订详细的注浆施工组织和工艺流程及注浆质量控制程序，严格按要求实施注浆、检查、记录、分析，及时做出 P(注浆压力)-Q(注浆量)-t(时间)曲线，分析注浆速度与掘进速度的关系，评价注浆效果，反馈指导下次注浆。

③成立专业注浆作业组，由富有经验的注浆人员负责现场注浆技术管理工作。

④根据隧道内管片衬砌变形和地面及周围建筑物变形监测结果，及时进行信息反馈，修正注浆参数和施工工艺，发现情况及时解决。

⑤做好注浆设备的维修保养，注浆材料供应，定时对注浆管路及设备进行清洗，保证注浆作业顺利连续不中断进行。

⑥环形间隙充填不够、结构与地层变形不能得到有效控制或变形危及地面建筑物安全时、或存在地下水渗漏区段，在必要时通过吊装孔对管片背后进行补充注浆，采用单液浆。

(9)注浆效果检查

注浆效果检查主要采用分析法，即根据 P-Q-t 曲线，结合掘进速度及衬砌、地表与周围建筑物变形量测结果进行综合分析判断。

(10)二次补压浆

根据沉降情况，采取二次补压浆的方法加固土体，直至稳定。

具体压浆视实际情况从衬砌管片预留孔中注入，压浆时指派专人负责，对压入位置、压入量、压力值均作详细记录，并根据地层变形监测信息及时调整，确保压浆工序的施工质量。

补压浆浆液采用单液浆或双液浆，双液浆水泥∶水＝1∶1，水玻璃掺入量为 20％～30％。施工过程中根据注浆效果进行优化调整。

6. 盾尾油脂的压注

掘进机盾尾油脂的压注是特别重要的一项工序。为防止掘进机漏水或漏浆，确保推进安全，必须切实地做好盾尾油脂的压注工作。

本工程隧道位于裂隙岩层、砂岩和泥岩地层中，地下水含量丰富，为了能安全顺利地完成掘进任务，须配备良好的盾尾密封系统并切实地做好盾尾油脂的压注工作。

本工程采用的掘进机的盾尾密封系统具有良好的可靠性和耐久性，施工过程中可在各道密封刷之间利用自动供给油脂系统压注高止水性油脂，确保高水压作用下的止水可靠性。掘进机掘进过程中视油脂压力及时进行补充，当发现盾尾有少量漏浆时，对漏浆部位及时进行补压盾尾油脂。盾尾油脂压注流程如图 7-15 所示。

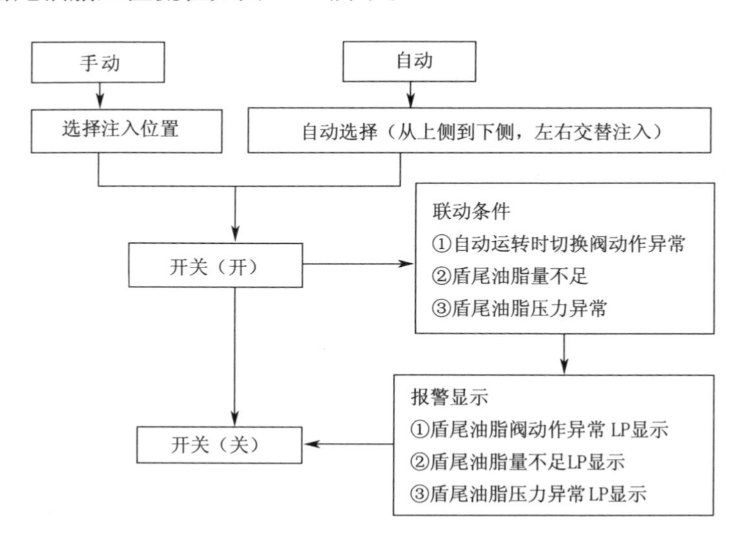

图 7-15 盾尾油脂压注流程图

7. 掘进机掘进方向控制

由于地层不均、隧道曲线和坡度变化以及盾构操控等因素的影响，掘进机推进实际轴线可能会产生一定的偏差。当这种偏差超过一定限界时就会使隧道衬砌侵限、盾尾间隙变小使管片局部受力恶化，并造成地层损失增大而使地表沉降加大，因此掘进机施工中拟采取以下有效技术措施控制掘进方向，及时有效纠正掘进偏差。

(1)自动导向系统

在掘进机上安装一套自动导向系统。该系统能够对掘进机在掘进中的各种姿态，以及掘进机的线路和位置关系进行精确的测量和显示。操作人员可以及时地根据导向系统提供的信息，快速、实时地对掘进机的掘进方向及姿态进行调整，保证掘进机掘进方向的正确。

自动导向系统和隧道掘进软件全天候提供掘进机的三维坐标和定向的连续的动态信息。通过其附带的通信装置接收数据，由隧道掘进软件计算掘进机的方位和坐标，并以图表和数字表格显示出来，使掘进机的位置一目了然。

(2)轴线控制技术措施

根据系统的电脑屏幕上显示的图像和数据，掘进机操作手将通过合理调整各分区千斤顶的压力及刀盘转向来调整掘进机的姿态，具体操作原则如下：

①盾构机转角

通过改变刀盘旋转方向调节。

②掘进机竖直方向控制原则

a. 一般情况下，掘进机的竖向轴线偏差控制在±30 mm以内，倾角控制在±3 mm/m以内。特殊情况下，倾角不宜超过±10 mm/m，否则会引起盾尾间隙过小和管片的错台破裂等问题。

b. 开挖面土体比较均质或软硬差别不大时，掘进机与设计轴线保持平行。

c. 通过调整一区和三区的油压数值进行坡度调整。掘进过程中时刻注意上部千斤顶和下部千斤顶的行程差，两者不能相差过大，一般宜保持在±20 mm内，特殊情况下不宜超过6 cm。合理利用仿形刀，使掘进机姿态与设计线路更加吻合。

(3)掘进机水平方向的控制原则

①直线段掘进机的水平偏差控制在±30 mm以内，水平偏角控制在±3 mm/m以内，否则掘进机急转引起盾尾间隙过小和管片错台破裂等问题；

②曲线段掘进机的水平偏差控制在±30 mm以内，水平偏差角控制在±6 mm/m内，曲线半径越小控制难度越大；

③由直线段进入曲线段时，根据地层情况(其决定掘进机的转向难易程度)，采取一定的措施，使管片的中心轴线更好地与隧道轴线拟合；

④掘进机由曲线段进入直线段时，掘进机操作原则应同上述中的原则类似；

⑤当曲线半径较小时，可降低掘进速度，合理调节各分区千斤顶压力，必要时可将水平偏差角放宽到±10 mm/m，以加大掘进机的调向力度；

⑥通过千斤顶油压数值进行左右转弯调整；

⑦合理利用仿形刀，使掘进机姿态与设计线路更加吻合。

8. 管片拼装

(1)管片拼装流程

隧道衬砌管片采用错缝拼装，每环隧道衬砌由七块预制钢筋混凝土管片拼装而成，成环形式为小封顶纵向插入式，管片端面采用平面式，仅设置防水胶条处留有沟槽。管片拼装流程如图7-16所示。

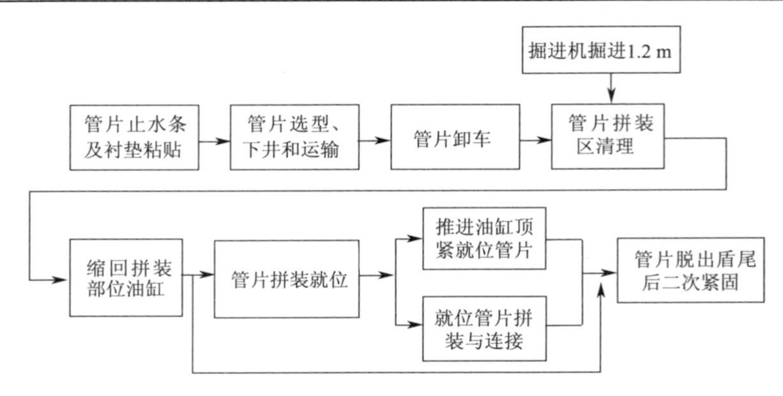

图 7-16 管片拼装流程图

(2)拼装前准备

①管片在地面上按拼装顺序排列堆放,并粘贴好管片接缝密封衬垫等防水材料,管片接缝的连接件和配件、防水垫圈等的数量规格准备齐全,并随第一块管片运送至工作面。

②掘进机推进后现状姿态应符合拼装要求,主要检查掘进机姿态以下三方面:

距离:掘进机千斤顶顶块与前一环管片环面的净距必须大于管片宽度;

管片与盾壳四周空隙:检查前一环管片与盾壳四周间隙情况,结合前一环成果报表决定本环拼装的纠偏量及纠偏措施;

掘进机纵坡及举重臂中心在平面和高程的偏离值,决定管片拼装位置的调整措施和纠偏值。

③清除前一环环面和盾尾间隙内杂物,检查前一环环面防水材料是否完好,如有损坏应及时采取修补措施,发现有环面质量问题,必要时在新一环管片拼装时采用纠正措施。

④全面检查管片拼装机的动力及液压设备是否正常,举重钳子是否灵活、安全可靠。

(3)拼装作业

管片是在盾壳保护下,并在其空间内进行拼装的。管片拼装后直接形成隧道,所以拼装质量好否也就奠定了工程的质量等级。管片拼装一般均按照“先下后上、先纵后环、左右交错、纵向插入、封顶成环”的工艺进行。

①拼装过程中按各块管片位置,须缩回相应位置的千斤顶,形成管片拼装空间使管片到位,然后伸出千斤顶完成一块管片的拼装作业,千斤顶操作人员在反复伸缩千斤顶时必须做到保持盾构不后退、不变坡、不变向的要求,并要与拼装操作人员密切配合。

②逐块拼装管片时要注意确保相邻两块管片接头的环面平正,内弧面平正,纵缝的管片端面密贴。

③最后封顶块插入拼装前必须做好下列各项工作:

当采用纵向 1/3 插入成环工艺时,检查千斤顶顶块到前一环环面净距不小于$\frac{2}{3}b+2$ cm(b为管片宽度)。

检查已拼装管片的开口尺寸,要求略大于封顶块管片尺寸。

封顶块管片拼装前,需对纵向缝处涂抹润滑剂或肥皂水,防止封顶块插入时出现“耸肩”现象。

拼装机把封顶块管片送到位,伸出对应的盾构千斤顶将封顶块管片插入成环,作圆环校正,并全面检查所有纵向螺栓。

④封顶成环后，测定其各项指标，按测得指标值作圆环校正，然后测得圆环成果报表，并拧紧拼装环的所有纵环向螺栓。

在管片环脱离盾尾后对管片连接螺栓进行二次紧固，并随时紧固。

拼装过程中遇有管片损坏，应及时用规定材料修补。在拼装全过程必须保持已成环管片环面及拼装管片各个面清洁。

(4)管片拼装技术要点

管片在拼装过程中控制以下几点：

①在管片拼装过程中严格把握好衬砌环面的平整度，环面的超前量以及椭圆度的控制。

②严格控制管片成环后的环、纵向间隙。

③管片在作防水处理之前对管片进行环面、端面的清理，然后再进行防水橡胶条的粘贴。

④在拼装过程中清除盾尾处拼装部位的垃圾和杂物，同时注意管片定位的正确性，尤其是第一块管片的定位。

⑤根据高程和平面的测量报表和管片间隙，及时调整管片拼装的姿态。

⑥拼装结束后，伸出千斤顶并控制到所需的顶力，再进行下一管片的拼装，这样逐块进行完成一环的拼装。

⑦拼装后及时调整千斤顶的顶力，防止掘进机姿态发生突变。

⑧严格控制环面平整度：自负环做起，且逐环检查，每块管片不能凸出相邻管片的环面，以免管片接缝处管片碎裂。

⑨环面超前量控制：施工中经常抽检管片圆环环面与隧道设计轴线的垂直度，通过管片的合理选型，保证管片环面与隧道设计轴线的垂直。

⑩相邻环高差控制：相邻环高差的大小直接影响到建成隧道轴线的质量及隧道有效断面，因此严格控制环高差不超出允许范围内。

⑪纵、环向螺栓连接：成环管片均有纵、环向螺栓连接，其连接的紧密度将直接影响到隧道的整体性能和质量。因此在每环衬砌拼装结束后及时拧紧连接衬砌的纵、环向螺栓；在推进下一环时，在千斤顶顶力的作用下，复紧纵向螺栓；当成环管片推出车架后，再次复紧纵、环向螺栓。

9. 管片防水

(1)管片防水涂料的制作

①对运输至现场的管片进行验收，确认没有缺角掉边及养护期限等问题后分类堆放。

②对管片的各防水处理面进行清洁。

③衬砌接缝防水采用两道防水，近外弧面处设遇水膨胀橡胶挡水条，密封垫槽内设弹性橡胶密封垫。弹性密封垫由三元乙丙橡胶挤出硫化，顶面嵌入水膨胀橡胶预制成型。采用水膨胀橡胶密封圈加强螺孔防水，管片角部采用未硫化的丁基橡胶薄片加强角部防水。封顶块两侧的弹性密封垫在拼装前涂表面润滑剂，以减少封顶块插入时弹性密封垫间摩阻力。

④密封垫表面遇水膨胀橡胶遇到水和潮气会膨胀，故逢雨天时在其上覆盖塑料薄膜。

(2)隧道结构防水施工措施

盾构法隧道防水遵循“以防为主、刚柔相济、多道防线、因地制宜、综合治理”的原则，以管片混凝土自身防水，管片接缝防水，及接头防水为重点。衬砌接缝由挡水条与弹性橡胶密封垫组成双道防水线，挡水条采用遇水膨胀橡胶、密封垫为高弹性三元乙丙橡胶加遇水膨胀橡胶的复合型密封垫。手孔吊装孔及注浆孔采用可更换的遇水膨胀橡胶密封圈作为螺孔密封圈加强防水，对其螺栓采用混凝土填实保护法或涂刷防锈材料；管片角部粘贴未硫化的丁基橡胶腻子薄片，加强角部防水。

为达到设计的防水标准，在施工中着重做好以下工作：

①管片自防水

选择合适的原材料、设计合理的配比、采取严格的生产过程控制措施、按照规定进行检漏试验，保证管片成品的抗渗等级、强度和各项质量指标符合设计要求。

加强管片堆放、运输中的管理和检查，防止管片开裂或在运输中碰掉边角。

管片进场和下井前应作外观检查，保证有缺陷的管片不得进工地和下井。

②管片拼装缝的防水

选购专业厂商生产的性能优良的防水密封条、黏结剂，并对进场的防水材料进行严格的检验，确保其质量的合格。

止水条采用粘贴安装，在现场井口地面堆放场粘贴施工，每环管片止水条的粘贴在安装前12～24 h内完成。在粘贴止水条时同时进行管片衬垫的粘贴，要求粘基面无尘、无油、无污、干燥，以保证粘贴质量。

对粘贴好止水条的管片，在装拼前采取措施防止雨淋、水浸；在运输和装拼中应避免擦碰、剥离、脱落或损伤。

安装管片时采取有效措施避免损坏止水条，并保证管片拼装质量，减少错台，保证其密封止水效果。

管片角部为防水的薄弱环节，角部密封垫铺设到位，并在管片角部设加强密封薄片，以加强防水密封效果。

③同步注浆加强防水措施

背衬同步注浆作为外加防水层，需确保同步注浆的及时性、耐久性以及填充的密实性，切实起到加强防水的作用。

(3)质量保证措施

①对运输至现场的管片进行验收，确认没有缺角掉边及养护期限等问题，并分类堆放。

②对管片的各防水处理面进行清洁，加强密封垫、防水材料、传力衬垫的粘贴质量，提高防水效果。

③弹性密封垫采用三元乙丙橡胶加遇水膨胀橡胶的复合型密封垫，形式为框形橡胶圈，封顶块与邻接块两侧防水密封垫在拼装前涂表面润滑剂，以减少封顶块插入时弹性密封垫间的摩阻力。

④密封垫表面遇水膨胀橡胶遇到水和潮气会膨胀，逢雨天时，在表面涂缓膨胀剂。

10. 隧道断面布置

在保证安全施工的前提下，隧道断面布置主要考虑合理利用空间，有利于掘进机推进过程中的施工方便，满足掘进机掘进施工期的材料运输及后期斜井隧道投入运营的材料运输要求。

(1)底板仰拱块，采用预制框架结构，分副进分安装，底部与隧道管片预设的榫槽搭接，两侧设混凝土现浇后浇路面。

(2)隧道照明：在隧道侧上方间隔8环布置一个灯架，照明电缆和灯具固定在上面。

(3)管路：隧道一侧布置给排水管路。

(4)通风管：在隧道上方布置通风管，每隔8环用吊架固定，同时将隧道仰拱块里的空洞作为应急辅助通风管。

(5)电缆及通信线路：在灯架的对侧布置电缆及掘进机通信线路。

11. 信息化施工

(1)信息传输及处理网络

本工程施工的信息传输及处理网络如图7-17所示，实现施工动态监测，施工信息数字化处理、交流和管理。

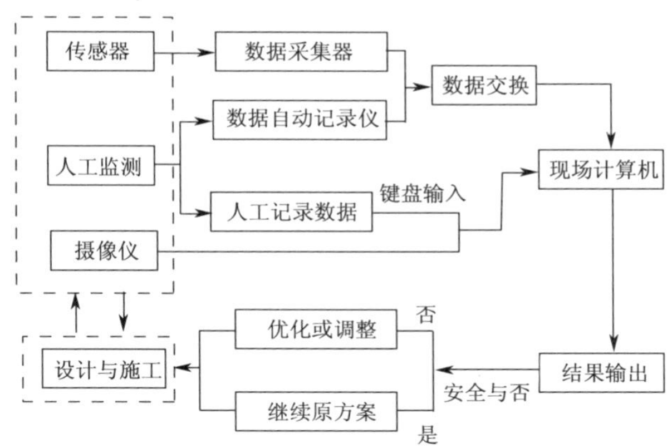

图7-17　信息传输、处理网络图

(2)信息化施工管理

在本工程中将应用一个信息化智能管理软件，实现真正意义上的信息化施工和实时化管理。

一方面，掘进机工作面施工参数、信息及时传输至地面监控室，为施工参数的及时优化调整提供方便；另一方面，工地现场工程信息将实时传输至信息处理中心，为相关专家分析各类工程问题并及时提出对策提供了畅通的信息通道，有效实现了施工过程动态控制，真正做到了对隧道施工现场的实时远程管理，从而为工程的顺利施工保驾护航。

(3)信息化施工保证措施

①人员组织

建立健全信息传递组织体系，确保工程的渠道始终畅通无阻。

每班的掘进机施工控制室班组、同步注浆班组、测量班组等基层班组都有专门负责传递信息的人员，基层班组加强现场巡视，不放过任何异常情况，并及时向上级部门进行反馈，同时相关班组之间也要进行全面的信息交流。

项目经理部成立专门的信息管理组，对各类施工信息、数据进行实时化收集、处理与分析，并根据既定施工组织设计、专项方案和应急预案作出快速反应，下达处理指令，协调各班组和部门的施工作业与工程管理。同时还要及时向业主、监理和上级部门及时准确的汇报工程动态信息。

施工信息管理及相关部门则在对工程进行实时化监控的基础上，针对现场传递来的其他信息进行分析，并针对重点和难点问题，集中精英技术力量重点攻关，力求以最佳方案予以妥善解决。

②建立信息沟通平台

在所有作业面安装电话机，盾构施工控制室等关键位置则安装专线直通电话，确保各类信息的及时传递。同时为地面各风险点的巡视人员配备无线通信工具(对讲机等)，确保本工程的信息沟通网络没有任何盲点。以全覆盖、高效率的信息沟通平台全面保证工程动态尽在掌握之中。

7.4.3　单护盾模式正常掘进施工

当掘进机进入砂岩为主的地层时，岩石强度高、自稳性好、对螺旋输送机磨损大，此时可通过模式转换改用单护盾模式进行掘进施工。单护盾模式施工时，除掘进机主要参数设定、管片背后注浆改为充填豆砾石等需改变，其他施工工艺与土压平衡模式相同。

1. 掘进机推进主要参数设定

掘进机在单护盾模式下的掘进主要参数设定，需要根据在该模式下的试掘进情况来设定。

2. 充填豆砾石与回填灌浆

(1)充填豆砾石与回填灌浆目的

一般在衬砌管片脱离盾尾后对管片与洞体围岩间的空隙实施填充。掘进机施工引起的地层损失和洞体周围受扰动或受剪切破坏的破碎岩再固结以及地下水的渗透，将导致围岩的应力重新分布。为了防止隧道围岩的变形，使管片衬砌与被开挖围岩形成整体结构以共同受力，减少管片在自重及内部荷载下的变形。需要给开挖过的隧道和管片之间的空隙采用豆砾石充填并进行必要的灌浆。这种封闭灌浆同时可起到衬砌防水作用，成为保证管片衬砌安全及防水固结的关键。

双模式复合盾构机采用的是即时跟踪注浆技术，能够满足三方面的功效：

首先是通过即时充填豆粒石和注浆，及时填充管片与围岩之间的空隙，可以控制围岩变形的发展，减少围岩的压力，有利于管片结构稳定。

其次是确保管片衬砌结构的早期稳定性，保证作用在管片上的外力均匀化。防止管片上浮、侧移和错台。

再有是管片衬砌属于拼装结构，通过管片背后的回填注浆，在其周围形成稳定的加固圈，有利于增加管片的整体稳定性，同样可以作为对衬砌的结构安全储备和防止内水外渗的第二道防线。

即时跟踪注浆技术的工艺核心，是先吹填豆砾石再灌水泥浆的二步法作业。

(2)充填豆砾石

管片拼装成环脱出掘进机盾尾后，豆砾石吹填便即时安排，以尽量缩短尾部空隙的发生和尾部填充时间的延迟。管片外侧与岩石之间的空隙应充填密实。由豆砾石材料车将豆砾石运至豆砾石泵，然后用高压风通过管片的手孔吹填豆砾石。充填顺次应是先拱底、次两侧、后拱顶，避免充填的豆砾石出现架空。

吹填注浆考虑在距离盾尾 10～20 m 的位置处进行，一方面保证管片拼装作业及轨道续接作业的同步进行，另一方面也防止灌注浆液流入盾壳与围岩间隙，引发次生的不必要灾害。根据经验公式计算和施工经验，充填豆砾石量取环形间隙理论体积的 1.2～1.6 倍。

(3)回填灌浆

充填豆砾石完成后，还需要进行回填灌注水泥浆液，以固结豆砾石。

①注浆材料

采用水泥砂浆作为回填灌浆材料，该浆材具有结石率高、结石体强度高、耐久性好和能防止地下水浸析的特点。

②浆液配比及主要物理力学指标

在施工中，根据地层条件、地下水情况及周边条件等，通过现场试验优化确定水泥浆液配合比。浆液的主要物理力学性能应满足下列指标：

胶凝时间：一般为 3～10 h，根据地层条件和掘进速度，通过现场试验加入促凝剂及变更配比来调整胶凝时间。对于强透水地层和需要注浆提供较高的早期强度的地段，可通过现场试验进一步调整配比和加入早强剂，进一步缩短胶凝时间。

固结体强度：1 d 不小于 0.2 MPa，28 d 不小于 2.5 MPa。

浆液结石率：＞95％，即固结收缩率＜5％。

浆液稠度：8～12 cm。

浆液稳定性：浸析率（静置沉淀后上浮水体积与总体积之比）小于 5％。

③主要技术参数

注浆压力：为保证达到对环向空隙的有效充填，同时又能确保管片结构不因注浆产生变形和损坏，根据计算和经验，注浆压力取值为 0.2～0.5 MPa。

灌浆量：根据经验公式计算和施工经验，灌浆量取充填豆砾石理论体积的 0.3～0.6 倍。

注浆速度：注浆速度应与掘进速度相匹配，按完成一环掘进的时间内完成当环注浆量来确定其平均注浆速度。

注浆结束标准：采用注浆压力和注浆量双指标控制标准，即当注浆压力达到设定值，注浆量达到设计值的 85％以上时，即可认为达到了质量要求。

④注浆效果检查

注浆效果检查主要采用分析法，即根据 *P-Q-t* 曲线，结合掘进速度及衬砌、地表与周围建筑物变形量测结果进行综合分析判断，必要时采用无损探测法进行效果检查，当注浆效果不能满足要求时，要及时进行二次补强注浆。

采用即时跟踪注浆技术实施豆砾石注浆，必要时采用重复注浆的方法，二步法可以做到“满填漫灌”。在管片与围岩之间形成等厚的注浆结石层，从而形成了一个稳定的、具有一定强度和抗渗能力的加固圈。

3. 管片壁后补压浆

衬砌管片壁后补压浆是当漏浆严重或地面沉降报警或其他需要时需进行。壁后二次补注浆浆液选用双液浆，暂定双液浆配比如表 7-3 所示。实际施工中根据具体情况对浆液配比进行调整。

表 7-3　二次注浆浆液配比（重量比）

A液		B液
32.5 级水泥（kg）	水（L）	水玻璃（L）
1 000	1 000	250

7.4.4　换刀方案及措施

在掘进机掘进过程中，由于地质情况的差异、刀具加工材质等原因，掘削刀具不可避免会出现不同程度的磨损、破坏现象。刀具磨损后，掘进机切削岩体的能力下降，掘进机推力、扭矩增大，推进速度减慢，甚至造成刀盘的磨损。因此，合理使用刀具和换刀施工，是掘进机掘进的关键之一。

1. 掘进过程中刀具磨损情况分析

掘进机在高压力隧道中掘进和在磨损地质情况（砂性岩层）下工作，刀盘和刀具的寿命与在刀盘上的运动线速度关系很大，一般滚刀的限制线速度为 150 m/min，刮刀和刀盘的限制速度则更低。随着盾构直径增加，处于大直径位置的刀具要求采用特殊的手段以延长刀具的使用寿命。这些刀具的数量随着刀盘直径的增加而增加。措施如下：

（1）刀具设计磨损监测系统，监测刀具的磨损情况。这些监测工作都时在常压下进行的，不需要进入到开挖舱。在刀盘上 6 个特殊的刀具里预埋了线圈，线圈的开闭表明了刀具的磨损情况。信号通过感应传递到预留在舱板上的插座上，通过一个便携式装置插入插座内，可获得该信号，显示出监测结果。

(2)大直径刀盘外缘及面板设计有耐磨板保护。

(3)刀盘上设计了有利渣土溜槽流动的溜槽，溜槽逐步向刀盘后部倾斜以减轻渣土附着，有效地减少磨损和疲劳。

2. 换刀地点的选择

通过对沿线地质情况的分析和刀具磨损情况的预测，充分考虑到无气压换刀和气压换刀方式的适用条件，尽量避免含水量大和需带压作业地段进行换刀作业。在掘进机到达预定地段后进行换刀作业，根据开仓检查情况确定是否需要对刀盘进行维护、更换磨损的刀具及清除泥饼作业。所选检查及换刀的作业地点应具备以下条件：

(1)检查及换刀地段的地层较均匀，力学性质较好，自稳性强。

(2)检查及换刀地段隧洞埋深合适，且覆盖层无不良地层。

(3)换刀作业前，根据掘进机的运转情况，对其进行部件检修、维护，确保掘进机的正常运转。在掘进机掘进过程中如发生刀具必须更换且必须在加压条件下作业时，按照加压换刀操作规程作业。

换刀地点的选择应根据对地勘报告及设计图纸的仔细研究，结合以往工程施工经验，按照上述换刀地点选择的原则，选择合理的换刀作业地点与次数。

(1)通过对沿线地质情况的分析和刀具磨损情况的预测，充分考虑到无气压换刀和气压换刀方式的适用条件，尽量避免在含水量大和需带压作业地段进行换刀作业。

(2)土压平衡掘进下的换刀前必须清完仓中的渣土，工作缓慢且十分繁琐，为应尽量减少换刀频次。

(3)由于掘进施工的巷道地层主要为砂岩和泥岩，石英含量较小，因此对刀具磨损较小，整盘刀具都按掘进 500～600 m 选择一个换刀地点，拟进行 15 次换刀作业，更换一次整盘刀具换耗时为 36 h。每换一次整盘刀具的中间另加 2 次检查刀具作业，共 16 h。

(4)根据始发掘进和试掘进检测刀具磨损情况，修改计划换刀频次和耗时。

3. 换刀作业地层加固

考虑砂岩和泥岩遇水软化的特性，易造成掌子面失稳，给换刀作业带来一定的危险和困难，因此，在掘进过程中换刀，开仓后，需对掌子面进行加固处理，以确保掌子面稳定。

4. 换刀作业内容

检查及更换刀具的作业内容包括：

(1)检查刀具是否损坏及刀具的磨损情况；

(2)检查刀盘耐磨层的磨损情况；

(3)刀具安装部件如楔块、安装块、螺栓保护帽是否松脱或损坏；

(4)更换已经磨损的刀具。

5. 换刀作业培训的安排

从参与本工程施工的人员中选择 20 人参加换刀演练作业，分成四组，每组 5 人。从每组中选择 1 人任组长，指挥换刀作业。

为培养换刀作业人员，在掘进机下井组装完成后，安排刀具拆装作业培训，现场讲解各种刀具的拆装工艺，并动手操作，做到所有作业人员都熟悉各种刀具的检查、拆装作业内容和技术要点。

在掘进机组装调试完成后，进行人闸加压试验，并对经体检合格后预定的带压换刀作业人员进行加压适应性检验，选出可带压作业人员，培养人闸管理员，使其熟练掌握人闸加压操作规程。

6. 常压下换刀操作规程

掘进机将要抵达计划换刀位置前的掘进采用慢速推进和慢转刀盘的方式掘进，以减小掘进机对开挖仓工作面土体的扰动。同时采用凝固时间短的浆液进行回填关键，并利用吊装螺栓孔对连接桥附近的成形洞室进行二次补注浆，以增加盾尾附近成型隧洞的稳定性。采用转动刀盘和敲击盾壳的方式防止注浆浆液与盾尾固结在一起。

在掘进机停止推进后打开承压壁上的卸水孔进行排水并记录水流量，再实施刀具的检查及更换作业。

(1)检查及更换刀具前的准备工作

①换刀前停止掘进机的推进，利用铰接装置将刀盘缩回 10～20 cm；

②排出土仓内渣土，打开人闸上部的阀门，使土仓内外压力平衡，释放土仓异味；

③对加压系统进行检查，保证其功能正常；

④对掘进机各系统进行检查，保证其功能完好；

⑤对进行换刀的操作人员进行换刀前的技术交底，对换刀的操作程序、安全事项等进行详细的交底；

⑥准备好需更换的刀具及其附件如螺栓、锁块等；

⑦准备好照明灯具、小型通风机、风镐、潜水泵、风动扳手、葫芦、木板、安全带等材料、工具及电焊机等机料具；

⑧对可能发生的突发事件作好充分的估计及应对措施。

(2)换刀作业

①将刀盘操作切换到人闸刀盘点动控制面板进行操作；

②将刀盘需更换刀具的部位旋转到最佳换刀位置；

③在更换刀具部位上方前体上焊接吊装刀具用的吊耳；

④在更换刀具部位下方焊接支架挂耳，安装换刀作业支撑木板；

⑤将刀具及刀座清洗干净；

⑥利用葫芦将刀具挂好，用风动工具松开刀具螺栓，然后取出刀具；测量刀具高度，用风镐修整换刀位置的隧洞工作面，保证有充分的刀具安装空间，做好安装刀具前的安装座清洁工作；

⑦将刀具通过人闸运送出去，然后将须更换的刀具运送进去，按拆刀的相反步骤将刀具装好、拧紧至设计扭矩值。

(3)作业安全措施

①对参加的人员进行安全交底，人人做到心中有数，对进行换刀的操作人员进行换刀前的技术交底；

②保证充足的照明，准备好换刀所需的材料、工具及机料具；

③对可能发生的突发事件作好充分的估计及应对措施；

④换刀前对刀盘前方的工作面进行认真细致的检查，确认地层条件稳定的条件下进行换刀，在换刀过程中对工作面进行监视；特别应注意工作面突发性的涌水、涌沙现象；

⑤开仓前，对掘进机各系统进行检查，保证其正常运转。

7.4.5 材料和渣土运输

1. 材料运输

鉴于在斜井上下普通运输的材料、机具所占用空间均有限，管片全宽 1.5 m 已属于大件，故拟选择车宽不超过 2 m 的，是实现双件向运输的基础。运输车辆采用专门为掘进机施工而设计的 MSV 多功能运输车。该车宽度仅 1.9 m，两端均有驾驶室，能够实现双向行驶(无需掉头)，斜井管片衬砌后的空间(扣除风管、皮带机、风水管线、皮带支架、人行通道所占用的空间之后)还能满足 MSV 运输车双车道行驶。MSV 多功能运输车功率为 315 kW，2 100 r/min，可以适应 20%以内的坡度(≤11°)，远大于本工程斜井隧道坡度的要求(6°)。MSV 空车在平地上运行时速可达 14 km。在坡度 20%时，MSV 空车上行时速可达 12 km，下行时速为7 km。MSV 负载 50 t 时在平地上运行时速可达 7 km。在坡度 20%时，MSV 在负载 50 t 时上行时速为 4 km，下行时速为 5 km。

管片、土箱和浆桶置于 MSV 运输车上，运送到掘进机后配套尾部，再转运到管片安装区进行管片的拼装。运行中对道路、车辆的维修保养指派专人负责，确保运输畅通和安全。

2. 渣土运输

(1)土压平衡模式

在土压平衡模式下，排渣功能实现主要由螺旋输送机、转运皮带机及后配套皮带机来完成。

土压平衡模式下刀盘切削下来的渣土首先通过螺旋输送机输送到转运皮带机上，然后经后配套皮带机直接输送到斜井隧道洞口，由地面运输系统将渣土运送到指定的渣土存放地。

洞内连续皮带运输机系统，主要由以下几部分组成：主皮带驱动装置、皮带张紧装置(皮带储存仓)、皮带、辅助驱动装置、皮带返程辅助驱动装置、皮带支架、皮带上托辊及下托辊、皮带延伸装置、可移动的皮带机尾部，如图 7-18 所示。其出渣能力与掘进速度相匹配，不低于 450 t/h，可满足高峰期 700 m/月的出渣量。

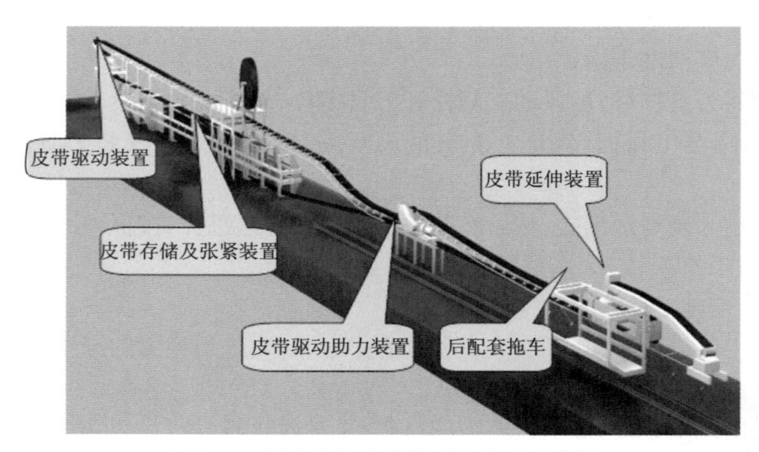

图 7-18　洞内连续皮带机系统组成示意图

(2)单护盾模式

单间护盾模式情况下，刀盘切削下来的渣土直接由刀盘上配备的铲斗铲起，通过刀盘上的溜槽将渣土直接送到中心皮带机上，然后再由中心皮带机与后配套皮带机进行出渣排渣。其他情况与土压平衡模式下情况相同。

(3)注意事项及保障措施

斜井隧道采用土压平衡模式与单护盾模式进行材料与渣土运输时，由于斜井大坡度的影响，应特别注意大坡度引起的以下方面问题：

①大坡度情况下车辆的刹车制动问题；

②大坡度情况下皮带机的打滑问题；

③大坡度、长距离皮带运输的强度问题。

针对以上问题，拟采取以下保障措施：

①车辆运输爬坡能力强、载重大、速度快；

②双向行驶，双向驱动，无需掉头；

③车辆尺寸小，便于隧道工程材料运输；

④刹车采用液压制动、发动机制动和刹车盘制动；

⑤皮带采用防滑设计；

⑥皮带机采用多节连续的方式出渣，防止皮带机荷载太大而拉断；

⑦设专门人员对皮带机进行巡查，及时发现问题，对皮带机进行修复。

7.4.6　盾构过有害气体的施工方案与工艺

1. 有害气体概况

根据资料，本区段的含煤地层贮存瓦斯气体。

2. 施工监测

(1)监测标准

瓦斯气体地段施工时，正常施工、警戒施工、中止作业及人员撤离的瓦斯气体浓度：

根据测爆仪测试的瓦斯浓度，0～0.25%为正常作业范围；0.25%～0.5%开始警戒，并加强监测；0.5%～1%中止作业，加强通风，进行监察；1%～1.5%疏散作业人员，切断电源，禁止人员入内，隧道内开启防爆应急灯。若施工人员重新进入施工现场，必须经检测人员检测，瓦斯浓度小于0.25%时，方可恢复施工。

(2)监测设备

监测设备的配置是对隧道掘进面及成形隧道内有毒有害气体具体含量的直观监测，是指导有毒有害气体段施工的一个重要预防措施。

本工程过煤系地层施工时，在掘进机的螺旋机出口、盾尾和第一节车架处设置固定式自动报警有毒有害其他监测装置。另外，在隧道施工面及成形隧道内再配置1台手持式有害气体监测仪器(可监测瓦斯、一氧化碳、硫化氢和氧气的浓度)，3台手持式瓦斯气体监测仪器。

手持式监测仪器在有毒有害气体段施工时，进行人工24 h的监测。所有监测设备在施工前必须到位，并经检验合格后投入使用。

另考虑到第一、第二、第三节车架电器设备较多，且较接近瓦斯气体涌出源，故除第一节车架已放置了固定式自动监测报警装置外，在第二和第三节车架间固定放置一把移动式手持有害气体监测仪器，作为该区域特定的检测设备。

(3)监测要求

①在瓦斯气体段施工时,瓦斯气体监测人员落实到班组。进行专人专项工作。每班配置。

②正常情况下,监测人员应每小时进行监测数据记录,每班推进结束后进行书面瓦斯气体监测报告。

③特殊情况下,监测人员应每小时进行监测数据记录,同时汇报给项目部;并根据项目部下发指令调整监测频率和汇报次数。

④瓦斯气体浓度达到 0.25%时,应立即通知作业班长;并作好相关记录。

⑤瓦斯气体浓度达到 0.4%警戒值时,应立即通知作业班长,同时汇报项目部;并作好相关记录。

⑥瓦斯气体浓度达到 0.5%警戒值时,应立即汇报项目部;同时,每上升 0.1%向项目部汇报一次并作好相关记录。

⑦瓦斯气体浓度达到 0.95%警戒值时,应立即通知作业班长,做好中止施工准备,并汇报项目部,作好相关记录。

⑧瓦斯气体浓度达到 1%警戒值时,应立即通知作业班长,停止施工,关闭所有非防爆施工电器设备;启动应急照明;准备疏散工作人员;同时汇报项目部;并作好相关记录。

⑨瓦斯气体浓度达到 1.4%警戒值时,除防爆照明和防爆风开启外,其他所有设备全部关闭,施工人员(包括沼气监测人员)全部撤离隧道。

⑩待通风一段时间后,监测人员佩戴防毒面具,由隧道外部逐步向内监测,若隧道内瓦斯气体浓度达到或超过 1.4%,监测人员不得继续深入。待确定隧道内瓦斯气体浓度小于 0.25%含量时,方可确认其他施工人员进隧道,恢复施工。

3. 隧道通风

隧道通风是瓦斯气体段隧道施工的主要预防和处理措施。

(1)在瓦斯气体含量小于等于 0.25%时,按正常通风采用压入式向隧道内输送新鲜空气和稀释隧道内少量瓦斯气体。

(2)瓦斯气体含量大于 0.25%时,开始考虑加强通风,启动仰拱底板应急通风系统。尽量将隧道内瓦斯气体含量控制在 0.25%以下,保障隧道掘进施工的正常进行。

4. 人员培训

(1)对所有施工人员必须进行有害气体的预防、应急培训;并对其进行安全技术交底,强化安全生产意识。

(2)对瓦斯气体监测必须有专人进行。每推进班组均设有专人进行监测。

5. 掘进施工要点

(1)施工前制定有害气体段施工的规章制度和报警警戒线,监测人员按监测要求进行监测。

(2)确保所有监测设备处于正常运转监测状态,监测人员必须作好监测工作及相关记录。

(3)隧道内压入式通风设备应 24 h 开启,一旦瓦斯气体含量达到警戒区域时,启动仰拱底板应急通风系统,进一步加强通风。

(4)一旦隧道内瓦斯气体含量达到中止施工警戒值时,必须停止施工,待通风稀释安全后再恢复施工。

(5)施工过程中加强对明火使用的管理,进入隧道严禁带明火(包括打火机和香烟)。隧道内禁止吸烟等。

(6)加强安全管理,特别是工作面的明火使用和监测管理;动用明火必须经项目部审批同意,并隧道内瓦斯气体含量小于0.25%以下方可进行。

(7)隧道内工作面、车架等区域配备灭火机外,隧道工作面区域还应配备水灭消防管路。且必须确保水灭管路时刻畅通和有效。

(8)加强对隧道施工质量的控制,主要包括:隧道轴线控制(严禁强纠和猛纠)、隧道成环质量控制等。

(9)加强对成环隧道质量的控制,主要包括:螺栓的复拧、同步注浆后壁后补压浆的加强。

(10)控制螺旋机开口率,并根据需要往螺旋机内进行加泥等措施,形成土塞效应,预防喷涌影响施工。

(11)采用进口盾尾油脂,加强盾尾油脂的压注和管理,明确每环盾尾油脂压注量,过程中予以抽查,以预防和确保盾尾密封。

(12)应对措施:一旦在掘进机施工过程中发现有害气体,并含量超警戒线时,立即组织人员撤离。在采取加强通风等有效措施,并确保安全的情况下方能进入作业面,组织快速施工。

7.4.7 掘进机工作模式转换

1. 土压模式转换为单护盾模式

土压模式转换为单护盾模式的方法:关闭螺旋输送机排渣门、螺旋输送机缩回→关闭前盾下方的安全门、旋转接头与管路箱分离→拆掉旋转接头、拆掉管路箱→拆掉旋转接头支架→拆掉开挖仓2个搅拌棒上的泡沫注入孔管路、对泡沫注入孔进行封堵→拆掉承压隔板上的搅拌棒、向前移动中心承压隔板→刀盘背面安装6个导料装置、安装敞开模式下的旋转接头、连接旋转接头管路、连接旋转接头上的水系统管路并打开水系统手动阀→拆掉刀盘上的泡沫喷射装置、安装刀盘上的喷水装置→皮带机C1段向前移动→皮带机C2段旋转并与C1段皮带进行搭接→在液压系统中通过相关控制阀关闭螺旋输送机驱动马达、同时打开皮带机C1段驱动马达。

2. 单护盾模式转换为土压模式

单护盾模式转换为土压模式的方法:皮带机C2段旋转到螺旋输送机排渣门下方→皮带机C1段缩回→关闭水系统手动阀、断开旋转接头上的水管、拆掉敞开模式旋转接头→拆掉刀盘背面6个导料装置、在刀盘背面安装6个保护板→中心隔板后移→安装土压模式管路箱→安装旋转接头支架、安装旋转接头→安装中心隔板、前盾承压板上的搅拌棒→拆掉刀盘上喷水装置、安装刀盘上泡沫喷射装置→连接土压模式旋转接头、打开前盾下方安全门→螺旋输送机伸出、打开螺旋输送机排渣门。在液压系统中通过相关控制阀关闭皮带机C1段驱动马达同时打开螺旋输送机驱动马达。

7.4.8 特殊洞段的处理措施

1. 不良地质洞段处理

本工程矿区地层泥岩分布非常广泛,泥岩类吸水状态抗压强度明显降低,多数岩石遇水后软化变形,甚至崩解破坏。由于工程地质条件的不明确性,矿区可能存在断层、软弱破碎层及孤石等不良地质情况。这些不良地质情况给掘进机施工带来较大的风险。为确保掘进施工安全，应对不同不良地质情况采用相应的措施进行处理。

不良地质洞段的总体处理措施为：强化掘进机前方地质预报，根据前方地质监测结果，针对存在的不良地质情况，在掘进机通过不良地质洞段前，将掘进机的掘进模式由敞开模式转换为土压平衡模式，通过调整刀盘转速、推进速度、螺旋机转速来调整切削量和出渣量并保持渣舱压力，在渣舱压力与开挖面土水压力保持平衡（主、被动土压平衡）的状态下实现安全掘进。

然而采用土压平衡模式掘进后，针对不同的不良地质情况，仍需采用更细一步的、有针对性的处理措施保证施工安全。

（1）断层或破碎带

当用掘进机超前地质预报系统监测到掘进机前方存在断层或破碎带时，针对断层或破碎带可能导致的两方面问题：a. 由于主断裂中基岩面凹凸不平造成滚刀刀刃的崩裂和刮刀螺栓的剪切破坏；b. 换刀风险大。提出以下处理措施：a. 对盾构所要通过的断裂带，应加密地质钻探判断岩层分布情况以及地下水情况，以便决策盾构施工所有采取的辅助措施；b. 在这种地层掘进遇到异常情况，如盾构机继续短距离掘进不会损坏机械的性能或更多的刀具时，宜采用先在盾构机前方加固，盾构机掘进进入加固区后再开仓更换刀具。

（2）破碎带中可能存在的孤石

孤石能否被盾构机成功破碎，需要满足三个条件：a. 盾构刀具能够提供足够破碎孤石的切削力；b. 在孤石被刀具破碎过程中，孤石不跟随刀盘发生转动；c. 孤石在刀具作用下不会被推着前行。

在硬土层中滚刀对孤石破碎通常比较有效，滚刀随着刀盘的转动而滚动，滑过较硬的上层直接撞击和切割遇到的孤石，滚刀以点载荷作用于孤石上，使岩石碎片剥落，直到孤石破碎。然而，在破碎带中孤石被刀具破碎过程中，可能会被推着前行或者跟着刀盘转动，达不到破碎孤石的效果，为此提出以下两种处理措施：

①洞内凿除

在盾构机内对刀盘前方地层改良或加固处理后，在保证刀盘前方周围地层和土仓满足气密性要求的条件下，利用空气压缩机将空气加压，并注入土仓，以气压代替土压，通过在土仓内建立合理的气压来平衡刀盘前方水、土压力，达到稳定掌子面和防止地下水渗入。作业人员在气压条件下进入土仓，利用土仓内气压的稳定，在土仓内直接进行破除孤石，根据不同强度，可采用岩石分裂机或者风镐。

②洞内静态爆破

对孤石进行静态爆破，大石化小，再把小石块从刀盘前方移进土仓由螺旋输送机排出土仓。此方法不进行地面加固，等刀盘抵达孤石表面后，采用盾构机的预留超前注浆孔进行超前注浆，使刀盘前方拱顶形成稳固整体性良好的围岩，然后再开仓对孤石采取静态爆破。再将碎石进一步粉碎后由螺旋输送机排出土仓。

2. 穿越含瓦斯煤系地层

煤矿瓦斯则是指的天然气。主要成分是烷烃，瓦斯对空气的相对密度是 0.554，在标准状态下瓦斯的密度为 0.716 kg/m^3，瓦斯的渗透能力是空气的 1.6 倍，难溶于水，不助燃也不能维持呼吸，达到一定浓度时，能使人因缺氧而窒息，并能发生燃烧或爆炸。

盾构隧道穿越区域内所赋存的瓦斯会增加盾构的施工难度、影响施工质量、严重时甚至造成停工、建筑物受损、人员伤亡等事故。需从盾构隧道施工管理技术等方面采取必要的控制措施，减小瓦斯对盾构隧道施工的影响。为此提出从隧道内电气(机械)设备管理、通风设计和瓦斯监测与管理三个方面进行研究,提出瓦斯的控制措施和方法,以最大限度地降低瓦斯对盾构隧道施工的影响。

(1)电气设备的防爆

根据瓦斯爆炸三要素可知,点火源是瓦斯爆炸的充分必要条件,其中点火源主要包括明火、摩擦、电火花、雷电起火、静电火花、磁感应电火花等。本工程中,盾构隧道穿越区域内含有瓦斯气体,盾构机作为大型(大功率)的施工机械,在工作过程中极易产生电火花。为防止瓦斯爆炸事故,需对盾构隧道内的电器(机械)设备采取必要的技术措施和管理手段,杜绝形成点火源。其中,电气(机械)设备的防爆结构设计是关键。

①盾构主机和第一节车架上的电器(机械)设备都应该采用防爆型。

②供电应配置两路电源,采用双电源线路,其电源线上不得分接隧道以外的任何负荷。

③各级配电电压和各种机电设备的额定电压等级应符合下列要求:

a. 高压不应大于 10 kV;

b. 低压不应大于 1 140 V;

c. 照明、手持式电气设备的额定电压和电话、信号装置的额定供电电压,在低瓦斯工区不应大于 220 V;在高瓦斯工区不应大于 127 V;若大于限值,应采取必要的控制措施,将供电电压降低到允许范围内;

d. 远距离控制线路的额定电压不应大于 36 V。

④配电变压器严禁中性点直接接地,严禁由洞外中性点直接接地的变压器或发电机直接向隧道内供电。

⑤凡容易碰到的、裸露的电气设备及其带动机械外露的传动和转动部分,都必须加装护罩或遮栏。

⑥高压电缆符合以下规定:固定敷设的电缆应根据作业环境条件选用;移动变电站应采用监视型屏蔽橡胶套电缆;电缆应采用铜芯。低压动力电缆的选用应符合下列规定:固定敷设的电缆应采用铠装铅包纸绝缘电缆、铠装聚氯乙烯电缆或不延燃橡套电缆;移动式或手持式电气设备的电缆,应采用专用的不延燃橡套电缆;开挖面的电缆必须采用铜芯。

⑦瓦斯工区内固定敷设的照明、通信、信号和控制用的电缆应采用铠装电缆、不延燃橡套电缆或矿用塑料电缆。

⑧电缆的敷设应符合下列规定:

a. 电缆应悬挂。

b. 电缆不应与风、水管敷设在同一侧,当受条件限制需敷设在同一侧时,必须敷设在管子的上方,其间距应大于 3 m。

c. 高、低压电力电缆敷设在同一侧时,其间距应大于 0.1 m。高压与高压、低压与低压电缆间的距离不得小于 0.05 m。

d. 电缆的连接应符合下列要求:

电缆与电气设备连接,必须使用与电气设备的防爆性能相符合的接线盒。电缆芯线必须使用齿形压线板或线鼻子与电气设备连接;

电缆之间若采用接线盒连接时,其接线盒必须是防爆型的。高压纸绝缘电缆接线盒内必须灌注绝缘充填物。

⑨电器与保护:

a. 盾构隧道内电气设备不应大于额定值运行。

b. 低压电气设备，严禁使用油断路器、带油的起动器和一次线圈为低压的油浸变压器。

⑩盾构隧道内照明灯具的选用，应符合下列规定：

a. 以完成的盾构隧道地段的固定照明灯具，可采用 EXⅡ且型防爆照明灯；

b. 开挖工作面附近的固定照明灯具，必须采用 EXⅠ工型矿用防爆照明灯；

c. 移动照明必须使用矿灯。

⑪隧道内高压电网的单相接地电容电流不得大于 20 A。

⑫禁止高压馈电线路单相接地运行，当发生单向接地时，应立即切断电源。低压馈电线路上，必须装设能自动切断漏电线路的检漏装置。

⑬隧道内 36 V 以上的和由于绝缘损坏可能带有危险电压的电气设备的金属外壳、构架等，都必须有保护接地，其接地电阻值应满足下列要求：

a. 接地网上任一保护接地点的接地电阻值不得大于 1 Ω；

b. 每一移动式或手持式电气设备与接地网间的保护接地，所用的电缆芯线的电阻值不得大于 1 Ω。

(2)加强隧道通风

①通风方式的选择

根据以往盾构隧道施工经验表明，瓦斯进入盾构法施工隧道内部有四种途径：

a. 含气层中的瓦斯能通过盾构土仓沿螺旋输送机随渣土一起进入隧道内；

b. 从刀盘与盾壳的接缝处渗入；

c. 从盾尾间隙进入；

d. 从管片衬砌接缝处、管片裂缝处进入隧道内，其中从螺旋输送机随土一起进入隧道内主要途径。

所以建议安装排气式通风，同时需采用压入式向隧道内送入新鲜空气，保证工作面有充足的新鲜空气。

施工中建议按以下原则选择通风方式：

a. 在瓦斯含量小于等于 0.25%时，按正常通风采用压入式向隧道内输送新鲜空气和稀释隧道内少量瓦斯；

b. 瓦斯含量大于 0.25%时，开始考虑加强通风，计划在适当的位置，布置并开启抽出式风机，构建起混合式通风系统。迅速将隧道内瓦斯含量降低到 0.25%的浓度以下，保障掘进施工的正常进行。

②加强隧道通风管理

a. 隧道贯通前，应做好风流调整的准备工作。贯通后，必须调整通风系统，防止瓦斯超限，待通风系统风流稳定后，方可恢复工作。

b. 盾构隧道在施工期间，应实施连续通风。因检修、停电等原因停风时，必须撤出人员，切断电源。恢复通风前，必须检查瓦斯浓度。

c. 风机应设两路电源，并应装设风电闭锁装置。当一路电源停止供电时，另一路应在及时接通，保证风机正常运转。

d. 必须有一套同等性能的备用通风机，并经常保持良好的使用状态。

e. 隧道掘进工作面附近的局部通风机，均应实行专用变压器、专用开关、专用线路供电、风电闭锁、瓦斯电闭锁装置。

f. 应采用抗静电、阻燃的风管。

③加强瓦斯监测与管理

本工程过瓦斯气体段区域施工时，可在盾构机的螺旋机出口、盾尾和第一节车架处设置固定式自动报警有毒有害其他监测装置。另外，在隧道施工面及成形隧道内再配置1台手持式有害气体监测仪器（可监测瓦斯、一氧化碳、硫化氢和氧气的浓度），3台手持式瓦斯监测仪器。

手持式监测仪器在有毒有害气体段施工时，进行人工24 h的监测。所有监测设备在施工前必须到位，并经检验合格后投入使用。另考虑到第一、第二、第三节车架电器设备较多，且较接近瓦斯涌出源，故除第一节车架已放置了固定式自动监测报警装置外，在第二和第三节车架间固定放置一把移动式手持有害气体监测仪器。

当有毒有害气体含量达到报警值时，警报响起，停止一切施工作业，加强通风，直到气体浓度回到正常安全值时才恢复盾构施工作业，从而确保盾构施工穿越含瓦斯气体段施工的安全。

建立安全施工的各项作业管理制度，细化到每个工序，每一作业程序，做到全标准化。使之作业人员有章可循，不给违章者留下一点空隙。

(3)放射性地质环境

由于放射性元素矿床多与煤系地层伴生，可能会出现环境氡气浓度、γ辐射照射剂量、内照射剂量、外照射指标超标现象。当掘进机掘进到此段时应采取相应的防护措施。

①放射性物质的危害

放射性危害主要是指放射性核素在自发衰变过程中放出的α、β、γ射线对人体产生的危害作用。在强放射性辐射地带，由于α、β、γ射线的作用，对人体组织和器官的分子、原子电离或激发，影响正常新陈代谢，甚至造成细胞死亡，使人体受到不同程度损害。其中α射线穿透力低，体外照射致伤较弱，但进入体内则危害极大；β射线较α射线损伤程度低，人体细胞易恢复；γ射线穿透能力很大，对人体组织器官有严重的危害作用。

放射性辐射照射人体主要有2种方式：

a. 体内照射：放射性物质通过人的呼吸系统、皮肤或消化系统进入人体内部。

b. 体外照射：放射性射线通过体外照射进入人体。

②放射性物质控制措施

国家已颁布实施的《放射性卫生防护基本标准》规定的放射防护三原则：即行为的正当化、防护的最优化以及必须遵守的个人剂量限值。

基于以上原则，本工程拟从隧洞的设计、施工及使用三个阶段对辐射进行防护。

a. 施工前做好勘测与防护设计

为了防止氡及氡子体析出和屏蔽放射性外照射，采用了以防渗混凝土为主的综合防护层，同时要求支护结构必须达到设计要求。洞内永久排水沟采用密闭盖板式，以防止水中的氛气逸出。在施工防护设计中主要是加强通风、洒水、防排水以及对“三废”处理和施工监测方面的设计。

b. 施工期间放射性地段的施工防护

在放射性异常地段施工，放射性对隧道及周围环境主要产生以下有害因素：

(a)隧道开挖及爆破时产生含矿粉尘对隧道内空气的污染；

(b)从开挖后裸露的岩石及裂隙水中逸出的氡气及氡子体对空气的污染；

(c)隧道围岩中矿石γ射线对施工人员的外照射；

(d)放射性物质造成的表面污染；

(e)施工中产生的废水、废气、废渣等放射物“三废”对环境的污染。

根据放射性物质产生的有害因素分析，提出以下相应的防护措施：

(a)加强 γ 辐射照射剂量率和氡射气浓度监测，根据监测结果，按照国家的安全规范施工，并加强巷道的通风措施。

(b)在施工中遇到的含有微量放射性物质的地下水及时排出洞外，并教育职工不能用此水冲凉、洗衣服，更不能冲洗疏菜或饮用。并在斜井口修建一座淋浴室且配有更衣箱、烘干机等，禁止工人把工作服带回宿舍。

(c)严禁在洞内放射性物质浓度高的地段吸烟、吃东西和饮水等。施工人员在施工时必须佩戴防尘口罩，口罩中的活性炭定期更换。

(d)适当注意营养保健并定期进行健康检查等。

③隧道贯通后的辐射监测及防护措施

隧道贯通后对隧道内的氡及氡子体浓度、氡析出率进行了监测根据结果调查论证，评价隧道环境辐射水平是否低于环境保护法的有关规定，根据监测结果分析，指导辐射防护措施，如是否需要喷涂防氛涂料。

(4)突涌水问题

受到断层破碎带的影响，岩体不完整，自稳性差，可能有突涌水现象，为确保安全、高质量的通过不良地质地段，拟从"查、测、探、放、堵"五个方面拟定预测及应对预案。

①加强地质预报

强化掘进机前方地质预报，利用超前地质探孔的施作，能直观、有效探明前方水文地质情况，判断是否有发生涌水的可能性，并排除部分地下水，减少水量，降低水压；并请有资质单位进行地质雷达超前地质预报，以便进行综合分析。

根据前方地质监测结果，针对存在的附水量大的不良地层，在掘进机通过该地质洞段前，将掘进机的掘进模式由敞开模式转换为土压平衡模式，通过调整刀盘转速、推进速度、螺旋机转速来调整切削量和出渣量并保持渣舱压力，在渣舱压力与开挖面土水压力保持平衡(主、被动土压平衡)的状态下实现安全掘进。

②预放水施工

根据超前钻孔预报情况，如果有涌水的可能，在涌水段以前 10～20 m 处进行超前预放水。根据预探含水情况布设放水孔数量及位置。

③预先增加排水设备

为确保施工安全，合理增设集水坑，以利于涌水收集，同时加配污水泵，另外出口增设移动泵站和备用水泵，正常情况下，掌子面利用电动潜水泵排水、有特大涌水、突水时，将移动泵站及备用水泵移至掌子面排水，各级泵站的水泵全部启动。进口隧道内提前施工好排水沟与地面涵洞相联通，并随时确保水沟畅通。

7.5　掘进机检查、维修和保养

7.5.1　维修保养的指导思想与原则

1. 维修保养指导思想和目标

良好的运行安全性与备用状态是隧道掘进机所必须满足的要求，提高设备的有效使用时间，降低设备的故障率，加快的施工进度的主要因素之一。所以做好维护工作是十分必要的。

维护工作的主要任务是避免由于不正当使用而使设备发生故障，具体措施包括对设备进行适当的润滑，及时更换液压油滤芯，检查油位，检查冷却水系统，清洗注浆管路等。

掘进机维修保养的指导思想是以预防为主。

维修保养的目标是：

(1)确保掘进机正常稳定工作，排除风险；

(2)保证各部件正常高效运转，确保掘进施工速度，缩短工期；

(3)增加掘进机的使用寿命，达到良好的机器利用效率。

2. 维修保养的原则和要求

(1)为保证掘进机设备经常处于良好的技术状态，随时可以投入运行，减少故障停机日，提高机械完好率、利用率，减少机械磨损，延长掘进机使用寿命，降低掘进机运行和维修成本，确保安全生产，必须强化对掘进机设备的维护保养工作。

(2)掘进机保养必须贯彻“养修并重，预防为主”的原则，做到定期保养、强制进行，正确处理使用、保养和修理的关系，不允许只用不养，只修不养。

(3)各班组必须按掘进机保养规程、保养类别做好掘进机的保养工作，不得无故拖延，特殊情况需经分管专工批准后方可延期保养，但一般不得超过规定保养间隔期的一半。

(4)保养掘进机要保证质量，按规定项目和要求逐项进行，不得漏保或不保。保养项目、保养质量和保养中发现的问题应作好记录，报本部门专工。

(5)保养人员和保养部门应做到“三检一交(自检、互检、专职检查和一次交接合格)”，不断总结保养经验，提高保养质量。

(6)资产管理部定期监督、检查掘进机保养情况，定期或不定期抽查保养质量，并进行奖优罚劣。

7.5.2　设备维修、保养的内容

维修、保养的内容主要有：(1)刀盘；(2)护盾；(3)液压系统；(4)电气系统；(5)通风系统；(6)除尘系统；(7)超前钻探系统；(8)材料运输系统；(9)皮带运输出渣系统；(10)水循环系统。

7.5.3　维修、保养计划

为保证高效快速掘进、设备维修、保养十分重要。为此我们准备对机器进行每日、每周、每月、每半年、每年的维修检查、保养，所有的保养工作都要作记录，填写维维修保养表格并归档，定时进行总结，以不断的提高维修保养水平。

7.5.4　掘进机配件储备

(1)为保证掘进机设备的连续施工，应对掘进机的零部件进行储备。掘进机设备部件按用途分为：①常用备件；②易损备件；③事故备件；④修理备件。

(2)根据对掘进机设备掘进数据的分析处理，以及根据施工经验对设备易损件、重要部件损耗等的预测，提前进行设备采购储备。

(3)根据本工程的情况，结合类似工程经验，按照掘进机设备商提供的备件进行储备。具体管理流程如图7-19所示。

7.5.5　设备维修、保养措施

本工程将采用以下维修保养制度：每天定时保养4 h；严格执行《日常维修、保养及定期保养制度》、《设备专业班组长负责制》、《设备巡视、检查制度》、《交接班管理制度》、《设备整洁管理制度》规章制度，作好相关记录；设备到人，发挥自觉能动性，加强保养力度，保证设备正常运转。

1. 日常维修、保养及定期保养制度

(1)班前要检查电源、设备运行情况；

(2)设备运行中维修、保养要求：听设备运行声音，看设备运行仪表，保持设备及工作岗位环境卫生，按计划进行设备保养；

(3)班后维修、保养要求：交接设备运行情况，停机后要检查电源及开关位置，处理好善后工作，保证设备随时可以运行；

(4)月计划：根据设备使用情况，及时对设备进行调整和润滑；

(5)季计划：根据设备周期运转情况，及时对设备进行调整和检修；

(6)年度计划：根据设备的运行情况和检测结果，可安排中修或大修。

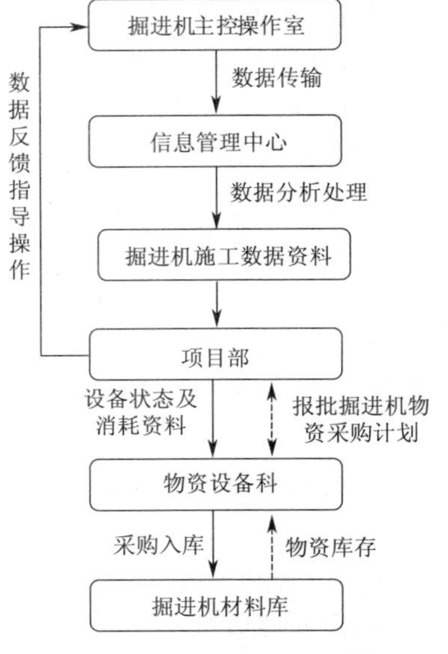

图 7-19　设备配件信息化管理流程图

2. 设备专业班组长负责制

(1)确保所辖系统设备的安全运行是各专业班组长的首要任务，班长对下属员工和所属设备有全面的管理责任，要求每天做如下工作：

①早、晚检查所属系统主要设备的运行技术状况，发现问题立即组织处理；

②检查所属系统运行情况，控制状态，发现误差及时纠正；

③检查所属员工岗位纪律及精神状态，发现不良现象及时纠正处理；

④现场督导重要维修、检修工作，控制工作质量；

⑤实地检查所属员工的工作质量和工作效率，发现问题及时采取纠正处理措施。

(2)设备发生故障时，及时组织抢修，发现隐患及时组织处理，做好技术把关工作，保证所辖系统设备处于良好运行状态，当重要设备发生故障时，迅速到现场组织抢修，并及时汇报。

(3)负责所辖设备的运行方案，并不断研究改进措施，使设备在保证运行和满足使用要求的条件下节约能耗。

(4)负责制订所辖设备的年度、月度维修保养计划和备品备件计划，定期送报项目经理审批，并负责组织制定实施工作标准，保质保量提高工作效率。

(5)贯彻落实岗位责任制，积极督导下属主动检修、保养设备。

(6)针对下属员工的思想状态，编制培训计划，经常对下属员工进行职业道德教育和专业技能培训。

(7)审核员工出勤，做好技术档案管理，整理好维修、保养、零部件更换、工单、记录，每月整理归档。

(8)学习、推广新技术，不断改进不合理的设备，完善运行计划和方案。

3. 设备巡视、检查制度

加强设备巡视工作，是保障设备正常运转，及早发现设备隐患的重要手段，所以当班人员在工作期间要按规定要求巡视所辖设备。

(1)各岗人员在上班前一定要办理交接班手续，查看工作记录，核对设备运行情况及变更情况。

(2)当班人员应每隔 2 h 巡视所辖设备的运行情况并作记录(电工抄表每小时一次)。

(3)对巡视中发现的问题应及时处理,使不安全因素降低到最低点,有重大隐患要及时汇报,积极配合解决。

(4)对巡视中发现重大隐患,隐瞒不报,不做妥善处理者,一经发现,除按有关规定处理外,还要承担相应的法律责任。

(5)夜班人员在巡视中,对发现的问题有能力处理时要及时处理,如无能力处理要详细记录,并在交接班时重点交待,必要时要及时汇报上级领导,或采取紧急处置措施,以减少损失和影响。

4. 交接班管理制度

交接班工作是工程部各岗位人员上岗前必须办理的上岗手续,是保障各岗工作连贯性的必要手段,所以各岗人员在上岗前必须办理交接班工作手续:

(1)办理交接班手续时,上班人员及下班人员必须同时在场,上班人员不到齐,下班人员不得办理交接班手续。

(2)下班人员必须对上班人员交待清楚本岗所辖设备的运行状态,以及本班次的工作、维修、保养情况及设备变更情况。

(3)下班人员应如实向上班人员传达部门经理对本岗的有关指示、工作安排,保证工作的连贯性。

(4)对公用工具及各部位钥匙,在交接班时要交待清楚,办好手续。

(5)处理设备事故时,不可办理交接班手续,上下班人员应积极配合进行事故处理,工作完毕后方可办理交接班手续。

(6)办理交接班手续时,下班人员应整理好本岗内务,为上班人员提供一个良好的工作环境和方便条件。

(7)交接工作完毕后,双方在交接班记录上签字,一经办理交接手续,一切问题由当班人员负责。

5. 设备整洁管理制度

创造和保持良好的工作环境,有利于每位员工的身心健康,所以每位员工都有责任清洁和保持环境卫生,创造干净整洁的工作场所。

(1)员工在每日进行交接班前,都必须完成工作区的清洁卫生工作,为下一班人员提供一个良好的工作环境。

(2)工作环境应保持干净、整洁。

(3)维修工具、材料、更衣柜、办公用品码放整齐,不许乱堆乱放,做到账物清楚。

(4)维修工作中,随时清理现场,对有污染的工作及工作面要有安全保护、环境保护措施,维修完毕后要清理现场,带走杂物。

(5)做好所辖设备、设施的清洁工作,保证设备使用寿命。

(6)树立清洁意识,发现公共区域卫生差时,应及时向清洁部汇报,并随手清洁杂物。

第8章　斜井施工通风系统

隧道施工长距离通风的技术水平提高非常快。目前国内外隧道施工通风量已达3 000～5 000 m^3/min，采用风管直径超过2.0 m，独头通风长度超过10 km，国内外的研究和实践证明，解决长隧道机械化施工通风技术难题的根本途径，是设计科学、先进、合理的通风系统，配置高效的通风机械。推行高水平的施工通风管理，也是保证通风效果的一个不容忽视的问题。

8.1　施工通风系统设计原则

在充分调研我国已建成和在建隧道施工通风的经验，以及追踪国内外通风技术发展的基础上，进行通风系统设计比选、优化。

从经济、维修方便的角度出发，优先选用国产先进节能通风设备。在满足通风效果的前提下，尽量减少风机的品种、型号。

在净空允许的情况下，尽量采用大直径风管，减少能耗损失。通过适当增加一次性投入，减少通风系统的长期运行成本。

8.2　污染源解析

斜井隧道施工中会遇到多种有害物质，使施工环境恶化，主要有害物质包括有毒有害气体、粉尘、烟尘和地温。

8.2.1　有毒有害气体

有毒有害气体主要来自内燃机尾气以及围岩自身释放的有害气体。

1. 内燃机工作时排出的尾气

由于斜井辅助运输系统均是采用以内燃机作动力的机械设备，其动力源主要来自柴油机，柴油机工作时排出的废气，其主要成分包括一氧化碳、氧化氮、醛类和油烟等。

2. 围岩内可能释放的有害气体

根据目前掌握的地质勘察资料及相关数据，斜井穿越煤系地层区段，总体上煤层甲烷(CH_4)含量不高。其中CH_4含量不超过0.11 mL/g，CO_2含量0.01%～0.25%。自然瓦斯成分中CH_4含量不超过9.65%，CO_2含量0.55%～24.02%，N_2含量大多在75.98%～99.24%之间。

8.2.2　粉尘和烟尘

在装渣、运输、衬砌等作业过程中所产生的粉尘颗粒，对操作人员人体健康危害非常大。而柴油机煤烟(游离碳素等)、电焊机烟雾等烟尘，更是严重影响洞内工作环境，不仅造成能见度下降，容易发生事故，且烟尘中含有致癌、致突变物质，影响作业人员身心健康。

8.3　斜井施工劳动卫生标准

洞内施工环境要求是多方面的，包括对洞内空气中的有害气体浓度、空气温度和湿度、粉尘和烟尘浓度、噪声、风速和照明等方面的要求。

8.3.1　有害气体

我国各行业对地下工程施工中有关有害气体允许浓度的规定基本一致，有害气体允许浓度如表 8-1 所示。

表 8-1　空气中有害气体的最高容许浓度表

气体名称	体积浓度		重量浓度
	%	ppm	mg/m³
氧(O_2)	≥20		
二氧化碳(CO_2)	<0.05	<5 000.0	<10
一氧化碳(CO)	<0.002 4	<24.0	<30
氮氧化合物换算成二氧化氮(NO_2)	<0.000 25	<2.5	<5
二氧化硫(SO_2)	<0.000 52	<5.2	<15
硫化氢(H_2S)	<0.000 66	<6.6	<10
甲烷(CH_4)	<1		
醛类(丙烯醛)			<0.3

注：CO 容许浓度，作业时间在 1 h 以内时，可放宽到 50 mg/m³，半小时以内可达 100 mg/m³，15～20 min 可达 200 mg/m³。在这种条件下反复作业时，两次作业间隔应在 2 h 以上。

8.3.2　粉尘

我国《工业企业设计卫生标准》(TJ 36—79)规定空气中的粉尘允许浓度如表 8-2 所示。

8.3.3　空气温度和风速

洞、井内的空气温度一般不应超过 28 ℃。当空气温度和相对湿度一定时，提高风速可以提高散热效果。温度和风速之间应有适宜的关系，可参考表 8-3 调整洞、井内的风流速度。

对于洞、井，其最小和最大风速应满足下列规定：施工洞、井内的最低风速应不小于 0.15 m/s。洞、井内最大风速不超过表 8-4 的规定。

表 8-2　空气中粉尘允许浓度表

粉尘种类	允许浓度(mg/m³)	备注
含有 10%以上游离二氧化硅的粉尘(含石英、石英岩等)	2	(1)本表仅列出与地下工程有关的粉尘； (2)进入洞、井和施工场所的风源含尘量，不得超过规定的容许浓度的 30%
石棉粉尘及含有 10%以上的石棉粉尘	2	
含有 10%以下游离二氧化硅的滑石粉尘	4	
含有 10%以下游离二氧化硅水泥粉尘	6	
游离二氧化硅含量在 10%以下，不含有毒物质的矿物性和动植物性等其他粉尘与煤尘	10	
含有 80%以上游离二氧化硅的生产粉尘	1	

表 8-3 温度和风速的适宜关系

空气温度(℃)	适宜的风速(m/s)
<15	<0.5
15～20	<1.0
20～22	>1.0
22～24	>1.5
24～28	>2.0

表 8-4 洞、井内最大容许风速表

井巷名称	最大风速(m/s)
平洞、竖井、斜井工作面	4
运输与通风洞	6
专用通风洞、井	15

8.3.4 噪声

洞内作业地点噪声超过 90 dB(A)时，要求采取消音或其他防护措施。仍达不到标准时，应按表 8-5 的规定减少接触噪声的时间。因此通风设施的选择和设备的布置位置应考虑其开动时的噪声对施工人员的影响。

表 8-5 噪声容许时间表

每个工作日接触噪声时间(h)	8	4	2	1	最高不得超过
容许噪声[dB(A)]	90	93	96	99	115

8.3.5 其他

除上述内容和规定以外，国内各行业多有一些其他规定，例如《水工建筑物地下开挖工程施工技术规范》、《冶金矿山安全规程》等都有以下规定：

(1)在洞、井内每人每分钟应供新鲜空气 4 m^3。

(2)洞内使用柴油机械施工时，可按 4 m^3/kW 风量计算，并与同时工作的人员所需的通风量相加。

(3)《公路隧洞设计规范》规定对三、四级公路隧洞烟尘的允许浓度为 0.009 m^{-1}，车速 20 km/h及以下时路面最低亮度为 1.0 cd/m^2。

(4)洞内空气中的氧气含量不低于 20%。

根据以往盾构隧道的经验表明，瓦斯进入掘进机施工隧道内部有四种途径：含气层中的瓦斯沿螺旋输送机随渣土一起进入巷道内；从刀盘与盾壳的接缝处渗入；从盾尾间隙进入；从管片衬砌接缝处、管片裂缝处进入巷道内；其中从螺旋输送机随土一起进入巷道内是主要途径。在有瓦斯溢出的情况下，需要采用压入式向巷道内送入新鲜空气，保证工作面有充足的新鲜空气，以迅速稀释瓦斯含量。

8.4 通风方式选择

8.4.1 常用通风方式适应性分析

巷道施工常用通风方法常采用扩散通风、射流通风，机械通风和利用辅助坑道的通风等几种方式，根据《煤矿安全规程》的相关规定，结合本项目斜井将穿越含瓦斯煤系地层，尽管前期地勘成果资料显示，井田内煤层瓦斯含量低，属低瓦斯矿床，但本着以人为本，防患于未然的宗旨，本项目的斜井施工通风，重点考虑机械式通风。

常用施工通风方式的优缺点和在本工程中的适应性，对比分析如表 8-6 所示。

综上所述。压入式、混合式对斜井工程都适用。因为工作面风量得不到有效控制，抽出式通风不适合单独使用。常用的压入式、压入式＋抽出式、局部压入式＋抽出式三种通风方式，换气示意如图 8-1～图 8-3 所示。

表 8-6　机械通风方式的优缺点和适应性分析

通风方式		适用巷道类型	优缺点	对瓦斯巷道的适应性
机械通风	压入式	适用于长、中短巷道	优点：风筒出口风速和有效射程较大，排烟能力强，工作面通风时间短，主要使用柔性风筒，成本低。 缺点：回风流污染整个巷道，且排除较慢，恶化工作环境	适合，但回风流中含有瓦斯，污染巷道
	抽出式	适用于中短巷道	优点：粉尘、有毒有害气体直接被吸入风机，经风筒排出巷道不污染其他部位，巷道内空气状况和工作环境保持良好。 缺点：风筒采用带刚骨架的柔性风筒或硬质风筒，成本较高	必须采用防爆风机才适合
	混合式	长、特长巷道可采用，以抽出压入相结合的通风方式	通风效果较好，但需设两套风机和风筒。其他优缺点同压入式、抽出式通风	适合，但抽出式必须采用防爆风机

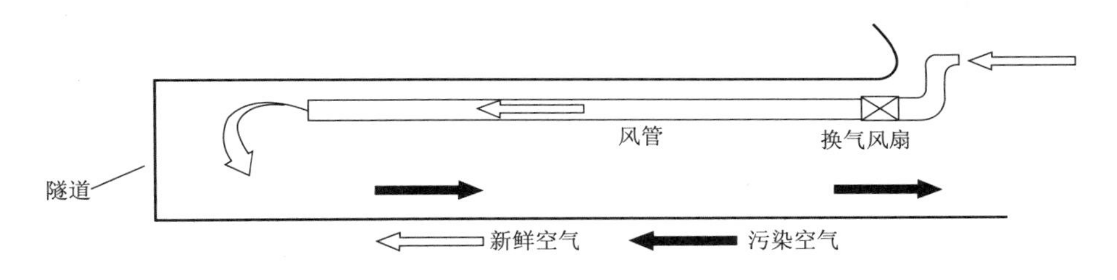

图 8-1　压入式通风方式

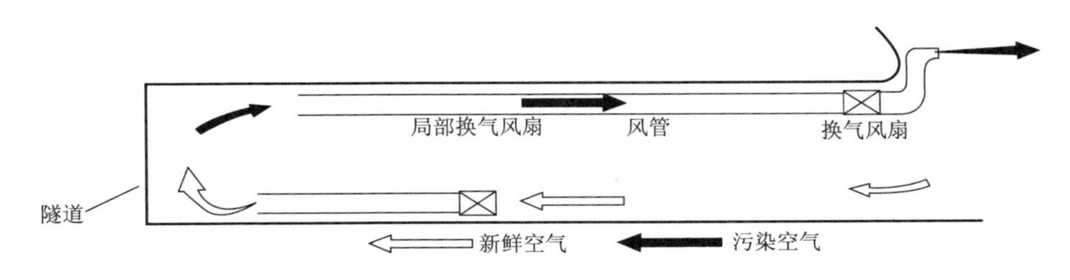

图 8-2　抽出式＋局部压入式

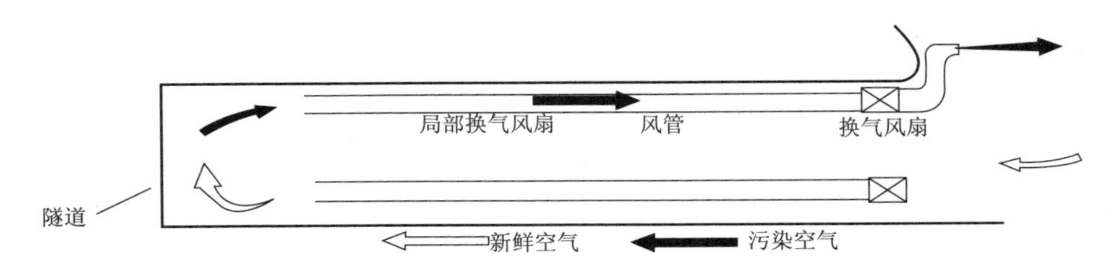

图 8-3　抽出式＋压入式

8.4.2 解决渠道

鉴于斜井沿程衬砌管片的封闭作用，有害气体主要从掘进工作面溢出，安全危险性相对集中，斜井沿程只存在人员、机械设备通行产生的废气污染，且斜井坡度较大，掘进工作面至斜井口高差逐渐加大，“烟囱”效应日益明显，有利于井身的烟气排放。

因此比较理想的解决方法，就是基于冲淡理论，将新鲜风通过管道输送到掘进工作面，冲淡污风，再混合协裹污风，沿斜井的井身(抽离)排出洞外。

8.4.3 斜井的施工通风方案

在斜井口设大功率风机，斜井沿程串接大直径输风管道，将在洞外采集的新鲜空气直接输送到掘进工作面。掘进机工作范围内，利用掘进机自身配套的二次通风内循环系统，进行通风除尘作业。

混合后的污风，沿斜井排出洞外。

必要的情况下，在斜井的沿程，可增设数个射流风机或局扇，加快斜井沿程的风流运行速度。

由于斜井采用了仰拱预制块的设计，在仰拱内留有沿程贯通的空间，在做临时排水通道的同时，必要的时候，可以借助该空间进行辅助输风。

掘进机通风布置示意图如图 8-4 所示。

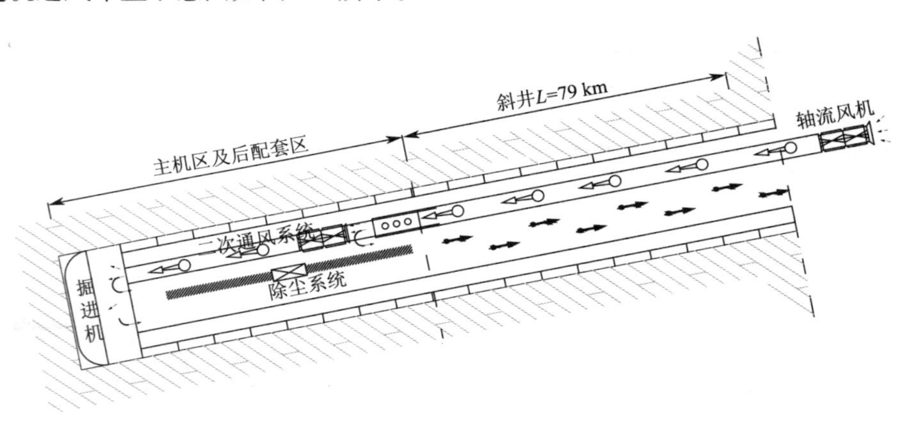

图 8-4 掘进机法施工斜井通风系统示意图

8.5 斜井(D=5.4 m)施工通风计算

8.5.1 通风设计参数(表 8-7)

表 8-7 斜井通风设计参数一览表

序号	项 目	单位	数值	序号	项 目	单位	数值
1	独头通风长度 L	m	7 919	4	洞内最多工作人数 M	人	120
2	管片内径	m	5.4	5	风管直径 D	m	1.8
3	斜井断面积 $S_{断}$	m²	22.9	6	风管面积 $S_{风}$	m²	2.54

续上表

序号	项　目	单位	数值	序号	项　目	单位	数值
7	过流面积 $S_{流}$($S_{流}=S_{断}-S_{风}$)	m^2	20.4	10	风管每 100 m 漏风率 $P_{百}$	%	0.6
8	每一工作人员所需新鲜空气 Q_n	m^3/min	4	11	断面风速不小于 v_{min}	m/s	1
9	每千瓦动力空气需求量 Q_0	$m^3/(min\cdot kW)$	4	12	断面风速不大于 v_{max}	m/s	6

8.5.2　施工需风量计算

通风量的计算有几种不同的方法，分别为：根据同一时间，洞内工作人员所需新鲜空气计算风量；按照稀释内燃机尾气标准计算需求风量；采用断面最低允许风速计算供风量。在数个计算值中将选取其中的最大值作为计划供风量。

1. 按断面最低允许风速计算

《铁路隧道施工技术规范》(JBJ 204—86)规定：风速在全断面开挖时不小于 0.15 m/s，坑道内不小于 0.25 m/s，掘进机作业环境内不小于 0.5 m/s，但均应不大于 6 m/s。《煤矿安全规程》规定：井巷中的运输机巷允许最低风速为 0.25 m/s，架线电机车巷道最低允许风流速度为1.0 m/s，且均应不大于 6 m/s。

考虑洞内人员作业环境、斜井施工等要求，由于是采用压入式通风，新鲜风直接送至掘进机主机区，则取洞内平均回风风速 1 m/s 进行计算，工作面的需求风量：

$$Q_1=v_{min}\times S_{流}\times k$$
$$=1\times 20.5\times 1.2$$
$$=24.6\ m^3/s=1\ 476\ m^3/min$$

式中　v_{min}——最小断面风速，取 1 m/s；

$S_{流}$——过流断面面积，取 20.9 m^2；

k——通风备用系数，取 1.2。

则最低需求风量：1 476 m^3/min。

2. 按照井下同时工作的最多人数计算

井下作业人均需求风量不得少于 4 m^3/min。同时工作的最多人数，计划按 120 人进行计算。

$$Q_2=kMQ_n=1.2\times 4\times 120=576\ m^3/min$$

式中　k——风量备用系数，采用 1.2；

M——同时在洞内工作人数，取 120 人；

Q_n——每一工作人员所需新鲜空气，取 4 m^3/min。

依此计算，掘进工作面需求风量：576 m^3/s。

3. 按稀释内燃机排放废气中有害气体浓度至许可浓度计算

在掘进机施工过程中，按 50 t 的 MSV 全液压多功能运输车在执行运输任务，由于斜井内交通条件限制，洞内设计同时工作的载重车 1 辆，空车 1 辆。多功能车功率为 315 kW/辆，取空车负荷率为 0.3，满载利用系数 0.9 计。则实际使用的内燃机总功率为：

$$\sum W=1\times 315\times 0.9+1\times 315\times 0.3=378\ kW$$

稀释内燃设备所需通风量：

$$Q_3=Q_0\sum W=4.0\times 378=1\ 512\ m^3/min$$

式中　Q_0——每千瓦动力的新鲜空气需求量，取 4 $m^3/(min \cdot kW)$。

4. 洞内总需求风量

因为Q_1：24.6 m^3/s；1 476 m^3/min

Q_2：9.6 m^3/s；576 m^3/min

Q_3：25.2 m^3/s；1 512 m^3/min

按照分项计算取大值的原则，则斜井掘进工作面基本要求：

总需求风量 $Q \geqslant 1\ 512\ m^3/min$。

8.5.3　风机供风量计算

风机供风量＝洞内需风量＋送风管路沿程风量损失

由于国内的成品通风管受原材料及工艺条件限制，平均每百米漏风率 P_{100} 一般都在1%～2%之间，难以胜任 3 km 以上长距离的输风工作，因此计划采用瑞典进口的 PVC 增强塑纤布软式风管。

据风管厂提供的技术指标，风管采用的是 PVC 增强塑纤布材料，管路的摩阻系数 α 值设计为 0.001 8 $N \cdot s^2/m^4$，百米漏风率为 0.6%。

由于采用独头压入式通风，斜井长度即为最大通风长度 L＝7 919 m。

则风管漏风系数：

$$P_L=\left(1-P_{100}\times\frac{L}{100}\right)^{-1}=(1-0.006\times79.19)^{-1}=1.905$$

风机供风量最低为：

$$Q_j=P_LQ=1.905\times25.2=48\ m^3/s=2\ 880\ m^3/min$$

则取通风机的设计供风量不少于 2 880 m^3/min。

8.5.4　系统需供风压计算

就通风系统而言，管路内新鲜风流克服通风阻力后，还需要在风管末端依旧保持一定的动压，以保障把管路内风流顺利喷出。克服通风阻力则取决于系统静压，动压与静压之和即为系统需供风压。

1. 动压计算

系统动压的计算取决于需供风量及输风管路的断面。为简化计算流程，计划直接采用风机最低供风量值，及直径 ϕ1.8 m 供风管道进行计算。

则输风管路末端管口风速：

$$v=Q_j/S_{风}=25.2/2.01=12.54\ m/s$$

则管路末端管口动压：

$$h_{动}=\frac{1}{2}\gamma\cdot v^2=\frac{1}{2}\times1.2\times12.54^2=94.3\ Pa$$

式中　γ——空气密度，取 1.2 kg/m^3。

2. 静压计算

静压即最大通风阻力，也就是管路沿程摩阻风压损失及管路局部风压损失之和。本次计算按直径 ϕ1.8 m，长 7 919 m 进口输风管道取值。

供风管道的摩擦风阻：

$$R_f=\frac{6.5\alpha L}{d^5}=\frac{6.5\times 0.0018\times 7919}{1.8^5}=4.902\ \text{N}\cdot\text{s}^2/\text{m}^8$$

式中　d——通风管径；

L——通风管路长度；

α——管路摩擦阻力系数，据风管厂提供的技术指标，采用 PVC 增强塑纤布作风管材料，α 值取 0.001 8 $\text{N}\cdot\text{s}^2/\text{m}^4$。

管道风流沿程摩阻风压损失：

$$h_{摩}=Q^2R_f/P_L=\frac{4.902}{1.905}\times 48^2=5\,929\ \text{Pa}$$

局部风压损失：

管路由转弯、分叉、变径引起的局部阻力，为简化计算，直接按沿程摩阻风压损失的 10% 取值。该取值应该根据现场实际测定后修正。

$$h_{局}\approx 0.1\cdot h_{摩}=0.1\times 5\,929=592.9\ \text{Pa}$$

系统静压：

$$h_{静}=h_{摩}+h_{局}=5\,929+592.9=6\,521.9\ \text{Pa}$$

3. 系统需供风压计算

$$h_{系统}=h_{动}+h_{静}=94.3+6\,521.9=6\,616.2\ \text{Pa}$$

即风机需要提供不低于 6 616.2 Pa 的风压补偿。

8.6　斜井（D=7.2 m）施工通风计算

8.6.1　通风设计参数（表 8-8）

表 8-8　斜井通风设计参数一览表

序号	项　　目	单位	数值	序号	项　　目	单位	数值
1	独头通风长度 L	m	7 919	9	每千瓦动力空气需求量 Q_0	m³/(min·kW)	4
2	管片内径	m	7	10	风管每 100 m 漏风率 $P_{百}$	%	0.4
3	斜井断面积 $S_{断}$	m²	38.5	11	进洞内燃机功率 W	kW	750
4	洞内最多工作人数 M	人	150	12	通风备用系数 k		1.2
5	风管直径 D	m	2.2	13	空气密度 ρ	kg/m³	1.2
6	风管面积 $S_{风}$	m²	3.8	14	断面风速不小于 v_{min}	m/s	1
7	过流面积 $S_{流}$（$S_{流}=S_{断}-S_{风}$）	m²	34.7	15	断面风速不大于 v_{max}	m/s	6
8	每一工作人员所需新鲜空气 Q_n	m³/min	4				

8.6.2　施工需风量计算

通风量的计算有几种不同的方法，分别为：根据同一时间，洞内工作人员所需新鲜空气计算风量；按照稀释内燃机尾气标准计算需求风量；采用断面最低允许风速计算供风量。在数个计算值中将选取其中的最大值作为计划供风量。

1. 按断面最低允许风速计算

《铁路隧道施工技术规范》(JBJ 204—86)规定：风速在全断面开挖时不小于 0.15 m/s，坑道内不小于 0.25 m/s，掘进机作业环境内不小于 0.5 m/s，但均应不大于 6 m/s。《煤矿安全规程》规定：井巷中的运输机巷允许最低风速为 0.25 m/s，架线电机车巷道最低允许风流速度为1.0 m/s，且均应不大于 6 m/s。

考虑洞内人员作业环境、斜井施工等要求，由于是采用压入式通风，新鲜风直接送至掘进机主机区，则取洞内平均回风风速 1 m/s 进行计算，工作面的需求风量：

$$\begin{aligned}Q_1&=v_{\min}\times S_{流}\times k\\&=1\times 34.7\times 1.2\\&=41.64\ \mathrm{m^3/s}=2\ 498.4\ \mathrm{m^3/min}\end{aligned}$$

式中　$v_{\min}$——最小断面风速，取 1 m/s；

$S_{流}$——过流断面面积，取 34.7 m^2；

k——通风备用系数，取 1.2。

则最低需求风量：2 498.4 m^3/min。

2. 按照井下同时工作的最多人数计算

井下作业人均需求风量不得少于 4 m^3/min。同时工作的最多人数，计划按 150 人进行计算。

$$Q_2=kMQ_n=1.2\times 4\times 150=720\ \mathrm{m^3/min}$$

式中　k——风量备用系数，采用 1.2；

M——同时在洞内工作人数，取 150 人；

Q_n——每一工作人员所需新鲜空气，取 4 m^3/min。

依此计算，掘进工作面需求风量：720 m^3/s。

3. 按稀释内燃机排放废气中有害气体浓度至许可浓度计算

在掘进机施工过程中，按 50 t 的 MSV 全液压多功能运输车在执行运输任务，洞内同时工作的载重车 1 辆，空车 2 辆。另计通勤车 1 辆。多功能车功率为 315 kW/辆，取空车负荷率为 0.3，满载利用系数 0.9 计，通勤车功率为 115 kW/辆，利用系数 0.8。则实际使用的内燃机总功率为：

$$\sum W=1\times 315\times 0.9+2\times 315\times 0.3+1\times 115\times 0.8=564.5\ \mathrm{kW}$$

稀释内燃设备所需通风量：

$$Q_3=Q_0\sum W=4.0\times 564.5=2\ 258\ \mathrm{m^3/min}$$

式中　$\sum W$——同时在洞内作业的各种内燃机的功率总和(kW)；

Q_0——每千瓦动力的新鲜空气需求量，取 4 m^3/(min · kW)。

4. 洞内总需求风量

因为Q_1：41.64 m^3/s；2 498.4 m^3/min

Q_2：12 m^3/s；720 m^3/min

Q_3：37.63 m^3/s；2 258 m^3/min

按照分项计算取大值的原则，则斜井掘进工作面基本要求：

总需求风量 $Q\geqslant 2\ 498.4$ m^3/min。

8.6.3　风机供风量计算

风机供风量＝洞内需风量＋送风管路沿程风量损失

由于国内的成品通风管受原材料及工艺条件限制，平均每百米漏风率 P_{100} 一般都在1%～2%之间，难以胜任 3 km 以上长距离的输风工作，因此计划采用瑞典进口的 PVC 增强塑纤布软式风管。

据风管厂提供的技术指标，风管采用的是PVC增强塑纤布材料，管路的摩阻系数α值设计为0.001 8 $N \cdot s^2/m^4$，百米漏风率为0.6%。

由于采用独头压入式通风，斜井长度即为最大通风长度$L=7\ 919$ m。

则风管漏风系数：

$$P_L=\left(1-P_{100}\times\frac{L}{100}\right)^{-1}=(1-0.006\times79.19)^{-1}=1.905$$

风机供风量最低为：

$$Q_j=P_LQ=1.905\times41.64=79.3\ m^3/s=4\ 758\ m^3/min$$

则取通风机的设计供风量不少于4 758 m^3/min。

8.6.4 系统需供风压计算

1. 动压计算

系统动压的计算取决于需供风量及输风管路的断面。为简化计算流程，计划直接采用风机最低供风量值，及直径ϕ2.2 m供风管道进行计算。

则输风管路末端管口风速：

$$v=Q_j/S_{风}=79.3/3.8=20.87\ m/s$$

则管路末端管口动压：

$$h_{动}=\frac{1}{2}\gamma\cdot v^2=\frac{1}{2}\times1.2\times20.87^2=261.3\ Pa$$

式中　γ——空气密度，取1.2 kg/m^3。

2. 静压计算

本次计算按直径ϕ2.2 m，长7 919 m进口输风管道取值。

供风管道的摩擦风阻：

$$R_f=\frac{6.5\alpha L}{d^5}=\frac{6.5\times0.001\ 8\times7\ 919}{2.2^5}=1.8\ N\cdot s^2/m^8$$

式中　d——通风管径；

L——通风管路长度；

α——管路摩擦阻力系数，据风管厂提供的技术指标，采用PVC增强塑纤布作风管材料，α值取0.001 8 $N\cdot s^2/m^4$。

管道风流沿程摩阻风压损失：

$$h_{摩}=Q^2R_f/P_L=\frac{1.8}{1.905}\times79.3^2=5\ 941.9\ Pa$$

局部风压损失：直接按沿程摩阻风压损失的10%取值。该取值应该根据现场实际测定后修正。

$$h_{局}\approx0.1\cdot h_{摩}=0.1\times5\ 941.9=594.2\ Pa$$

系统静压：

$$h_{静}=h_{摩}+h_{局}=5\ 941.9+594.2=6\ 536.1\ Pa$$

3. 系统需供风压计算

$$h_{系统}=h_{动}+h_{静}=261.3+6\ 536.1=6\ 797.4\ Pa$$

即风机需要提供不低于6 797.4 Pa的风压补偿。

8.7 通风设备选择

8.7.1 风机功率估算

主井(D=5.4 m)设计供风量不少于 2 880 m^3/min,要求风机需要提供不低于 6 616.2 Pa 的全风压,因此风机功率估算为:

$$N=\frac{1.05Q_jH_t}{\eta}=\frac{1.05\times48\times6\ 616.2}{0.8}=416.82\ \text{kW}$$

式中 Q_j——设计供风量;

H_t——需要的全风压;

η——风机效率。

故,拟选风机功率计划为 420 kW 左右。

副井(D=7.2 m)设计供风量不少于 4 758 m^3/min,要求风机需要提供不低于 6 797.4 Pa 的全风压,因此风机功率估算为:

$$N=\frac{1.05Q_jH_t}{\eta}=\frac{1.05\times79.3\times6\ 797.4}{0.8}=707.48\ \text{kW}$$

故,拟选风机功率计划为 710 kW 左右。

8.7.2 风机选型

根据前述的资料,目前在我国的风机市场上,尚找不到能够满足全部需求的成型产品。采用与大型专业厂家洽商订购的方式,既费时费力,又无法保证其产品的性能指标。因此我们计划选用国外同类工业化产品。

根据瑞典 GIA Industry ab 公司生产的 GIA SwedVent high pressure tunnelling fans(高压隧道通风机)系列介绍,我们分别就主、副井的通风设备进行了选型。

主井计划选取瑞典 GIA industry ab 公司生产的 GIA SwedVent high pressure tunnelling fans(高压隧道通风机),AVH180.160.4.10/50Hz 型轴流风机,电机功率 3×160 kW,三级调速。如图 8-5 所示。

副井计划选取瑞典 GIA industry ab 公司生产的 GIA SwedVent high pressure tunnelling fans(高压隧道通风机),AVH180.250.4.10/50Hz 型轴流风机,电机功率 3×250 kW,三级调速。

8.7.3 配套风管选择

综上所述,配套通风管路,我们同样计划进口同类产品。其中:

主井:ϕ1.8 m PVC 增强塑纤布软式风管;

副井:ϕ2.2 m PVC 增强塑纤布软式风管。

8.8 通风运行管理

隧洞施工通风管理水平的高低,是影响通风质量的关键因素之一。隧道通风效果不好,除了通风系统布局不合理、风机风管不匹配等技术原因外,主要问题是通风管理不善,工作面得不到足够的新鲜风流，沿途污浊空气不能及时排出洞外。因此，必须坚持“合理设计，优化匹配，防漏降阻，严格管理”的十六字方针，作为施工通风管理的指导原则，强化通风管理。

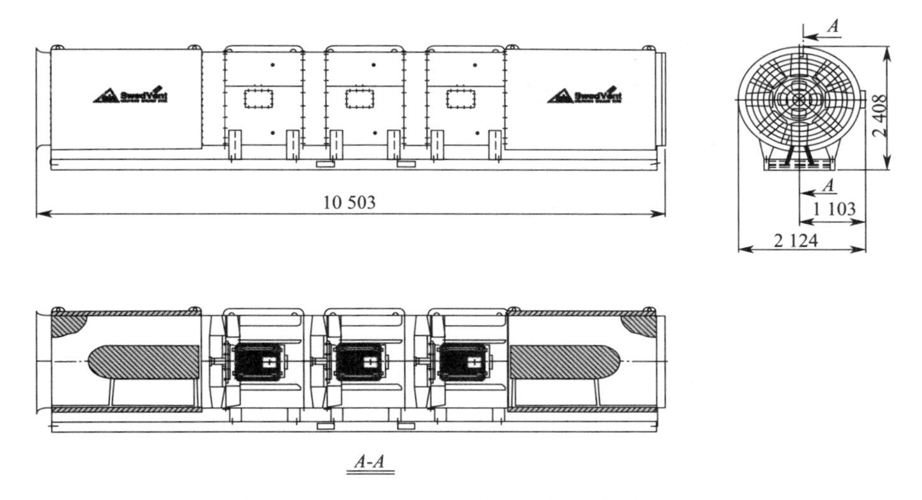

图 8-5　GIA SwedVent 轴流风机示意图(mm)

8.8.1　健全通风管理机构

(1)突出“领导挂帅、全员参与”的管理理念，计划由项目安全总监挂帅通风管理领导小组，组员由生产、技术、安监、后勤等部门负责人构建。

(2)组建专业的通风班组，专项负责斜井通风系统的安装、调试、使用、维护、维修等工作。由安监部门负责监督。

8.8.2　推行制度化管理

(1)通风班组的每名成员都必须经专业培训，考核合格后方能上岗作业。必须严格按照通风管理规程及操作细则组织实施。

(2)通风系统运行期间，必须严格执行规定的巡视、维护操作，以确保通风系统的各项性能、技术指标满足设计要求。

(3)建立健全以岗位责任制和奖惩制为核心的通风管理制度，坚持推行由通风班组和安监部门共同负责的测风制度，每天例行进行 1 次全面测风。并对工作面和其他用风地点，根据实际需要随时测风，再依据测风结果，采取有效措施，进行必要的风量调节。

(4)坚持定期检修制度，对风机、风筒要定期检查，保证正常连续运转，避免发生无计划停风事故。

8.8.3　防漏降阻措施

(1)以长代短。每段软风管的长度由以往的 30～50 m 加长至 100～200 m，减少接头数量，并严格按操作规程执行，以减少漏风率。

(2)尽可能地减少风管弯头，必要时在转弯段采用硬质风管。

(3)经常对全部风管进行检查，不平、不顺之处及时调直调平，一旦发现风管破损漏风，及时处理。轻微破损的管节，采用快干胶水粘补；严重破损的管节，必须及时更换，从而降低漏风几率，保证管道密封度。

8.8.4 加强隧道通风注意的问题

(1)加强运输设备的维修保养制度，按照设备管理要求定期维修，特别是进气和燃油系统，进行强化保养，并坚持燃油沉淀过滤制度，减少废气的排放量。

(2)尽可能地减少污染来源，除采用常规的机械通风、洒水降尘、冲洗岩渣等措施外，还可以采取局部净化的方法，控制尘源所产生的粉尘扩散。进洞车辆推广使用低污染的柴油机车辆，并尽量减少进洞内燃车辆的数量，以减少车辆的废气排放量。

(3)软风管在储存、运输过程中要注意保护，避免造成人为损伤和机械损伤，从而减少漏风量。

(4)通风管线路的末端，要求距工作面不应大于 30 m，必要时应在通风管上设置中间接力风机，以保证良好的排出污染空气。此外，加强风管的检修，检查内容包括悬挂是否完好、接头连接状况、风管有无破损等，对存在的问题及部位作好记录并及时处理。

(5)通风机应装有保险装置，当发生故障时能自动停机。

第 9 章　斜 井 排 水

9.1　斜井涌水量预测

9.1.1　水文地质模型的确定

区内水文地质条件中等、构造条件简单，含水层的厚度相对变化较小，主要隔水层隔水性能好，因此视含水层为各向同性、均质、等厚、无限。

根据综合地质柱装图 3-1，往地质矿成果以及邻区乃马岱、马泰壕勘探区水文地质抽水试验资料，本次斜井隧道开拓含水量预测取以下 4 个含水层进行分析：

(1)全新统风积砂层孔隙潜水含水层(Q_4^{eol})；

(2)白垩系下统志丹群(K_1zh)孔隙潜水含水层；

(3)侏罗系中统直罗组(J_2z)碎屑岩类含水层；

(4)侏罗系中统延安组($J_{1-2}y$)碎屑岩类含水层。

含水岩组地下水对斜井隧洞的涌水量计算时，由于相关资料显示承压水的承压水头高度很低，因此计算中不考虑承压水头的影响，水文地质计算边界即为矿区边界外的地下水影响半径。

9.1.2　计算方法及水文地质参数的选择

根据相临矿区马泰壕矿水文地质条件，分析矿区充水因素，选用“大井法”计算隧洞涌水量。参数选择和计算结果如表 9-1、表 9-2 所示。

9.1.3　计算结果

把选择的水文地质参数代入计算公式，得出预测的斜井隧洞涌水量，如表 9-3 所示。

表 9-1　隧洞涌水量计算参数表

预测层位	含水岩组	K(m/d)	H(m)	M(m)	R(m)$=10H\sqrt{K}$	r_0(m)	R_0(m)$=R+r_0$
Q_4^{eol}	第一含水岩组	5.550	12	12	282.7	8.1	290.8
K_1zh	第二含水岩组	0.005 03	444	444	314.9	8.1	323.0
J_2	第三含水岩组	0.012 8	194	194	219.5	8.1	227.6
$J_{1-2}y$	第四含水岩组	0.022 55	100	100	150.2	8.1	158.3

表 9-2　地下水涌水量预算成果

含水岩组		计算公式及参数选择	计算结果(m^3/d)
第Ⅰ含水岩组	正常涌水量	$Q=\frac{1.366K(2H-S)S}{\lg R_0-\lg r_0}$(大井法公式) 式中　K——渗透系数，取 5.550 m/d； H——水柱高度，取 12 m； M——含水层厚度，取 12 m；	702.1

续上表

含水岩组		计算公式及参数选择	计算结果(m³/d)
第Ⅱ含水岩组	正常涌水量	r_0——引用半径,取 8.1 m,取隧洞的开挖直径; R——影响半径,取 282.7 m; R_0——引用影响半径,取 290.8 m,$R_0=R+r_0$; S——$S=H$,取 12 m $Q=\frac{1.366K(2H-S)S}{\lg R_0-\lg r_0}$(大井法公式) 式中　K——渗透系数,取 0.005 03 m/d; H——水柱高度,取 444 m; M——含水层厚度,取 444 m; r_0——引用半径,取 8.1 m,取隧洞的开挖直径; R——影响半径,取 314.9 m; R_0——引用影响半径,取 323.0 m,$R_0=R+r_0$; S——$S=H$,取 444 m	846.2
第Ⅲ含水岩组	正常涌水量	$Q=\frac{1.366K(2H-S)S}{\lg R_0-\lg r_0}$(大井法公式) 式中　K——渗透系数,取 0.012 8 m/d; H——水柱高度,取 194 m; M——含水层厚度,取 194 m; r_0——引用半径,取 8.1 m,取隧洞的开挖直径; R——影响半径,取 219.5 m; R_0——引用影响半径,取 227.6 m,$R_0=R+r_0$; S——$S=H$,取 194 m	454.2
第Ⅳ含水岩组	正常涌水量	$Q=\frac{1.366K(2H-S)S}{\lg R_0-\lg r_0}$(大井法公式) 式中　K——渗透系数,取 0.022 55 m/d; H——水柱高度,取 100 m; M——含水层厚度,取 100 m; r_0——引用半径,取 8.1 m,取隧洞的开挖直径; R——影响半径,取 150.2 m; R_0——引用影响半径,取 158.3 m,$R_0=R+r_0$; S——$S=H$,取 100 m	238.6

表 9-3　预测的斜井隧洞涌水量

含水层位置	大井法(m³/d)
第Ⅰ含水岩组(Q_4^{eol})	702.1
第Ⅱ含水岩组(K_1zh)	846.2
第Ⅲ含水岩组(J_2)	454.2
第Ⅳ含水岩组($J_{1-2}y$)	238.6
合计	2 241.1

根据上述分析,预计新街南矿区斜井施工过程中总涌水量最大可能达到 $Q=2\ 241.1\ m^3/d$,即 93.4 m^3/h,涌水量并不大,主要为孔隙水,次为裂隙水。

取围岩渗滴水量为 95 m^3/h,以及考虑盾构机施工的污水排放量为 10 m^3/h,因此斜井施工的总涌水量按照105 m³/h考虑。

9.2 排水系统方案设计

9.2.1 排水系统总体方案

斜井在施工过程中的洞内渗涌水及施工废水，拟采用强制抽排的方式。即收集顺坡汇集到掘进机盾尾位置的积水，采用高压水泵抽排至复合盾构机后配套配备的储存沉淀装置，进行初级水处理后，再泵送出地面。

由于斜井长达7.9 km，排水系统需要满足750 m扬程，7.9 km的输送距离，采用单级泵送难度过大，因此计划采用多级泵送的排水方案，即临时水箱串联＋多级水仓泵站的强制排水方案。

鉴于每级排水泵站均需要临时储水、输水装置，考虑到斜井断面的状况，因此我们就利用现有斜井断面在斜井侧边扩挖开凿固定水仓，采用3级水仓的大扬程大储量多级泵站方案。

为了确保排水系统的安全稳定，避免在护盾模式下掘进机被淹的灾难，排水系统全部采用多重保险的策略。

1. 单泵单排水管路

全程布置单泵单排水管路，即不管安装了几台水泵，每台水泵都安装一趟排水管路，无论该水泵是否在进行抽水作业。确保排水管路与水泵数量、抽水量相匹配。

2. 三重水泵保险

为确保排水系统能够万无一失，我们拟在每级泵站，均配备3套水泵，采用“一用一备一修”的原则，即在每级水仓内均布置的3台水泵，其中1台正常运行排水，1台随时待命作为备用，1台可不用工作进行检修。

3. 双回路供电线路

水泵的供电线路均采用双回路，智能切换供电线路，避免线路断电导致排水系统不能工作。

9.2.2 参考标准

《矿用潜水电泵》(MT/T 671)；

《矿用一般型电气设备》(GB 12173—1990)；

《爆炸性气体环境电气设备，第2部分：隔爆型“d”》(GB 3836.2—2000)；

《爆炸性气体环境电气设备，第3部分：增安型“e”》(GB 3836.3—2000)；

《YQ系列矿用一般型潜水电泵》(Q/HF 15—2008)；

《BQ系列矿用隔爆型潜水电泵》(Q/HF 22—2008)；

《ZQ系列矿用增安型潜水电泵》(Q/HF 23—2008)。

9.2.3 临时水仓设计

1. 临时水仓布置

按副斜井(坡度6°)长7.9 km时考虑，总排水量按105 m³/h计算。结合地质情况，当掘进1 065 m时(第一平坡段，高差107 m)布置一级水仓，其他每隔2 261 m(高差209 m左右)设置一固定水仓(二级、三级)，一、二、三级水仓分别布置在副斜井第1、第3、第5平坡段，各级水仓进口处底板与原地面高差分别为－107.000 m、－316.000 m、－525.000 m(各级水仓相邻之间的高差从上至下均为－209.000 m)，入口坡度－15°，水仓长约69.3 m

(其中进口段为平坡长 5 m,斜坡段长 59.3 m,底部水泵平台段为平坡长 5 m),断面为城门洞型 $b\times h=5.0\ \mathrm{m}\times 4.2\ \mathrm{m}$,断面布置如图 9-1 所示,水仓总容量 989 m^3,其有效容积 840 m^3,三心拱形锚喷支护。

当水仓形成排水能力后,则取消固定水仓与洞口(或下一级水仓)之间设置的临时水箱,但水仓与盾构机之间仍采用上述的临时水箱串联方案。

斜井设一、二、三级共计 3 个储水仓,均为临时性单水仓。各水仓高差约 209 m,布置在斜井前进方向右侧,布置示意图如图 9-2、图 9-3 所示。

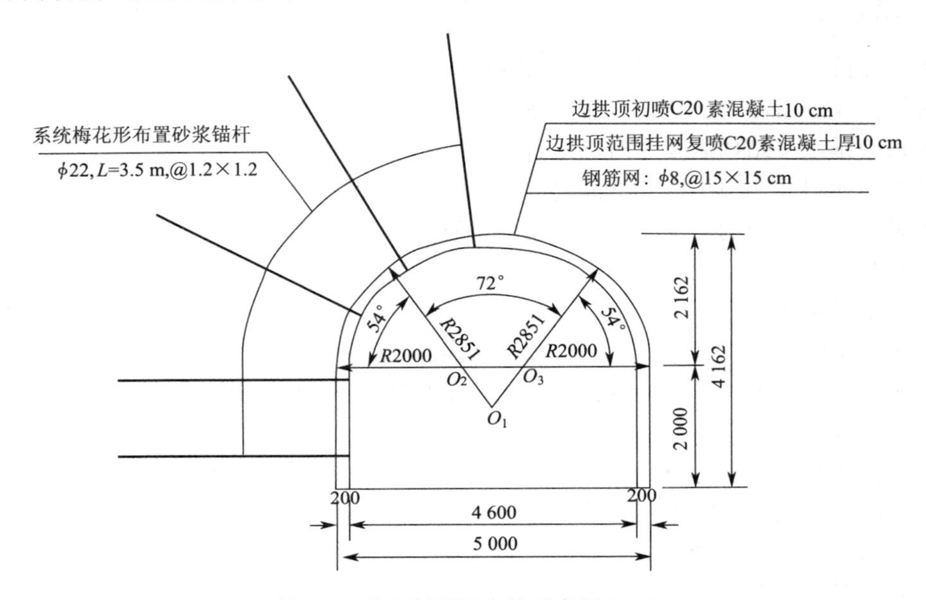

图 9-1　水仓断面及支护示意图(mm)

储水仓容积按下式计算:

$$V=Q_{正}\times t \tag{9-1}$$

式中　$Q_{正}$——矿井正常涌水量;据现场提供的资料,总涌水量 105 m^3/h;

t——正常涌水量的时间(h)。

储水仓(临时水仓,汇水面积小,取 8 h 正常涌水量):

$$V_1=105\times 8=840\ \mathrm{m}^3$$

考虑储水仓装满系数为 0.85,储水仓总容积取 989 m^3,其有效容积为 840 m^3。

2. 水仓底部水泵平台

为了能快速安装、排水设备能尽快投入使用,而且排水设备在水淹的情况下能继续排水,在水仓内设置符合要求的排水设备(潜水泵)。水仓的底部设置水泵安装平台,潜水泵固定放置于安装平台上。

水泵安装平台在水仓最底部平洞段,以便于水仓内的泥沙淤积和减少水泵吸入泥沙而影响排水。

9.2.4　临时水箱设计

掘进机排水采用临时水箱串联＋多级水仓泵站的方式强制排水,即掘进机内配置有水泵,将污水抽至掘进机后配套之后的临时水处理箱。

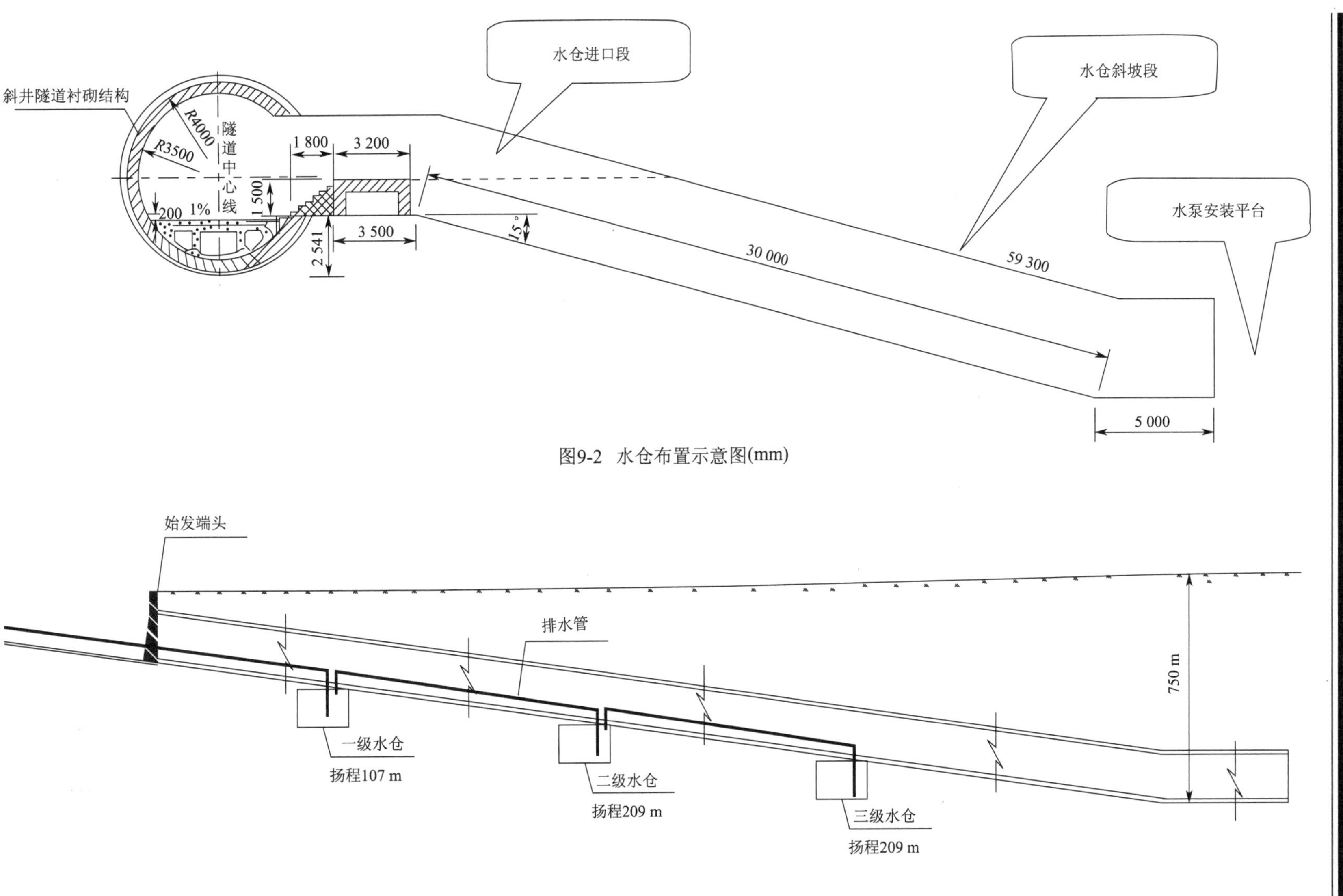

图9-2 水仓布置示意图(mm)

图9-3 一级～三级水仓沿线布置示意图

临时水箱布置在路面的一侧，临时水箱的大小按隧道 15 min 涌水量来设计，因此临时水箱容积为 25 m^3，同时考虑水箱的净水储存量 5 m^3 作为盾构施工供水水箱，因此临时水箱的体积为 30 m^3。

临时水箱起中转排水功能，临时水箱每 1 000 m 布置一个，在掘进机后配套最后一节拖车上设置 1# 临时水箱，当掘进机掘进 1 000 m 左右距离时，若未有水仓接续排水，可设置 2# 临时水箱，然后由 2# 临时水箱排入水仓，最后将污水排出隧洞外。

9.3 排水流程

掘进机排水采用临时水箱串联＋多级水仓泵站的方式强制排水，即掘进机内配置有水泵，将污水抽至掘进机后配套之后的临时水处理箱。

在掘进机后配套最后一节拖车上设置 1# 临时水箱，当掘进机掘进超过 1 km 后，一级水仓形成，当掘进机掘进超过约 2.2 km 时，再在后配套后面增加第二个固定式 2# 临时水箱。1#、2# 临时水箱串联可将废水通过排水管，至上一级水仓。当掘进机掘进超过约 3.3 km 时，二级水仓形成，当掘进机掘进超过约 4.5 km 时，将固定式 2# 临时水箱移动至该位置。以此类推，当多个水仓形成之后，直接利用水仓进行逐级排水，最后至洞外。不同施工阶段排水流程如表 9-4 所示。

简而言之：水仓之上的巷道排水均通过汇集到水仓内进行集中抽排；水仓往下与掘进机之间巷道排水还需要通过临时水箱抽排至水仓内，最后再集中抽排。

表 9-4 不同施工阶段排水流程表

施工时段	排水方式	排水流程
一级水仓形成之前	临时水箱排水	掘进机→1# 临时水箱→洞外（掘进 0～1 080 m 段）
二级水仓形成之前	固定水仓＋临时水箱逐级排水	掘进机→1# 临时水箱→一级水仓→洞外（掘进 1 080～2 210.5 m 段） 掘进机→1# 临时水箱→2# 临时水箱→一级水仓→洞外（掘进 2 210.5～3 341 m 段）
三级水仓形成之前	固定水仓＋临时水箱逐级排水	掘进机→1# 临时水箱→二级水仓→洞外（掘进 3 341～4 471.5 m 段） 掘进机→1# 临时水箱→2# 临时水箱→二级水仓→洞外（掘进 4 471.5～5 602 m 段）
三级水仓形成之后	固定水仓＋临时水箱逐级排水	掘进机→1# 临时水箱→2# 临时水箱→三级水仓→二级水仓→一级水仓→洞外（掘进 5 602～7 919 m 段）

9.4 排水设备

9.4.1 水泵排水能力

1. 选型依据

（1）一级水仓水泵

排水量为 105 m^3/h；高程：107 m。

（2）二、三级水仓水泵

排水量为 105 m^3/h；高程：209 m。

2. 水泵比选

根据提供的资料，目前现有的潜水电泵、双吸双蜗壳水泵、多级离心泵、渣浆泵（排沙泵）等水泵技术性能均能够满足排水工程的需要，但考虑到水文地质的不确定性、施工安装的方便快捷性等因素，排水设备暂定为高扬程泵方案。

9.4.2　一级水仓排水设备

1. 设计依据

总涌水量为 105 m^3/h，排水高度为 107 m。

2. 设备参数

排水时1用1备1修；即水仓内布置的3台水泵，1台正常运转排水，1台随时待命作为备用，1台可不工作进行检修。

(1)水泵必须的扬程

$$H_B=\frac{H_p+H_g}{\eta_g} \tag{9-2}$$

式中　H_p——排水高度；

H_g——吸水高度，一般取 4～5 m；

η_g——管路效率。管路最短，对竖井，$\eta_g=0.9\sim0.87$；对斜井，当倾角大于30°时，$\eta_g=0.83\sim0.8$；当倾角在20°～30°之间时，$\eta_g=0.8\sim0.77$；当倾角小于20°时，$\eta_g=0.77\sim0.74$。垂高一定的时候，角度越小，阻力越大。

$$H_B=\frac{107+4}{0.75}=148\text{ m}$$

(2)水泵最小排水能力计算

水泵选取时，考虑水泵排水能力为隧洞涌水量的1.2倍，隧洞总涌水量为 105 m^3/h，则水泵排水的能力为 121 m^3/h。

(3)排水管路的选择

排水管直径：

$$d_1=\sqrt{4\times121/(3\,600\times3.141\,6\times2)}=146\text{ mm}$$

排水管选用 $\phi152\times5$ 的无缝钢管，管路设置三趟，正常涌水一趟工作，最大涌水两趟工作，特殊情况三趟管路同时工作，每趟管路长度为 150 m。

流速：

$$\begin{aligned}v&=4Q/(3\,600\pi d_p^2)\\&=4\times121/(3\,600\times3.141\,6\times0.142\times0.142)\\&=2.18\text{ m/s}\end{aligned} \tag{9-3}$$

式中　d_p——排水管内径；

Q——流量；

v——流速。

(4)水泵工况点

新管管网阻力系数：

$$R_X=12.1/121^2=8.26\times10^{-4}$$

管路阻力：

$$\begin{aligned}H_{af}&=\lambda L_p v^2/(2gd_p)\\&=0.023\,4\times(150+6.5\times5+121)\times2.18^2/(19.6\times0.142)\\&=12.1\text{ m}\end{aligned} \tag{9-4}$$

式中　λ——沿程阻力系数；

L_p——管路长度。

水泵运行工况点：

$$Q=121\ \mathrm{m^3/h}, H_g=148\ \mathrm{m}, \eta=74.5\%$$

(5)功率计算

$$\begin{aligned} N_\varphi &= 1.1QH_g/(3\,600\times100\times0.98\eta) \quad (9\text{-}5)\\ &= 1.1\times121\times148\times1\,020/(360\,000\times0.98\times0.745)\\ &= 76.4\ \mathrm{kW} \end{aligned}$$

(6)电动机配置

配置一台 80 kW、380 V、1 470 r/min 的水泵。

(7)其他

排水系统采用软起动控制；

排水系统采用液位自动控制系统；

排水系统采用远程自动控制系统。

9.4.3　二、三级水仓排水设备

1. 设计依据

总涌水量为 105 $\mathrm{m^3/h}$,排水高度为 209 m。

2. 设备参数

排水时 1 用 1 备 1 修;即水仓内布置的 3 台水泵,1 台正常运转排水,1 台随时待命作为备用,1 台可不工作进行检修。

(1)水泵扬程

由式(9-2)可得

$$H_B=\frac{209+4}{0.75}=284\ \mathrm{m}$$

(2)水泵排水能力计算

水泵选取时,考虑水泵排水能力为隧洞涌水量的 1.2 倍,隧洞总涌水量为 105 $\mathrm{m^3/h}$,则水泵排水的能力为 121 $\mathrm{m^3/h}$。

(3)排水管路的选择

排水管直径：

$$d_1=\sqrt{4\times121/(3\,600\times3.141\,6\times2)}=146\ \mathrm{mm}$$

排水管选用 $\phi152\times5$ 的无缝钢管,管路设置三趟,正常涌水一趟工作,最大涌水两趟工作,特殊情况三趟管路同时工作,每趟管路长度为 1 131 m。

流速：

$$\begin{aligned} V_p &= 4Q/(3\,600\pi d_p^2)\\ &= 4\times121/(3\,600\times3.1416\times0.142\times0.142)\\ &= 2.18 \end{aligned}$$

管路阻力：

$$\begin{aligned} H_{af} &= \lambda L_p v^2/(2gd_P)\\ &= 0.023\,4\times(1\,131+6.5\times5+284)\times2.18^2/(19.6\times0.142)\\ &= 57.8\ \mathrm{m} \end{aligned}$$

(4)水泵工况点

新管管网阻力系数:

$$R_X=57.8/121^2=3.95\times10^{-3}$$

水泵运行工况点:

$$Q=121\ \mathrm{m^3/h}, H=285\ \mathrm{m}, \eta=74.5\%$$

(5)功率计算

$$\begin{aligned}N_\varphi &=1.1QH\rho/(3\,600\times100\times0.98\eta)\\&=1.1\times121\times285\times1\,020/(360\,000\times0.98\times0.745)\\&=147.2(\mathrm{kW})\end{aligned}$$

(6)电动机配置

每台水泵配置一台 150 kW、380 V、1 480 r/min 的电动机。

(7)其他

排水系统采用软起动控制;

排水系统采用液位自动控制系统;

排水系统采用远程自动控制系统。

9.5 水泵安装

排水设备布置主要考虑到施工快速、安装快捷、检修维护方便等因素。设计均选用潜水电泵方案,其布置具有以下特点:安装快捷,检修维护,占地小,土建工程量小,不需辅助吸水设施等特点。

潜水泵安装于水面以下,不需设置独立泵房,不需要设置吸水井及配水设施。只需在水仓内设一个潜水泵布置平台,当水泵需要检修维护时,通过提升设备将水泵拉至上部水仓洞口以外的场地检修。水泵吸水口设置吸水过滤装置,以避免将颗粒较大的沙粒及碎石吸入泵内,从而影响潜水泵内的电动机壳及水泵叶轮等,以延长水泵使用寿命和提高排水效率。

水泵设置自动液位控制装置,以避免水面过低而吸入空气产生气蚀现象。液位自动控制装置设置有水位传感器,水仓的排水水位控制最低水位为 1.0 m(由水仓底部算起,下同),当水位低于 1.0 m 时水泵自动跳闸停止排水;当水位达到最高水位 4.0 m 时水泵自动开启排水。水仓的极限储水水位是 5.0 m。

9.6 管路布置

排水管路布置主要考虑到巷道断面大小、车辆运行方便、安装快捷、检修维护方便等因素。由于管路直径不大,从水仓出来的管路采用并排垂直排列,以将巷道空间最大化、减小对车辆运输等的影响。排水管路布置示意如图 9-4 所示。

排水管路均选用无缝钢管,排水系统管路规格为 $\phi152\times5$ mm。

管路连接采用法兰盘接头进行连接,管路采用钢架支座支撑。

管路设置电动闸阀,采用电力驱动,控制方便。

管路设置止回阀,避免水流倒流毁坏水泵。

管路沿斜井一侧敷设,通过钢架固定于边墙上方。

第 10 章　斜井物流运输

斜井采用双模式复合盾构施工的物流运输包含盾构施工的出渣系统及诸如管片、背后填充材料、周转材料等物流运输系统。

掘进机施工主要采用皮带输送机将切削下来的渣土运送至洞外渣土转运场，再利用无轨运输自卸车将渣土运送至业主制定的弃渣场。

10.1　出渣及转渣系统

出渣及转渣系统的施工组织流程为：掘进机掌子面土仓→螺旋输送机（或中心皮带机）→后配套皮带机→连续长皮带运输机→洞外转渣场→自卸车运输→弃渣场。

双模式复合盾构机出渣，根据不同的掘进模式，出渣方式有所不同。斜井掘进机施工出渣以采用皮带运输机出渣为主，主要由三部分组成：螺旋输送机（中心皮带机）＋后配套皮带机＋洞内连续皮带机。其出渣能力不低于 450 t/h，可满足高峰期 700 m/月的出渣量。

10.1.1　螺旋输送机出渣系统

在土压平衡模式下，排渣功能实现主要由螺旋输送机、转运皮带机及后配套皮带机来完成。

螺旋输送机是土压平衡盾构的重要组成部分，它的主要用途是：

(1)送走土仓内挖掘的土体；

(2)使充满在螺旋机内的土或者加入添加材后的混合土形成一个螺旋状的连续体来达到止水的目的；

(3)由螺旋输送的转数来达到排土量的控制。

本工程螺旋输送机示意图如图 10-1 所示。

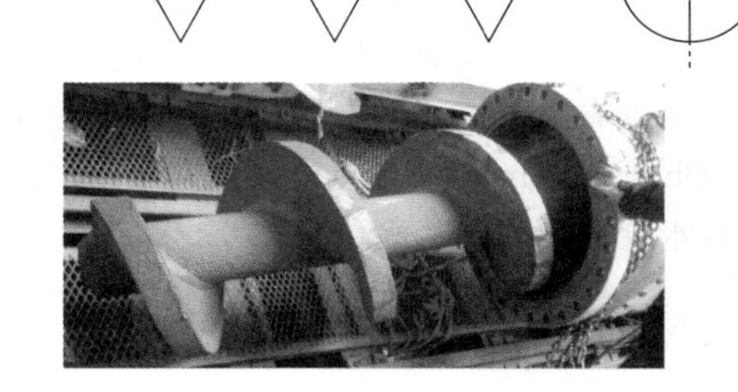

图 10-1　土压平衡盾构使用的实体式螺旋形式

10.1.2　螺旋输送机出渣系统能力计算

螺旋机出土是维持土压平衡盾构平衡推进的关键，双模式复合盾构机在土压平衡模式下推进过程中螺旋输送机出土量与转速一般用下式计算：

$$Q=\eta ANP \tag{10-1}$$

式中　Q——排土量；

η——排土效率，螺旋输送机内渣土一般不会充满于机内，实际当中可取 95%～97%；

A——螺旋输送机有效断面积，$A=\frac{\pi}{4}(D_1^2-D_2^2)$，$D_1=0.22$ m，$D_2=0.9$ m；

N——螺旋机转速，最大转速 22.5 r/min，取正常工作情况下螺旋输送机转速为18 r/min；

P——螺旋翼片的间距，$P=0.63$ m。

则螺旋输送机每小时的出渣量为：

$$Q=0.96\times3.14\times(0.9^2-0.22^2)\times18\times60\times0.63/4=386.4\ m^3/h$$

本工程斜井隧道盾构开挖断面直径为8.1 m，开挖断面面积51.5 m^2，管片长度1.5 m，按最大700 m/月掘进，则每循环最快掘进时间36 min，每环实际开挖方量$51.5\times1.5=83.25\ m^3$。对应最大月进尺700 m/月，要求掘进机每小时出土量为$83.25\times60/36=138.75\ m^3$，小于螺旋输送机每小时的正常出渣量，因此，本工程选用的螺旋输送机可以满足快速排渣的要求，确保施工工期。

10.1.3　连续皮带机出渣系统

连续皮带输送机出渣方式是将掘进机的掘进弃渣由主机中心皮带机、后配套皮带机、后配套转接皮带机、斜井内连续皮带机、斜井口转渣皮带机共同组成连续的排渣系统。在单护盾模式下，掘进过程中，通过刀盘旋转产生的岩渣下落至巷道底部，由刀盘下部的刮板刮起收集后通过中心皮带机输送到掘进机设备的转运皮带上，依次传输至固定在掘进机设备后配套系统顶端的连续传送带。被刀盘铲斗遗漏下的渣料由支撑隔板向前"推"集，然后被刀盘刮板上专门设置的反向铲斗铲起，也倾卸到出渣皮带运输机上。连续皮带机出渣系统示意图如图10-2所示。

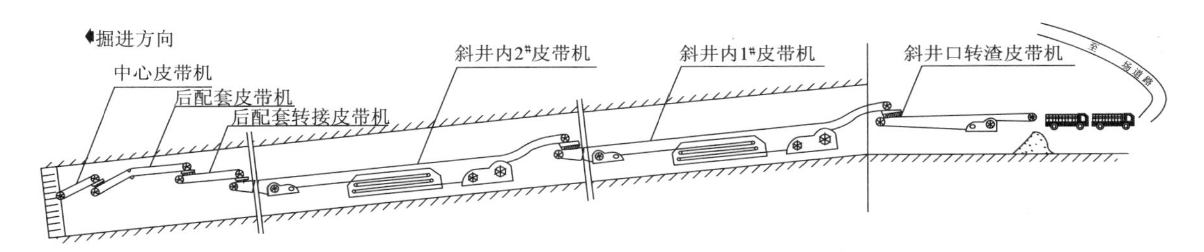

图10-2　连续皮带机出渣系统示意图

该系统是将渣土由掘进机直接输送至洞外，中途无需倒运。其中：

中心皮带机、后配套皮带机、后配套转接皮带机是掘进机自配设备；

连续皮带机是一个不断跟进掘进机掘进的，连续不断的斜井输渣皮带机；

斜井口转渣皮带机是一个固定式的皮带机，安装于斜井口，弃渣通过此皮带机输出洞外，再由汽车运输至弃渣场。

1. 连续皮带机系统施工方法

连续皮带机计划布置于斜井右侧的管片上。具体施工方法如下：

掘进机步进到始发位置后，斜井1#皮带机和斜井口转渣皮带机开始安装调试。

斜井1#皮带机的机尾延伸装置与掘进机后配套台车相连接，并与掘进机同步前进。

当斜井1#皮带机延伸到设计长度的一半时需要停止掘进，增加辅助驱动装置(中驱)。

当斜井1#皮带机延伸到设计长度时掘进机停止掘进，斜井1#皮带机收回一定的距离并安装斜井2#皮带机，斜井2#皮带机的机尾延伸装置与掘进机后配套台车相连接，并与掘进机同步前进。

当斜井2#皮带机延伸到设计长度的一半时需要停止掘进，增加辅助驱动装置。

斜井皮带机在延伸过程中需要根据皮带储存仓的容量按时增加皮带，并做好皮带接头的硫化。

连续皮带机系统出渣作业运转控制程序分为掘进机出渣作业开机程序和掘进机作业停机程序。图 10-3 为作业运转控制框图。

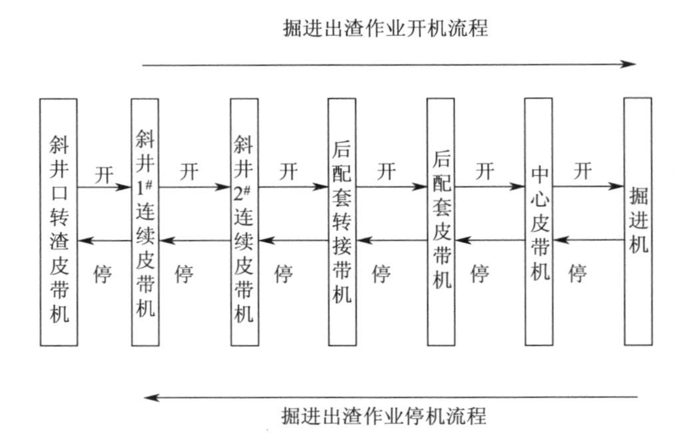

图 10-3　连续皮带机系统出渣作业运转控制框图

2. 连续皮带机系统主要参数

主要参数确定原则：

(1)连续皮带机系统要与掘进机后配套一体化配置；

(2)连续皮带机运输能力要大于掘进机生产量。

3. 斜井连续皮带机构造

(1)连续皮带机构造主要由六部分组成

机头部分：主驱动，机头与受料斗相接，机头部位设置刮渣板，保证皮带上的渣土倾倒干净。

机尾部分：与 TBM 后配套相接，安放皮带机、支架、托辊装置。

皮带储存仓及张紧装置：储存跟进掘进机所需的皮带，保持皮带工作的张紧力。

辅助驱动装置：根据连续皮带机工作需要配置，安置在皮带机的中间位置。

皮带：输送渣土，具有较高的强度和耐磨性。

三角支架和托辊：支撑皮带在托辊上移动。

皮带机运输机系统参数如表 10-1 所示，皮带机运输机系统如图 10-4～图 10-6 所示。

表 10-1　洞内连续皮带机系统参数表

序号	项目名称	参数	单位	备注
1	皮带长度	8 000	m	2 套
2	高差	750	m	合计
3	皮带传送速度	2.5	m/s	
4	主驱动功率	2×200	kW	
5	辅助驱动功率	2×200	kW	
6	皮带类型	钢丝绳(ST)		

(2)斜井连续皮带机工作原理

连续皮带机的特点是连续不断和跟进。其机尾部分与掘进机后配套皮带机相接，随着掘进机不断掘进前进，皮带储存仓和张紧装置不断工作，使机尾部不断伸长前移与掘进机同步跟进，机头部分与斜井口转渣皮带机受料斗相接，通过主驱动和辅助驱动装置，使整个皮带运动。渣土从掘进机后配套转渣皮带机下落到机尾部移动的皮带上，由连续皮带机输送到机头部下落到斜井口转渣皮带机受料斗，然后随斜井口转渣皮带机输送出井外。

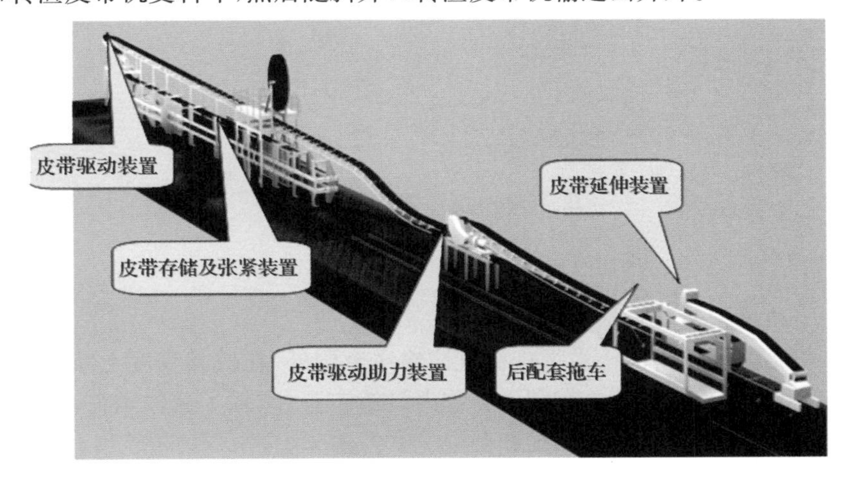

图 10-4　连续皮带机系统组成示意图

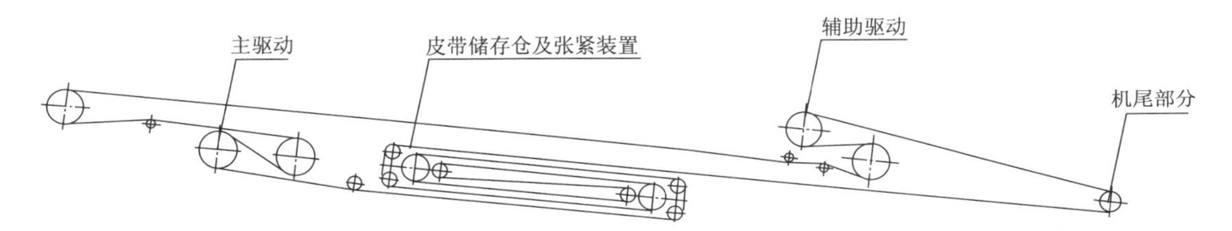

图 10-5　斜井连续皮带机示意图

图 10-6　皮带驱动及储存装置(皮带仓)实物照片

连续皮带机同步跟进的方法是通过机尾部不断安装的三角架、平托辊和槽托辊来实现。图 10-7 为连续皮带机同步跟进延伸示意图，图中机尾部前端有一作业空间，用作安装三角架、平托辊和边轨，机尾部中间有一个安装槽托辊的“窗口”。随着连续皮带机尾部与掘进后配套同步前进，由皮带机作业工人逐步安装三角架、平托辊和槽托辊，通过皮带储存仓和张紧装置的操作，平稳释放出延伸所需的连续皮带，完成皮带机连续跟进的做业。皮带储存仓内的皮带需要根据掘进速度及时进行补充，皮带接长作业采用皮带扣的方式实现快速连接。

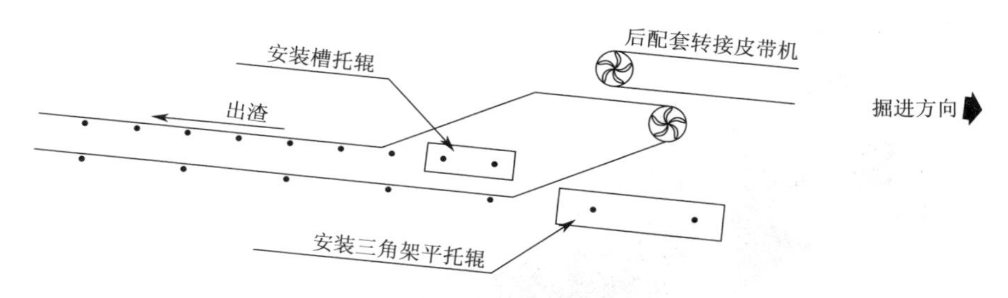

图 10-7　连续皮带机同步跟进延伸示意图

4. 连续皮带机维护及管理措施

连续皮带机系统可以将渣土由掘进机直接输送至洞外，在较大程度上减少了人员和机械设备投入，安全可靠。其结构简单有利于斜井内设施布置，减轻了运输负荷，降低了洞内送风量，可有效地保证掘进机掘进的连续性和掘进速度。

连续皮带机系统的“管、用、养、修”是其系统安全运转的关键，在掘进机掘进施工中，要认真按照皮带输送机使用管理规范执行，制定严格的管理制度和措施。

设连续皮带机管理维修组，分三班作业，每班有专人负责沿线不间断检查和维护，并随机尾部跟进前移，安装三角架、平托辊、槽托辊，保证皮带机连续不断跟进作业。

建立连续皮带机“管理养护”制度，按时定期进行必要的维护、保养，检查皮带表面、背面和侧面的损伤情况，查明原因及时维修，检查平托辊、槽辊及驱动滚筒的工作状况。发现损坏部件及时更换。

在连续皮带机系统主要部位上设置必要的监控设施，随时监控皮带机工作状况，发现问题及时处理。

密切注视掘进速度，及时调整胶带张紧程度，保证皮带仓储备，认真检查皮带的连接部位，确保运转正常。

设置配件仓库，常备件、易损件要储备足够，及时更换，确保正常工作。

5. 掘进机配备的皮带机维护及管理措施

(1)每班观察皮带跑偏情况，通过皮带从动滚轮张紧调整螺栓适量调整滚筒两侧张紧量，以皮带运转时松紧适度、不跑偏为标准。

(2)每班通过皮带运转情况，观察皮带下方各种型号皮带托滚旋转是否灵活、驱动滚筒或从动滚筒轴承噪声和径向跳动是否明显，安装支架是否紧固；检查托滚、刮板磨损，如磨损过度及时更换。

(3)每半年拔出驱动滚筒驱动马达，更换新齿轮油。

(4)每周清理皮带桥、皮带两侧或下方，尤其是皮带托滚周围的尘土、沉积混凝土和淤积碎石(是托滚、皮带快速磨损的首要因素)。

(5)每班检查所有皮带表面、背面及侧面的损伤情况，查明原因及时修补。

10.1.4　皮带出渣系统能力计算

理想工况下，双模式复合盾构机掘进需要的连续皮带输送的能力计算如表 10-2 所示。

表10-2　双模式复合盾构机皮带出渣系统能力计算

项　目	数　值	项　目	数　值
盾构开挖断面直径(m)	8.1	实方量(m^3)	51.5×1.5=77.25
开挖断面面积(m^2)	51.5	总重量(t)	77.25×2.6=200.9
管片长度(循环进尺)(m)	1.5	需求运能(t/h)	200.9×60/36=334.8
每循环最快掘进时间(min)	36	连续皮带系统运能(t/h)	450
连续皮带输送能力(t/h)	450		

按最大700 m/月掘进，由表10-2可知，需求运能334.8 t/h<450 t/h，即洞内连续皮带输送能力完全满足双模式复合盾构机的掘进出渣的需求。

10.2　辅助运输系统

10.2.1　运输方式比选

除出渣运输采用连续皮带机外，其余盾构施工的运输作业量，全部由辅助运输系统承担。主要满足施工材料、管片、水泥、水泥浆液、施工人员上下班等运输要求。鉴于理论上坡度≥8°以上，根本无法采用轨道运输方式，必须采用无轨轮式运输，或是齿轮齿条传动运输。从快捷、方便、经济等角度出发，我们建议采用无轨运输系统。

因此，本工程斜井施工辅助运输系统采用无轨运输方式，全洞段均采用双车道布置，在每一级的洞内平坡段由于布置有多级排水泵站的水箱，在布置水箱的范围内采用单车道布置。主要采用MSV多功能运输车作为运输设备。在管片底拱上设置底拱块作为交通路面钢筋混凝土结构，其下部的预留孔洞则可作为辅助通风及排水暗沟使用。

洞内外均采用无轨运输，物流系统的运输流程如下：

管片运输：管片厂→始发场临时存放场→斜井巷道→掘进机工作面；

背后填充材料、灌浆材料运输：始发场临时存放场→斜井巷道→掘进机工作面。

10.2.2　单双车道选择

采用内径7 m管片，底部填高1.5 m，则能够贡献5.4 m宽道路。

考虑随着斜井的不断加深，作业人员的上下，材料、机具的往复运输，工作量会越来越大，如仅采用单车道运输，一方面是运力受限制，主要是不能会车让车的约束。

大吨位无轨运输车大多采用的是全液压驱动，运行速度则是大吨位运输车的最大的瓶颈。一般空载平坡行驶速度不超过25 km/h，重载工况下速度大多在15 km/h以下。斜井超过5 km以后，单车的往复时间，不计装卸耗时，就已经1 h。

如果采用单车道通行则整个运输过程耗时过大，既不经济，又影响掘进效率，因此需要实现双向运输。

10.2.3　运输设备选型

鉴于在斜井上下普通运输的材料、机具所占用空间均有限，管片全宽1.5 m已属于大件，故拟选择车宽不超过2 m的，是实现双件向运输的基础。

多方经过我们比选，计划采用专门为掘进机施工而设计的MSV多功能运输车(图10-8)。

该车宽度仅1.9 m，两端均有驾驶室，能够实现双向行驶(无需掉头)，斜井管片衬砌后的空间(扣除风管、皮带机、风水管线、皮带支架、人行通道所占用的空间之后)还能满足 MSV 运输车双车道行驶。

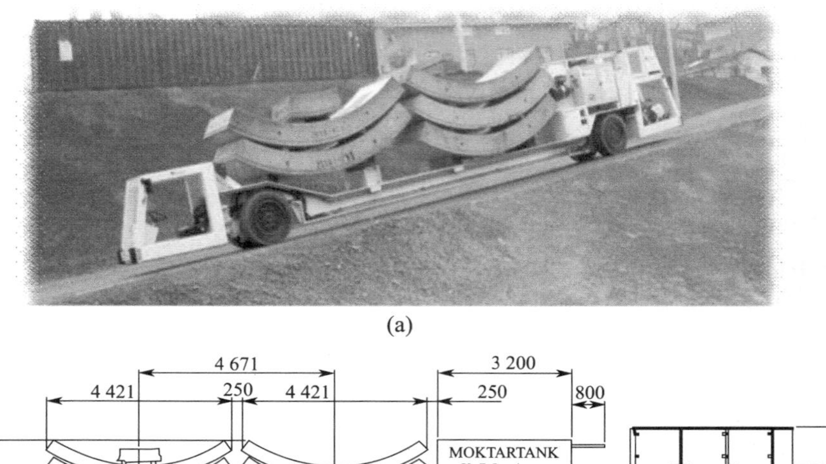

(a)

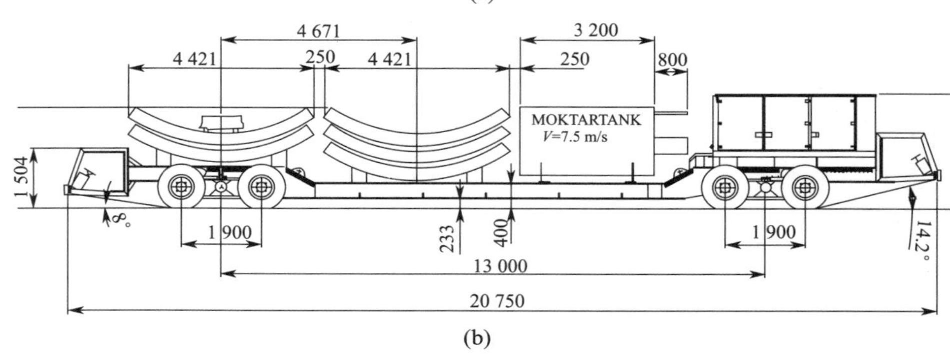

(b)

图 10-8 MSV 多功能运输车材料运输示意图(mm)

MSV 空车在平地上运行时速可达 14 km。在坡度 20%时,MSV 空车上行时速可达 12 km,下行时速为 7 km。MSV 负载 50 t 时在平地上运行时速可达 7 km。在坡度 20%时,MSV 在负载 50 t 时上行时速为 4 km,下行时速为 5 km。

MSV 多功能运输车功率为 315 kW,2 100 tr/min,可以适应 20%以内的坡度(≤11°)。

10.2.4 运输能力计算(表 10-3)

双模式复合盾构机平均月进尺约 450 m/月,最大月进尺为 700 m。

辅助运输系统运输能力,采用最大月进尺 700 m 进行复核验算。

表 10-3 运输能力计算过程

单井单月最大进尺	700 m
单井单日最大进尺	700/25=28 m(每月 25 d 掘进时间)
换算为 1.5 m 管片环数	28/1.5=18.7 环
MSV 多功能运输车单车次运输管片能力	0.5 环
单井单日管片需求最大运输车次	38 车次
单车次往返距离	7.9×2=15.8 km
单车次往返时间	7.9/12+7.9/7+0.4×2(管片吊装、吊卸时间)=2.6 h
单车每日最大运行时间	16 h(另外 8 h 为维修和保养时间)
单车每日最大运能	16/2.6=6.2 环(或车次)
每日需求的最大 MSV 运输车数量	38/6.2=6.2 台(取 6 台)

续上表

单井单月最大进尺	700 m
每日其他材料和人员上下班运输需求 MSV 运输数量	2 台
在最大月进尺的情况下，施工需要的 MSV 运输总数量	6+2=8 台

即通过上述复核验算可知，只有在盾构机掘进到 7.9 km 的长度时，运距达到最长，并且掘进速度达到 32 m/d 的最大强度的情况下，需要 7 台 MSV 运输车。

而在掘进(1～2 km)、(3～4 km)、(5～6 km)时，所需要的 MSV 运输车数量还要比 7 台还少。

综上所诉，本斜井在第一阶段(1～2 km)，计划投入 MSV 多功能运输车 3 台；第二阶段掘进(3～4 km)时，需投入 4 台；第三阶段掘进(5～6 km)时，需要 6 台；第四阶段掘进超出 7 km 后，需要 8 台。

10.2.5　紧急制动设计

大坡度、长距离斜井隧道采用无轨车辆运输时，由于车辆运输的安全是重中之重。为防止车辆重载情况下长距离持续下坡的行车制动失效，可从车辆本身及隧道结构平纵断面设计两个方面进行设计确保车辆运输安全。

1. 车辆设计

(1)行车制动：采用轮边减速机液压缓行制动(湿式)，行车制动可提供无热衰减的制动和减速。行车制动分为两个独立的制动回路，如果一个回路出现故障，另外一路制动可以继续实施制动。

(2)辅助制动：通过液压行走闭式系统实现辅助缓行制动。

(3)停车制动器：由弹簧施加，液压释放的停车制动器施加在轮边减速机，要求在高达 15%的各种坡道上具有可靠的停车制动能力。

(4)紧急制动：在紧急情况下，停车制动可以作为紧急制动。如果在前后两个回路中供压能力都丧失了，停车制动能够自动投入使用。

(5)液压蓄能器：制动系统配以主蓄能器和辅助蓄能器。在发生故障的情况下还能进行备用制动。应急蓄能器满足行车制动最大有效制动 5 次以上。系统中需配有警告装置，当储存的能量低于规定的最大值的 50%时，警告装置就自动报警。

(6)应急转向功能：由于车辆长时间重载下坡工况，要求车辆具有应急转向功能，提供两个从左至右转向循环的紧急动力源。在发动机或转向动力源偶然失效时，能够实现应急转向要求。

2. 隧洞纵断面设计

由于采用无轨运输系统，从安全方面考虑到运输车辆在较大坡度、较小空间内的爬坡及制动方面的要求，避免制动系统液压油升温过高导致制动系统高负荷运行，因此在整个斜井隧道内每隔 1 000 m 设一个缓和坡段，缓和坡段为－0.3%下坡，长度 100 m，以竖曲线将缓和坡段与斜坡连接，接线圆曲线半径为 300 m，长度为 30.516 m。如图 10-9 所示。该缓和坡段可作为运输车的长距离下坡的缓冲段，减轻制动系统的负担，还可作为车辆临时检修的空间。

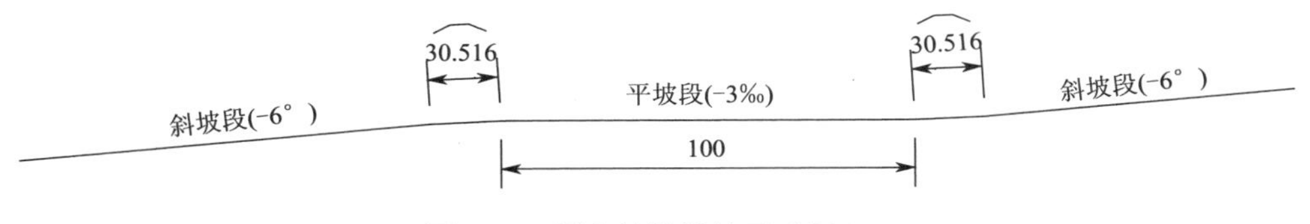

图 10-9　缓和坡段设计示意图(m)

第 11 章　施工供电系统配置

TBM 属于超大型用电设备，且配套的皮带运输系统、强制抽排水系统、通风系统等，也同样需要消耗大量的电力资源，因此本章就施工供电系统的配置，作专题分析研究。

11.1　施工供电系统策划

11.1.1　供电系统配置原则

供电设备的总容量，考虑其共同作用情况，按总需电量的 80%左右进行设计。供电设备采用柜式装置，并需注意下列事项：

电器要紧凑集中于箱内，安装面积要小。

电器的带电部分不露于外部。

设备应能原封不动，安装于临时建筑内或地下的隧道中。

高压电缆选用铜芯交联聚乙烯绝缘钢带铠装阻燃电力电缆。隧道所需电气设备选用防爆阻燃型设备。

设备组件尽可能采用防爆件。

11.1.2　主要供电设备布置

斜井掘进机施工供电需求主要分为两方面，一方面为地面供电，另一方面为斜井供电。地面供电主要包括地面施工、斜井通风、办公和生活用电。斜井供电主要包括 TBM 用电、斜井排水照明用电、斜井皮带输送机用电等。考虑安全因素，地面配备一套应急发电设备，在极特殊情况下保障斜井通风、排水供电。具体布置如图 11-1～图 11-4 所示。

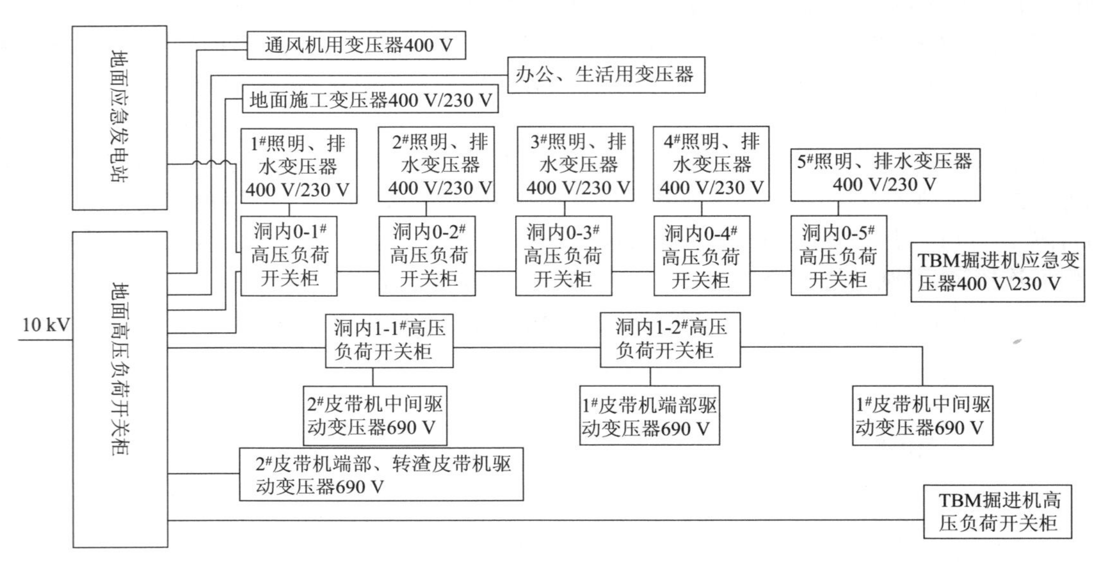

图 11-1　供电系统示意图

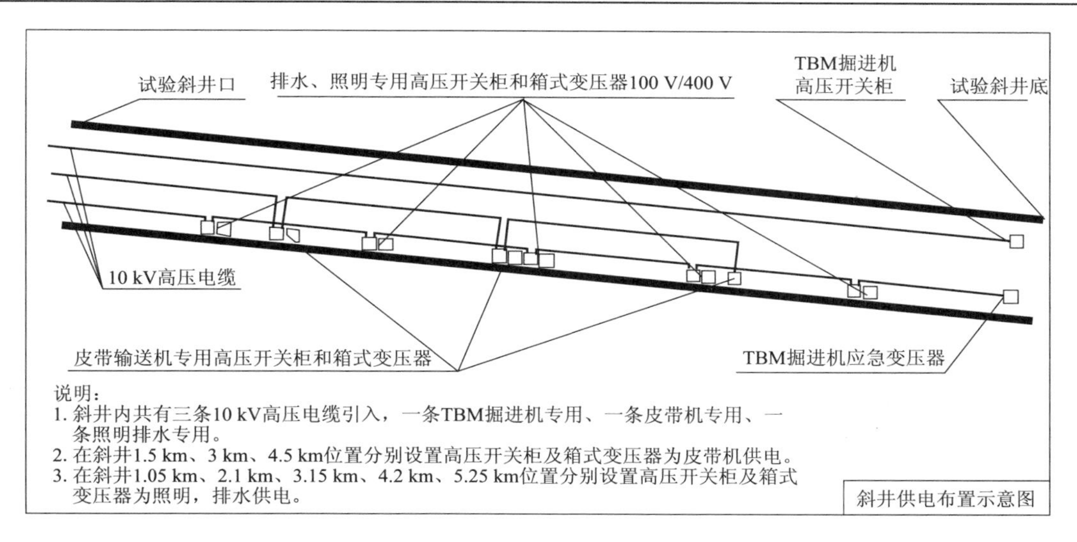

图 11-2　斜井供电布置示意图

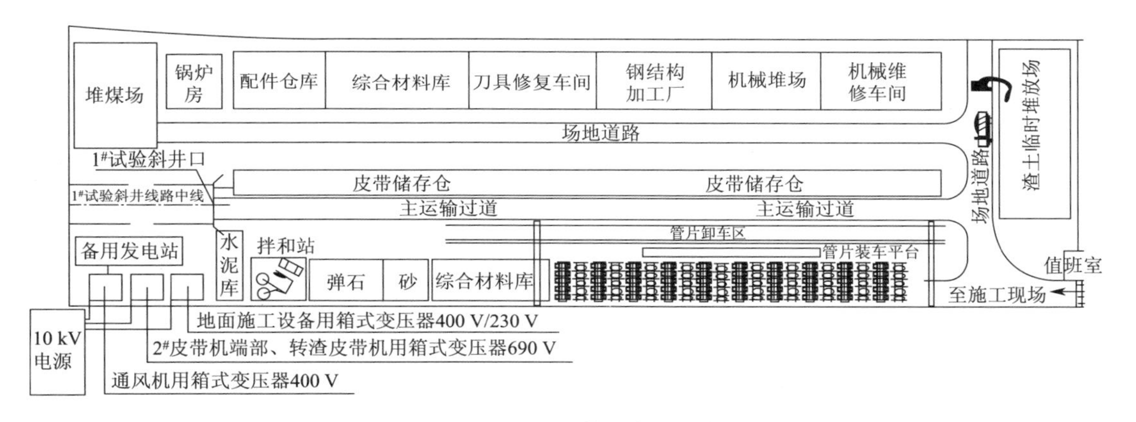

图 11-3　地面施工供电布置示意图

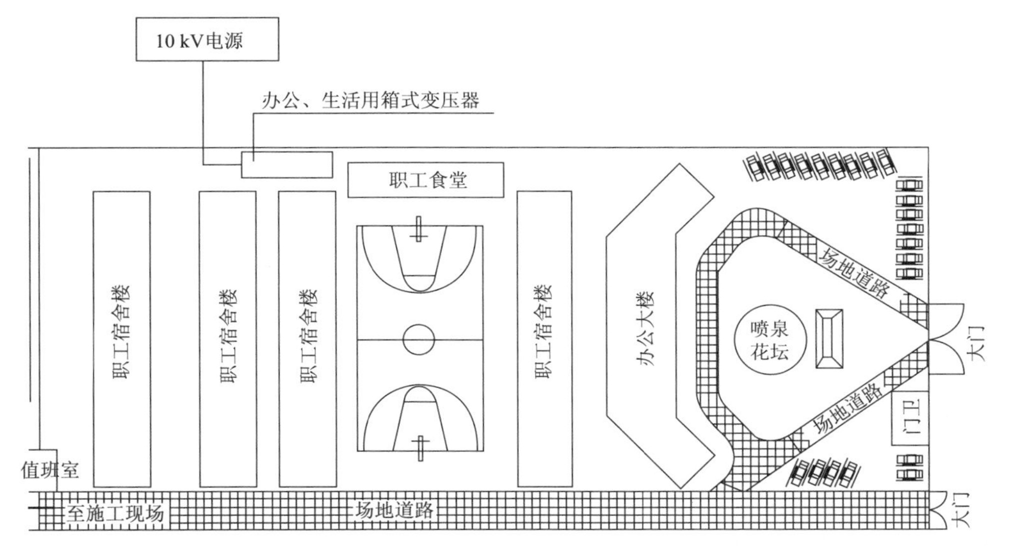

图 11-4　办公、生活用供电布置示意图

11.2　TBM 施工用电配置

11.2.1　供电电源选配

为保证 TBM 的独立工作能力，计划从高压负荷配电柜引出一条 10 kV 的高压回路作为掘进机的独立供电电源。

11.2.2　TBM 用电设备配置

TBM 用电设备情况如表 11-1 所示。

表 11-1　TBM 用电设备一览表

编号	功率配置	参考值	备注	编号	功率配置	参考值	备注
1	刀盘驱动系统	8×315 kW	690 V	15	豆砾石系统	11 kW	
2	螺旋输送机液压系统	250 kW		16	物料卷扬系统	11 kW	
3	推进液压系统	90 kW		17	空压机	220 kW	
4	管片安装机液压系统	75 kW		18	泡沫系统	22 kW	
5	辅助液压系统	45 kW		19	膨润土系统	7.5 kW	
6	液压油过滤	15 kW		20	回填注浆系统	37 kW	
7	集中润滑	11 kW		21	内循环冷却系统	15 kW	
8	同步注浆系统	90 kW		22	管片一次卸载吊车	30 kW	
9	砂浆搅拌	11 kW		23	连接桥管片吊车	22 kW	
10	通风除尘系统	90 kW		24	豆砾石吊机	22 kW	
11	二次通风	55 kW		25	超前钻	18.5 kW	
12	隧道回水、排污系统	2×132 kW		26	地质钻	55 kW	
13	盾体排污系统	35 kW		27	其他备用	200 kW	
14	后配套皮带机	160 kW		28	总装机功率	约 4 600 kW	

11.2.3　变压器配置

TBM 机载设备的总用电功率：4 600 kW

机载设备计算负荷：

　　有功功率为：4 600 kV · A

　　用电设备功率因数：$\cos\varphi=0.8$（经验取值）

　　用电设备同时率：0.6（经验取值）

　　则　无功功率为：$4\ 600\times0.6/0.8=3\ 450$ kV · A

　　取用电系数：$K=0.95$

则　负荷时有功功率为：$P=4\ 600\times0.95=4\ 370$ kV · A

　　负荷时视在功率为：$S=4\ 370/0.8=5\ 462.5$ kV · A

故根据实际需要，取变压器总容量选取为 5 700 kV · A。

其中，两台 1 600 kV · A 变压器提供给主驱动，另配置两台 1 250 kV · A 的变压器为机载其他用电设备提供服务。

11.2.4　输电线路选配

根据施工需要，斜井内考虑全面采用矿用阻燃防爆高压电缆，实施自高压负荷配电柜至TBM之间的高压输电。

根据《实用电工手册》选择导线截面有以下三种方式：

(1)按机械强度的选择：导线保证不因一般机械损伤而折断。

(2)按允许电流选择：导线必须能承受负载电流长时间通过所引起的温升。

三相五线制线路上，电流按下式计算：

$$I_{线}=(K\cdot P)/(\sqrt{3}\cdot U_{线}\cdot\cos\varphi) \tag{11-1}$$

二相制线路上，电流按下式计算：

$$I_{线}=P/(U_{线}\cos\varphi) \tag{11-2}$$

式中　$I_{线}$——电流值(A)；

K——线路需要系数；

P——总容量；

$U_{线}$——电压；

$\cos\varphi$——功率因数。

(3)按允许电压降选择：导线上引起的电压降必须在一定限度内。配电导线截面可用下式计算：

$$S=K_{X}\cdot\sum P\cdot L/C\cdot\Delta U\% \tag{11-3}$$

式中　S——导线截面；

K_{X}——设备需要系数；

C——计算系数，视导线材料、线路电压、配电方式而定；在三相四线制供电线路中，铜线的计算系数 $C_{Cu}=77$，铝线计算系数 $C_{Al}=46.3$；在单相 220 V 供电时，铜线的计算系数 $C_{Cu}=12.8$，铝线的计算系数 $C_{Al}=7.75$；本次采用铜线线路，配电五线，故 C 值取 77；

$\Delta U\%$——允许的相对电压降；照明允许电压降 2.5%～5%，电动机不超过 5%。

由于 TBM 设备负荷量较大，主要表现在导线的容许电流方面，所以本设计按允许电流选择方式选择配电导线的截面。

掘进机导线截面选择因用远距离、10 kV 高压送电，所以按允许通过电流选择：

$$\begin{aligned}I_{掘}&=(K\cdot P)/(\sqrt{3}\cdot U_{线}\cdot\cos\varphi)\\&=(1.05\times5\ 700)\div(1.732\times10\times0.8)=431.94\ \text{A}\end{aligned}$$

根据 GB 50217—94 表 B.0.3 可知，10 kV 高压电缆选用 $3\times240\ \text{mm}^2$ 的防爆阻燃型。

电力线路压降复核计算：

线路电阻：

$$R=\rho L/S \tag{11-4}$$

式中　ρ——物质的电阻率(Ω·m)，铜芯电缆选用 0.017 4 Ω·m；

L——长度(m)；

S——截面积(m^2)。

$$R=0.017\ 4\times8\ 000\div240=0.58\ \Omega$$

$$U=I_{掘}\cdot R=431.94\times0.58=250.53\ \mathrm{V}$$

即线路电压降幅 2.51%,电压降在供电电压的 5%(允许值)范围内。故电缆线径确定选择($3\times240\ \mathrm{mm}^2$)的防爆阻燃 10 kV 电缆。

11.3 强制抽排水系统用电配置

11.3.1 供电电源选配

鉴于强制抽排水系统的特殊性需要,计划从高压负荷柜专门引出一条 10 kV 高压回路,且该系统需要提供双路电源供电,以确保系统运行安全、稳定、持续。

11.3.2 排水系统用电设备配置

(1)一级水仓:3×80 kW,距井口 1.1 km;
(2)二级水仓:3×150 kW,距井口 3.3 km;
(3)三级水仓:3×150 kW,距井口 5.6 km;
(4)临时水箱:2×80 kW,移动式;
总用电量:1 300 kW。

11.3.3 变压器配置

根据固定水仓+临时水箱匹配的强制抽排水系统组成,计划在每个排水点布设一台独立的变压器。固定水仓位置设固定式变压器,临时水仓位置随设移动式变压器。

表 11-2 排水系统用电配置表

编号	用电设备	用电功率	变压器配置	位置
1	一级水仓	3×80 kW	315 kV·A	距井口 1.1 km 处
2	二级水仓	3×150 kW	500 kV·A	距井口 3.3 km 处
3	三级水仓	3×150 kW	500 kV·A	距井口 5.6 km 处
4	临时水箱	2×80 kW	200 kV·A	移动式

11.3.4 输电线路选配

该线路导线截面选择因用远距离、10 kV 高压送电,所以按允许通过电流选择:

线路总容量　　　　$P=315+2\times500+200=1\ 515\ \mathrm{kV\cdot A}$;

线路需用系数 K 取 1.05。

$$I_{掘}=(K\cdot P)/(\sqrt{3}\cdot U_{线}\cdot\cos\varphi)$$
$$=(1.05\times1\ 515)\div(1.732\times10\times0.8)=114.79\ \mathrm{A}$$

查 GB 50217—94 表 B.0.3 可知,供电高压线路选用($3\times35\ \mathrm{mm}^2$)的防爆阻燃 10 kV 电缆。

电力线路压降计算[式(11-4)]:

$$R=0.017\ 4\times8\ 000\div35=3.98\ \Omega$$
$$U=I_{掘}\cdot R=114.79\times3.98=456.58\ \mathrm{V}$$

即线路电压降幅：4.56%，电压降在供电电压的 5%（允许值）范围内。故电缆线径确定选择（3×35 mm²）的防爆阻燃 10 kV 电缆。

11.4　渣土皮带输送系统用电配置

11.4.1　供电电源选配

基于皮带运输系统的持续、稳定需求，及皮带机长时间、大运量、高能耗的特殊情况，斜井的 TBM 主皮带机，计划单独从高压负荷开关引出一条 10 kV 高压线路供电。

11.4.2　TBM 用电设备配置

斜井皮带系统采用的是两条皮带搭接，且两级皮带均采用端驱＋中驱的双驱动方式，各用电设备单独配置。

1. 斜井 1# 长皮带

主驱：主驱动电机 2 个，2×200 kW，距洞口 4 km 处。

中驱：中驱电机 2 个，2×200 kW，距洞口 6 km 处。

2. 斜井 2# 长皮带

主驱：主驱电机及皮带仓张紧装置的供电，由地面供电配置。

中驱：中驱电机 2 个，2×200 kW，距洞口 2 km 处。

11.4.3　变压器配置

根据用电设备的需求及分散布置，考虑在长皮带的主驱、中驱的各个部位，对应的安设独立供电变压器。因此计划在 2 km、4 km、6 km 位置，分别设置一台 500 kV·A（10 kV/690 V）的变压器，为皮带运输系统提供电力供应。

2# 长皮带的主驱，由地面供电系统负责。

11.4.4　输电线路选配

电缆线的选择：

该线路导线截面选择因用远距离、10 kV 高压送电，所以按允许通过电流选择：

线路总容量 $P=500+500+500=1\,500$ kV·A；

线路需用系数 K 取 1.05。

$$I_{掘}=(K\cdot P)/(\sqrt{3}\cdot U_{线}\cdot\cos\varphi)$$
$$=(1.05\times1\,500)\div(1.732\times10\times0.8)=113.67\ \text{A}$$

查 GB 50217—94 表 B.0.3 可知，斜井连续皮带机供电高压线路选用（3×35 mm²）的防爆阻燃型 10 kV 电缆。

电力线路压降计算[式(11-4)]：

$$R=0.017\,4\times8\,000\div35=3.98\ \Omega$$
$$U=I_{掘}\cdot R=113.67\times3.98=452.4\ \text{V}$$

即线路电压降幅：4.52%，电压降在供电电压的 5%（允许值）范围内。故电缆线径确定选择（3×35 mm²）的防爆阻燃 10 kV 电缆。

11.5　通风系统用电配置

11.5.1　供电电源选配

基于煤矿斜井对通风系统的独特要求，斜井通风系统设定为一级负荷供电，提供双电源、双回路供电，并装设风电闭锁装置，当一路电源停止供电时，另一路应及时接通，保证风机正常运转。且供电系统满足“三专两闭锁”(专用变压器、专用开关、专用线路及风电闭锁、瓦电闭锁供电)条件。

11.5.2　TBM 用电设备配置

主井：GIA 通风机 1 台，3×160 kW；
副井：GIA 通风机 1 台，3×250 kW。

11.5.3　变压器配置

计划从高压负荷柜中引出 2 条 10 kV 的回路，通过专用变压器为安装在洞口的隧道三级通风机供电，在这一回路中实现专用变压器、专用开关、专用线路的条件。

11.6　地面设备的用电配置

11.6.1　供电电源选配

地面用电设备主要有施工区用电、照明用电、斜井 $1^{\#}$ 长皮带机主驱用电、转渣皮带机用电、龙门吊用电、搅拌站用电、加工厂用电、机修厂用电等。

11.6.2　变压器配置

计划从高压负荷柜中引出一条 10 kV 的回路，设置一台 630 kV · A(10 kV/690 V)的变压器为皮带机主驱动电机、皮带仓张紧装置、转渣皮带设备供电。另设置一台 630 kV · A 的变压器为其他地面设备供电。

11.7　应急备用发电站

施工现场计划设置一套应急备用发电设备，设备由 3 台 500 kW、1 台 1 000 kW 的柴油发电机，以及 1 台升压变压器(400 V/10 kV)组成。在遇突发性事件时，能够为斜井的通风系统和强制抽排水系统，提供应急供电。

第 12 章　管片的工厂化生产

管片属于高技术含量，工艺和品质要求特别高的钢筋混凝土预制构件。要求从原材料的进货，生产制造到产品的交货，全过程严格地质量控制，按严格的技术质量标准生产。

12.1　管片厂总体筹划

为满足主副井井筒内管片拼装需要，在现场规划设立 1 处占地约 47 000 m^2 左右的管片预制厂。管片厂主体由混凝土拌和站、管片成型车间、钢筋加工车间、水养池、喷淋养护场、拼装场试验场、出货场等组成。

12.1.1　管片预制厂功能设计

1. 功能性划分

预制混凝土管片生产厂计划分四块：

钢筋加工区、管片生产区、管片静养区、生产附属配套设施。

2. 钢筋加工区

主要进行钢筋卸车、放样、下料、钢筋笼绑扎、成品堆放等工序。因此，钢筋加工区须考虑原料的堆放、原料加工区、半成品分类堆放、钢筋笼绑扎、钢筋笼吊运输、钢筋笼堆放等必要的空间和设备。占地面积约 5 000 m^2。

3. 管片生产区

主要进行钢筋入模、埋件安装、模具紧固、浇筑混凝土、平仓及清理、管片预蒸养、管片蒸养、管片出模、清理模具、刷脱模剂等工序。管片生产区计划考虑少量钢筋笼堆存场地和吊运设备、生产操作台、管片出模的吊运设备，及吊运通道、管片翻转机具等。占地面积约8 000 m^2。

4. 管片静养区

主要功能是完成管片蒸养后 28 d 的养生。该区域主要包括管片养护池与喷淋养护区，及相关的吊运设备通道等。考虑 28 d 时间全程养护，及临时存放管片的必要存放场地、管片吊运设备和管片出厂的交通道路。

管片养护池设 2 个水池占地面积为 5 000 m^2（主井和副井施工用管片分开使用），管片喷淋养护区占地面积 5 000 m^2，管片堆放场设 2 个区占地面积为 19 000 m^2（主井和副井施工用管片分开存放）。管片养护区可满足 300 环管片同时养护，管片存放区最大可存放容量为1 800环。

5. 生产附属配套设施

主要有锅炉房、混凝土拌和站、砂石料场、垫块生产车间、试验室、管片检验试验工作场、现场办公室、停车场、配电室及卫生间等。生产附属配套设施计划布置在厂房的周边，并与主要功能模块方便地衔接在一起。各项合计总的占地面积约 5 000 m^2。

12.1.2　各功能区的具体部署

功能区的尺寸合理与否直接影响其生产和运行。

1. 钢筋加工区

钢筋加工区又可划分为原料堆放区、半成品加工区、半成品堆放区、成品加工区、成品堆放区等。

原料堆放区应布设在半成品加工区内，应考虑至少 3 d 的库存使用量。在钢筋存放区四周设置钢筋下料机械。

半成品加工区根据生产的需要，布置调直机、弯箍机、弯弧机、切断机、弯弧机喂料平台、弯弧机接料平台等。根据场地情况，考虑可将原料存放区、半成品区相互穿插其中。

钢筋笼绑扎区，按每天的管片产量，部署若干个钢筋笼绑扎台。绑扎台的间距至少 1.2 m，考虑在绑扎台前、后两端，保留一定宽度的通道，以方便备料，及作为小型机具设备的临时存放，该区域考虑设在生产线一侧。

2. 管片生产区

根据管片生产工艺要求，每块管片从开始生产到完成蒸养，须 12～18 h，考虑北方地区的环境特点，管片生产按照每循环 18 h 安排，组织 24 h 循环作业。

管片生产区采用直列式布置，生产区与钢筋笼加工区并列布置，中间留一过车通道，通道宽度 4 m。

3. 管片静养区

管片养生区的布置合理与否，直接影响管片的生产速度，按常规要求，管片达到预定强度后脱模，按要求管片进行水池养护，将预制混凝土管片完全浸泡在水中，养护的周期为 7 d。入池管片温度与水养池内水温的温差控制在 20 ℃以内，以达到减少表面裂纹的目的。

管片水养 7 d 后吊出水养池运送至喷淋养护区，再进行不少于 14 d 的喷淋养护。之后再转至管片临时存放场待运。

由于管片的水养期为 7 d，故养生区的水养池容量，要求必须满足 10 d 的管片正常产量的水养条件。喷淋养护区要求必须满足不少于 20 d 的管片正常产量的条件。考虑北方地区冬季管片生产状况，管片养生区要求全部在室内布置。区内配备龙门吊及翻片机。

4. 附属设施

根据各部分功能区的设置，附属设施按照厂房情况，联合形成封门空间。各功能区的布置，根据预制厂的生产规模，管片结构，通过严格的计算来确定，并留有一定的裕度。

车间内设有混凝土全自动拌和站，其生产能力为 60 m^3/h，另设 300 t、100 t 散装水泥罐各一个，100 t 矿渣罐一个，6 t 外加剂储存罐二个，300 m^3 砂仓二个，500 m^3 碎石仓二个，满足每天生产 13.5 环管片对混凝土的需求。

从喷淋场转储存场的管片，经翻片后由叉车转运。管片的临时存放场计划露天设置。管片拼装场、试验场计划都布置在厂房内，场内建水平拼装台一座、抗渗装置两套、抗弯和抗拨试验台架一座，分别占地 80 m^2。

12.1.3　管片厂建设

管片预制厂的建设包括厂房建设和机具设备安装两部分。由于常规要求在掘进机正式掘进前，必须生产出一定量的管片作为储备，故加快预制厂的建设，是保证掘进机按期掘进的关键。

预制厂房考虑采用钢结构的型式，厂房建设 2 个月。

机具设备安装 2 个月，调试和试运行 0.5 个月。完成厂房基础设施建造，水、电、汽管线敷设，设备安装调试，混凝土的配合比设计、报批以及现场试配等项工作。

常规管片模具的加工生产周期为 3 个月左右，故要求与厂房建设同步订购。模具的调试和试运行周期0.5个月。

一般预制厂在开工后4～5个月即可投产，满足掘进机的施工需要。合理的结构布置会给今后的生产带来很大的方便，其功能区的大小与其日产量密切相关，只有根据产量，合理确定功能区的尺寸，布置相应的起重和运输设备，才能满足管片厂的生产要求，并且避免资源重复投入。

车间内设置保温暖气设备，力求低温季节车间内保持温度在25 ℃以上，钢筋车间也安设保暖设施。低温季节安排单班生产(12月至次年3月)其余时间安排两班生产。

12.2　管片生产及供应计划

管片预制厂的生产规模主要根据掘进机的掘进速度确定。根据以往类似工程的施工经验，掘进机的掘进速度在正常情况下按450 m/月安排。

12.2.1　管片生产需求统计

斜井因设计为主、副井分设并行，主井、副井均为7.9 km，且全程均设置衬砌管片，故按此总长度核算管片的生产需求量。

为提高资源利用率，避免重复项目建设，主、副井共建一座管片厂。

按照设计的管片衬砌环组合，斜井在直线段采用8+1模式，过渡竖曲线段采用1+1模式，首先进行管片数量及类型统计划分。

管片数量及类型统计表如表12-1所示。

表12-1　管片数量及类型统计表

<table>
<tr><th>斜井</th><th>区段</th><th>长度</th><th>类型</th><th>数量</th><th>备注</th></tr>
<tr><td rowspan="5">主井
D=5.4 m
环宽1.5 m</td><td rowspan="2">直线段</td><td rowspan="2">7 736 m
5 158环</td><td>标准环</td><td>4 586环</td><td></td></tr>
<tr><td>转弯环</td><td>572环</td><td>左右各半</td></tr>
<tr><td rowspan="2">曲线段</td><td rowspan="2">183 m
122环</td><td>标准环</td><td>60环</td><td></td></tr>
<tr><td>转弯环</td><td>62环</td><td>左右各半</td></tr>
<tr><td>合计</td><td colspan="4">标准环:4 646环；转弯环:634环(左右各半)</td></tr>
<tr><td rowspan="5">副井
D=7.2 m
环宽1.5 m</td><td rowspan="2">直线段</td><td rowspan="2">7 736 m
5 158环</td><td>标准环</td><td>4 586环</td><td></td></tr>
<tr><td>转弯环</td><td>572环</td><td>左右各半</td></tr>
<tr><td rowspan="2">曲线段</td><td rowspan="2">183 m
122环</td><td>标准环</td><td>60环</td><td></td></tr>
<tr><td>转弯环</td><td>62环</td><td>左右各半</td></tr>
<tr><td>合计</td><td colspan="4">标准环:4 646环；转弯环:634环(左右各半)</td></tr>
</table>

因预留联络通道位置，及预设沉降变形区，考虑需用部分特殊管片，数量未在管片统计总数量中扣除。可在实际施工过程中适时调整。

12.2.2　管片需求指标分析

暂按照掘进机月度平均进度:450 m/月，每月生产25 d计，则平均日进度:18 m/d，折合管片需求12环/d。

每座斜井每月管片需求量:12环/d×25 d/月=300环/月，即主井、副井平均月需求量均为300环/月。

考虑到掘进机推进过程中的不均匀性，高峰期推进速度将达到平均月进度指标的 1.5 倍以上，故在掘进机施工前，要求必须存储一定量的管片，避免掘进速度较快时，出现管片供应不足。

12.2.3 生产能力核算

以主、副井平均月需求量 300 环/月为基数，首先进行管片模具的核算。

1. 模具生产能力分析

常规模具生产管片的单位循环作业时间为 12～16 h，考虑矿区属北方地区，气温偏低干旱少雨，故模具生产管片的循环时间按 16 h 计。

同样每月按生产 25 d 计，折合每套模具月生产量：38 环/月。

2. 模具数量

按照月平均需求管片量 300 环/月推算，需要模具数量：300÷38≈8 套。

鉴于斜井设计的转弯环数量仅占总量的 12%，因此如套用标准环钢模 6 套，左弯环钢模 1 套，右弯环钢模 1 套的方案，转弯环模具将会造成产能过剩，而标准环模具会供不应求。因此，我们计划的模具配置主、副井分别为：

标准环(钢制模具)：7 套；

左弯环(钢制模具)：1 套；

右弯环(钢制模具)：1 套。

12.2.4 管片生产计划

按单个斜井 9 套模具核算，平均日产量：

$$9\times(24\ \text{h}/16\ \text{h})=13.5\ 环$$

每月正常生产时间 25 d 计，则月均生产能力：

$$13.5\times25=337.5\ 环/月$$

高出 300 环/月的月平均需求管片量。因此能够满足掘进机生产需要。

管片的净生产时间：24 个月。

为确保在掘进机推进的高峰期管片需求，管片计划提前 2 个月生产，在管片预制厂内，始终保持充足的储备量。

每年 12 月至次年 3 月，计划按冬季施工组织冬期的管片生产，每天安排单班作业。主、副井分别的计划生产量：9 环/d(冬期)；225 环/月(冬期)。

12.3 管片的钢模选择

钢筋混凝土管片的预制，是掘进机施工中不可或缺的项目，由于预制构建体型大、形式多样、需求量大且相对集中等特点，一般的预制构件厂很难满足生产要求，必须在工地现场建设预制混凝土管片生产厂。管片属于特殊预制构件，因此需要采用专门的管片钢模进行预制。

12.3.1 管片模具的选型(图 12-1)

结合各项枝术条件、管片的设计结构，基于管片手孔、螺栓孔、预留注浆孔等构造复杂，管片推进方有凸台，止水槽深度达 20 mm 等特点，为确保管片制作精度，拟采用进口的风动重型模具。

图 12-1　管片模具图

12.3.2　模具的安装、调试与验收

1. 钢模的制作精度(表 12-2)

表 12-2　管片模具加工精度允许误差表

项　目	允许误差	项　目	允许误差
宽度	±0.25 mm	纵缝接触面平整度	±0.5 mm
弧长	±1.0 mm	内腔高度	$^{+1}_{-0}$ mm
螺栓孔直径	±0.5 mm	底模、端模、侧模间隙	<0.20 mm
环缝接触面平整度	±0.5 mm		

2. 钢模制造

由于钢模结构具有高精度的要求，本工程施作管片的钢模委托国外具有丰富设计制造经验的公司进行设计制造，并提供相应的技术保证，每块钢模设计寿命达到 1 000 块，满足生产的使用要求。

3. 工厂验收

钢模分工厂验收和工地验收两个阶段。

工厂验收在设计联络完成后 3 个月在钢模制造工厂进行，主要工作：

(1)进度验收：检查厂家是否按照合同进度的要求制造钢模。

(2)技术文件验收：按照合同中钢模制造的要求，进行材料、工艺、使用和维护等文件的验收。

(3)进行检测：由于受在国外驻厂时间的限制，只能对钢模进行部分抽检。检测的量具有样规、内径行分尺、钢卷尺、角尺。按照合同及精度要求进行检测。

(4)双方确定钢模从厂家启运、装船及到国内工地安装调试时间。

(5)工厂验收不能作为最终验收，这是为防止钢模在运输过程中，会造成钢模的变形以及损坏，因此要求必须通过签署协议确定工地验收作为钢模的最终验收。

4. 钢模的运输和安装基础要求

钢模作为精密部件，运输时要保持水平和无压力状态，保证加固的正确性与稳定性，如果定位不稳，运输过程中会造成碰撞而变形。

由于单个钢模具重量近达 5 t，钢模必须安装在坚固的基础上，如混凝土基础或钢轨，或其他坚固基础，水平公差控制在±1 mm 内。基础必须与钢模基座完全接触，又不能锚定在基础上，因钢模工作时要求自由振动。

5. 钢模吊装

正确的吊装方法是确保钢模安装质量的重要因素。吊装前应认真检查起吊设备、钢丝绳、吊扣，确认完好才能进行吊装作业。

在吊装过程中，对钢模的重要部位不能让其受力。因为从其结构可以看出，其铰接位置的受力将会造成整个钢模的变形。

在吊装过程中，采用 4 个小车将其拉出集装箱，然后用一个平衡的起吊装置将其吊至安装位置，小车和起吊装置与钢模接触的部位应是不影响钢模精度的位置。在进行此项工作时必须有厂方人员在场对吊装方法和吊装位置给予确认。

6. 钢模安装、调试

(1)钢模安装

钢模下部是 4 个减震块，这 4 个减震橡胶块直接支撑于地面上，它的作用是保证钢模在震动成形时有足够的自由度。所以支撑面的平整度为安装时的一个重要的控制参数，其不平整度应控制在±1.0 mm 公差要求的范围内。

(2)钢模清洁

钢模第一次打开使用时应用柴油或汽油除掉保护层。用棉纱清理模具表面。用塑料刮刀清理积垢。用压缩空气吹净模具。模具外表面、调节螺栓应始终保持干净，不能有积垢。

(3)钢模调试

在调试过程中，要仔细进行盖子、侧模、端模的开合，严格按操作规程和要求的拧紧力矩固紧螺栓，其安装程序如下。

①打开、关闭顶盖

其步骤为：松开螺栓，向上打开顶盖；插上保险销，固定顶盖；拔出保险销，拉下顶盖；拧紧螺栓，关闭顶盖。

②打开和关闭钢模

打开：先打开侧模，后打开端模。

关闭：先关闭端模，后闭侧模，关模时要注意力矩的设定。

7. 钢模检测、验收

检查钢模表面有无损伤、碰痕，用厚薄规检查侧模与底模间隙、端模与侧模间隙是否在公差要求范围内。

用样规检查孔高度、孔间隙、圆弧度。钢模的宽度和弧长是工厂验收的主要数据，宽度和弧长是影响成环后管片公差尺寸的主要因素。测量宽度的量具通常采用的是内径千分尺，其精度为 0.01 mm，钢模宽度的公差±0.4 mm，要求测量不少于 8 个点。外弧长公差±1.0 mm，测量采用的是精度为 0.5 mm 的钢卷尺。

管片模具的最终验收通过生产出来的管片三环水平拼装来进行。

12.4　管片厂资源配置

12.4.1　管片厂组织机构

管片厂管理组织机构框图如图 12-2 所示。

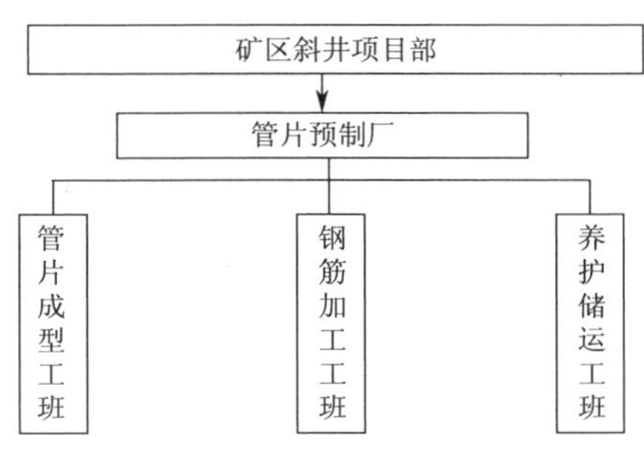

图 12-2　管片厂管理组织机构框图

12.4.2　生产劳动力配置

本工程管片生产厂生产人员配置如表 12-3 所示。

表 12-3　管片生产人员配置表

人员类别	人数(主井)	人数(副井)	人员类别	人数(主井)	人数(副井)
钢筋弯弧工	6 人	5 人	管片修饰工	5 人	4 人
钢筋弯曲工	5 人	4 人	管片检查工	5 人	4 人
钢筋焊接工	15 人	14 人	吊装工(地面)	10 人	10 人
钢筋开料冷拉工	8 人	8 人	维修工	4 人	4 人
管片脱模翻片工	8 人	7 人	水池、喷淋养护、储存工	4 人	4 人
模具组模工	12 人	10 人	铲车工	3 人	3 人
模具检测工	3 人	2 人	混凝土监控工	1 人	1 人
管片浇混凝土工	8 人	7 人	车间办公室	6 人	6 人
管片光面工	8 人	7 人	合计	113 人	102 人
管片蒸汽养护工	4 人	4 人	共计	215 人	

12.4.3　设备配置

本工程管片生产厂设备配置如表 12-4 所示。

表 12-4　拟投入本工程管片生产的主要设备及检测器具

设备名称	数量	规格型号	主要工作性能指标
高精度钢制模具 内径 D=5.4 m	9 套	标准环:7 套 左弯环:1 套 右弯环:1 套	环宽 1.5 m
高精度钢制模具 内径 D=7.2 m	9 套	标准环:7 套 左弯环:1 套 右弯环:1 套	环宽 1.5 m
A 型靠模	20 个	自制	标准、左、右 转弯环钢筋适用
BC 型靠模	8 个	自制	标准、左、右 转弯环钢筋适用
K 型靠模	4 个	自制	标准、左、右 转弯环钢筋适用
全自动混凝土搅拌站	2 座	HZS60	3 m^3/槽
混凝土运输罐车	4 台		9 m^3
20 t 双梁桥式吊车	2 台	QE(10+5)×19.5 m	20 t

续上表

设备名称	数量	规格型号	主要工作性能指标
10 t 单梁桥式吊车	1 台	1×17.5 m	10 t
20 t 门式吊车	3 台	1×17.5 m	20 t
10 t 门式吊车	2 台	10×19.5 m	10 t
钢筋自动切断机	4 台	GQ50B	ϕ6～ϕ30
钢筋自动弯曲机	4 台		ϕ12～ϕ30
钢筋自动弯弧机	4 台		ϕ12～ϕ30
钢筋弯曲机	5 台		
CO_2 焊机	12 台	YD-350KR2	
普通焊机	6 台		
翻片机	4 台		
管片水平吊架	4 个		
管片垂直吊担	8 个		
管片试验压力机	1 台	200 t	
管片水平拼装平台	1 座		
10 m^3 空气压缩机	2 台	螺杆式水冷 SA-475W	
燃油锅炉	1 座	4 t	
叉车	4 辆	15 t	
试验震动台	1 个		
立方体试模	60 个	15 cm×15 cm×15 cm	
抗渗试模	18 个		
内径千分尺	2 把	100 mm～2 000 mm/0.01 mm	
游标卡尺	2 把	0 mm～2 000 mm/0.05 mm	
游标卡尺	1 把	0 mm～450 mm/0.02 mm	
液压式压力试验机	1 台	0～3 000 kN	
液压式万能试验机	1 台	100 t	
水泥净浆搅拌机	1 台		
胶砂抗折试验机	1 台		
振击式标准振筛机	1 台		
混凝土搅拌机	1 台	80 L	
混凝土试验用振动台	1 台		
水泥细度负压筛析仪	1 台		
电热恒温鼓风干燥箱	1 台		
沸煮箱	1 台		
混凝土抗渗仪	4 台	0～4 MPa	
水泥混凝土标准养护箱	1 台		
养护室智能控制仪	1 台		

续上表

设备名称	数量	规格型号	主要工作性能指标
电子称	1 台	0～60 kg	
针、片状规准仪	1 套		
坍落度桶和捣棒	2 套		
平板运输车	2 台	12 m	40 t

12.5　管片生产控制

12.5.1　管片生产工艺流程

管片生成工艺流程如图 12-3 所示。

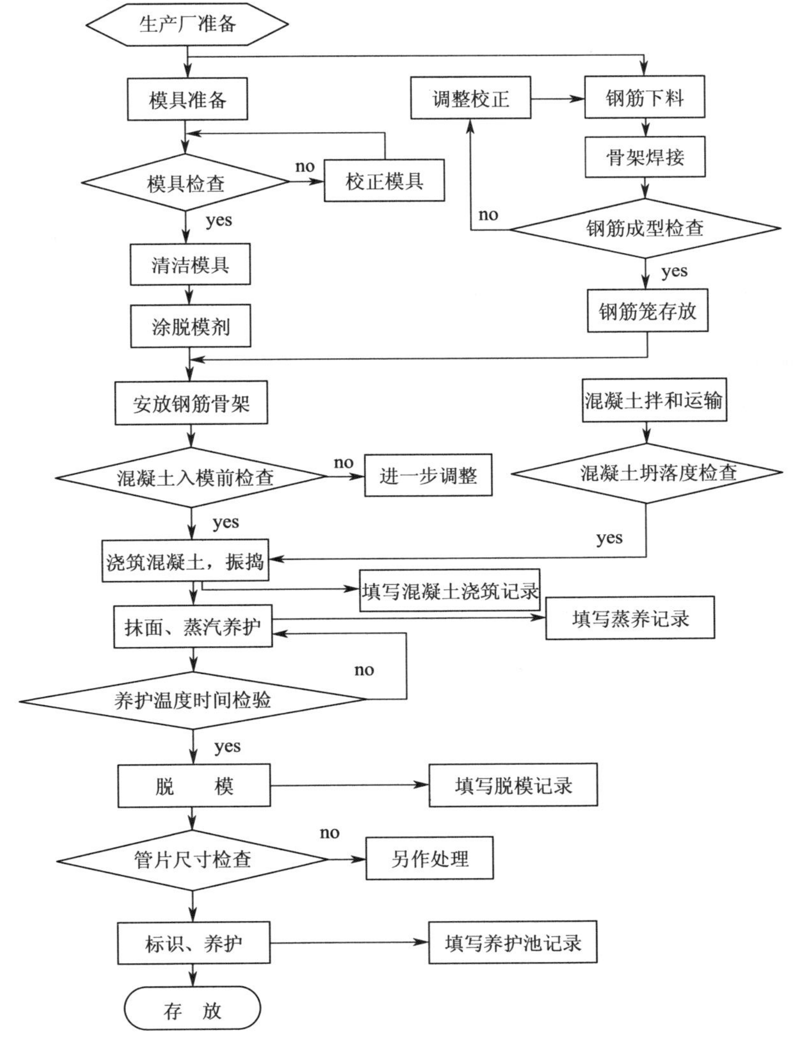

图 12-3　管片生产流程流程框图

12.5.2　管片生产施工工序及技术要点

1. 钢筋骨架制作技术要点(图 12-4)

(1)断料和弯曲

钢筋班长根据生产工程师下达的任务进行工作。

钢筋制作应严格按钢筋加工大样图进行断料和弯曲成型;钢筋进入弯弧机时应保持平衡,防止平面翘曲,成型后表面不得有裂缝。

(2)骨架焊接

钢筋骨架焊接成型必须在符合设计要求的靠模上制作。

骨架首先必须先安装在模具上,经测量调整和检验各项尺寸都符合要求,才可作为定型尺寸开料和弯曲成型。

图 12-4　管片钢筋制作

钢筋与钢筋之间及与邻近的金属预埋件之间净距离不得少于 25 mm。

钢筋骨架焊接成型时焊接位置要准确,严格掌握好钢筋骨架的焊接质量。钢筋焊接以使用 CO_2 低温保护焊机为主,不得烧伤钢筋;焊口要牢固,焊缝表面不允许有气孔及夹渣;焊接后气化皮及焊渣必须及时清除干净。

成型的钢筋笼必须进行检验状态标识。

(3)焊条型号

骨架焊接方式为点焊,焊条型号为 CO_2 焊条(EBJ 422)。

(4)钢筋制作的允许偏差(GB 50204—2002)

管片钢筋制作允许误差如表 12-5 所示。

表 12-5　钢筋制作允许误差表

序号	项目	允许误差(mm)	序号	项目	允许误差(mm)
1	网片长、宽尺寸	±10	5	骨架长、宽、高尺寸	$^{+5}_{-10}$
2	网片间距	±10	6	主筋保护层	$^{+5}_{-3}$
3	分布筋长度尺寸	±10	7	箍筋间距	±10
4	分布筋间距	±5	8	环纵向螺栓孔	畅通、内圆面平整

2. 模具维护及组模

(1)钢模维护

①管片脱模后,应及时对模具进行喷涂脱模油维护。喷涂脱模油必须由专人负责。

②喷涂脱模油前必须先检查模具内表面是否留有混凝土残积物,如有应通知清模人员返工清洁。

③先使用雾状喷雾器薄涂,然后用拖布均匀抹,务必使模具内表面全部均布薄层脱模剂,如两端底部有淌流的脱模剂积聚,应用棉纱清理干净。

(2)组模

①组模前应检查模具各部件,部位是否洁净,脱模剂喷涂是否均匀,不足的地方要清抹,补漏。

②检查侧模板与模底板的连接缝不粘胶布有否移位或脱落，如有此现象，要及时修正。

③将侧模板向内轻轻推进就位，用手旋紧定位螺栓，使用模端的推上螺栓，将模推至吻合标志，把端模板与侧模板连结螺栓装上，用手初步拧紧后用专用工具均衡用力拧至牢固，特别注意严格使吻合标志完全对正位，并拧紧螺栓，不得用力过猛。

④把侧模板与底模板的固定螺栓装上，用手拧紧后再用专用工具由中间位置向两端顺序拧紧，严禁反顺序操作以免导致模具变形精度损失。

⑤钢模组合好后核对吻合标志，由专人负责对模具进行测量。经检验不合格的模具，从新进行组合，检验结果要报告监理人员认可，方可进行下一步的工序。

3. 混凝土浇筑、振捣

(1)混凝土的浇筑

①混凝土从搅拌机卸入料斗，由桥吊运送投料。

②浇筑前必须按规定对组装好的模具进行验收，发现任何不合格项目应通知上工序返工，经验收合格后取走挂在钢筋笼上的标志牌表示可以浇筑。

③只有被确认坍落度在20～30 mm范围内、温度在30 ℃以下、空气含量在1%以内的混凝土才可使用，否则要废弃。

④混凝土要分层次灌注，要注意使混凝土在模具内匀布。

⑤浇制顺序：模具的两端→模具的中段。

(2)混凝土的振捣

由于管片混凝土坍落度一般要求在20～30 mm之间，无法采用振捣棒插入式振捣。故本工程管片模具采用德国进口模具，风动振捣成型。

①模具上要一次性均匀分布足够量的混凝土才振动。先启动钢模中部振动器，使混凝土向两端分布，再启动其余4个振动器至强振挡，同时继续往模具投料，直至满仓止，振动时间长短的判别是观察混凝土在模具中的翻动情况及与侧板接触处是否仍有喷射状气水泡冒出，并均匀起伏为适当时间。止时把振动器调至微振挡，继续振动至约10 min。

②从盖板中间空挡位检查浮浆状况，如浮浆过厚，打开盖板清理浮浆，并重新补料，重新合紧盖板，把振动器开至中挡，振动约1 min。

③全部振动成型完成后，应抹平中间处混凝土，然后用土工布盖好。

④振动成型后，在初凝时应转模蕊棒，初凝后再次转动。

4. 光(拾)面

拆卸面板的时间应随气温及混凝土凝结情况而决定，一般在浇筑完成后10 min，以掀开中间的薄塑布用手按微平凹痕为准，止时方可打开盖板。打开盖板后注意插上固定销，以防盖板砸下出现事故。

光面分粗、中、精三个工序：

(1)粗光面：使用铝合金压尺，刮平去掉多余混凝土(或填补所凹陷处)，并进行粗磨。

(2)中光面：待混凝土收水后使用灰匙进行光面，使管片面平整光滑。

(3)精光面：使用长匙精工抹平，力求使表面光亮无灰匙印。

注意：待混凝土全部初凝后盖上吸水性强不易脱色的纤维物，并进行散水养护。混凝土达到一定的强度后，一般在浇筑后约2 h，把模蕊棒拔除。高温日照直射或北风直吹时，光面后在混凝土初凝前应先在长拉杆面上盖上湿润的养护布，如发现已出现收缩裂纹应马上用灰匙清除。

5. 脱模及蒸养

(1)管片脱模

拆模班应在管片脱模强度达到要求(24 MPa 以上)方可拆模,脱模强度由试验室脱模前提供试验报告。

拆模顺序:

①拆卸举重臂螺栓的固定螺栓,清抹干净,在指定位置。

②先拆卸旁模与底模固定螺栓,后拆卸侧模与端模连结螺栓,收集齐全,清理干净放在专用的箱子(桶)内。

③用专用工具将侧模的定位螺栓及端模的推进螺栓拆松,退位至原定位置后,用手均衡用力,顺着旁模滑杆,分别把两侧模拉开至特设安全保险定位位置。

注意事项:

①拆模中严禁锤打、敲击等野蛮操作。脱模必须使用专用吊具,地面操作四人配合进行,一人站在侧模正对灌浆孔位置,一人站在端模正对灌浆孔位置,由专人向桥吊司机发出起吊讯号进行脱模。

②管片起吊后立即拆下各类垫圈,清理干净放回指定位置。在专用台架上拆除灌浆孔螺栓底座,并清洁干净。

(2)管片修整

管片外表面的气泡,水泡均需采用胶皇液拌和的水泥砂浆填补,修补时先使用厚泡沫海绵块蘸浆涂抹,再用灰匙抹平。对于深度>2 mm,直径>3 mm 的缺陷宜采用二次填补方式,一次填补的材料干缩,再第二次填料抹平。特别要注意止水带上下 3 cm 处缺陷的修整。

(3)蒸汽养护

光面后盖上密封的帆布罩,并进行蒸汽养护。

为保证管片的强度和抗渗性,防止出现微裂纹,需要严格控制蒸养时间、升温及降温速率、恒温时间和湿度等,管片蒸养要满足如下规定控制:

①混凝土浇筑结束静停 4 h 开始蒸养。将管片放入具备防止水分、热量挥发的气密装置的养护罩内,引入饱和蒸汽,每小时温度变化率不超过 15 ℃,最高升温至 60 ℃,恒温 4 h,在恒温时相对湿度不小于 90%,直至达到养护强度。要注意蒸汽管出口位置,不造成管片局部温度过高,使整块管片温度均匀上升。管片养护主要温度曲线如图 12-5 所示。

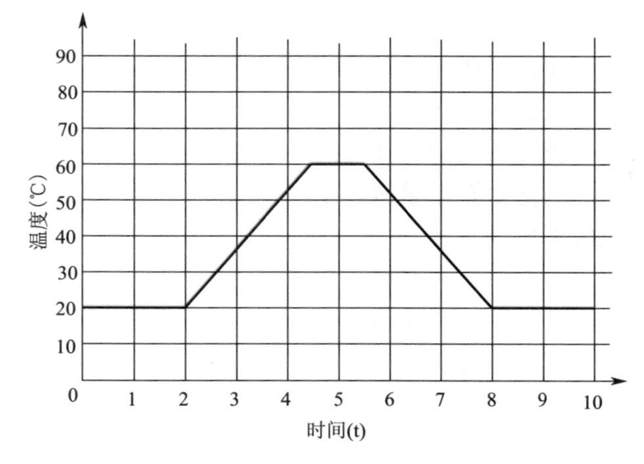

图 12-5　管片养护主要温度曲线图

②混凝土强度达到规定强度的 60% 以后,拆模、起吊。起吊出来的管片在翻转台上进行翻转成侧立状态,拆除活动的棒芯及其他附件,测量及标识后进行脱模后的湿润养护,时间为 7 d。

蒸汽养护 6 h,水中养护 7 d。根据供需表动态调整管片库存,以防大量管片积压资金或某种类型管片缺乏影响施工进度。

6. 管片养护

(1)浸水养护

管片温度与水温相差不大于20 ℃时，方可入池浸水养护，池水应高出管片上表面100 mm以上，浸水养护7 d(养护池底有混凝土垫条，垫条上镶有木板，管片坚立搁置于上)。出池后对管片缺陷进行修整。

(2)管片喷淋养护

喷淋场经硬化处理并敷设有足够的分叉口的水管，每个叉口设有独立的控制阀门，并接上装有雾状喷雾器的软管。

管片在喷淋场二层侧立摆放，管片与地面接触处用木方支承，上下层之间的管片亦用木方间隔，每片管片间采用T型木板条隔离防护。

喷头均匀布置于上层管片上，以喷出水珠能全部覆盖管片表面为准。

7. 管片存储堆放

(1)管片在水池里的堆放：管片水浸养护时，池水必须漫过管片顶部，单层放置，不同类型的管片应严格分区养护。

(2)管片在喷淋场的堆放：管片在喷淋场成侧立放置，以保证自动喷淋的水能湿润管片的每一部分，两层放置。喷淋头放置在顶层上部。

(3)管片在堆场的放置：管片水浸养护及喷淋养护满14 d后，方可翻片内弧面向上，成环叠堆堆放，每叠底部以两根150 mm×150 mm×1 400 mm木枋沿宽度方向在弯曲螺栓孔外侧，把管片垫起，每层管片之间，以每侧两块150 mm×150 mm×250 mm木方与底部木方同一垂线，隔离管片，每叠管片不超过5层，叠与叠之间纵横方向留有不少于300 mm间距。

8. 管片的运输

(1)按施工进度要求及当天的调度计划，运输到施工现场。

(2)管片的运输使用叉车装运，按要求的堆叠顺序整环运送，必要时亦可按实际要求装运散件。

(3)管片在储存场地和水池内将放置在软性的垫条上，吊运时片与片间亦以垫木间隔，以防碰撞。

(4)管片与绳索间垫以橡胶垫物，不直接接触，以防勒伤，绳索用纹盘收紧，使管片得以紧固。

12.6　管片检验与试验

12.6.1　管片外观质量检查

管片表面应光洁平整、无蜂窝、露筋、无裂纹、缺角、无气泡水泡；注浆孔应完整，注浆孔和螺栓孔、PVC管内无水泥浆等杂物。

产品外观检验：逐片检验。

12.6.2　管片的测量检验

1. 检验工具

内径千分尺：150～2 000 mm精度0.01 mm，用于检验模具宽度；

游标卡尺：0～2 000 mm精度0.05 mm，用于检验宽度；

游标卡尺：0～500 mm精度0.05 mm，用于检验厚度；

水平尺：检验水平情况；

样规:用于弧弦吻合度检验;

尼龙线:ϕ1 mm,长 9 m,用于扭曲变形情况检验。

2. 管片尺寸检验(表 12-6、表 12-7)

表 12-6　管片外形尺寸允许偏差

项目	单位	允许偏差(mm)	备注
管片宽度	mm	±0.3	每块测三点
弧长、弦长	mm	±1.0	每块测三点
内半径	mm	±1.0	设计要求
管片厚度	mm	0～2	每块测三点
环、纵向螺栓孔	mm	±1.0	每块检验
环面间隙	mm	≤1.0	三环整环拼装
纵缝间隙	mm	2～4	三环整环拼装

表 12-7　水平拼装的检验标准

序号	内容	检验要求	检测方法	允许误差(mm)
1	环缝间隙	每环测 3 点	插片	≤2
2	纵缝间隙	每条缝测 3 点	插片	≤2
3	成环后内径	测 4 条(不放衬垫)	钢卷尺	$^{-2}_{+2}$
4	成环后外径	测 4 条(不放衬垫)	钢卷尺	$^{-2}_{+6}$
5	纵环向螺栓部穿进	螺栓与孔间隙	插钢丝	$\geqslant(d_{孔}-d_{螺}-2)$

12.6.3　三环拼装试验(图 12-6)

管片投产后生产满 50 环进行一次,再 50 环再进行一次,以后每生产 100 环做一组(3 环)水平拼装检验,每次试验至少有一环为转弯环管片。(GB 50299—1999)(2003 年版)

在管片正式生产之前,要求先制作三环完整的预制混凝土管片,包括螺帽、螺栓和其他附件,底部为标准环,中部为转弯环,以展示预制混凝土管片结构在给定公差范围之内。

图 12-6　管片水平拼装检验

三环水平拼装精度要求如表 12-8 所示。

表 12-8　试拼装的精度

序号	内容	检验要求	检测方法	允许误差(mm)
1	环缝间隙	每环测 3 点	插片	≤2
2	纵缝间隙	每条缝测 3 点	插片	≤2
3	成环后内径	测 4 条(不放衬垫)	钢卷尺	0
4	成环后外径	测 4 条(不放衬垫)	钢卷尺	4
5	纵环向螺栓部穿进	螺栓与孔间隙	插钢丝	$\geqslant(d_{孔}-d_{螺}-2)$

12.6.4　抗弯试验(图 12-7)

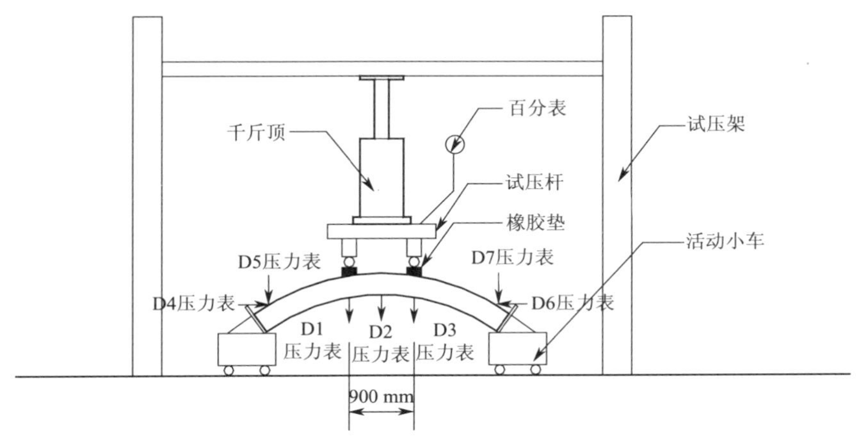

图 12-7　管片抗弯试验示意图

1. 试验工具

50 kN 千斤顶,7 个示值为 0～100 MPa 精度 1.5 级工作压力表,一个百分表,试验台架。压力表、百分表均须当地计量检测所检定合格。

2. 量值依据

加荷时依照检定的(荷载—压力表示值示值)线性回归方程得出每一级荷重下压力表示值。

3. 试验方法(图 12-8)

(1)加荷方法:采用千斤顶分配梁系统加荷,加荷点距 900 mm。受压后支承管片的活动小车可沿轨道向两端运动。

(2)荷载分级和持续时间

采用分级加荷法:由 50 kN 开始加荷,然后每次加荷 10 kN 并静停 1 min,注意记录裂缝产生和裂缝宽度为 0.2 mm 时的荷载值,加荷完毕后,静止 1 mm 记录压力表读数及中心加荷点及水平位置变量。

(3)当加荷到压力表读数不能再上升,百分表读数突然增大时,说明此时管片钢筋已达到屈服强度,此时加荷值即为破坏荷载。

图 12-8　管片抗弯试验

12.6.5　管片注浆孔抗拔试验(图 12-9、图 12-10)

1. 量值依据

在 50 kN 千斤顶上装置一个 0～100 MPa 的工作压力表,精度 1.5 级;加荷时依照检定报告线性回归方程得出每一级荷重的压力表示值。

2. 试验方法

(1)将拉力螺杆旋入管片灌浆孔螺栓中,再将管片置于拉力架里,并使螺杆与拉力架用螺丝连接后,整体放置

图 12-9　管片注浆孔抗拔试验

在支承架上，支承架承托着管片两侧。

(2)在拉力架下方安放两个行程 50 mm 的百分表。

(3)当千斤顶轴心升起时，拉力架带动螺杆向下拉，灌浆螺杆受力，百分表的读数显示螺标的位移量。

(4)当压力不能再上升，百分表读数突然增大时，说明灌浆螺栓管承受的拉力已超出极限被破坏，以此值为灌浆螺栓管的破坏值。

12.6.6　抗渗试验(图 12-11)

在每日生产的管片中抽检两块进行检漏，检漏在管片龄期满 28 d 后进行。

检验方法：按 0.2、0.4、0.6、0.8、1.2 MPa 压力逐级加压，0.2、0.4、0.6 MPa 恒压 5 min，0.8 MPa 恒压 30 min，1.2 MPa 恒压 120 min，渗水最大深度不得超过管片厚度的 1/3。管片检漏装置封胶条位置不得大于管片周边 25 cm。

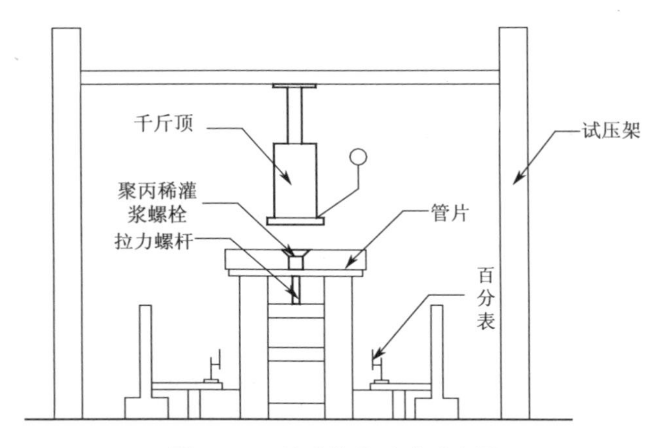

图 12-10　管片抗拔试验示意图

图 12-11　管片抗渗试验

12.7　管片缺陷修补

管环缺陷应在掘进过程中随时检查，一经发现，即时进行修补，管环表面清洁后，应再次全面检查，对遗漏部分给予修补。

12.7.1　管片缺陷现象及原因分析

(1)管片在转移堆码储存、运输、安装过程中对管片外表尤其是楞角的碰撞损坏。

(2)掘进机在掘进过程中，由于在曲线上的推进、掘进机姿态的调整、管片的拼装误差、各种复杂地质条件下以及推进油缸行程差等因素的影响，各分区油缸对管片施加的纵向推力会产生不均匀的分布，导致管片在环面上的受力不均和应力集中等复杂受力现象，管片产生局部压碎、拉裂、崩角、崩边等少量外观缺陷。

(3)管片吊装和井下安装过程中，出现螺栓孔混凝土崩裂，吊装孔混凝土崩、裂缝等。

(4)混凝土质量原因造成管片表面气泡过多。

(5)养护不良造成温度裂缝。

12.7.2　修补材料及工具

1. 管片修补工具

尖头灰匙、灰匙、平镗、灰斗桶、海棉、细砂纸、手套、铁凳、围裙。

2. 管片修补材料

种类：胶皇粘补剂(Sika Latex)；42.5R 二级白度白色硅酸盐水泥；42.5R Ⅱ型硅酸盐水泥；水；0～3 mm砂。

技术要求：采用自来水，砂子需要用清水清洗干净，颗粒呈规则形状，水泥符合规范要求。

3. 修补混凝土配合比

(1)修补水泥浆(修补轻微的沉降裂缝及不大于 2 mm 的气泡等)：白水泥 2 kg，普通水泥 1 kg，胶皇粘补剂 0.54 L，水 0.48 L。

(2)修补砂浆(修补大于 2 mm 气泡、气孔、蜂窝、崩及缺角等)：白水泥 2 kg，普通水泥 1 kg，砂 7.5 kg，胶皇粘补剂 0.72 L，水 0.3 L。

(3)将修补水泥浆或修补砂浆人工搅拌均匀。

12.7.3　修补主要施工方法及步骤

1. 修补程序

(1)管片吊放到平板车上即可对轻度的水气泡缺陷进行修补，对存在缺陷较大的管片应报监理工程师批准方可进行修补，在未合格前应先行隔离并标志。

(2)由于管片在储存、运输有可能碰损，所以工人在修补好平板车上的管片后应到储存场地去检查并对轻度缺陷管片再次修补，严重缺陷的进行隔离。

(3)管片出厂前应再次检查要出货的管片，并于出货前三天对管片进行修补，经质检人员检查合格后才可出货。

2. 修补方法

管片修补可按照下列不同情况进行处理：

(1)管片小蜂窝、小气泡(用修补水泥浆)

用水把需要修补的部位湿润(湿润要过到吸水均匀饱和的效果，但不能有积水)，然后用海棉粘上修补水泥浆在两侧均匀涂抹，直到把蜂窝、气泡都填满抹平。要求修补面干后管片颜色一致，表面光滑平整，修补后的蜂窝、气泡部位要与管片浑然一体，不能肉眼区分出来。

(2)管片较大的气泡、孔洞(用修补砂浆，孔洞直径 10～25 mm、深度 10 mm 以下)

用水把需要修补的部位湿润(湿润要达到吸水均匀饱和的效果，但不能有积水)，用尖匙把修补砂浆填补到气泡、孔洞里，直至差不多填满，10～15 min 后检查修补的修补砂浆与原有混凝土结合情况，如果结合紧密则再次用修补砂浆填满找平抹光滑，如有剥离现象则需把修补砂浆敲掉重新修补。修补达到的效果：修补混凝土干后新旧混凝土结合紧密，颜色一致，表面无裂纹、无凹凸、无阴影，平整光滑，用灰匙柄敲击该部位无脱落、无剥离、无裂纹。

(3)管片崩、缺角(用修补砂浆)

用工具把崩、缺角部位混凝土敲掉直到碎石全部露出，用水泥浆水把该部位湿润透，然后迅速用尖匙把修补砂浆填补，用灰匙、平镗初修饰成型，10～15 min 后检查修补砂浆与原有混凝土结合情况。如果结合紧密则再次用修补砂浆填满找平抹光滑，如有剥离现象或裂纹出现则需把修补砂浆敲掉重新修补。修补达到的效果应为：新旧混凝土紧密结合，强度达到要求，颜色一致，表面无裂纹无凹凸，平整光滑，用灰匙柄重敲击该部位无脱落、无剥离、无裂纹产生。

修补后的管片必须根据不同情况覆盖保护膜或用湿麻布覆盖修补部位进行洒水养护；养护时注意不能出现砂浆被水冲掉、划花现象；吊运时注意不要碰撞。

12.7.4 管片修补质量要求

(1)拌和砂浆必须严把计量关，采用精度较高的磅称或电子设备对原材料进行计量，严禁采用体积比，各种材料计量允许误差：砂±3%，水泥±1%，外加剂±1%，水±1%。

(2)严禁使用过期受潮的原材料，不合格的材料禁止使用到施工现场。

(3)加强对邻侧混凝土的覆盖等保护措施，使其强度达到75%以上后方可转为自然养护，以保证弥合砂浆补偿收缩功能的实现。

(4)砂浆配合比要注意色差调整，确保修补后砂浆的颜色与管片的颜色一致。

12.8 管片破碎防治措施

在实际施工过程中，管片破碎现象时有发生。由于管片破碎，不仅会引起隧洞渗水、漏浆，而且会影响到隧洞的使用性能。因此管片破碎的防治是管片自防水的重要环节。

管片破碎现象在隧洞衬砌的内外两侧均有发生，衬砌外侧，一般发生在管片与掘进机外壳的接触部位；衬砌内侧，一般发生在管片角部。造成管片破碎有多种原因，管片破碎常常是多种因素综合作用的结果，在施工过程中，拟采取如下措施防治。

12.8.1 管片堆放时的针对措施

(1)在搬运过程中轻吊慢放，着地时要平稳；堆放时不允许超过5层，并正确摆放好垫木。

(2)吊放管片的钢丝绳上缠橡胶条等，在起吊时，起到缓冲作用。

(3)预先摆放好垫木，在管片车上管片搁置部位设置橡胶条，以起到缓冲作用。

12.8.2 管片拼装时的针对措施

(1)按要求贴好角部止水橡胶条、软木衬垫等。

(2)管片拼装前，先测量前一环各管片之间的相互高差，包括环向和径向。根据实测数据，调整已粘贴好的软木衬垫，以保证拼装后环面的平整度。

(3)拼装前清理前一环管片上的泥块及浆液，保证环面清洁、无夹泥。

(4)拼装时保证衬砌环圆度，块与块不错位。推进油泵的伸缩顺序应与管片拼装顺序一致。两侧标准块、邻接块安装时油泵应同时收缩及伸出，以减少环与环之间管片错位现象。

(5)封顶块安装前，实测并确保顶部两邻接块间间距，并通过推进油泵的伸缩来调整好邻接块间的间距，控制在比设计值大6 mm左右，以便顺利安装封顶块。

(6)封顶块安装前，在与邻接块相邻的纵向缝处涂抹润滑剂或肥皂水，防止封顶块插入时，出现“耸肩”现象，造成管片破损。

(7)竖曲线段推进时，在安装拱底块时根据实际情况予以落低或抬高，减少管片“卡壳”现象。

12.8.3　推进时的针对性措施

(1)推进前检查各油泵衬垫的完好情况,发现有破损的及时调换,同时应仔细观察衬垫与管片环面的吻合程度,对不吻合处可增设软木衬垫来调整,确认吻合后再开始推进。

(2)在掘进机推进时,及时根据设计要求、掘进机穿越土层的变化、上部载荷情况以及测量资料来调整各项施工参数,将掘进机姿态严格控制在设计允许偏差范围之内。同时,结合隧洞衬砌的实际情况,在不超出偏差范围的情况下,对掘进机姿态作适当调整,使掘进机与管片尽可能处于同心状态。

(3)同步注浆时,控制好注浆量的分布和注浆压力。管片与机壳上部无缝隙时,增大上部的注浆孔注浆量及注浆压力,下部注浆孔不注,通过浆液将管片往下压;如管片与机壳下部无缝隙时则反之。正常推进时,在总注浆量不变的前提下,减少管片下部注浆孔的注浆量,可以减少管片的上浮。在曲线段推进和纠偏时通过有目的地选择盾尾同步注浆孔,改变各个注浆孔的注浆量分配和注浆压力,调整管片姿态。

12.9　管片堵漏措施

在用掘进机法隧洞施工中,由钢筋混凝土管片(衬砌)拼装而成的隧洞,由于各种原因会造成管片的渗漏水,为保证隧洞工程的质量,就必须进行防水堵漏处理。

12.9.1　基本原理

防水堵漏所采用的基本原理是化学灌浆。化学灌浆就是利用手工或机械手段,在压力作用下,将特制的化灌材料灌入到建筑物结构裂隙中,使灌浆材料在裂隙中凝固,以达到充填裂隙和止水的目的。

对贯穿裂缝,可采取封缝、埋管、化灌的方法处理。对非贯穿裂缝,因闭气的关系,难以将浆液灌到裂缝的尖顶区,从而不能消除该尖端区所形成的应力集中区,故处理中应周密考虑各种因素,提高浆液的充填率。对于温度裂缝,考虑到混凝土建筑对气温的“滞后效应”,一般选择在混凝土体温度的低点进行灌浆处理,效果较好。

12.9.2　施工工艺

1. 柔性防水堵漏施工工艺

防水施工工艺分为割缝、剔槽、打磨、刷涂料几步,如图12-12所示。

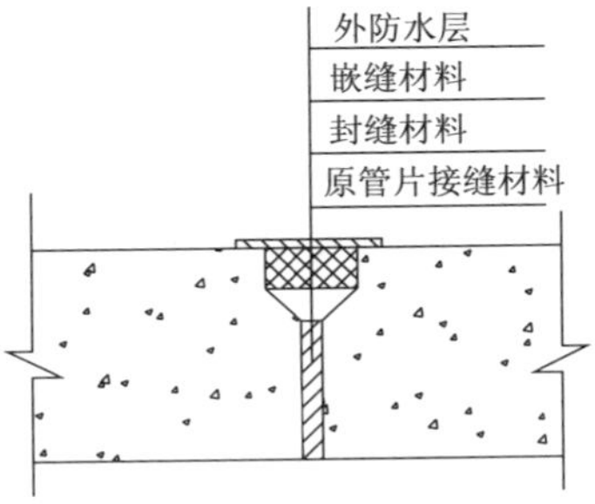

图12-12　柔性防水堵漏施工示意图

(1)切割与剔槽

根据设计要求,先用切割机在管片接缝两侧切割,然后用冲击电钻剔槽,再辅以人工精修成5 cm深的沟槽。

(2)基面处理

基面处理采用两种方法。明显渗漏水部位采用凿孔注浆堵水(注浆材料为丙凝浆液或水溶性聚氨酯),其他部位渗水采取快凝水泥封堵。快凝水泥SH外渗剂与425# 普通硅酸盐水泥按比例混合,或用双快水泥。然后进行封堵。水泥凝结时间调节在2 min左右。

(3)打磨

在管片接缝两边约 20 cm 宽距离内,用湿工磨光机打磨。去掉凹凸不平杂物、浮尘等。打磨露出新鲜平整混凝土基面,为下一步涂涮防水涂料打下基础。

(4)嵌缝

把配合好的焦油聚氨酯密封膏或膨润土嵌缝胶、聚氨酯密封系列止水材料,嵌入修好的沟槽内,填至管片表面平整为止。嵌缝完毕还应以刮刀压刮,以增强密封膏与混凝土的黏结。

(5)涂刷防水涂料层

为保护嵌填料和加强管片接缝的防水能力,在接缝两侧涂刷 2～3 层柔性防水涂料。防水涂料成膜厚度应保持在 2 mm,涂刷时应注意形成整体防水胶膜,可采用刮刀或毛刷满涂均匀:也可用氯丁乳胶聚合物砂浆作外防水层。

嵌缝及涂刷防水涂料层应在无渗水、干燥情况下进行。

2.柔刚结合防水堵漏工艺

防水堵漏工艺程序为:打毛、切割、剔槽;抽管、嵌缝、抹面、注浆。防水堵漏施工如图12-13所示。

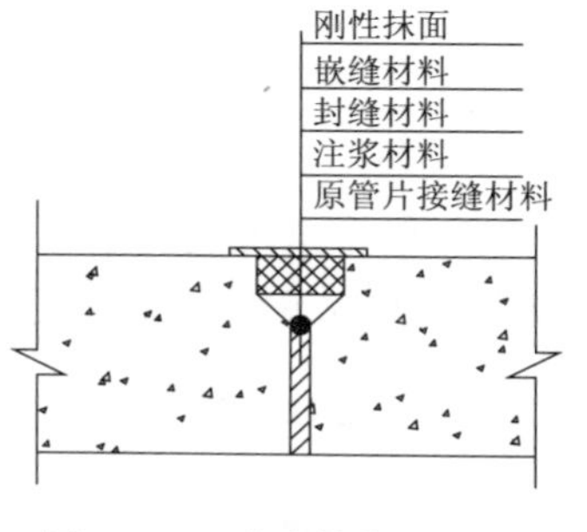

图 12-13　防水堵漏施工工艺示意图

(1)凿毛、割缝、剔槽

凿毛。在管片接缝两侧,各宽 20 cm,人工用剁斧凿毛,露出新鲜混凝土基面并使其粗糙,为增强刚性抹面与混凝土的良好黏结打下基础。

割缝、剔槽。用日产金刚石锯片混凝土切割机切割,切割宽度 4～5 cm,沟深 5～6 cm,然后用冲击电钻剔槽,最后用电铲和人工精修成 5～6 cm 深的沟槽。

(2)抽管

采用 ϕ14 mm PVC 胶管作模,双快水泥或其他快凝水泥压管封缝,进行抽管作业,最后留出引水注浆管。

(3)嵌缝

先用钢丝刷和毛刷清理掉沟槽和两侧的浮灰、泥土,然后嵌入缝材料(施工中按各种嵌缝材料的施工工艺进行),要求嵌填后反复挤压至密实,在嵌缝材料固化过程中最好用刮刀或人工按压两遍,以使黏结更好。

(4)抹面

抹面防水可按五层抹面防水做法实施。也可采用氯丁胶聚合物砂浆抹面。抹面完成后要浇水养护 3～4 d。

(5)注浆

首先用手掀式注浆泵向引水管压水,然后再压注水溶性聚氨酯浆液(或其他化学灌浆材料)。待浆液固化后,用小刀割掉预埋引水管,再用双快水泥封闭。

12.10　管片冬季生产保障

12.10.1　冬季施工特点

矿区所在地区气候干燥,冬寒夏热,多风少雨。根据历年气象台资料:区内最高气温

36.6 ℃，最低气温－27.9 ℃。由于气温较低，冬季施工时切实做好保温措施。

1.气象资料

根据冬期施工要求，室外日平均气温连续5 d低于5 ℃时，应按冬期施工采取措施。

2.准备工作

(1)进行冬期施工的工程项目，必须复核施工图纸，查对其是否适应冬期施工要求。

(2)进行冬期施工前，对掺外加剂人员、测温保温人员及管理人员专门组织技术业务培训，学习本工作范围内有关知识，明确职责。

(3)指定专人进行气温观测并作记录，收听气象预报广播、电视天气预报，做好防止寒流突然袭击的物资准备。

(4)根据实物工程量提前组织有关机具、外加剂和保温材料进场。

(5)工地的临时供水管，做好保湿防冻工作。

(6)做好冬期施工混凝土、砂浆及掺外加剂的试配、试验工作，提出施工配合比。

(7)冬期施工采取有效的防滑措施。

(8)大雪后将架子上的积雪清扫干净，并检查马道平台，如有松动下沉现象务必及时加固。

(9)施工中接触热水要防止烫伤。

(10)现场明火先向公安机关申请，并派专人严加管理。采取得力措施，防止发生火灾。

(11)电源开关、配电箱等加锁并设专人负责管理，防止漏电伤人。

12.10.2　冬季生产保障措施

混凝土工程的冬期施工，要从施工期间的气温情况、工程特点和施工条件出发，在保证工程质量、加快进度、节约能源、降低成本的前提下，采用适宜的冬期施工措施。

(1)冬期浇筑的混凝土，在受冻前使用矿渣硅酸盐水泥或普通硅酸盐水泥配制混凝土。

(2)冬期施工拌制的混凝土，为了缩短养护时间，选用普通硅酸盐水泥，水泥强度等级不应低于32.5 MPa，每立方米混凝土中的水泥用量不宜少于300 kg，水灰比不应大于0.6。

(3)为了减少冻害，将配合比中的用水量降低至最低限度。主要是控制坍落度，加入引气型减水剂，含气量按3%～5%控制。

(4)素混凝土在用热材料拌制时，氯盐掺量不得大于水泥重的3%，用冷材料拌制时，氯盐掺量不得大于拌和水重的5%。

(5)冬期拌制混凝土采用加热水的方法。水可加热到100 ℃，但水泥不应与80 ℃以上的水直接接触，投料顺序，应先投入骨料和已加热的水，然后再投入水泥。由于水泥不得直接加热，使用前事先运入暖棚内存放。

(6)拌制混凝土时，骨料不得带有冰雪及冻团，拌和时间应比常温施工时的时间延长50%。对含泥量超标的石料提前冲洗备用。

(7)根据试验级配由专人配制外加剂，严格掌握掺量。

(8)混凝土拌和物的出机温度不宜低于10 ℃，入模温度不得低于5 ℃。

(9)浇筑混凝土前清除模板和钢筋上的冰雪和污垢。

(10)混凝土拌和物的运输，为尽量减少热量损失，采取下列措施：

①尽量缩短运距，选择最佳运输路线。

②运输车辆采取保温措施。

③尽量减少装卸次数，合理组织装入、运输和卸出混凝土的工作。

(11)根据本地区气温及施工的实际情况，本工程浇筑成型后可采用蓄热法养护。

蓄热法具有经济简便、节能等优点，混凝土在较低温度下硬化，其最终强度损失小，而耐久性高，可获得较优质量的制品。由于蓄热法施工，强度增长较慢，优先选用强度等级较高、水化热较大的普通硅酸盐水泥，同时选用导热系数小、价廉耐用的保温材料，保温层敷设后做好防潮和防止透风，对于构件边棱、端部与角部要特别加强保温，新浇混凝土与原混凝土接头处，为避免热量的传导损失，必要时采取局部加热措施。

混凝土浇筑后严格执行测温制度，如发现混凝土温度下降过快或遇寒流袭击，立即采取补加保温层或人工加热等措施，以保证工程质量。

模板和保温层，在混凝土冷却到 5 ℃后方可拆除。拆模后的混凝土表面，采用临时覆盖，使其缓慢冷却。

(12)混凝土的质量检查和测温

混凝土工程的冬期施工，除按常规施工的要求进行质量检查外，重点检查以下项目：

①外加剂的质量和掺量。

②水的加热温度和加入搅拌时的温度。

③混凝土在出模时、浇筑后和硬化过程中的温度。

④水及混凝土出模时的温度每工作班至少测量 4 次。

⑤混凝土温度的测量采用蓄热法养护时，养护期间每昼夜测量 4 次。

⑥室外空气温度及周围环境温度每昼夜测量 4 次。

⑦混凝土的温度测量按下列要求进行：

a. 全部测量孔点编号，绘制布置图，测量结果写入正式记录。

b. 测温时，将温度表与外界气温作妥善隔离，在孔口四周用软木或其他保温物塞住，温度计在测温孔内留置 3 min 以上时间后读数。

c. 测温孔布置在易于散热的部位，厚大结构应分别在表面及内部设置。

d. 测温人员同时检查覆盖保温情况，并了解结构浇筑日期、温度、养护期限等，若发现混凝土温度有过高或过低现象，及时通知有关人员采取有效措施。

e. 混凝土施工过程，除按常温施工要求留置试块外，应增做两组补充试块与构件同条件养护，一组用以检验混凝土受冻前的强度，另一组在与构件同条件养护 28 d 后转入标准养护 28 d再测定其强度。为加快施工进度及强度增长，采取搭设暖棚、掺加复合型外加剂及提高一级混凝土强度等级等方法。

第 13 章　不均匀沉降控制

地层不均匀沉降或错动，会造成衬砌结构破坏，耐久性降低，隧道防水效果急剧下降等病害。

随着埋深从 0～750 m 不断加大，地层压力、水压不断变化，地层的岩性也在变化，即使是同一岩性地层，也存在不均质的问题，所以地层沉降是不同的，可能会产生错动、钢筋混凝土管片的损坏。这同公路、铁路隧道有一定的差别，在煤矿大埋深长斜井衬砌结构与施工中，需要考虑地层不均匀沉降问题。

13.1　不均匀沉降的主要影响与控制标准

13.1.1　不均匀沉降的主要影响因素

(1)掘进机施工穿越地层物理力学特性的不均匀性，由于掘进机施工穿越地层多，地层的特理力学特性的差异将直接表现为地层沉降的不均匀性，进而引起隧道结构的不均匀沉降。

(2)掘进机穿越地层覆土厚度变化大。斜井隧道覆土厚度从 1 倍直径变化到 750 m，在不同深度，掘进机开挖卸载后对地应力场的影响及土体力学特性的影响不一，引不隧道不均匀沉降。

(3)施工穿越不同的含水地层，由于地层的含水特性差别大，有含水地层、承压水地层、隔水层等，由于掘进施工排水及管片结构渗漏水及施工完成后沿隧道长度范围内的排水及管片结构渗漏水，引起不同地层的排水固结沉降不一，从面引起隧道的不均匀沉降。

(4)施工扰动不均匀性引起隧道沉降。盾构法隧道施工不可避免地会造成对围岩的扰动，而由于不同地层、不同深度、采用不同的模式进行掘进施工等都将引起掘进机施工到不同地段引起对地层的不同扰动，特别是遇到掘进机姿态纠偏地段，从而引起隧道结构的不均匀沉降。掘进机施工对地层的扰动具体来说，主要包括以下几个方面：

①开挖面底下的地层扰动。在一般全出土的盾构施工中，当开挖面地层失去原有三维平衡条件时，就会向盾构移动。移动范围包括开挖面底下的部分围岩，这部分围岩产生回弹和孔隙增大，这是围岩受到扰动后初始应力释放的反应。

②盾尾后压浆(豆砾石回填)不及时、不充分。盾尾空隙中因缺少充填料，坑道周边围岩向隧道衬砌移动，而隧道底部围岩的这种移动就如原状地层卸荷后的回弹，当隧道及其上方地层重新作用于下卧层回弹土体时，随着荷载增加，引起下卧地层再固结。

③盾构在曲线推进中或纠偏推进中造成超挖。由于在这种推进中盾构轴线与隧道轴线形成偏角，使盾构开挖断面大于盾构的横断面，而当盾构头部下倾时，盾构下部切口超挖，这就引起盾构下部土体空隙增大，扰动程度增加，从而引起后续隧道沉降。

④盾壳对周围土体的摩擦和剪切引起的扰动。

13.1.2　隧道不均匀沉降的形式

隧道不均匀沉降按其表现形式可分为三种形式：即正（余）弦型、错台和折角，如图 13-1 所示。

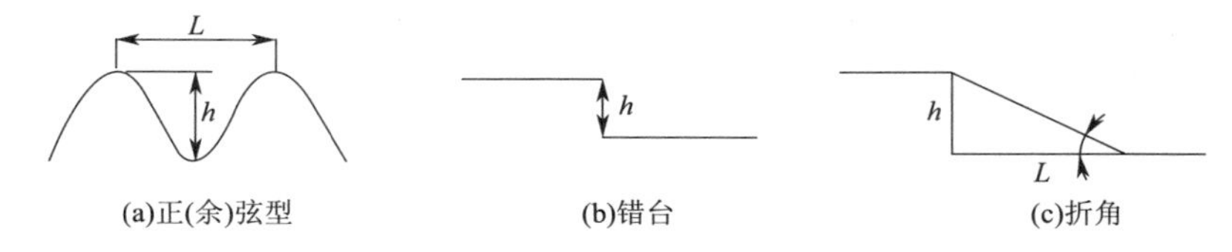

图 13-1　不均匀沉降的型式

隧道穿越软硬地层交界面时，地层产生的不均匀沉降为折角型，由于盾构隧道由分块管片组成，因此，在各个管片之间表现为错台型差异沉降，而这些小的错台型差异沉降在宏观上形成了隧道结构的折角型不均匀沉降变形。

13.1.3　不均匀沉降的控制标准

《盾构法隧道施工与验收规范》对盾构隧道管片结构的环向张开量及管片横向错缝张开量作出了规定，而这二项内容除在施工期间与施工精度有关外，在盾构隧道产生不均匀沉降后，也将引起管片结构的环向张开量及横向错缝。因此，这两项内容可以作为隧道结构不均匀沉降的控制指标。

1. 管片环向张开量控制

盾构隧道管片接缝防水能力除与接缝材料自身的特性有关外，还与接缝施工质量及接缝环向张开量有关，盾构隧道的不均匀沉降将引起管片接缝隙的环向张开，因此，盾构隧道的不均匀沉降首先应满足其引起的管片接缝环向张开量不超过管片环向张开量的限值要求。

隧道的纵向不均匀沉降与管片环向张开量之间的关系可用图 13-2 进行分析。

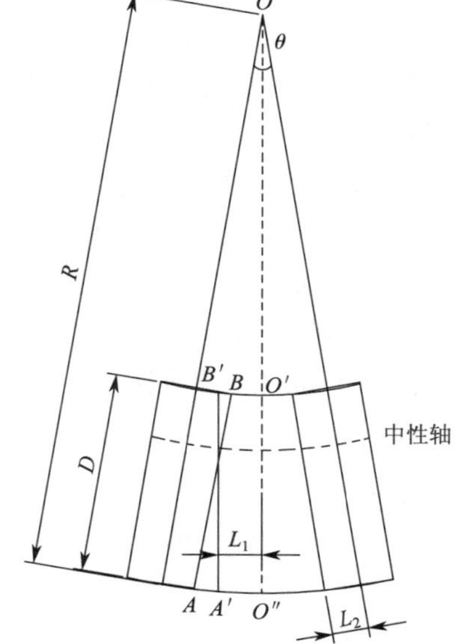

图 13-2　环缝接头纵向转动示意图

图 13-2 为典型二环拼装衬砌结构纵向转动变形。D 为衬砌环外直径，L_2 为半环宽，B 为环宽，纵向曲率半径为 R。出于拼装及构造产生的初始环缝宽度为 $2L_1$，环间接头张天量与压缩量之比为 m。环缝转动后张角为 2θ。解析推导的目标是得到纵向曲率半径 R 与环缝张开量 $\Delta=2d$ 的关系。

左侧衬砌环纵向弯曲后，由初始位置 $A'B'$ 顺时针转动到 AB，引起的环缝张开量为：

$$\delta=AA' \tag{13-1}$$

已知张开量与压缩量之比为 m，即

$$AA'/BB'=m \tag{13-2}$$

由于转角 θ 为小值，$\sin\theta \approx \theta$ 可知

$$AA' + BB' = D\theta \tag{13-3}$$

由式(13-1)～式(13-3)得

$$\delta = \frac{m}{m+1} D\theta \tag{13-4}$$

根据几何关系 $O'A = O'A' + AA'$ 可知

$$O'A = L_1 + \delta \tag{13-5}$$

同时由 $O'A = O'C + AC$

$$O'A = R\theta - L_2 \tag{13-6}$$

由式(13-4)～式(13-6)可知

$$\Delta = \frac{Dm(L_1 + L_2)}{R(m+1) - Dm} \tag{13-7}$$

考虑到 $L_2 \gg L_1$ 最大环缝张开量

$$\Delta = \frac{BDm}{R(m+1) - Dm} \tag{13-8}$$

最大环缝压缩量

$$\Delta' = \frac{BD}{R(m+1) - Dm} \tag{13-9}$$

式(13-8)、式(13-9)即为盾构隧道衬砌结构纵向曲率半径与最大环缝张开量、压缩量的关系式。

2. 管片错台差异沉降控制

盾构隧道结构在受到地层的不均匀沉降影响后，由于管片结构的相对刚性，盾构隧道要适应地层的变形特性，隧道的变形大部分应发生在管片结构的接缝处，因此，为适应地层的竖向沉降变形，必然引起管片之间的错台差异沉降。管片的错台差异沉降对管片结构的受力与管片接缝的防水都有重大的影响，因此，盾构隧道的不均匀沉降也需满足其引起的管片之间的最大错台变形量不超过相应的限值要求。

13.2　斜井隧道不均匀沉降分析

13.2.1　隧道不均匀沉降过渡段长度分析

1. 隧道与地层交界面夹角对隧道不均匀沉降的影响

盾构穿越地层施工时，盾构隧道的不均匀沉降可用折线型不均匀沉降形式描述。当盾构隧道与地层分界线成0°角时，地层的差异不引起盾构隧道的不均匀沉降；随着盾构隧道与地层分界线的角度的增加，地层的差异引起盾构隧道的不均匀沉降逐渐增加。

当角度达到90°时，地层的差异性引起的盾构隧道不均匀沉降最明显。地层的差异沉降将直接引起管片的不均匀沉降，假定此时管片的不均匀沉降过渡段长度为 S_{90}；当隧道结构与地层分界线成 α 角时，地层不均匀沉降引起的隧道管片不均匀沉降过渡段的长度为 $D/\tan\alpha + S_a$，D 为盾构隧道开挖直径，且有 $S_a \cdot \cos\alpha = S_{90}$；当隧道与地层分界结成0°角时，隧道管片不均匀沉降过渡段的长度为 $S_0 = 0$，隧道管片不存在不均匀沉降，盾构隧道与地层分界线的夹角平面关系如图13-3所示。

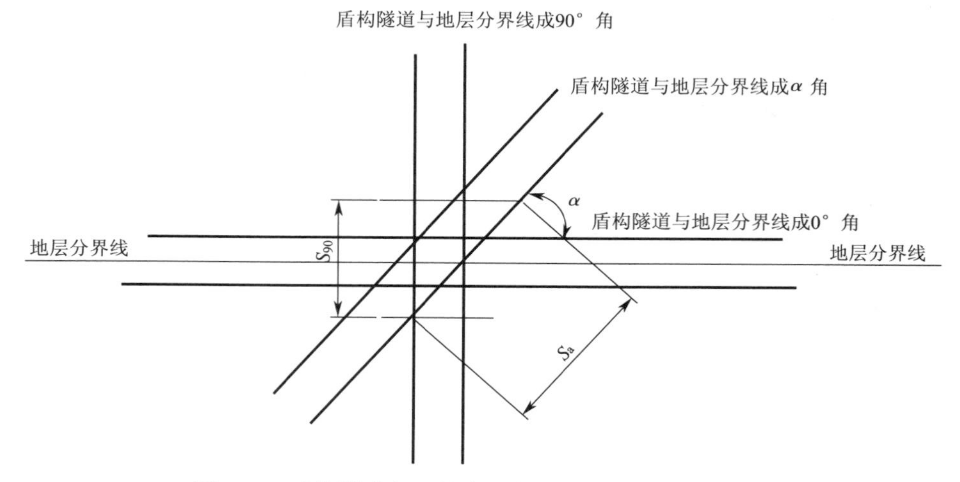

图 13-3　盾构隧道与地层分界线的夹角平面关系示意图

2. 斜井隧道不均匀沉降分析

本工程斜井隧道坡度为$-6°$，隧道开挖直径 8.1 m。隧道与地层分界线成 6°角，在地层分界处，盾构隧道管片由一个地层进入另一层地层直到管片结构完全进入另一地层的情况下，地层不均匀沉降引起的隧道管片不均匀沉降过渡段长度为 $S=D/\tan6°+S_{90}/\cos6°$。因此，盾构隧道不均匀沉降的长度应大于 $D/\tan6°=77.07$ m，本工程考虑盾构隧道不均匀沉降的过渡段长度为 77.07 m，如图 13-4 所示。

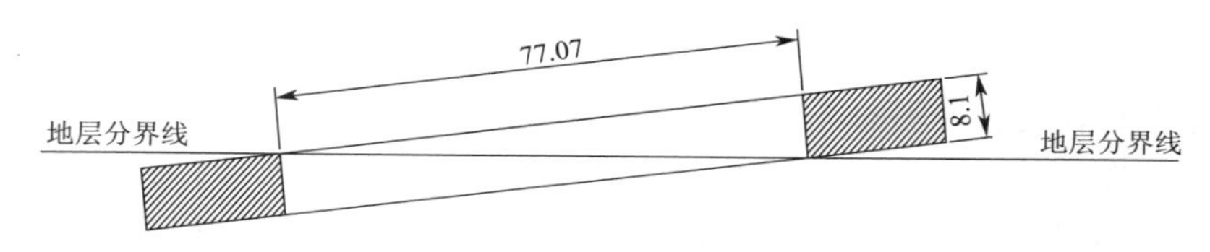

图 13-4　隧道管片一个地层过渡到另一个地层的尺寸示意图(m)

由于盾构隧道不均匀沉降过渡段的长度较长，因此当隧道的不均匀沉降较小时，两个隧道管片之间的错台差异沉降较小，只有当隧道的不均匀沉降达到一定的程度，引起的隧道管片间的错台差异沉降才会对结构的防水及受力使用安全产生影响。

13.2.2　斜井隧道管片间最大差异沉降分析

根据以往实测数据及经验，在盾构隧道管片由一个地层刚要进入另一个地层，及盾构隧道管片刚要脱离一个地层进入另一个地层这两种情况下，盾构隧道的不均匀沉降斜率出现突变，对应位置的相临管片间的错台差异沉降最大。因此，在制订施工措施控制隧道的不均匀沉降对管片结构的影响时，需着重考虑这两处地方管片结构的处理措施。

13.3　斜井不均匀沉降控制

13.3.1　斜井不均匀沉降的控制原则

地层的不均匀沉降对管片结构的受力与变形影响非常大，采用刚度较大的管片结构直接来抵抗地层的变形很难做到，且风险较大。为此借用新奥法隧道施工的理念，提出斜井隧道不均匀沉降的控制原则：柔性支护、允许变形。

13.3.2　斜井不均匀沉降的控制措施

在斜井不均匀沉降引起的管片间的错台差异沉降及环向张开量超过差异沉降的控制标准时，应采取一定的施工技术措施对这些管片进行处理，确保隧道衬砌结构的正常使用与安全。

结合斜井不均匀沉降的处理措施技术原则，根据斜井隧道最大差异沉降位置分析，提出在合适的部位采用临时柔性支护钢管片，允许隧道管片结构产生不均匀沉降，待不均匀沉降完成后，再拆除临时柔性支护管片，现浇二次衬砌结构的方法处理斜井隧道的不均匀沉降。该方案可增加结构的纵向柔性，大大提高结构对不均匀沉降和的适应性，其优点是结构简单，质量可靠，能适应较大值的地层沉降和错动，避免隧道中，防水效果好。

1. 斜井隧道不均匀沉降需处理部位的选择

根据上文分析，在盾构隧道管片由一个地层刚要进入另一个地层，及盾构隧道管片刚要脱离一个地层进入另一个地层这两种情况下，盾构隧道的不均匀沉降斜率出现突变，对应位置的相临管片间的错台差异沉降及环向张开量最大。

由于斜井隧道不均匀沉降过渡段较长，考虑采用分段治理的方法，在实际工程中考虑需在不均匀沉降过渡段的中间部位也应设置柔性过渡段，因此，在制订施工措施控制隧道的不均匀沉降对管片结构的影响时，在管片结构差异沉降变形最大的两处地方及不均匀沉降过渡段的中间部位设置三处柔性临时支护钢管片。斜井隧道不均匀沉降处理部位示意图如图 13-5 所示。

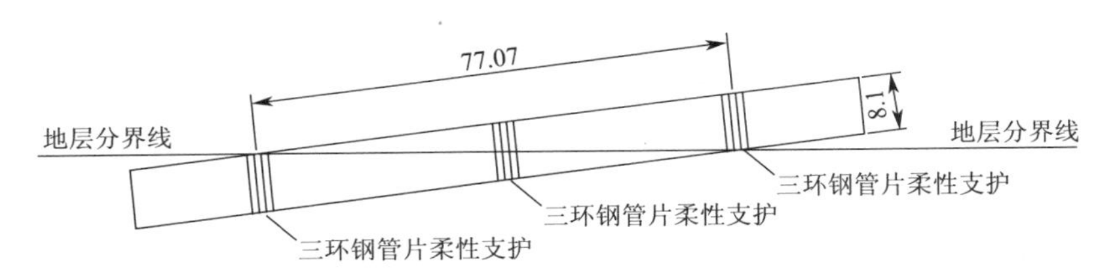

图 13-5　斜井隧道不均匀沉降处理部位选择示意图(m)

根据新街台格庙矿区 43－10 号钻孔所揭示的地质条件，建议本工程需对斜井隧道不均匀沉降进行处理的地层分界面位置如表 13-1 所示。

表 13-1　新街台格庙矿区地质情况及需进行处理的地层分界面位置

地层	高程(m)		地层分界面号	地层分界面处理措施
	顶高程	底高程		
风积沙层	0	12		
			1	
浅紫、粉红色细砂岩与灰白色中～细砂岩互层	12	408		
			2	柔性临时支护＋衬砌后浇带
紫红色泥岩夹层	408	411		
			3	柔性临时支护＋衬砌后浇带
黄绿色粗砂岩及灰黄绿色砾岩、砂砾岩	411	460		
			4	
灰绿色砂质泥岩、粉砂岩互层	460	536		
			5	
细～粗粒砂岩	536	614		
			6	
砾石夹层	617	617		
			7	
青灰色中～粗砂岩	633	633		
			8	柔性临时支护＋衬砌后浇带
灰黑色煤系地层	635	635		
			9	柔性临时支护＋衬砌后浇带
青灰色中～粗砂岩	657	657		

2. 柔性支护钢管片设计

柔性支护钢管片全部采用自行设计、加工制作的可周转类型，便于后期拆除及衬砌后浇带结构施工。

钢管片由内外二层厚钢板及平在钢板间的肋板焊接而成。钢管片厚度与盾构隧道管片结构厚度相同。钢管片结构布置示意图如图 13-6 所示。

每环钢管片由 7 块构成，衬砌环由 1 个封顶块（K 形）、2 个邻接块（L 形）、4 个标准块（B 形）组成。衬砌环向分 7 块，即 4 块标准块（中心角 54°），2 块邻接块（中心角 54°），一块封顶块（中心角 36°）。封顶块安装方向为沿隧道横向方向插入。

每环管片的拼装顺序：底拱块→左右标准块→左右邻接块→顶部楔形块。

管片的拆卸顺序与拼装顺序刚好相反，先卸楔形块。

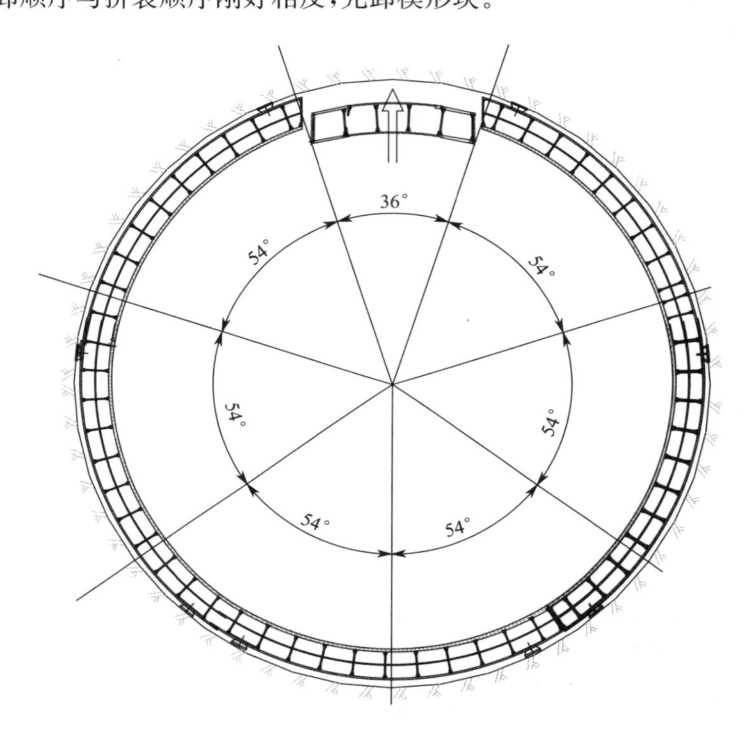

图 13-6　钢管片拼装布置示意图

3. 衬砌后浇带及结构防水设计

采用临时柔性支护钢管片＋现浇二次衬砌结构的方法处理斜井隧道的不均匀沉降时，衬砌结构后浇带的结构施工设计及防水设计与施工是极其关键的一项内容。

(1)后浇带设置原则

①地层分界处隧道结构的不均匀沉降变形大的部位；

②后浇带设置宽度与柔钢管片支护长度相同；

③后浇带与钢筋混凝土管片结构的接缝防水等级应与正常地段管片结构的防水等级相同；

④后浇带应采用补偿收缩混凝土浇筑其强度等级不应低于两侧混凝土；

⑤后浇带混凝土的养护时间不得少于 28 d。

(2)后浇带结构及防水设计与施工

待隧道结构不均匀沉降变形趋于稳定后，拆除钢管片，选用钢筋混凝土现浇衬砌作为该区域的永久支护形式。

后浇带采用强度不低于钢筋混凝土管片的补偿收缩混凝土浇筑，为确保后浇带钢筋混凝土衬砌结构的防水设计如图13-7所示。

为满足新旧结构结合处的防水要求，将后浇带钢筋混凝土衬砌结构在搭接处设计成如图13-7所示的大头样式，接缝处设置兜绕成环的遇水膨胀橡胶条和预埋注浆管进行防水处理，并在接口内测设一30 mm厚钢板，钢板背后环氧树脂注浆密实以达到综合防水及强度补强的效果。

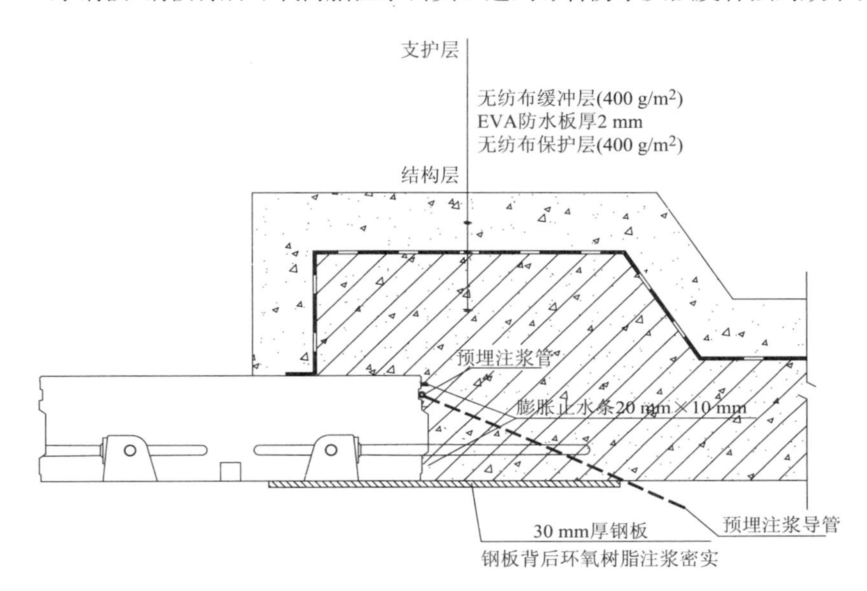

图13-7　新建结构与原有管片接头构造示意图

4.底拱过渡段设计

在采用柔性钢管片支护洞段，由于隧道支护结构的变形，引起底拱路面结构的变形，影响车辆的运输，同时由于底拱路面结构的变形导致运输车辆的冲击动荷载加大，危及底拱路面结构自身的安全。

为克服由于隧道支护结构的变形对底拱路面结构的影响，考虑在柔性钢管片支护洞段底拱路面结构做成整体性强的刚性过渡段保证车辆运输及底拱路面结构自身的安全。

(1)过渡段设置原则

减小底拱路面的局部差异沉降，缓和隧道管片结构过渡段不均匀沉降对底拱路面的影响，确保行车与底拱路面结构安全。

(2)过渡段结构设计与施工

为满足在柔性钢管片支护洞段底拱路面结构的安全，在管片结构与路面结构的仰拱块分别预制、安装的基础上，做以下几方向设计：

①管片与仰拱块之间的接触面均设置凸凹榫槽，便于路面荷载的传递。同时，为了将管片与仰拱块有效结合到一起，在管片与仰拱块之间有20 mm高强水泥砂浆铺底。

②预制仰拱块之间的接触面均设置凸凹榫槽，便于预制块之间接触面的有效结合。

③为保证在柔性支护洞段预制仰拱块的整体性，减小预制仰拱块的局部差异沉降，设置纵向预应力连接方式。在仰拱块预制时，中腹板上预留预应力孔道。取10环张拉，将预制仰拱块纵向紧密连接起来，有效缓和地层的不均匀差异沉降。

第14章　安全监控量测

14.1　监测目的

为保证斜井工程安全、经济、顺利进行，在施工过程中积极改进施工方法、施工工艺和施工参数，最大限度减小围岩变形，确保工程安全，并保护周围环境，需要对施工全过程进行监测。另外，斜井在运营期由于抽排地下水及煤炭开采等的原因存在下沉、变形的趋势，为准确掌握其规律，以便采取必要的措施，我方建议在运营期间亦需要进行监测。

施工监测的主要目的是：

(1)认识各种因素对洞口段地表和围岩变形的影响，以便有针对性地改进施工工艺和施工参数，减小地表和土体变形及控制围岩变形，保证工程安全；

(2)为研究地层、地下水、施工参数和围岩变形的关系积累数据，为研究地表沉降及围岩变形的分析预测方法等积累资料，并为改进设计提供依据。

运营期监测的主要目的：

认识各种因素对运营期间斜井的影响，从而有针对性地采取必要的措施，同时为改进设计提供依据。

14.2　监控量测工作策划

14.2.1　安全监控量测内容(表14-1、表14-2)

主要监测内容包括以下部分：

(1)地层变形：采用全站仪及围岩收敛分析软件，进行施工期地表沙层的围岩收敛变形监测。

(2)围岩应力监测：在围岩内钻孔埋设应力计，观测围岩应力的变化情况。

(3)管片受力监测：在管片结构上设置应变计及频率接收仪，观测管片应力状况。

(4)外水压力监测：在围岩内钻孔埋设渗压计，钻孔深度深入围岩稳固圈以外。

(5)围岩温度监测：在围岩不同深度埋设温度计，监测围岩内部温度情况。

(6)围岩松动圈监测：采用单孔声波测试方法，测定围岩声波速度及其变化趋势，判定隧洞围岩松弛厚度。

建议对管片变形、管片应力、拱顶下沉、净空收敛、围岩变形、外水压力进行的监测，一直延续在斜井运营期间。监测频率应根据采煤工作面设置情况及抽排水情况设定，建议1次/d～1次/月。

表 14-1　斜井监测项目表

序号	监测项目	测量仪器	监测频率
1	(洞口段)地表沉降	NA2002全自动电子水准仪铟钢尺	开挖面距量测断面前后＜5环:1～2次/d 开挖面距量测断面前后＜20环:1次/2 d 开挖面距量测断面前后＞20环:1次/周
2	管片变形	TC1800全站仪、Leica反射片	
3	管片应力	应变计、VW-1频率接收仪	
4	拱顶下沉	WILD-N3精密水准仪、钢挂尺	
5	净空收敛	SD-IA数显式收敛计	
6	土体水平位移(洞口段)	SINCO测斜仪、测斜管	
7	土体垂直位移(洞口段)	MC-50沉降仪、磁环分层沉降仪	
8	钢筋应力	钢筋应力计、VW-1频率接收仪	
9	围岩压力	土压力计(或岩石应力计)VW-1频率接收仪	
10	围岩变形	多点变位计	1次/d～1次/周
11	外水压力	渗压计	1次/周～1次/旬

表 14-2　斜井监控量测测点布置表

序号	监测项目	测点布置
1	地表沉降	洞口段100 m;每20 m设一断面,每断面9点
2	管片变形	每50～100 m一个断面,每断面12个测点
3	管片应力	每50～100 m一个断面,每断面12个测点
4	拱顶下沉	每5～10 m设一个测点
5	净空收敛	每50～100 m一个断面,每断面2个测点
6	土体水平位移	洞口段100 m;每20 m一个断面,每断面4个测孔
7	土体垂直位移	洞口段100 m;每20 m一个断面,每断面2个测孔
8	钢筋应力	每50～100 m一个断面,每断面12个测点
9	围岩压力	每代表性地段一个断面,每断面12个测点
10	围岩变形	每代表性地段一个断面,每断面3个测点
11	外水压力监测	每代表性地段一个断面,每断面3个测点

14.2.2　安全监测实施规程

(1)编制施工期安全监测规程和施工期仪器接入系统的计划。

①监测点的位置和埋设时间;

②各种监测仪器设备的监测要求及监测程序和方法;

③监测仪器设备的维护;

④监测资料的整编方法。

(2)监测设备安装完毕后及时记录初始读数,并按监理批准的监测规程即刻开展施工期监测,直至监测工作为止。

(3)整个施工期间应保护好全部监测仪器设备和设施,以确保监测顺利进行。

(4)施工期监测,可采用施工控制基准网中的基点作为外部变形监测的基点。

(5)根据业主的指示完成临时和永久监测站的建立,将具备条件的仪器逐步按计划接入监测站实行数据集中采集。并为各数据采集终端接入工程自动化监测系统工作提供方便和协助。

14.2.3　围岩变形监测

围岩变形监测主要是指斜井穿越沙层的区段，通过对地层变形的监测，掌握斜井的安全状况，为斜井施工提供保障。

围岩的收敛变形监测在掘进机穿越沙层的全过程中全程监测。

围岩收敛变形监测断面布置，在掘进机初始发 100 m 内，每 10 m 设一断面，每断面 9 点。逐点进行变形的监控量测。

14.2.4　管片变形监测

管片的变形监测在掘进机施工的全过程中全程监测。

施工期管片变形监测断面布置，每隔 30～50 m 布置 1 个观测断面，具体布置根据现场地质情况确定。由于掘进机设备布置的原因，变形观测的测点按 3 测点 3 测线布置方式，如图 14-1 所示。

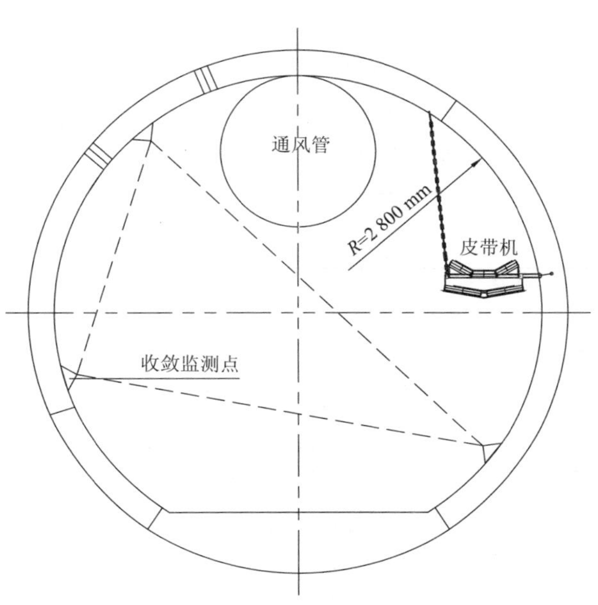

图 14-1　掘进机收敛监测测点布置图

为配合多点变位计观测，在多点变位计孔口附近应布置收敛测点，利用收敛观测提前观测的条件，校核多点变位计孔口的位移释放量。

14.2.5　围岩内部变形监测

围岩内部变形采用多点变位计进行监测。

监测断面按每类围岩至少布置 1 个监测断面，以满足控制各种不同的地段要求，重点对地质条件较差，变形现象比较严重的围岩段进行重点监测，对于管片的变形应变率 2%以上的洞段，作为围岩内部变形监测重点，系统布置围岩内部变形监测仪器，以便相互验证，比较分析。

14.2.6　围岩应力监测

为了解斜井开挖过程中岩石内应力分布及变化情况，沿斜井环形断面布置岩石应力观测断面，岩石应力计钻孔埋设，每孔沿不同深度埋设 2 组应力计(埋设切向和径向应力计)。

岩石应力监测断面根据隧洞开挖显示的地质情况布置，与围岩内部变形监测相对应布置，以便资料的对比分析。

14.2.7　管片应力监测

重点监测围岩与衬砌之间的缝隙、衬砌管片内部应力应变。

在围岩与衬砌管片之间布置测缝计，实施接缝及管片承载围岩压力的监测。测缝计一端锚固在围岩内，一端镶筑在管片结构内。断面布置同围岩内部变形监测。

管片应力监测主要集中在变形较大的斜井区段，通过布置应变计以及VW-1频率接收仪，观测衬砌管片的结构受力情况。

管片应力监测计划每50～100 m布置一个断面，每断12个测点。

14.2.8　外水压力监测

根据斜井沿线地质水文情况，选择一些具有代表性的监测断面，在围岩内钻孔埋设渗压计，钻孔深度深入围岩固圈以外根据涌水量大小，沿不同孔深布置2～4支渗压计，在断层破碎带，每孔布置3支渗压计。

在涌水量在0.5～20 L/s段计划布置15个渗压观测断面，在涌水量在20～100 L/s间，计划布置15个观测断面，在断层破碎带根据实际情况布置。

14.2.9　围岩温度监测

为了解围岩内部温度情况，以便分析温度对监测成果的影响，在不同类别的围岩内分别布置2个观测断面，沿围岩不同深度埋设4～5支温度计。

14.3　监测仪器设备采购、检定

14.3.1　设备、仪器采购

(1)材料、仪器设备在采购过程中，要求生产厂家必须附有材料、仪器设备的型号规格及相应的技术标准和试验资料等相关内容。主要包括：

①制造厂家名称、地址、资质；

②仪器使用说明书；

③仪器型号、规格、技术参数及工作原理；

④仪器设备安装方法及技术规程；

⑤仪器测读及操作规程、检验率定方法；

⑥观测数据处理方法；

⑦仪器检验证书；

⑧仪器使用的实例资料。

(2)要求生产厂家在仪器设备出厂前，率定、检验全部仪器设备，并提供检验合格证的率定资料。

(3)仪器设备运至现场后，现场将会对厂家提供的全部仪器设备进行全面检查和验收。具体内容包括：

①出厂时仪器资料参数卡片是否齐全，仪器数量与发货单是否一致；

②进行外观检查，仔细查看仪器外部有无损伤痕迹，锈斑等；

③用万用表测量仪器线路有无断线；

④用兆欧表量测仪器本身的绝缘是否达到出厂值；

⑤用二次仪表测试仪器测值是否正常。

14.3.2　仪器设备性能指标

选用的监测仪器设备计划采用仪器性能价格比优越，技术成熟先进，经济合理，性能稳定的产品，选用信誉好、售后服务有保障的厂家的产品，所选仪器生产厂家应具有如下资质：

(1)具有中华人民共和国国家质量监督检验检疫总局颁发的《全国工业产品生产许可证》(CMC 认证)，具有省级以上质量技术监督局颁发的《计量认证合格证》，即 CMA 认证。通过 ISO9000 认证三年以上。

(2)进口仪器：生产厂家通过 ISO9000 认证，在国内工程使用需经有省级以上计量认证单位检验合格，加盖 CMA 章后方可进入工地使用。

监测仪器设备的主要技术指标如表 14-3 所列。

表 14-3　监测仪器设备主要技术指标表

序号	仪器名称	仪器类型	主要技术指标和参数测量范围	备注
1	渗压计	振弦式	量程：5.5 MPa、10 MPa；精度：±0.1%F.S；分辨率：0.025%F.S	
2	测缝计	振弦式	量程：100 mm、150 mm、200 mm(拉伸)；精度：±0.1%F.S；耐水压：2 MPa	
3	多点变位计	电位器式	量程：150 mm；精度：±0.1%F.S；最小读数：0.025 mm；耐水压：2.0 MPa	
		振弦式	量程：50 mm、100 mm；精度：±0.1%F.S；最小读数：0.025 mm；耐水压：2.0 MPa	
		光纤光栅	量程：50 mm、100 mm；精度：±0.5%F.S；最小读数：0.025 mm；耐水压：2.0 MPa	
4	应变计	振弦式	测量范围：压缩 1 200 με，拉伸 1 200 με，最小读数($\times10^{-6}$/0.01%)≤3；温度测量范围(℃)：−25～+60；温度测量精度(℃)：±0.5；耐水压：2.0 MPa	
		光纤光栅	量程：压缩 1 200 με；拉伸 1 200 με；分辨率≤1 με；耐水压：2 MPa	
5	无应力计	振弦式	测量范围：压缩 1 200 με，拉伸 1 200 με，最小读数($\times10^{-6}$/0.01%)≤3；温度测量范围(℃)：−25～+60；温度测量精度(℃)：±0.5；耐水压：2.0 MPa	
6	压应力计	振弦式	量程：0～20 MPa；精度：±0.1%F.S；耐水压：2 MPa	
7	岩石应力计	振弦式	量程：70 MPa；精度：±0.1%F.S；耐水压：5.5 MPa	
8	应变片	电阻式	电阻应变片测量范围：0～3 000 με； 分辨率：1 με；精度：±0.1%F.S	
9	温度计	铜电阻	量程：−30 ℃～+70 ℃；精度：±0.5%F.S； 耐水压：5.5 MPa	
		光纤光栅	量程：−40 ℃～+80 ℃；精度：±0.5 ℃；耐水压：5.5 MPa	
10	电缆	连接振弦式仪器	双绞屏蔽电缆：单芯截面积>0.3 mm^2，单芯电阻<6 Ω/100 m；屏蔽材料：铝锡箔或高密铜网，电缆绝缘>200 MΩ，护套耐压 0.5～2 MPa	
		连接电阻式仪器	水工观测电缆，5 芯，截面 5×0.75 mm^2	
11	传输光纤	光栅光纤传感器	单模铠装	
12	测控单元		16～64 通道，RS485/CANbus 接口，支持双绞线、光纤、无线等	

续上表

序号	仪器名称	仪器类型	主要技术指标和参数测量范围	备注
13	读数仪	振弦式	分辨率：500 μV(analog)，20 bits(digital)；显示屏：240×128象素，LCD背光；储存：128 KB RORAM，8 h连续工作，带背光情况下	
		差阻式	测量精度：±0.01%(电阻比)，±0.02%(电阻值)	
		电位器式	测量精度：±0.03(电阻比)，1 Ω(电阻值)	
		电阻应变接收仪	测量范围：1～5 000 με，测量精度：不小于±0.1%F.S	
14	光纤光栅传感器解调仪	光纤光栅传感器	主机波长分辨率：1 pm(10^{-3} nm)，波长范围：1 510～1 590 nm，反射率：≥90%； 通道数：24；精度：±3 με；分辨率：1 με	
15	便携式计算机		CPU：Intel Core i7 2.86G； 内存：4 GB；硬盘：500 GB； 显示器：15′ TFT；光驱：24X DVD/CD-RW； 显示卡：128 MB；网卡：10～100 MB	
16	断面收敛仪		测角精度：1″；测距精度：2 mm+2 ppm； 配套软件包括：围岩收敛自动数据采集机载软件和围岩测量后处理软件	
17	声波仪器		最小采样间隔不大于0.1 μs；单道采样长度不小于512样点可选；触发方式：宜有内、外、信号、稳态等方式；频响范围：10 Hz～500 kHz；声时测量精度：±0.1 μs；发射电压：100～1 000 V；发射脉宽：1～500 μs可选	

14.4　监测仪器设备的检验率定

14.4.1　仪器设备检验率定的目的

校核仪器出厂参数的可靠性；

检验仪器工作的稳定性，以保证仪器性能长期稳定；

检验仪器在存储、搬运中是否损坏。

14.4.2　监测仪器设备现场检验室

建立监测仪器设备现场检验室，并配备仪器设备测试、校正、检验所需的各种设备及工具，满足本合同监测仪器设备现场测试、检验的需要。

14.4.3　电缆的现场检验

电缆在使用前将按监理的要求进行检验，用万用表检测芯线有无折断；检查外皮有无破损。检查合格的电缆方可用于现场。

14.4.4　主要监测仪器的现场率定

按有关技术规范或厂家提供的技术要求进行检查和验收。经现场检验不合格的仪器设备应及时清理出本工程现场。

对初步检验合格的仪器、设备(包括电缆),进场后将严格按照有关规定及技术要求,对全部仪器设备进行全面测试、校正、率定,对电缆还应进行通电测试。仪器的测读设备及检验率定设备定期送有关计量单位检验率定,合格的仪器设备方可作为计量设备对传感器进行检验率定。

14.5　监测控制标准

在信息化施工中,监测后应及时对各种监测数据进行整理分析,判断其稳定性,并及时反馈到施工中去指导施工。根据以往经验以《铁路隧道喷锚构筑法技术规则》的Ⅲ级管理制度作为监测管理方式(如表 14-4 所示)。

U_n 的取值,也就是监测控制标准。根据以往类似工程经验、有关规范规定设计要求,提出控制基准如表 14-5 所示。

表 14-4　监测管理表

管理等级	管理位移	施工状态
Ⅲ	$U_0<U_n/3$	可正常施工
Ⅱ	$U_n/3\leqslant U_0\leqslant 2U_n/3$	应注意,并加强监测
Ⅰ	$U_0>2U_n/3$	应采取加强支护等措施

注:U_0—实测位移值;U_n—允许位移值。

表 14-5　监测控制标准表

序号	监测项目	控制标准
1	地表沉降	30 mm
2	拱顶下沉	45 mm
3	净空收敛	30 mm

根据监测管理基准,可选择监测频率:一般在Ⅲ级管理阶段监测频率可适当放大一些;在Ⅱ级管理阶段则应注意加密监测次数;在Ⅰ级管理阶则应密切关注,加强监测,监测频率可达到 1～2 次/d 或更多。

14.6　监测反馈程序

在取得监测数据后,要及时进行整理,绘制位移或应力的时态变化曲线图,即时态散点图。

在取得足够的数据后,还应根据散点图的数据分布状况,选择合适的函数,对监测结果进行回归分析,以预测该测点可能出现的最大位移值或应力值,预测结构和建筑物的安全状况。

为确保监测结果的质量,加快信息反馈速度,全部监测数据均由计算机管理,每次监测必须有监测结果,须及时上报监测日报表,并按期向施工监理、设计单位提交监测月报,并附上相对应的测点位移或应力时态曲线图,对当月的施工情况进行评价并提出施工建议。

监测反馈程序框图如图 14-2 所示。

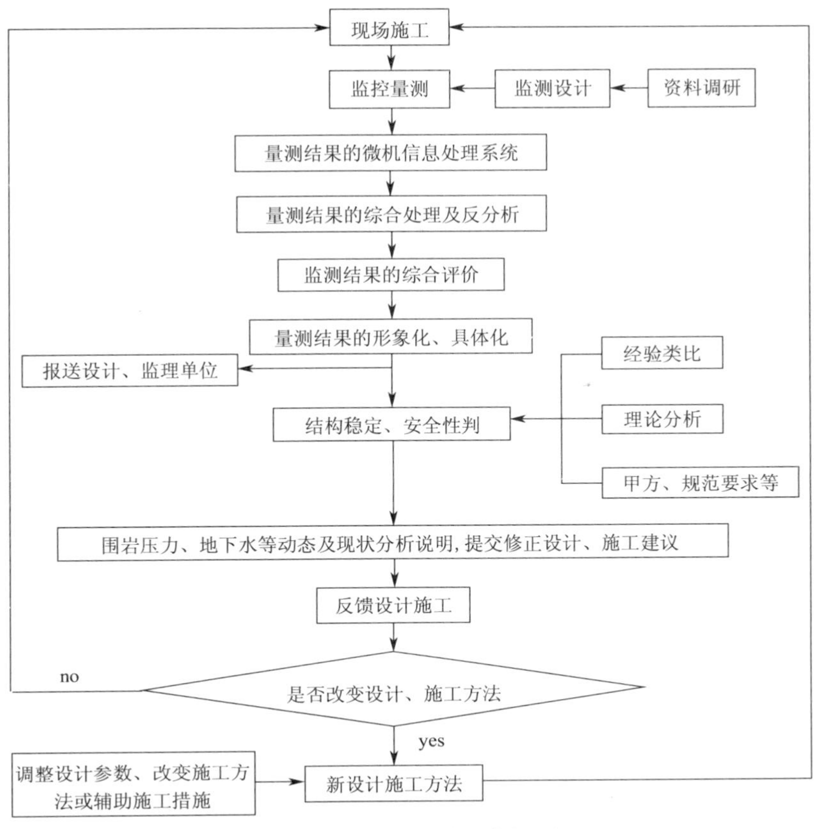

图 14-2　监测反馈程序框图

14.7　监测管理体系

针对本工程监测项目的特点，项目经理部建立专业监测小组，由具有丰富施工经验、监测经验及有结构受力计算、分析能力的技术人员担任组长，监测施工组织与流程如图 14-3 所示。

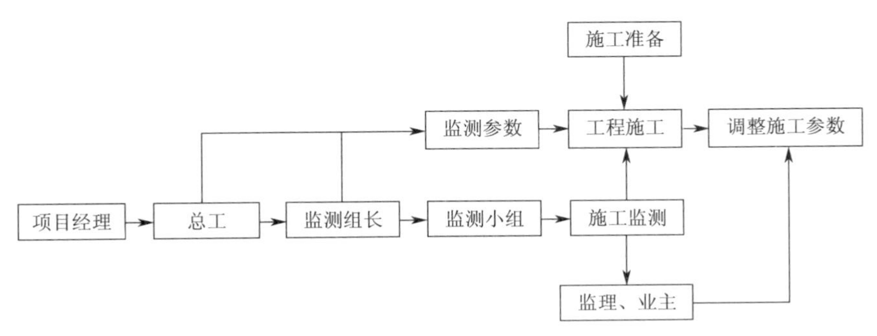

图 14-3　监控量测施工组织流程图

为保证量测数据的真实可靠及连续性，特制订以下各项措施：

(1)监测组与监理工程师密切配合工作，及时向监理工程师报告情况和问题，并提供有关切实可靠的数据记录。

(2)制订切实可行的监测实施方案和相应的测点埋设保护措施，并将其纳入工程的施工进度控制计划中。

(3)项目量测人员要相对固定,保证数据资料的连续性。

(4)量测仪器采用专人使用、专人保养、专人检校的管理。

(5)量测设备、元器件等在使用前均应经过检校,合格后方可使用。

(6)各监测项目在监测过程中必须严格遵守相应的实施细则。

(7)量测数据均要经现场检查,室内两级复核后方可上报。

(8)量测数据的存储、计算、管理均采用计算机系统进行。

(9)各量测项目从设备的管理、使用及资料的整理均设专人负责。

(10)针对施工各关键问题及早开展相应的 QC 小组活动,及时分析、反馈信息,指导施工。

14.8　瓦斯的安全监控

瓦斯对隧道施工的安全威胁毋庸置疑,科学合理地运用安全监控量测技术,对于预防瓦斯突发性事故,减少灾害性损失具有极其重要的意义。

14.8.1　瓦斯监测的基础内容

1. 监测的内容(表 14-6)

在隧道项目施工中,对安全生产影响最大的,基本上是集中在甲烷(CH_4)、二氧化碳(CO_2)的浓度方面。故在本项目瓦斯监测的基础内容,就是以 CH_4、CO_2 为主要监测对象,适时监控隧道内有毒有害气体的浓度。

通过对瓦斯的实时监测,控制和防止瓦斯浓度超限,杜绝浓度超限瓦斯与火源的并存,是防止瓦斯爆炸发生的关键。

表 14-6　瓦斯监测内容表

序　号	项　目	主要工序过程及要求
1	瓦斯渗出量	揭煤前 揭煤中 推进过程中 管背回填注浆后
2	洞内瓦斯浓度	全过程监测 每间隔 1 h 测一次,特殊地段连续监测

2. 监测的目的

①防止在施工过程中,有害气体浓度超限造成灾害,以确保施工安全和施工的正常进行;②根据监测到的洞内有害气体的浓度大小,及时采取相应的技术措施;③检验防排瓦斯技术措施效果,正确指导隧道施工,为科学组织施工提供依据。

3. 监测的依据

隧道瓦斯的监测,主要以《煤矿安全规程》、《防治煤矿瓦斯突出细则》、《铁路瓦斯隧道技术规范》为主要依据,并参照现行《客运专线铁路隧道工程施工技术指南》,根据上述规程进行有害气体的监测、控制。

4. 瓦斯的超限处理

隧道岩层中瓦斯涌出浓度的大小是危险程度的标志，施工过程中有效控制瓦斯浓度在安全的范围内，是安全生产的主要保障。

隧道内瓦斯浓度限值及超限处理措施应符合表 14-7 的规定。

表 14-7 隧道内瓦斯浓度限值及超限处理措施

序号	地 点	限值	超限处理措施
1	低瓦斯工区任意处	0.5%	超限处 20 m 范围内立即停工，查明原因，加强通风监测
2	局部瓦斯积聚（体积大于 0.5m³）	2.0%	超限处附近 20m 停工，断电，撤人，进行处理，加强通风
3	掘进机开挖工作面	1.0%	超限后停止掘进机的推进，安排加强通风
		1.5%	全面停工，撤人，切断电源，查明原因，加强系统通风
4	管片拼装区	1.0%	停工、撤人、处理
5	回填注浆、固结注浆作业区	1.0%	加强通风、暂停注浆机作业
6	已完管片拼装及管背回填区	1.0%	继续通风、不得进入
7	局扇及电气开关 10 m 以内	0.5%	停机、通风、处理
8	电机及开关 20 m 范围内	1.5%	停止运转、撤人，切断电源，进行处理
9	完工后洞内任何处	0.5%	查明渗漏点，进行整治

5. 瓦斯的分级警告

(1)洞内瓦斯浓度在 0.3%以下时，正常通风和作业。

(2)洞内瓦斯浓度在 0.3%～0.5%时，正常通风。

(3)洞内瓦斯浓度在 0.5%～1.0%时，发出一次警报，加强检测、通风。

(4)洞内瓦斯浓度在 1.0%～1.5%时，进行警戒状态，随时检测有害气体状况，切断掌子面电源，加强系统通风。

(5)洞内瓦斯浓度大于 1.5%时，自动发出避险警报，须撤出全部施工人员，停止一切作业，加强系统通风。

14.8.2 瓦斯监控系统策划

1. 瓦斯监测方式选择

以瓦斯监测传统采用手工监测、自动监测为基础，根据斜井隧道的特点，以及掘进机施工的相关要求，计划采用人工监控和自动监控相结合的监测方式，两者监测的数值相印证，避免误报现象。

2. 监测系统构成

结合以往类似项目的施工经验，瓦斯监测系统计划构建从超前钻探预报，到自动闭锁实现一条龙作业。以超前钻探作引导，靠遥感自动化监测系统为主打，人工手动监测作辅助补充。

超前钻探由掘进机搭载的液压钻机实施，每天对计划监测区段，利用掘进机的强制检修时间，施打 3 个超前钻孔，钻孔深度 30～50 m。由于掘进机一般每天的推进距离为 20～30 m，因此超前钻探的搭接长度可控制在 10 m 以上。钻孔过程由与钻机搭配的 MWD 钻探全程跟踪记录分析系统软件，自动监测分析钻探情况，同时计划由瓦斯检查员再按规定进行钻孔内瓦斯检查，地质工程师观察前方地质构造和煤层情况，共同编写超前钻探报告，对该段提出相应的安全技术措施。

自动监测计划采用的是遥感自动化监测系统。遥测系统建立后，不仅各工作面的瓦斯浓度和风速能第一时间，被洞外的监测人员掌握，而且与之配套的风电、风电的闭锁、超限报警系统全部与洞内连接在一起，确保了洞内断电、报警系统的自动化工作，极大地提高了处理事故的应变能力。

自动瓦斯监测系统由地面主控计算机、斜井内工作站、低浓度瓦斯传感器、风速传感器、远程断电仪、报警器、设备应急备用电源组成。系统可在洞口连续监测隧道各测点的瓦斯、风速、负压、温度、O_2、CO_2、火灾烟雾、风门开闭、各种机电设备开停。可对各种监测参数进行信息采集，数据存储处理，实时显示各传感器测值及状态，具有超限报警、断电、优先显示、随机打印及召唤等功能。洞内分站具有独立进行数据采集、超限报警、断电和数据存储预处理，就地显示被测参数值、工作状态的性能，能接受和执行中心站发来的各种命令和将监测到的各种参数、状态信息送到中心站。

3. 监测系统及仪器设备选型

(1)自动监测系统

根据斜井的瓦斯监测安排，瓦斯的自动监测系统，只是在斜井掘进机推进期间承担工作。掘进机完成推进任务，斜井正式交付使用后，瓦斯监测系统将会升级转型。因此根据本项目的实际情况。在计划目前市场上 KJ-2、KJ-4、KJ-90 等自动监控系统中，选用 KJ-90 型瓦斯监测系统。

在监控系统的设计中，在掘进机的渣仓内，计划安装 3 个低浓度瓦斯传感器；在掘进机盾尾的管片安装区，分别在上、下、左、右安装 4 个低浓度瓦斯传感器及 1 个风速传感器；在即时跟踪注浆系统工作区，再部署 4 个瓦斯传感器及 1 个风速传感器。随着斜井的不断推进，计划每隔 500 m 增设一组传感器。

(2)人工监测(表 14-8)

人工瓦斯监测，计划选用西安煤矿安全仪器厂生产的光学瓦斯检测器，以及北京安全仪器厂生产的 JCB-C19B 型便携式甲烷检测报警仪。

光学瓦斯检测器是根据光干涉原理制成的，除了能检查 CH_4 浓度外，还可以检查 CO_2 浓度，检查范围是 0～10%。

JCB-CJ19B 型便携式甲烷检测报警仪，是一种可连续自动测定(或点测)环境中瓦斯浓度的全电子仪器，具有操作方便、读数直观、工作可靠、体积小、重量轻、维修方便等特点。甲烷测报仪具有体积小、便于携带、操纵方便等优点，但只能检测甲烷浓度，且精度不高，限制了其在洞内的使用范围。

该仪器使用时必须在有新鲜空气处调零，并按照洞内要求调好报警极限；仪器充电必须充足；必须等显示板上数据稳定后方可读取数据，否则，会造成数据不准。

每台仪器必须由专人使用、保管，并建立相应的台账，将仪器的使用情况、调校情况、故障情况、维修保养情况等逐一记录备案，以备查阅。

光干涉式甲烷测定器是根据光的干涉原理制成的，除了能检查 CH_4 浓度外，还可以检查 CO_2 浓度，检测范围是 0～10%。

(3)信息传输电缆选用及布置

①监测系统传输电缆要专用，以提高可靠性。

②监测系统所用电缆要具有阻燃性。

③监测系统中各设备之间的连接电缆需加长或作分支连接时，被连接电缆的芯线应采用接线盒或具有接线盒功能的装置，用螺钉压接或插头、插座插接，不得采用电缆芯线导体的直接搭接或绕接的方式。

④具有屏蔽层的电缆，其屏蔽层不宜用作信号的有效通路。在用电缆加长或分支连接时，相应电缆之间的屏蔽层应具有良好的连接，而且在电气上连接在一起的屏蔽层一般只允许一

个点与大地相连。

⑤所有传输系统直流电源和信号电缆尽量与电力电缆沿隧道两侧分开敷设，若必须在同一侧平行敷设时，它们与电力电缆的距离不宜小于0.5 m。

表14-8　现场人工监测仪器表

序号	名称	型号	技术参数	厂家
1	光干涉瓦斯测定仪	SWJ-A	测量范围：0～10%CH_4； 目镜分划板最小划值：0.5%CH_4； 测微刻度盘分划范围：0～1%CH_4； 测微刻度盘最小分划值：0.02%CH_4； 量程在0～1%CH_4时误差为±0.05%； 量程在1%～7%CH_4时误差为±0.2%； 量程在7%～10%CH_4时误差为±0.3%	
2	便携式瓦检仪	A2J-91	量测指示范围：0～1%CH_4； 量测指示误差：0～2%CH_4时误差为±0.1%； 2%～3.5%CH_4时误差为±0.2%； 3.5%～5%CH_4时误差为±0.3%； 报警范围：1%CH_4定点报警； 报警误差：0.1%CH_4； 报警方式：断续声光信号（声强：1 m远处大于75 dB，光信号在10 m处可见）； 催化元件寿命：1年以上； 工作时间：一次充电连续工作时间8 h； 电池寿命：充电次数不低于500次	重庆煤科院
3	瓦斯断电报警仪	AWJ-1		
4	突出预测仪	ATY		
5	甲烷预报仪	JCB-C19B	量测范围：0～4%CH_4	北京中都电器有限公司
6	干涉型甲烷测定仪	GWJ-1A	量测范围0～10%CH_4	西安煤矿仪表厂
7	瓦斯检定器校正仪	GJX-2	量测范围0～10%CH_4	西安煤矿仪表厂

14.8.3　瓦斯检测程序

1. 瓦斯检测流程

隧道内设专职安全员，24 h不间断进行瓦斯浓度检测，随时随地抽检洞内瓦斯浓度，认真执行瓦斯浓度巡回检查制度。

瓦斯检测流程如图14-4所示。

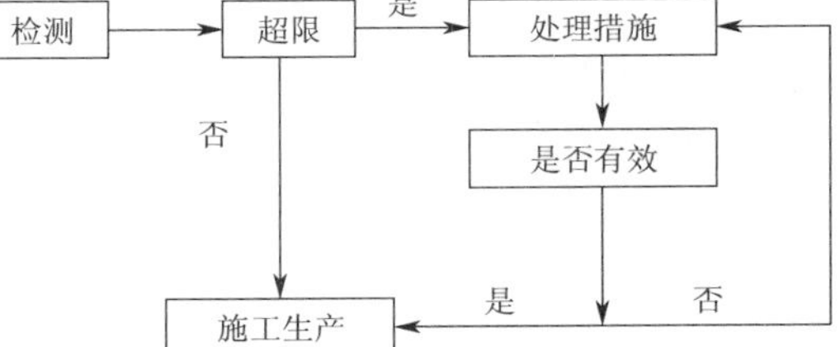

图14-4　隧道内瓦斯检测流程图

2. 瓦斯检测步骤

瓦斯检测步骤均分成4步：仪器检查→调整→检测→数据记录处理。

14.8.4　瓦斯监测系统运行

检测地点：掘进机渣仓、中盾、盾尾管片安装区，轨道作业区，即时跟踪注浆施工区；斜井内各其他工作面；瓦斯可能产生积聚的地点；隧道内可能产生火源的地点（电机附近、电气开关附近、电缆接头的地点)；瓦斯可能渗出的地点(地质破碎地带、地质变化地带、煤线地带、裂隙发育的砂岩、泥岩地带)。

检测频率：当瓦斯浓度在 0.5%以下时，每小时检查一次；瓦斯浓度在 0.5%以上时，应随时检查，检查作业不得离开该检查区。

监测控制：隧道瓦斯检测采用人工检测和自动监测两种手段。人工检测瓦斯时，报警点定为 0.75%；自动瓦斯监控系统报警点和断电点均设置为 1.0%。当瓦斯自动监控系统报警时，瓦检员通知通风人员将风机转速提高，加大风机供风量；同时加强对报警点及附近 20 m 的瓦斯浓度检测，加大对该工作面瓦斯浓度的检测频率，密切注意瓦斯浓度的变化。

注意事项：在隧道进行超前钻孔前，必须在超前钻孔附近进行瓦斯检测；被特批允许的洞内电气焊接作业地点、内燃机具、电气开关、电机附近 20 m 范围内必须进行瓦斯检测。

当两台瓦斯检测仪对瓦斯浓度检测结果不一致时，以浓度显示值高的为准。

不符合要求的瓦斯检测仪，不得使用。零点漂移过大的瓦斯检测仪需及时送试验组校准。

瓦检员瓦斯浓度检测信息反馈：瓦检员应作好人工瓦斯检测记录，并每天按时交技术室存档。

14.8.5　监测数据的收集、分析与应用

1. 监测数据的收集

在掘进机施工过程中，严格要求瓦斯检查员能够严格按照岗位职责，做好检测数据的记录、收集工作，积累大量的原始数据，为施工管理人员指导安全生产提供可靠的依据。

2. 数据分析

洞内 CH_4 浓度大小是安全施工的最大隐患，为突出重点、简单明了地分析瓦斯在洞内的变化情况，可以在现场仅用甲烷代替瓦斯，对数据进行分析。方便更清楚地反映工作面最大瓦斯浓度变化情况。

(1)任一时刻瓦斯浓度，掌子面顶部最高，该部位在任何时间都将是最危险的地方，全体施工人员必须严格执行瓦斯隧道施工规则，严禁违章作业，时刻提高警惕，防止事故的发生。

(2)出渣时，由于运输车辆的尾气排放等原因，洞内瓦斯浓度会有一定程度的升高，必须引起足够的重视，各种型号的汽车必须配备防暴装置。

(3)节理裂隙发育地段瓦斯浓度升高，施工中应注意加强超前探测。

(4)通风是关键，加强通风管道的检查，确保风量、风压足够。

3. 数据分析结果的应用

(1)指导施工决策

根据瓦斯浓度的检测结果，可以得出最大程度节约资金的通风方案、最佳的通风时间、最合理的工序循环时间，指导隧道施工管理人员有条不紊地安排施工，使人、机、料等诸多生产要素达到最佳组合。

(2)确定施工工序的合理衔接

在隧道施工中，瓦斯浓度在洞内不同位置分布情况的准确掌握，是确定能否在该部位安全地进行下一步工序的关键。通过对洞内不同时刻、不同部位瓦斯浓度的监测、分析，可以确定掘进机推进、通风、管片安装作业各工序的最佳衔接时间，尽量缩短工序间隔时间。

第15章　安全风险管理

随着掘进机施工技术的不断发展，要求作业更趋安全化、自动化、系统化、人性化，因而隧道施工中的灾害正逐渐趋于减少。但相比其他行业，特别是掘进机在煤矿斜井施工领域的应用，由于施工环境、工程地质和水文地质条件、主观化管理等的不确定性，风险因素的存在量仍很高。

15.1　风险的判别

依据工程特点、制订方案，认真分析并识别出所有影响施工进度、工程质量、工程安全、人员安全、环境影响等方面的风险并进行分析评价。

15.1.1　斜井盾构法施工安全风险综合分析

风险辨识如表15-1所示。

表15-1　风险辨识一览表

风险类别		风险因素
自然风险		地震、滑坡、洪水、雷击、严寒、高温、雨季
环境风险	工程地质因素	不同岩土地层的物理、力学性质； 不同地层的层次分布规律及与埋深的关系； 不良地质情况；地应力、有毒气体等情况
	水文地质因素	地下水位、水压力及水的腐蚀性； 地下水的补给来源； 岩土的渗透性、含水量
施工风险	施工技术风险因素	新技术、新方法的应用、施工工艺的把握； 施工技术与方案的合理性； 隧道施工技术问题的不确定性； 操作控制的人为限制
	施工现场风险因素	地质资料的不确定性； 岩爆、有毒气体释放； 工作面塌方、密封漏损； 现场安全措施落实有出入
	机械设备风险因素	隧道掘进机意外损坏、施工设备的零部件短缺； 刀具磨损过快； 机械设备维修影响； 机电安装事故、安装调试存在偏差

续上表

风险类别		风险因素
施工风险	材料风险因素	原材料和成品半成品的订货或供应影响； 品种和数量差错，质量和规格的限制； 运输存储和施工损耗以及特殊材料或新材料稳定性因素
	掘进机选型风险	刀盘、刀具(对地层适用性)影响； 主轴承(对地层反力的适用性)影响； 推力和扭矩(对地层反力的适用性)影响； 系统压力(对地层压力的适用性)影响； 使用寿命(经济性)影响
	施工管理风险	始发安全状况(防止始发方向失控、掌子面土体失稳)； 压力控制和渣量控制实现双控； 刀盘检查和刀具更换(防止刀盘、刀具损坏)； 掘进机施工状态过程监测(防止机械系统故障和损坏)
重大事故风险		火灾、爆炸等

15.1.2 重点项目安全风险分析

1. 工程地质风险

根据台格庙区矿报告，矿区为全部覆盖的隐伏矿区。区内地层有三叠系、侏罗系中统延安组、直罗组和安定组、白垩系下统志丹群、第四系。矿区构造简单，总体为一向南西倾斜的单斜构造，地层倾角小于 5°。矿区报告未发现大的断裂和褶皱，属构造简单类型。

普查区主要可采煤层的顶底板岩石主要为砂质泥岩、粉砂岩，次为中细粒砂岩。区域岩体呈各向异性，力学强度变化大，煤层顶底板岩石的强度较低，以软弱岩石～半坚硬岩石为主，岩体的稳定性较差。

风险：个别砂质泥岩遇水崩解破坏，存在局部坍塌的可能。

主要部位：洞口第四系地层、围岩变化带、节理构造处。

2. 水文地质风险

水文地质特点如表 15-2 所示。

表 15-2 水文地质特征表

序号	含水岩组	厚度(m)	岩　性	单位涌水量 q[L/(s·m)]
1	全新统风积砂层孔隙潜水含水层	1～10	岩性为灰黄色、黄褐色中细砂、粉细砂	0.25～1.00
2	上更新统萨拉乌素组孔隙潜水含水层	0～20	粉砂岩、砂质泥岩、砾岩夹含砾粗砂岩	1.00～5.00
3	白垩系下统志丹群孔隙潜水～承压水含水层	172～692	含砾砂岩与砾岩、夹砂岩及泥岩	0.13～5.5
4	侏罗系中统直罗组碎屑岩类承压水含水层	—	下部岩性为中粗粒砂岩、粉砂岩及砂质泥岩；上部岩性为中粗粒砂岩、砂质泥岩夹粉砂岩及细粒砂岩	0.006 59

续上表

序号	含水岩组	厚度(m)	岩　　性	单位涌水量 q[L/(s·m)]
5	侏罗系中统延安组顶部隔水层	4.9～10.3	岩性主要由灰色泥岩、砂质泥岩等组成	隔水层的厚度较稳定，分布较为连续，隔水性能良好
6	侏罗系中统延安组碎屑岩类承压水含水层	96.11～120.74	岩性主要为浅灰色、灰白色的各粒级砂岩，灰色、深灰色砂质泥岩、泥岩及煤层	0.003 79～0.005 57
7	侏罗系中统延安组底部隔水层	1.10～2.39	岩性以深灰色砂质泥岩为主	分布连续性较好，隔水性能较好
8	三叠系上统延长组(T_3y)碎屑岩类承压水含水层	29.95	岩性主要为灰绿色中粗粒砂岩、含砾粗粒砂岩、夹细粒砂岩及砂质泥岩	0.004 67

矿区地下水的补给、径流、排泄条件如表15-3所示。

表15-3　地下水的补给、径流、排泄条件

类型	潜水	承压水
补给	主要补给来源为大气降水； 其次为侧向径流和深部承压水流补给	主要为侧向径流补给； 其次为上部潜水的垂直渗入补给
径流	沿河流流向径流	沿地层倾向径流
排泄方式	以向河流下游的径流排泄为主； 其次为人工开采、蒸发排泄	以侧向径流排泄为主； 其次为人工打井开采排泄

风险：局部突水、涌水、涌砂。

主要部位：主要含水地层、岩性变化结合带。

3. 瓦斯气体风险

据目前掌握的钻孔瓦斯测定成果，煤层CH_4含量在0.00～0.11 mL/(g·燃)之间，CO_2含量在0.01～0.26 mL/(g·燃)。自然瓦斯成分中甲烷在0.00～7.36%之间，瓦斯分带为二氧化碳～氮气带。相邻的矿区自然瓦斯成分中甲烷最高为36.59%，瓦斯分带为氮气～沼气带。

风险：在煤系地层掘进，局部通过煤线，存在瓦斯释放、瓦斯积聚、瓦斯浓度超标、瓦斯爆炸风险。

主要部位：隧道全程，特别是通过煤线、薄煤层时。

15.2　施工主要风险源分析评估

针对斜井施工期各个环节可能潜在的各种风险进行定性定量分析，根据表15-1推算，综合评价出主要风险源的风险等级如表15-4所示。

表15-4　主要风险源的风险等级

序号	风险因素	风险情景	风险评估		
			发生概率	风险后果	风险等级
1	始发端头加固设计	始发通过风积沙地层，埋深浅，由于掘进机自身掘进推力影响，加固与掘进工艺不当，会导致洞口破坏等事故	低	严重	高

续上表

序号	风险因素	风险情景	风险评估		
			发生概率	风险后果	风险等级
2	掘进模式选择掘进参数控制	复合式盾构机，其掘进模式有二：土压平衡掘进模式和敞开式掘进模式。不同地质条件下选择相适应的掘进模式，盾构各模式下的掘进参数除根据不同地质条件计算外，还应根据实测数据而调整。掘进模式和掘进参数选用要在掘进速度和机器磨损的矛盾之间求最佳，有误则工程质量或工期延误，重则机器受损和造成质量、安全事故	较低	较轻	较低
3	盾构掘进管理	复合盾构掘进管理主要有渣土改良管理、土压平衡管理、出土量管理、管片拼装管理、同步注浆管理、掘进方向管理、盾构密封管理、垂直运输和水平运输管理、渣土外运管理、管片质量和供应管理、内外协调管理和进度和质量管理、安全和文明生产管理等。各种管理要有章可循，否则相应风险即可来到。如出现工程质量问题和机器各系统受损及工期延误等	较低	较重	较高
4	联络通道段施工	联络通道口加固、凿开洞门、施工止水和结构防水施工为重点，在优化设计基础上，严格按设计要求施工。工程虽小，但风险巨大，有关工程惨痛教训应牢记	较低	较轻	较高
5	刀盘结泥饼	掘进机推进过程中，可能会在刀盘特别是刀盘的中心部位产生泥饼，土仓温度高，掘进速度急剧下降，刀盘扭矩上升，甚至机器被破坏无法掘进	高	较轻	一般
6	施工运输	长距离斜井无轨运输，存在安全刹车问题，应设置紧急停车带。 皮带机运输存在破坏，中断运输，带来安全事故需加强两者综合管理管理科学布局	较低	较重	较低
7	坍塌事故	(1)U形槽土方开挖中或深基础施工中，造成的土石方坍塌；(2)扩挖洞室临时拆除管片时，可能地层不稳定导致坍塌；(3)联络通道施工时，爆破作业可能导致坍塌；(4)掘进掌子面地质软弱发生坍塌	较高	重	高
8	触电事故	电是施工现场中各种作业的主要的动力来源，各种机械、工具等主要依靠电来驱动。漏电、电线老化破皮、违章使用电气用具，对在施工现场周围的外电线路不采取防护措施等	较高	较	高
9	机械伤害	设备组装过程中；管片拼装过程中；交通运输过程中；机械加工过程中；其他施工过程中因缺少防护和保险装置对操作者造成的伤害	高	重	高
10	火灾	用电不安全导致；用火不安全导致；电焊气割作业不安全导致；生活不安全行为导致等等	低	重	高

从上表可知：地质勘查的准确度、掘进机的适应性和可靠性、始发站的端头加固、掘进机密封有效性、突变地层及差异性较大地层施工等项目，施工作业风险较大。

15.3 施工安全风险管理措施

施工安全风险规避对策措施如表 15-5 所示。

表15-5　主要风险规避对策措施一览表

主要风险分析	对策、措施
水文、地质条件和边界条件调查不清，地质预测预报准确性差	通过补充地质钻孔和双频回声测深仪，进一步查清隧道的地质条件和地层厚度，为掘进机选型、掘进参数选取及制订措施提供资料； 掘进机要求设备搭载超前地质钻机及BEAM系统等超前地质探测装置预报系统，在施工过程中适时对工作面前方地层进行探明，以便早发现、早处理； 掘进机选型时应充分考虑地质勘测资料不准确性的影响，各功能参数选择要留有余地
掘进机适应性和可靠性与水文、地质、边界条件不匹配	针对工程特点，明确工程施工对掘进机性能和功能的要求，掘进机设备配置必须考虑突发事故的处理； 通过补充地质勘探，进一步查明隧道特别是穿越砂性地层的地质条件，为掘进机选型提供尽可能翔实的地质资料； 针对软硬不均地层，借鉴城市地铁盾构隧道软硬不均匀地层掘进时刀具磨损经验，重点做好刀盘和刀具的设计
掘进机始发控制不规范	对掘进机始发端头进行地层加固，施工完毕之后，对加固区域进行垂直取芯检验。确保掘进机始发安全； 加强掘进机始发的掘进控制，控制好掘进机姿态，在保证掘进参数正常、同步注浆回填密实的前提下，尽量快速完成； 加强监控量测，做好信息化施工。通过监测系统提供的测试数据，及时调整与控制掘进机穿越过程中施工参数
盾尾密封失效	掘进机设数排密封刷，有紧急止水装置，集钢弹簧、钢丝刷、不锈钢金属网于一体。在钢弹簧板和钢丝刷上涂氟树脂防锈剂； 针对漏水、渗水、漏泥浆部位集中压注盾尾油脂。发生漏水、渗水、漏泥浆部位进行注浆堵漏达到允许标准，防止由此引起不均匀沉降
穿越突变地层及差异性较大地层较大的地层损失及不均匀沉降	加强对掘进机掘进参数的控制，严格按照设计线路进行掘进，减少掘进机的纠偏量、超挖量，防止蛇行前进；针对软硬地层差异调节同步注浆对应的注浆压力，使管片获得平衡的支撑，防止位移； 实施信息化施工，对掘进参数进行动态管理，通过进行地表变形及隧道变形监测，掌握变形情况并及时向施工现场进行信息反馈； 通过对复合式盾构机滚刀、齿刀互换组合不同的刀具配置形式，减少对刀具的磨损，延长刀具使用寿命，控制保持掘进机的良好状态； 加强掘进机推进过程中切口水压、推进速度、推力及扭矩等主要技术参数的控制，防止波动过大。注重姿态控制，使掘进机均衡匀速施工，减少泥水压力波动对地层的影响，通过同步注浆及时充填盾尾建筑空隙，严格同步注浆量、注浆压力和注浆质量的控制； 做好信息化施工，施工中加强对周围道路、管线和临近建筑物的监测，并及时信息反馈，据此调整和优化施工技术参数

15.4　工程风险防范措施

15.4.1　设计风险控制措施

(1)U形槽围护结构设计，围护结构方案要经过至少三种方案的比较优化确定。围护结构设计必需在经验类比的基础上精确计算确定。

(2)掘进机的始发端头加固，选择2、3种加固方案比较设计比选，关键还要设计或者选择好加固效果的检测方法。

(3)根据已掌握的工程、水文地质条件，提前做好长斜井不均匀沉降对衬砌结构安全影响设计。在施工过程中再依据不同状况动态调整。

(4)分析不同埋深、不同水压条件下衬砌结构安全，设计出两种以上应对方案进行优选。

(5)优化排水方案设计。

15.4.2　施工风险控制措施

1. 重点抓好超前地质预测、预报

采用掘进机搭载的 BEAM 地质预报系统，实施斜井全程的超前地质预测预报，探明掘进机掌子面前方工程地质、水文地质和地震的活动态势等情况，主要探测断层破碎带地段岩石的强度、岩性、岩层的破碎程度、涌水压力和涌水量等情况，为正确选择开挖方法、注浆参数及采取相应的技术参数提供依据。

把超前钻孔贯穿到施工全程，和掌子面地质情况分析共同形成中短距离预报体系，预先探明隧洞前方的地质条件。超前预报的目的不仅仅是为了地下水超前处理，也是开挖安全的保障，是快速通过含水带、实现"快速掘进"的必要手段。

2. 把好设备选型基础关

掘进机对地层的适应性是斜井施工成败的关键，为此我们在选择机械设备时应注重以下几点：

(1)针对红层易结泥饼的特点，选择中心开口率较大的刀盘布置，减少刀盘结泥饼的几率；

(2)针对砂质泥岩地层脆性小、塑性大、强度低的特点，刀盘正面多采用双刃滚刀，有利于提高掘进机的破岩能力；

(3)针对地层抗压强度低，提供给刀具反力小的特点，使用自由转动力矩小的滚刀，可以防止滚刀不转造成偏磨或过早破坏；

(4)加装二次注浆系统，保证管片背后填充密实，防止涌水、管片上浮、错台等问题出现；

(5)针对本项目斜井大部分处在泥岩地层的特点，选择适应能力较强的掘进机，并合理确定各项设备参数指标；

(6)掘进机始发是项目的重难点之一，良好的开端是成功的一半，它可以是掘进机施工的亮点，也可能成为施工的第一败笔。

3. 突出推进过程控制

(1)掘进模式和参数控制是掘进过程控制的核心，从安全角度讲，土压平衡是最安全模式，但动力消耗大、机器摩擦严重、进度最低。单护盾掘进模式与前述相反。在施工过程中如何把握好掘进模式的转换是关键之一。

(2)掘进管理主要抓好出土量管理、注浆管理、掘进方向管理、渣土改良、土压平衡、水平运输管理等。各种管理要有章可循并落实到岗位责任制中，有奖惩制度落实到人，确保管理出成果、出人材、出效益、保质量、保安全、保工期。

(3)施工过程中要适时通过超前地质预报，确定工作面前方断层的性质、特征、规模情况，特别是涌水量、洞内水与地表水的连通性、岩体结构状况和岩体软弱构造对施工支护的影响程度，以便采取有效措施。

(4)可以在过程中适时采取超前注浆、超前帷幕注浆等措施，进行围岩的预加固，固结岩体。

(5)掘进至断层破碎带时，由于工作面附近围岩破碎、松散，掘进机设备刀盘要求控制顶紧在工作面上，要求暂不后退，更不能在无推进力的状态下，转动刀盘掘进，否则会造成刀盘前部更大范围坍塌，形成孔穴，处理难度增大，延误工期。

(6)在通过岩石强度较低的地层时，及时调整设备的技术参数，降低对岩面的压力，减少围岩扰动，保护围岩，避免剥落坍塌量。

(7)通过断层后，利用掘进机搭载的钻孔注浆系统，利用管片预留注浆孔，径向尽快加固围岩。

(8)当根据地下水预测预报结果,确定需要采取地下突水提前封堵措施,一般可通过以下三种措施进行地下水处理。

①对围岩进行超前预注浆,降低围岩渗透性或形成帷幕阻水;

②对大涌水区进行分流减压,进而在低压和低流量条件下对涌水区进行封堵,达到控制和根治涌水的目的;

③修建临时挡水结构(如衬砌,挡水墙)来控制大涌水,然后对涌水区进行注浆固结以根治涌水。

4. 切实抓好安全用电

①接地保护:在各用电点的配电箱周围,用2 m长的5#角钢2根埋入地下作为接地极,用一根25×4的镀锌扁钢与接地极焊接后,引至配电箱的接地排上。接地排从变电所馈出的低压电缆的零线相接,构成重复接地系统。接地电阻≯1 Ω。各用电设备的金属外壳用接地地线与接地排相接。

②电气联锁保护:为保证设备运行的安全可靠,电气系统进行联锁控制,即上级流程未动作,下级流程无法动作;上级流程停止,下级所有流程自动跳闸,这样防止自启动和误操作带来的不安全因数。

③相序保护:用电设备在运转时,不应随意更换相序,若发生意外,相序继电器应自动切断电源。

5. 理顺隧道内轨道运输

保证洞内照明充足,光线良好。运输车辆设置报警装置,线路转弯处设置标志,减速行驶;

保证机车、矿车刹车装置正常,经常定期进行检查和强制性维护保养;

在机车上设置溜车的紧急装置,并保证列车连接良好;

在轨道和掘进机后配套位置放置阻车装置,防止溜车后进入后配套以及主机位置造成人员伤亡和设备损失。

15.4.3　工期风险防范措施

(1)做好超前地质预报,对地质问题及时处理,保证工序衔接连续。

(2)设备配备满足快速掘进的要求,出渣系统采取连续皮带机出渣,提高运输效率,保证工期。

(3)严格按照制订的方案处理不良地质,坚持超前地质预报,通过严格执行施工组织设计来保证工期。

(4)对涌水、断层提前做好应急预案,规避施工风险。

(5)配置技术能力强、经验丰富的管理、技术人员及施工队伍。

15.5　应急反应策划

为避免斜井施工过程中发生意外安全事故,保护作业人员的人身、斜井安全和企业设备财产;在紧急情况发生时,保证应急反应行动按计划有序地进行;保证各种应急反应资源处于良好的备战状态;防止因应急反应行动组织不力或现场救援工作的无序和混乱而延误事故的应急救援,有效地避免或降低人员伤亡和财产损失;努力实现应急反应行动的快速、有序、高效;充分体现应急救援的“应急精神”。

15.5.1　应急反应组织机构

应急反应组织机构框图如图 15-1 所示。

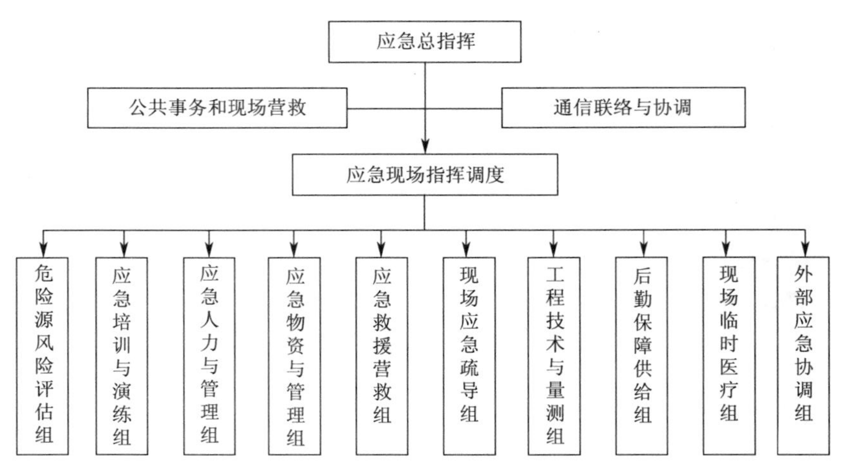

图 15-1　应急反应组织机构图

15.5.2　应急反应计划

安全事故应急流程框图如图 15-2 所示。

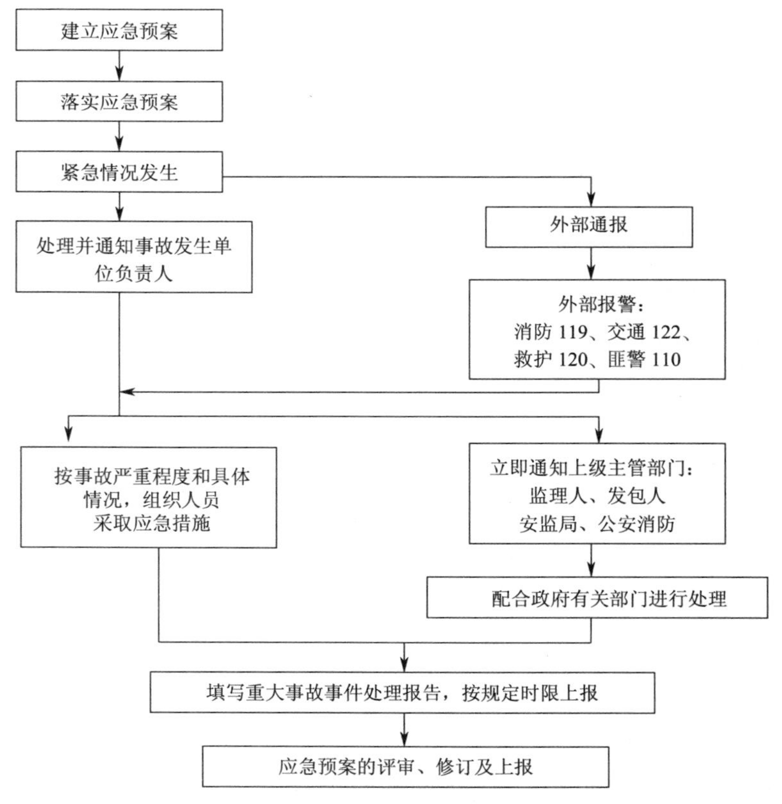

图 15-2　安全事故应急流程图

1. 建立危险识别体系

根据本地区地质水文条件、自然环境特征、施工方法及特点、安全和技术措施、机械设备特性，建立风险识别体系，确定重大危险源，并根据危险源的分布实际情况，确定管理人员、操作人员的危险辩识职责，定时、定向、定人、交叉进行检查，以便及时发现重大危险源的突显特征。

风险识别的方法有：

(1)核对表。核对表通常按危险源进行组织。将经历过的风险事件罗列出来，组成核对表。利用核对表，可以预测到本标段项目中可能会有哪些潜在的风险。

(2)流程图。

(3)敏感性分析。敏感性分析是研究在工程施工期内，当本标段项目内的可变因素发生变化时，其风险如何变化以及变化的范围如何。

(4)故障树分析。即使用故障树分析方法对工程这一系统进行安全性分析，以找出系统中导致事故发生的危险因素，并且可以给出各种危险事故的发生概率。在风险识别中，故障树分析不仅能够查明项目的风险因素，给出风险事故发生的概率，而且还可以提出各种控制风险因素的方案。既可以进行定性分析，又可以进行定量分析。

通过风险识别，可以认识到项目安全的危险源，即危险源是各种可能会影响项目的可能的风险事件；潜在的风险事件；风险征兆即实际的风险事件的直接表现。

本项目斜井掘进机施工预计重大危险源有16个类别，251个危险源。

2. 应急上报机制

通过危险辩识体系获得了重大危险源的突显特征后，第一时间报告项目经理部应急总指挥和应急副总指挥，应急总指挥立刻向集团公司汇报，同时确定启动应急预案。

3. 应急反应行动的资源配置

应急计划确立后，根据施工场区位置的具体条件及周边应急反应可用资源情况，以及进行自救的应急反应能力，配置了合理的应急反应救援物资和人力资源。

4. 建立应急反应救援安全通道体系

在应急计划中，依据本标段引水隧洞及其他支洞、临近标段施工和管理的范围和特点，确立了应急反应状态下的救援安全通道体系，体系包括人行道、水平运输通道、垂直运输通道、与场外连接通道、排水通道、通风通道，并做好了多通道体系设计方案，以解决事故现场发生变化带来的问题，确保应急反应救援安全通道能有效地投入使用。

5. 应急知识培训和预案演练

(1)与当地定点医院联系，每年开展一次卫生知识和医疗急救知识培训，建立急救人员队伍。

(2)根据施工情况和施工风险度，在适当时候组织应急救援培训。为检验和定点医院的配合程度，开工后组织一次由定点医院、应急反应组织机构共同参加的应急救援演练。对演练中暴露的不足之处，定人定时间定措施整改完善。

(3)各种应急预案编制后，应定期进行各种应急预案的演练，由应急领导小组组织进行，各应急部门相关人员按照各自职责要求和应急程序进行相关内容的演练。演练前制订操作性强、结合实际的方案，并按程序经审核后执行，使应急部门熟悉应急预案的实施程序和注意事项。

(4)卫生知识培训、医疗急救知识培训、应急演练等活动，须形成完善的文字、声像资料。

6. 应急抢险救援物资及设备器材的储备

应急抢险救援物资及设备器材储备如表 15-6 所示。

7. 奖罚制度

对应急预案执行良好、尽职尽责的人员进行表彰和奖励；对违反下列情况之一的责任人，将进行处罚，造成严重后果的，由司法机关依法追究法律责任。

(1)不参加应急预案培训、演练的；

(2)随意动用应急救援物资、设备器材，故意破坏应急救援物资、设备器材的；

(3)违抗指令不参加应急救援的；

(4)不履行相关应急救援职责，严重渎职的。

表 15-6　应急抢险救援物资及设备器材汇总表

序号	设备名称	规格型号	数量	存放位置
1	汽车吊	25 t	1 辆	施工现场
2	长臂挖掘机	$0.5 \sim 1\ m^3$	2 台	施工现场
3	挖掘装载机	ITC312 型	1 台	施工现场
4	胎式侧卸式装载机	CAT980、CAT966	6 台	施工现场
5	装载机	$3\ m^3$	4 台	施工现场
6	无轨运输车	10 t	10 辆	现场运输车兼用
7	有轨运输车		10 辆	现场矿车兼用
8	轨行人车	20 座	1 辆	施工现场
9	九座面包车	柴油动力	2 辆	施工现场
10	应急指挥(救援车)		2 辆	现场车辆兼用
11	离心式立式抽水泵	22 kW	6 台	施工现场
12	潜水排污泵	QW 型	14 台	施工现场
13	注浆泵	BW250-50	6 台	施工现场
14	卷扬机	5 t	2 台	施工现场
15	卷扬机	10 t	4 台	施工现场
16	水平钻机	MK-5S 全液压钻机	2 台	施工现场
17	锚杆凿岩机	工作高度 11 m	2 台	施工现场
18	平板拖车	40 t	1 辆	施工现场
19	洒水车		1 辆	临时租用
20	锚杆注浆机	UH4.8	5 台	施工现场
21	水泥		200 t	材料场、施工现场
22	砂、石料	各种级配	$100\ m^3$	材料场、施工现场
23	钢材	各种规格	400 t	材料场、施工现场
24	木材		$50\ m^3$	材料场、施工现场
25	踏板、脚手架		25 t	物资仓库、施工现场
26	安全警戒带	50 m/卷	100 卷	施工现场
27	电筒、探照灯、头灯等照明设备	部分为防水型	各 50 套	施工现场
28	彩钢板围蔽	$1.2\ m \times 1.8\ m$	200 块	物资仓库

续上表

序号	设备名称	规格型号	数量	存放位置
29	对讲机	摩托罗拉	25个	施工现场
30	彩条布		400 m	物资仓库、施工现场
31	雨衣、雨鞋、防水服		各100套	物资仓库、施工现场
32	铁锨、消防铲		200把	物资仓库、施工现场
33	消防桶		30个	施工现场
34	灭火器	6～25 kg/ABC类	100个	施工现场
35	缆绳、麻绳	50 m/条	各30条	施工现场
36	沙袋		10 000袋	物资仓库、施工现场
37	编织袋		20 000只	物资仓库、施工现场
38	安全货柜		1个	施工现场
39	医用氧气袋	（充好气）	6袋	安全货柜、TBM避险室、综合办公室
40	担架		10副	
41	医疗急救箱	备有必要急救药品	6个	
42	橡皮筏	含快速充气装置	2个	安全货柜、TBM避险室
43	救生圈和救生衣		50个	施工现场

15.6　应急预案

针对现场可能发生的安全事故，立足于安全事故的救援，立足于工程项目自救，立足于工程所在地政府和当地社会资源的救助，完善应急预案。

15.6.1　紧急避难预案

在隧道内的适当场所除要准备相当数量便携式器具、呼吸用保护器具外，还必须准备有相当数量包括避难梯子、安全绳索、避难袋及救生衣等避难器具，以便在发生异常时能供作业人员使用。避难和救护人员清楚紧急之际所设置各种避难救场所，在这种场所要布置指示灯或用荧光涂料等显示出来。而且，对这类装备的场所和器具的使用方法都要大家详细知道，同时，还必须经常保持有效和清洁。

在各部门、掘进机操作室、工地值班室、洞口或工作井底、洞内、掌子面及其他必要的地方设置通话设备和警报设备。

在避难场所里要设置压缩空气的送气设备、通话装置、呼吸用保护具、便携式照明器具、灭火器、灭火用具、洞内消防水栓、抢救医药等。

为对紧急事态有所准备，必须定期进行能安全退避的避难训练，并将其结果记录保存。对紧急事态发生的避难训练，要训练成让洞内作业人员向安全场所避难的一系列方法，采取的警报、通报、灭火、避难等紧急的相应措施。

15.6.2　紧急救援预案

定出救护管理体制，成立救护班，在救护时，由于二次灾害的危险性高，所以经常与消防队等有关单位取得联系，首先要考虑到救护班全体人员本身的安全。不但要准备救护所必须的呼吸用保护器具、可燃性气体等浓度测定仪器、便携式照明用器具等救护设备和器械设备，还要进行适当管理，以便能够随时有效使用。为了救护，更需配备救护用呼吸保护具、便携式氧气和可燃性气体等的测定仪器、便携式照明用器具、便携式电话、小型灭火器、担架、安全绳索、长筒靴、粗白线手套及其他的必须救护设备和器械。为了救护所需的呼吸用保护具有氧气呼吸器和空气呼吸器，要选择使用时间长的类型。作为主要救护器具有氧气呼吸器、救生气垫船型空气呼吸器等。再者，救护设备和机械，必须经常进行保养管理。

第16章　结合工程实践的科研工作

盾构法由于综合应用了计算机、自动化、机械、新材料、系统科学等领域里的高新技术，并通过遥控、激光制导等先进的电子信息技术对施工过程进行全面指导和监控，在安全、质量、进度等方面与传统施工方法相比优势明显。斜井隧道盾构法施工技术研究对盾构法在地下工程领域的推广应用具有重要意义。

在内蒙古自治区新街台格庙矿区斜井盾构法施工的工程实践中，还需要进一步研究长斜井、深埋、富水、含煤复杂地层复合盾构施工关键技术，主要研究以下内容。

16.1　衬砌管片结构受力研究

16.1.1　管片结构外水压力

目前国内外对管片结构外水压力的分析处理，主要有两类方法：一种是外水压力为作用于衬砌外缘的面力，另一种是外水压力当作渗透体积力。前一种是隧洞规范推荐的方法，也是设计人员常采用的，其概念简单，易于用结构力学法或弹性力学法进行分析计算；后一种采用渗流场理论，较符合外水压力作用的实际情况，且可以进一步用数值模拟技术来考虑渗流场与应力场耦合作用下的外水压力。隧道工程计算外水压力有以下五种方法：(1)折减系数法；(2)理论解析法；(3)解析数值方法；(4)水文地球化学方法；(5)渗流理论分析及计算方法。

16.1.2　管片结构土压力

作用于衬砌上的土压力实际上是周围土层与衬砌共同作用面上的接触应力，其大小及分布形式不仅与地层的物理力学性质、衬砌的刚度有关，而且与施工方法，隧道的埋深、直径、形状等几何参数有关。目前隧道衬砌管片有钢制管片、混凝土管片、球墨铸铁管片和合成管片，其中以混凝土管片使用较多。管片之间可采用柔性连接或刚性连接，一般采用钢螺栓进行连接，对于特殊地质条件液化地层和软硬地层的分界面等和衬砌结构刚度突变部位，可采用特殊的柔性接头以适应变形的需要。由于作用于衬砌上的土压力受诸多因素的影响，对其进行研究非常困难，迄今为止，有关这方面的论文及研究报道均不多见。从已有的文献来看，按其所采用的原理的不同，可将衬砌上土压力的确定方法分为三种，即简化计算方法、考虑衬砌与地层相互作用的分析方法、现场量测及模型试验方法等。

16.1.3　高地应力对管片结构受力的影响

深埋隧道所处地层高水平地应力对隧道结构的影响主要表现在两个方面，一是岩层中开挖引起地应力集中，二是岩层中开挖应力释放作用。

20世纪80年代以后，根据在实践中对“新奥法”的运用和发展，总结出了“综合治理，联合支护，长期监控，因地制宜”的高地应力软岩巷道支护原则。由于受高地应力的影响，通过长期的摸索研究，逐步形成了高地应力软岩巷道支护理论，其中比较成熟的理论主要有：①新奥法：用围岩的支承作用来支撑隧道，促使围岩本身变为支护结构的重要组成部分，使得围岩与结构的支护结构共同形成坚固的支撑环。②联合支护理论：软岩支护要先柔后刚，先让后抗，柔让适度，稳定支护。③松动圈支护理论：认为巷道支护对象为松动圈发育过程中的碎胀力，支护的作用是限制围岩松动圈在发展过程中碎胀力产生碎胀（有害）变形，维护巷道的稳定。④工程地质学支护理论：软岩巷道的变形力学机制通常是二种以上的变形力学机制的复合类型，支护时要"对症下药"，合理有效地将复合性转化为单一型。⑤主次承载区支护理论：该理论认为巷道开挖后，在围岩中形成拉压域，压缩域在围岩深部，体现了围岩的自撑能力，是维护巷道稳定性的主承载区。⑥应力控制理论（让压理论）：该理论认为高应力软岩巷道的形变压力不可抗拒，应通过各种让压或卸压的形式进行巷道释放巷道围岩的变形能，将作用在巷道周围的集中载荷转移到离巷道较远的支承区，降低巷道围岩应力水平，减少对支护的破坏。

16.1.4　膨胀性软岩对管片结构受力的影响

岩石的扩容膨胀性，首先由勃列得曼观测到，韩丁等人量测了低围压下，贝利砂岩岩样的扩容，在偏应力的作用下的扩容是以与时间有关的体积增加来观测的，继后，派特森. 爱德蒙特和派特森. 勃雷斯、T. 保尔和肖尔茨等国外学者，他们根据实验室实验发表了许多实验结果及其分析。在我国把岩石扩容概念与隧洞、巷道变形联系起来加以研究的是陈宗基教授。陈宗基教授在 1983 年的国际岩石力学大会的一篇文章中，强调了岩体中的扩容的体积增加，对潜在膨胀岩石的稳定性的作用。

针对膨胀性软岩的力学特性，许多学者沿用金属材料的体积不变假设，提出了用于确定巷道围岩特性曲线的各种弹塑性位移理论解，也有学者考虑到围岩体积膨胀，假设塑性区弹性应变分量不变，并依据实验经验曲线导出了弹脆性、弹塑性应变软化位移理论解。程立朝推导了膨胀角与软岩巷道围岩变形的直接关系，并通过数值力学分析方法得出软岩巷道围岩变形随膨胀角的变化规律。

16.2　斜井隧道掘进机施工平、纵断面设计研究

新街台格庙矿区斜井采掘巷道首次采用掘进机法施工，具有开拓性意义。与常规斜井采掘巷道施工方法相比，由于受掘进机施工条件的限制，斜井的平纵断面设计不但要考虑功能性要求与地质条件的限制，还要考虑掘进机施工的影响。为此，针对斜井掘进机施工及平、纵断面设计及布置，从功能性要求、安全性、经济性及便捷性等方面进行综合研究，提出本工程斜井隧道的合理平、纵断面尺寸及断面的布置。

16.2.1　斜井隧道功能性要求对平、纵断面设计的影响

煤矿斜井的主要功能是运煤、人员通道、排矸、下放及回收设备材料，同时兼做通风、排水及逃生通道。针对斜井隧道的功能性要求分析，根据选择用的排矸、运煤、人行、材料运输设备及排水与通风等设备的限制要求，结合安全与经济性要求分析，设计合理的掘进机施工圆形断面平、纵断面，确定合理断面最小净空。

16.2.2　考虑地质条件变化的斜井隧道平、纵断面设计

由于地质条件的复杂性，为减少掘进施工中掘进机在不良地质洞段施工的风险，节省经济

成本，针对掌握的地质条件，从安全、经济的角度综合考虑进行隧道平、纵断面的设计，提出安全、可靠、经济、适应于本工程地质特点的隧道平、纵断面的设计方案。

16.2.3　斜井隧道掘进机施工对斜井隧道平、纵断面线路与布置的要求

斜井隧道采用掘进机施工时，由于掘进机设备自身的限制，对隧道线路的平、纵断面布置产生一定的影响。为此，研究掘进机设备自身的施工技术条件，得出适应于掘进机设备的最小隧道线路水平与竖向转弯曲线半径。

16.2.4　斜井隧道平、纵断面综合设计方法

通过对斜井平纵断面设计各影响因素的分析，综合考虑地质条件、斜井功能及掘进机施工要求，从安全、经济的角度提出斜井平、纵断面综合设计方法，并对新街台格庙矿的斜井平、纵断面进行了设计分析。

具体研究技术路线如图 16-1 所示。

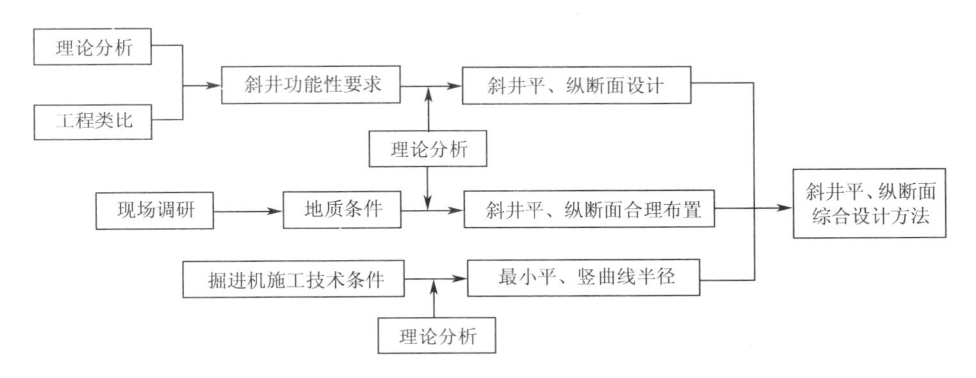

图 16-1　斜井掘进机施工平、纵断面设计研究技术路线图

拟采用的研究方法：

通过工程类比与理论分析，研究满足斜井功能性要求，设计斜井平、纵断面。同时，调查研究掘进机所处场地工程地质情况，从工程地质风险的角度，提出适应于本工程的斜井平、纵断面线路。然后，考虑施工期间掘进机设备本身的技术条件限制，确定最小的斜井线路平、竖曲线半径。最后，从安全、经济的角度提出斜井平、纵断面综合设计方法，并对新街台格庙矿的斜井平、纵断面进行了设计分析。

16.3　掘进机选型及设备配套研究

长坡度斜井掘进机施工国内尚属首次。本工程穿越地层复杂，有硬岩（砂岩、泥质砂岩、粉砂岩）、软岩（泥岩）、风积沙层、砂砾石、煤层等，斜井隧道坡度大、埋深大、水位高，同时掘进机施工过程中还将遇到有害气体、不良地质等大风险洞段，这些都给掘进机施工带来了巨大的风险，给掘进机选型及设备提出了更高的要求，若掘进机选型不当将无法应对存在的风险，隧道无法按时、保质完成，甚至发生安全事故，造成巨大的经济损失和恶劣的社会影响。为此，针对本工程的特点，需对掘进机选型及设备配套进行研究，本项目将从以下几个方面展开课题研究。

16.3.1 地质条件对斜井隧道掘进机及设备的适应性要求

1. 复杂地层对掘进设备的适应性要求

不同类型的掘进机对地层介质适应情况不同，正确选择掘进机类型是隧道施工成败的关键。本工程穿越地层复杂，有硬岩（砂岩、泥质砂岩、粉砂岩）、软岩（泥岩）、风积沙层、砂砾石、煤层等，要求掘进机必须能同时适应硬岩、软岩、沙层、煤层、砂砾石等复杂地质情况。通过对复杂地层特性的研究，提出对掘进机设备相应的功能要求。

2. 长坡度隧道对掘进机设备的要求

研究长坡度对掘进机设备的影响，提出长坡度对掘进机设备相应的功能要求。

3. 高埋深、高水头掘进施工所面临的风险及对掘进机设备的要求

高埋深隧道往往可能存在大地应力，要求掘进机具有应对高地应力的能力。高水头对掘进设备的密封性能或排水性能提出了很高的要求。

研究高埋深、高水头地层中掘进机施工所面临的风险及掘进施工产生风险的原因，有针对性地提出这种情况下掘进机所应具备的性能。

4. 有害气体对掘进施工的危害及对掘进机设备的要求

斜井隧道在掘进到 600 m 深度后将进入含煤地层，地层中富含的主要有害气体为瓦斯，瓦斯气体会增加盾构的施工难度、影响施工质量、严重时甚至造成停工、建筑物受损、人员伤亡等事故。

研究有害气体产生危害的机理，并以此提出对掘进机设备性能的要求。

5. 地质情况不可预知性所面临的风险及对掘进机设备的要求

地质情况不可预知性大大提高了掘进机施工的风险，因此在斜井隧道施工时，要求掘进机具备应对不可预知地质情况的能力。

16.3.2 掘进机设备选型

研究不同类型掘进机的特点及对地层、施工条件等的适应性，通过比较分析各种掘进机施工的优缺点，提出本工程掘进机设备的选型建议。

16.3.3 掘进机适应性设计及设备配套研究

根据长坡度、深埋、富水含煤复杂地层对斜井隧道掘进机设备的要求，针对已选掘进机类型，进行掘进机适应性设计及设备配套研究。

1. 复杂地层掘进能力设计及设备配套研究

本工程穿越地层复杂，要求掘进机必须能同时适应硬岩、软岩、沙层、煤层、砂砾石等复杂地质情况。分析地质条件对掘进机的影响，特别是对刀具的耐磨性、刀具类型、布置形式，刀盘结构、渣槽分布，刀盘面板强度的影响，提出满足这些特殊条件的盾构机刀盘设计、刀具配置和耐磨处理等方案。

2. 快速出渣技术及设备配套研究

结合工程项目工期要求，针对掘进施工所遇到的不同地层，研究合理的出渣技术，满足快速掘进施工要求。同时根据地层条件配备相应的出渣设备。

3. 强力通风技术及设备配套研究

对于大坡度、含有害气体、深长隧道，研究隧道强力通风技术及相应配套设备。

4. 地下水控制技术及设备配套研究

本工程场地范围内地下水位较高，含水层厚度厚，掘进机施工风险大。为此，研究地下水

作用对掘进机施工的影响，提出掘进机设备适应。

5. 超前地质预报系统及设备配套研究

针对地质情况的不可预知性及复杂性，提出与之相适应的超前地质预报施工技术，并对相应的设备配套进行研究，满足掘进机安全施工要求。

6. 超前钻探能力及设备配套研究

为确保能及时了解与掌握掘进机施工前方的地层岩性的变化，及可能面临的有害气体风险，研究采用超前钻探技术，针对地层特性配备相应的钻探设备。

7. 应对有害气体的能力及设备配套研究

结合地层瓦斯气体的分布特点，研究明确瓦斯对掘进机施工的影响和危害，对掘进机设备进行防爆设计，同时配合设计有害气体监测预警系统，研究相应的配套设备。

8. 掘进机姿态控制及设备配套研究

本工程斜井隧道穿越地层地质条件复杂，特别是在由硬岩过渡到软岩的过程中，掘进机受力不均衡，极易低头。且斜井本身由于运输的需要，设置很多由竖曲线过渡的平坡段，掘进机需经常在竖曲线段施工，掘进机姿态控制难度大。根据这一特点，分析掘进机姿态控制面临的困难，研究配置掘进机自动导向装置及纠偏系统，确保掘进机正常掘进。

16.3.4　掘进机适应性反馈分析

新街台格庙矿区斜井隧道施工情况进行反馈分析，对掘进机施工中存在的问题，设备可能存在的缺陷进行总结分析，研究掘进机掘进效率、刀具磨损情况、出渣效率、排水通风效果、应对不良地质及有害气体的可靠性等方面的适应性，验证本工程掘进机的适应性，并指出其存在的不足与值得研究改进的地方。

16.3.5　掘进机适应性改造

结合穿越过程中掘进机掘进效率、刀具磨损情况、出渣效率、排水通风效果、应对不良地质及有害气体的可靠性等分析结果，将理论研究结果与掘进机选型、性能参数、刀盘设计、刀具配置情况和耐磨处理方案等进行综合分析，提出具体方案。

设备选型与配套研究技术路线如图 16-2 所示。

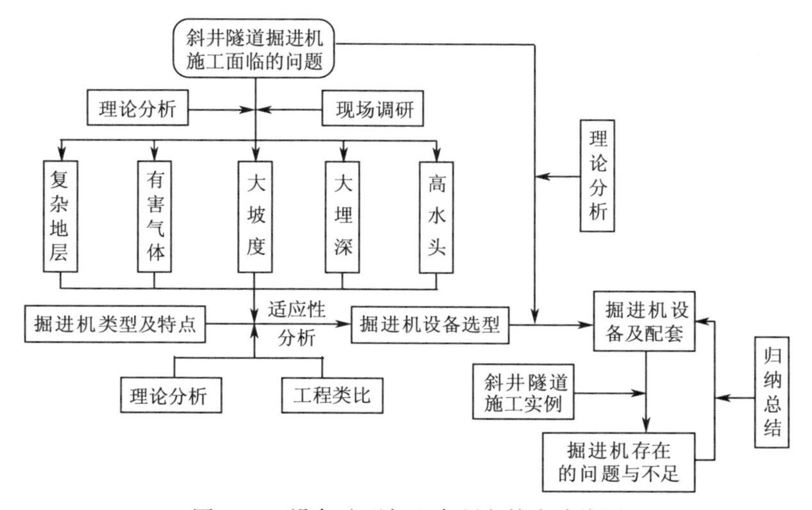

图 16-2　设备选型与配套研究技术路线图

在科技高度发达的今天，机械的工作效率已远远超过了人类，尤其在工程施工领域，施工机械的选型与配套是否妥当往往是事半功倍与事倍功半的差别，对于本项目来说，掘进设备首次运用在煤矿建设领域，受“大坡度”“距离长”“埋层深”及“地下水、瓦斯、高地应力、地质构造复杂”等客观因素的影响，设备的选型与配套显得更为重要，针对本项目特点，设备造型与配套研究主要分以下四个阶段进行：

第一阶段：根据条件，选择设备。

掘进机距今已发展近 200 年，截止目前主要的掘进机类型有撑靴式、护盾式、泥水式、土压式、复合式等，它们各有特点，适用于不同的条件。本项目选型时应依据各类型掘进机在国内的成功实例，在充分考虑各类型掘进机固有特性及适用情况下，依据本项目不良地质、大坡度、有害气体、高富水等客观因素，对掘进机选型进行分析论证，最终确定适合于本项目施工的掘进机类型。

第二阶段：根据实际，反馈信息。

根据掘进机在施工过程中表现出来的真实状态、真实记录，为设备的适用性分析及改进留存第一手资料。

第三阶段：根据信息，分析设备。

由于我们选型完全依据地质资料和施工经验，而地质勘探是以点代面，施工经验也不完全适用任何条件，这就导致了施工过程中难免会碰到与预想不符的现象，过程中必须根据记录下来的掘进真实状态来分析设备对本项目的适应性。

第四阶段：根据分析，改进设备。

根据掘进机表现出的不适应，认真分析产生其原因，采取必要的改进措施、更正掘进参数或其他行之有效的办法改进设备，以使其满足施工要求，最终完成掘进任务的改进完善措施，为后期类似工程提供参考。

16.4　长坡度、深埋、富水含煤复杂地层复合盾构施工关键技术

本项目将针对新街台格庙矿区斜井隧道工程的特点，结合国内外大压度、高埋深、含水、含气复杂地层隧道工程施工的经验和教训，解决在斜井隧道采用盾构法施工的施工关键技术问题，研究工作将从下述几个方面展开。

16.4.1　双模式复合盾构斜井隧道施工风险研究

由于地下和水底工程地质环境的不确定性，使得在盾构隧道施工时存在很多不确定的风险因素，这些因素如果处理不当就可能产生严重后果，因此需对斜井隧道盾构法施工的风险进行识别评价，并拟定合理的风险管理措施：

(1)采用专家调查法和层次分析法识别出斜井隧道工程在采用双模式复合盾构施工时的各项施工风险；

(2)在风险识别的基础上进行双模式复合盾构斜井施工的风险定级评价，确定风险因素等级，根据风险的级别确定风险控制的重点；

(3)结合各个风险因素发生的概率和产生的后果拟定合理的风险防范和管理措施。

16.4.2　双模式复合盾构穿越有害气体施工技术研究

斜井隧道在掘进到 600 m 深度后将进入含煤地层，地层中富含的主要有害气体为瓦斯，

瓦斯气体会增加盾构的施工难度、影响施工质量，严重时甚至造成停工、建筑物受损、人员伤亡等事故。因此需对双模式复合盾构穿越瓦斯气体的施工技术进行研究。

结合地层瓦斯气体的分布特点，研究明确瓦斯对掘进机施工的影响和危害，对掘进机施工可能导致瓦斯发生爆燃的因素进行分析并提出防范措施。同时，结合后期斜井隧道运营中瓦斯的存在可能导致的风险，研究提出瓦斯的监测预报系统、瓦斯处理技术、瓦斯气体释放及通风方案与技术等措施，并形成掘进机穿越有害气体区段的安全技术规程。

16.4.3 大埋深、富水地层掘进机施工技术研究

施工场地内地下水位较高，含水层富水性微弱，直接充水含水层主要孔隙含水层为主，裂隙含水层次之。地质构造简单，含水层之间分布有隔水性良好的隔水层，水力补给条件和径流条件较差。然而由于斜井隧道埋深大(超 700 m)，隔水层之间的间距大，掘进机施工一方面要承受隔水层之间的含水层的水头压力，另一方面可能由于掘进机施工破坏原有隔水层而引起上下含水层的水力联通，将导致更大的水头压力作用于掘进机及隧道管片上。因此需对高埋深富水地层掘进机施工技术进行研究。

1. 大埋深、富水地层掘进机强排水及管片背后排水卸压辅助施工技术

根据地质勘察资料，研究掘进机施工过程中穿越地层的含水情况，对掘进施工刀盘前方的涌水量进行研究。针对研究结果，考虑斜井隧道坡度长、埋深大、距离长的特点提出掘进机强排水辅助施工技术。

同时，由于含水层厚度较厚，含水层的静水头非常高，最高达 140 m，超过管片结构的承受能力。为防止含水层中的高水头将管片结构及防水系统压坏，提出通过灌浆加固管片四周地层，并在加固地层中留卸压孔的技术来减少作用于管片上的水压力。通过研究提出管片四周地层合理的加固范围；卸压孔的布置原则及卸压效果分析方法。

2. 大埋深、富水地层掘进机施工隔水层修复技术

本工程场地内的隔水层主要为泥岩地层，掘进机施工破坏泥岩隔水层，引起上下含水层的水力联通，将导致更大的水头压力作用于掘进机及隧道管片上，给掘进机施工带来巨大的风险。为此通过对泥岩地层的工程特性的研究，提出固结灌浆施工技术对隔水层进行修复，并提出通过水压力监测分析隔水层隔水效果的一整套分析理论与监测技术。

3. 大埋深、富水地层斜井隧道防水密封垫断面形式及性能

斜井隧道长距离在含水岩层中掘进，岩层含水丰富，渗透系数较大，采用卸压孔对管片上的水压力进行卸压后，作用于管片上的水压力仍存在且较大。高水压对隧道接头防水提出了考验。

拟针对斜井隧道埋深大、水头高的特点，考虑管片拼装误差等因素，提出管片接缝防水的设计水压力值以及需要考虑的接缝张开量和错位量等防水技术指标。根据防水技术指标，确定接缝密封垫材料和结构型式、断面形式及断面尺寸，并测试密封垫的压缩性能、一定错缝量和张开量下实际能承受的水压力、蠕变及应力松弛特性。在此基础上最终确定出适应隧道长期变形的接缝防水的技术措施。

4. 大埋深、富水地层掘进机防水技术研究

掘进机掘进过程中面临的水压较大，渗透性强，对掘进机自身防水性能提出了较高的要求，尤其是对盾尾密封的防水提出了考验，在盾尾刷防水的基础上，盾尾刷间的空腔内注射盾

尾油脂，通过盾尾刷和油脂与管片外壁的紧密接触起到防水作用，而随着掘进机向前掘进，盾尾油脂会被不断消耗。

拟针对斜井隧道埋深大、水头高的特点，研究不同盾尾刷数量、不同盾尾油脂的材质、单环注射油脂量及注射油脂压力对掘进机自放(防)水的影响。

16.4.4　刀具磨损分析与换刀方案研究

1. 刀具磨损分析与预测

掘进机在掘进中会遇到各种不同地层，开挖过程中刀具受力复杂，工作环境恶劣。刀具的磨损与施工地层密切相关。淤泥质黏土、粉质黏土、黏质粉土等地层对刀具的磨损很小，而砂土、砂岩、砂卵石等地层对刀具的磨损十分严重，甚至使刀具折断，为避免在掘进机施工中发生此类情况，需要针对以下两个方面展开研究：

(1)选择合适的刀具组合，提高掘进效率、节省成本；

(2)刀具磨损的预测方法、提供换刀依据，提高施工速度。

2. 换刀方案

砂岩和砂卵石地层对掘进机刀盘和刀具的磨耗较大，虽然在配置之初已考虑到这些因素，但由于工程的复杂性和地质勘察对地层分界面划分的不精确性，很难保证掘进机刀具在长距离穿越砂岩、砂卵石层施工过程中的安全有效使用，需进行换刀作业，因此必须针对本工程特点研究制订安全可行的换刀方案。

16.4.5　大坡度斜井隧道软硬不均地层施工姿态控制技术

本工程斜井隧道穿越地层主要为砂岩，但其间交错分布有软岩和煤系地层，掘进机多次由硬入软，或由软入硬。掘进机主机的质量分布可以形象地描述为“头重脚轻”，只依赖掘进推力与摩擦力不足以维持盾构的姿态，往往盾构自身具有“低头”倾向，特别是在由硬岩过渡到软岩的过程中，掘进机受力不均衡，极易低头，而本工程斜井隧道大坡度向下倾斜，也大大地加大了掘进机低头的风险。因此本工程掘进机施工的姿态控制难度大。

根据地层软硬不均的特性，研究软硬不均地层对掘进机施工姿态的影响，在得出影响盾构机姿态的主导性因素的基础上，从设备自身的角度及相应的辅助施工措施等方面入手，研究安全可靠的盾构法斜井隧道掘进机过软硬不均地层姿态控制方法及技术，并提出相应的纠偏的控制标准。

16.4.6　泥岩地层掘进机施工掌子面稳定及防泥饼施工技术

本工程穿越地层除砂岩外还广泛分布有遇水软化、崩解的泥岩，该岩层在天然条件下岩石的强度及硬度较高，但当开挖遇水时，强度降低，且易引起崩解，导致掌子面失稳，增加掘进施工难度。同时，由于软岩的黏粒含量高，在掘进施工过程中，易在掘进机刀盘中心结饼，使得掘进机推力加大，刀盘扭矩增加，土压不稳，螺旋输送机排土困难，严重时则无法推进。因此需对掘进机施工中掌子面的稳定及泥饼形成机理进行分析，提出相应的施工控制技术措施。

16.4.7　掘进机始发关键技术研究

1. 高水头砂性土层复合盾构端头井加固方式方法研究

结合实际地层特点研究可靠的始发地基加固措施，并提出地层加固方法及加固参数。

2. 浅覆土、高水头砂性土层复合盾构始发方法研究

研究复合盾构始发时掘进姿态控制措施、复合盾构始发出洞时后盾支撑稳定控制措施、复合盾构出洞段轴线控制与纠偏措施、复合盾构进出洞时掘进参数的动态调整方案。

3. 高水头砂性土层中洞门防水技术研究

通过对出口段涌水、涌砂(泥)的发生机理分析,提出相应的预防措施。

具体研究技术路线如图 16-3 所示。

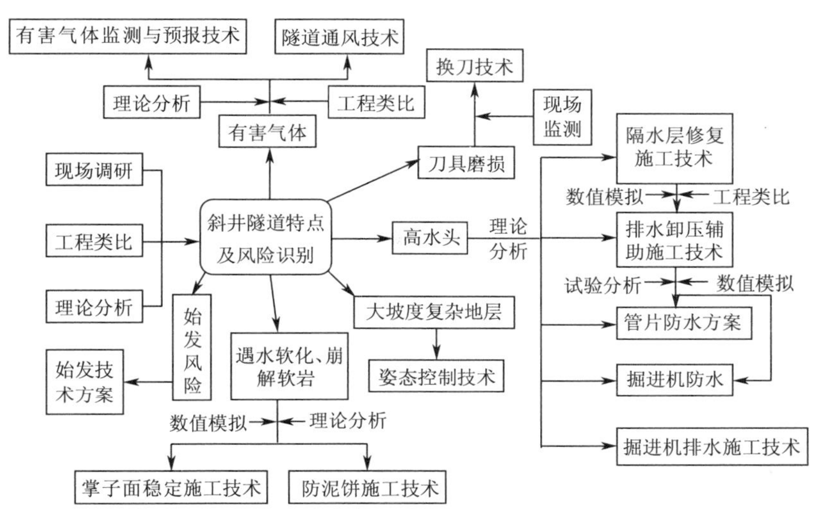

图 16-3　复合盾构施工关键技术研究技术路线图

16.5　大坡度、长距离、富水复杂地层斜井隧道施工排水、通风技术研究

排水、通风一直是困扰长大隧道施工的头等难题,如果不能得到及时解决,不仅会影响到工程的施工进度、质量,严重时将会酿成灾难性的后果。本斜井“大坡度(负坡 6°)”,“长距离(斜井长度 8.8 km)”,“大埋深(最大埋深 750 m)”等客观条件,进一步增大其施工过程的排水、通风难度,必将是制约斜井施工进度、安全、质量的重要因素之一。为此,结合实际情况,针对本工程特点,在确保安全的前提下,通过分析、论证等手段,研究制订科学可行的斜井排水、通风方案和保证措施对本工程而言意义重大。

类比国内外长大隧道排水施工方法,本斜井排水研究主要从以下 4 个方面进行,首先是水泵型号及泵站建设;其次是抽排水管道的选择;第三是排水系统供电方案的选择;第四是制订排水系统保障性措施。主要研究方法是在充分了解水文地质资料基础上,通过模拟试验和计算的方法确定合理的泵站形式、水泵型号、供电方案和保障性措施的制订,最终保障施工安全、进度。

类比国内外长大隧道通风施工方法,针对盾构法施工穿越含瓦斯地层斜井的特点,认真分析斜井施工过程中污染气体(含施工废气和瓦斯等)的来源和流量,依据过理论计算、数值模拟、现场试验的方法,合理的选择通风方式,风机的功率及台数,风袋的材质及悬挂位置等参数。

16.6　大坡度、长距离、深埋斜井隧道施工运输技术研究

运输技术研究包括施工过程的渣土外运和人员、物资及材料运输。施工过程由于坡度大,

增大了材料、物资运输的难度，尤其是小空间重载车辆下坡，安全风险极大，易造成车毁人亡的严重后果。为此，针对材料、物资的无轨运输技术研究，拟从车辆自身的安全系统配置和施工过程运输调度与管理两方面进行研究。综合考虑本项目坡度大、距离长等客观条件，结合渣土外运工程量等实际情况，对比汽车运输与皮带运输的可行性与经济性可知，本项目采用皮带运输优势较大，但－40 ℃低温皮带运输防滑设计及大坡度、长距离皮带系统动力选择、单根皮带长度、接力形式与布置等参数的确定仍需进一步讨论、研究。

运输研究主要针对小空间重载车辆下坡和低温皮带运输进行。对于重载车辆下坡技术研究，从技术与管理两方面着手，技术方面主要是分析斜井坡度、最大重载吨位、施工最低温度湿度等的影响，以此作为依据分析比选车辆性能，并通过试验论证的方法选择与之相适应的车辆；在管理方面，主要是强化施工运输过程管理，加强运输调度，以确保运输安全。对于渣土外运主要是通过分析国内外皮带运输成功事例，综合考虑不同情况设计皮带系统，确定皮带长度、动力系统、接力形式等参数，并采用数值分析与试验相结合的方法提出－40 ℃低温皮带运输防滑措施。

16.7 软岩隧道变形的影响及控制措施研究

本工程场地范围内地下水位较高，含水层厚度大，按地铁管片结构设计理念，本工程管片将无法承受巨大的水压力，应采用相应的技术措施减小地下水对管片结构的作用。

16.7.1 场地范围内地下水分布、补给及地层渗透性研究

通过工程地质、水纹地质勘探及设研分析，确认场地范围内地下水分布、补给路径，研究不同地层的渗透性，明确场地范围内确确的水纹地质情况。

16.7.2 高埋深、富水地层掘进机施工隔水层修复技术

本工程场地内的隔水层主要为泥岩地层，掘进机施工破坏泥岩隔水层，引起上下含水层的水力联通，将导致更大的水头压力作用于掘进机及隧道管片上，给掘进机施工带来巨大的风险。为此通过对泥岩地层的工程特性的研究，提出固结灌浆施工技术对隔水层进行修复，并提出通过水压力监测分析隔水层隔水效果的一整套分析理论与监测技术。

16.7.3 管片背后排水卸压辅助施工设计及管片背后水压力计算方法

根据地质勘察资料，由于含水层厚度较厚，含水层的静水头非常高，最高达 140 m，超过管片结构的承受能力。为防止含水层中的高水头将管片结构及防水系统压坏，提出通过灌浆加固管片四周地层，并在加固地层中留卸压孔的技术来减少作用于管片上的水压力。一方面通过灌浆加固使管片一定范围内围岩与管片共同作用承担水压，另一方面通过卸压孔将作用于管片上的水压力降低。

研究卸压孔卸压排水时，在一定水头高度情况下，地层渗透系数、抽排水量与作用于管片背后水压力的关系，得出单个卸压孔排水卸压情况下，管片结构水压力的计算方法。并由此，通过综合考虑管片结构施工及荷载作用，提出管片四周地层合理的加固范围；卸压孔的布置原则。

16.7.4 管片背后排水卸压引起管片不均匀沉降的计算及控制措施

斜井掘进机施工期及使用期，需要抽排地下水，引起地层失水固结沉降，由于地层的不均

匀性及隧道埋深的变化，地层失水固结沉降将引起斜井隧道管片结构的不均匀沉降，导致结构渗漏水甚至引起管片结构破坏，危及斜井支护结构安全。

因此，针对管片背后排水卸压引起的地层沉降情况，研究在施工与使用期，管片结构背后抽水引起不同地层、不同埋深的斜井隧道深降，建立管片不均匀沉降与管片结构错台沉降与防水之间的关系，近而研究对管片结构受力与破坏之间的关系，提出隧道支护结构不均匀沉降控制指标并提出相应的控制技术措施。

16.7.5　斜井隧道大坡度管片结构稳定性分析及控制措施

斜井掘进机施工采用预制管片拼装一次成形作为衬砌结构，在大坡度情况下，所有管片累加后的下滑力将会非常大，此力如若全部加载到掘进机的液压推进千斤顶上，很可能远远超出推进千斤顶承受能力，而造成灾难性后果。

通过对大坡度情况下，管片结构的受力分析，得到管片结构自稳的临界坡度，考虑施工及运营中可能存在的不确定因素，对理论计算临界坡度进行修正。提出当管片不能自稳状态下的结构稳定性加固技术措施。

16.7.6　斜井隧道管片结构受力与变形监测

通过管片结构的受力与变形的监测，总结管片结构受力与变形在不同地层、不同埋深情况下的变化规律，同时与计算结果进行对比分析，验证计算结果的合理性。另一方面，通过对管片结构受力与变形的监测数据的反馈，及时掌握地层的收敛情况，提前预知可能的风险，采取技术措施，防控安全风险。

具体研究技术路线如图16-4所示。

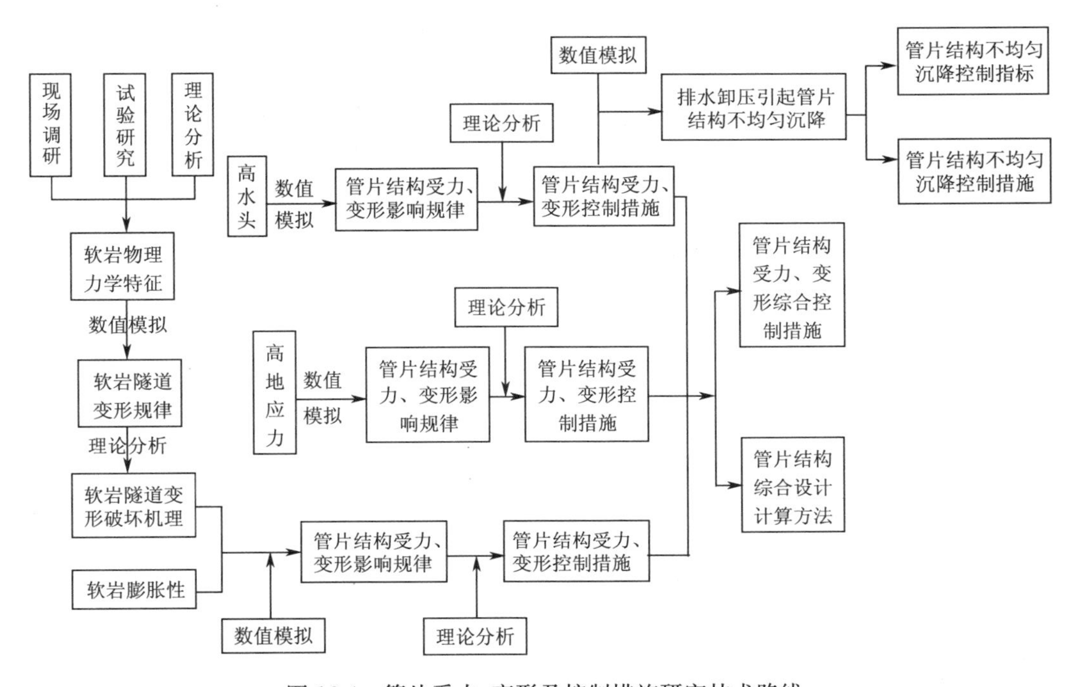

图16-4　管片受力、变形及控制措施研究技术路线

拟采用的研究方法：

通过试验研究与现场调研，对岩层的物理力学特性进行分析，得到该地层中隧道开挖时围岩结构的变形破坏机理，在此基础上，考虑高地应力、高水头、软岩膨胀性等影响的综合影响，根据管片结构的受力与变形的变化规律，提出有针对性的施工控制措施，最后综合提出管片结构的设计计算方法。为验证计算结果，同时预防管片结构变形过大的风险，对管片结构的受力与变形进行监测分析。

16.8　斜井 TBM 法施工安全控制技术研究

双模式复合盾构机首次在国内煤矿斜井上应用，在国内并没有成功经验所借鉴，施工安全风险较大，施工风险研究有必要在施工前即开始进行，过程中对不当之处进行必要的修正。由于国内并没有成功先例所借鉴，故风险研究主要根据国内类似工程的施工经验进行，主要方案为首先针对双模式盾构机施工特点及矿区地质条件，采用专家调查法或层次分析法对施工过程的风险源进行识别；其次，根据风险源发生的概率和造成后果的严重程度来对其进行评价、分类，并确定重点防范对象；最后，在各阶段采取有针对性的措施，确保施工安全。

附　录　A

表A.1　掘进机设备班维修、保养表　　　　日期：

项目	维修、保养工作内容	注意事项	操作者签名
水箱和油箱	目测液面和测量温度	根据润滑油保养计划和润滑油技术参数中关于油料数量的要求进行	
泵、马达、阀门	检查异常噪声情况	停机进行异常噪声检查，直到确定噪声位置，并消除	
液压系统	在液压油到达正常操作温度时检查是否漏油	不要在有压的情况下试图修理液压管和配件；不要徒手检查是否漏油，高压油射流将损坏皮肤	
液压油滤芯的组装	检查液压油滤芯，在运行时运行工况显示器显示为绿条状态	滤芯元件在初始运行阶段要频繁更换，在运行时要对滤芯元件进行密切检查；在液压油正常工作温度的情况下检查滤芯，看是否要更换滤芯元件	
润滑油滤芯的安装	检查润滑油滤芯，在运行时运行工况显示器显示为绿条状态	滤芯元件在初始运行阶段要频繁更换，在运行时要对滤芯元件进行密切检查；在液压油正常工作温度的情况下检查滤芯，看是否要更换滤芯元件。主轴承、主齿轮和驱动小齿轮要在重新安装滤芯时检查其运行情况	
计量	目测系统工作是否运行正常和损坏		
通气阀门元件	目测液压油箱、润滑油箱和齿轮变速箱通气阀门是否清洁或损坏	当设备的元件达到设备供应商要求的时间时，都要更换元件	
刀具安装	目测刀盘各组件，刀圈、刀具固定装置的情况；检查刀圈磨损和损坏情况；抽查刀具固定螺母是否紧固等	在拆除刀具的情况下，检查螺纹口是否有损坏，对所有的紧锁部件进行检查	
润滑油系统	在设备运行时间检测压力和流量值	如果流量和压力有显著变化，则表明润滑系统有故障需要停机检查。润滑油的压力和温度在设备运行时呈相反关系，例如：如果润滑油压力减少时需要增加润滑油温度。润滑油加速损失能导致密封系统的损坏	
齿轮变速箱	检查各系统油面情况	用干净的塑料油管显示油面的位置	
稳固装置	目测是否有自由活动现象	清除废渣	
润滑油密封系统	检查系统是否运行正常	保证为系统的内、外密封装置提供有充足的润滑油，在需要的时候调整油量控制阀门	

表 A. 2　掘进机日维修、保养表　　日期：

项目	维修、保养工作内容	注意事项	操作者签名
液压配件和液压管	目测液压配件和液压管是否漏油或损坏	不要在有压的情况下试图修理液压管和配件，不要徒手检查是否漏油，高压油射流将损坏皮肤	
活塞杆	目测是否有沟槽	当活塞杆缩回前，要清除带有尖利边缘的杂物	
油缸	目测液压油缸的活塞杆密封衬垫是否漏油	参照油缸结构图中的密封衬垫结构部分	
皮带机皮带接头和皮带滚筒	目测皮带机是否在正确的轴线上，清除皮带上的污物，油器在尾部滑轮地区	采用高压水对皮带机和相关设备进行冲洗，如果没有高压水可采用手持设备冲洗皮带机	
外露的紧固件	保证紧固件牢固		
齿轮减速箱和驱动马达	抽检减速齿轮和驱动马达来保证合适的紧固件扭矩		
压力检测	目测设备运转是否正常和损伤		
刀具安装	目测是否有损伤		
走道、导轨、楼梯	目测是否有损坏，保护装置是否齐备		
运输服务梁/起重设备	目测是否有损坏		
润滑油回程泵	目测是否漏油		
水循环系统	目测过滤系统；检查主驱动的水流量；检查是否漏油，部件缺陷和损坏	参照水循环示意图进行	
皮带机张拉油缸	确定针形阀门在未使用情况下是关闭的		
仪表	目测是否有损坏和操作正常		
照明装置	目测是否有损坏和操作正常		
电缆线	目测电缆线是否有损坏	在正常运行期间必须要移动的电缆线非常容易磨损	
二次和三次电压	调整电压到合适的运行值		
配电箱	目测配电箱内的部分是否有部件松动的部分		
启动器和电流接触器	保持启动器和电流接触器清洁，目测是否有腐蚀和老化现象	清除进入密封保护的灰尘，如果不能清除灰尘，必须更换潮湿、污染、受腐蚀的部分	
主驱动电机	目测制动装置是否干燥		
快速分离式耦合器	确定耦合器连接紧密		

续上表

项目	维修、保养工作内容	注意事项	操作者签名
辅助箱	保证所有的辅助箱密闭		
机械连接部分	在掘进状态时，目测机械连接部分的熔丝断路器，保证机械移动部分可以自由活动	更换磨损件，除非生产厂商有说明，不得对电控设备进行润滑维修、保养	
紧急断路装置	校验所有的断路开关处于可用状态	警告：不要靠近紧急短路开关，否则会造成人员伤亡	
电气控制	检查所有的控制系统处于正常状态		

表 A.3　掘进机周维修、保养表　　日期：

项目	维修、保养工作内容	注意事项	操作者签名
刀盘	目测焊接是否有裂缝		
刮渣板/螺旋输送机	目测是否刮渣板(螺旋输送机)过度磨损和表面损坏		
液压油和齿轮润滑油	在集油箱内取样，并进行化学分析	如果发现有泥和水要更换油料；在前 500 h 运行阶段每 100 h 对油料进行一次分析，以后每 500 h 进行一次分析。主轴承、主齿轮、密封组件的情况可以通过对润滑油的分析初步判别，如果在润滑油内含金属量较高，表明齿轮轴承有损坏，如果含砂或含水量较高，则表明密封组件损坏	
黄油	为使用黄油的地方加黄油(除了电动发动机)		
齿轮变速箱	目测油箱是否损坏	按照设备供应商的推荐时间或每 500 h 更换元件	
配电柜	清洁配电盘内部，目测大门密封是否磨损或破坏		
电机	清洁电机外部	采用干燥压缩空气清洁电机	
终端设备	保证所有的电器终端设备连接螺栓紧固并且没有腐蚀现象	更换所有由于温度过高导致松动的零部件	
散　件	保证接地系统处于正常运转状态		

表 A.4　掘进机月维修、保养表　　日期：

项目	维修、保养工作内容	注意事项	操作者签名
压力测量	检查压力是否正常		
液压系统	校验和调整压力控制阀，单向阀和压力开关		
润滑系统	校验和调整压力开关和流量开关		
不可变流量泵	校验输出流量		

续上表

项目	维修、保养工作内容	注意事项	操作者签名
可变流量动力泵	校验泵的输出量:0～最大值		
皮带机系统	目测是否有磨损,损坏或不清洁情况		
结构紧固件	调整结构的紧固组件到合适的扭矩		
润滑和液压系统滤芯的组件	目测滤芯组件是否有损坏和运行是否正常,更换液压油和润滑油油箱部件	主轴承、主齿轮、驱动齿轮情况,可通过对过滤器元件检测得到的信息来判断	
连接销和定位螺栓	目测在液压油缸和连接处的连接销和定位螺栓是否有损坏和是否工作正常		
齿轮变速箱	更换润滑油		
电表	电表要进行校核		
电路	保证所有的电器开关和配电盘内部电路连接牢固		
接触部分	目测接触部分是否有磨损和赃物	轻微的污染物不会对设备氧化银处理的接触件表面造成损害,如果更换接触件,要成套更新,防止造成接触件内部的不同电压	

表 A. 5　掘进机半年维修、保养表　　日期:

项目	维修、保养工作内容	注意事项	操作者签名
润滑油箱和磁性入式过滤器	排干并清洁油箱和过滤器,检查浮动式开关是否工作正常		
主轴承和主齿轮轮齿	去掉封盖目测主轴承和主齿轮轮齿的情况	参见图纸来确定封盖的位置或移出主动力元件查看主轴承和主齿轮轮齿的情况	
液压油缸	目测液压活塞杆清洁器是否损坏		
枢轴点、球铰节、套管	目测是否有磨损损坏,每一部分是否连接紧密		
紧固件	调整紧固件的合适扭矩	参照图纸进行正确的扭矩设定	
储能器	储能器	参照液压系统示意图确定蓄电池合适的压力	
泵的连接	润滑		
变速齿轮	检修变速齿轮	更换轴承和其他磨损,充填润滑油	
主轴承	目测是否有磨损或非正常移动	参见图纸来确定封盖的位置或移出主动力元件查看主轴承和主齿轮轮齿的情况	
外套	目测电缆和电缆终端是否有外套损坏		
电气装置	目测电流接触器、起动器、附属接触器和继电器		
电机接线盒	移出接线盒盖目测螺栓连接是否有损坏		

表 A.6　掘进机年维修、保养表　　日期：

项目	维修、保养工作内容	注意事项	操作者签名
润滑油泵	按照设备供应商维修、保养手册指南进行维修、保养		
主驱动电机	拆卸主驱动电机送电气车间维修		
附属接触点	更换电流接触器和起动器上的附属触点		

表 A.7　过滤器检查列表　　日期：

项目	工作设备	位置	内容	操作者签名
压力过滤器	液力管片安装器、推力缸、刀盘传动检测，并调整汽缸	护盾	检查日常污垢显示，更换过滤器元件	
压力过滤器	液力管片安装器、推力缸、刀盘传动检测，并调整汽缸	护盾	检查日常污垢显示，更换过滤器元件	
压力过滤器	液力管片安装器、推力缸、刀盘传动检测，并调整汽缸	护盾		
压力过滤器	齿轮油润滑驱动器	护盾	检查日常污垢显示，更换过滤器元件	
给水站	水循环	后配套	检查滤网衬垫，更换过滤元件	
过滤器减压器	工业用气		检查清洁污垢，如需要更换滤网	
空压过滤元件	工业用气		检查日常污垢显示，更换过滤器元件	

附录 B　大坡度斜井高压超大流量反坡排水典型案例介绍

B.1　工 程 概 况

锦屏二级水电站属于二滩电站在雅砻江干流锦屏大河湾上，卡拉至江口河段规划的 5 个梯级电站之一，总装机容量 4 800 MW，是雅砻江流域装机规模最大的水电站。为了保证锦屏二级水电站 2012 年首台机组按期发电目标的实现，锦屏建设管理局决定在锦屏电站工程 A 辅助洞（AK6+950 里程）增设辅引 3# 施工支洞工程，解决引水隧洞主体工程的施工通道和排水问题。

辅引 3# 施工支洞是连接辅助洞与锦屏二级水电站的施工排水洞，4#、3#、2#、1# 引水隧洞工程施工的一条重要施工支洞。辅引 3# 施工支洞进口段、出口段分别垂直于辅助洞和引水隧洞布置，主洞段基本平行于辅助洞布置。辅引 3# 施工支洞设计断面为城门洞型，断面尺寸为 $b \times h = 10.5\ \text{m} \times 7.5\ \text{m}$，进口位于 A 辅助洞桩号 AK6+950 m，与施工排水洞交于 SK5+729.051 m，与 1# 引水隧洞交于引(1)6+244.688 m。辅引 3# 施工支洞长约 1 108.549 m，最大纵坡为 13.0%，最小纵坡为 0.0%，洞段埋深在 2 200 m 以上。为保证施工过程及运行过程中的安全，在支(3)0+375.000 位置设置一级排水系统 2# 水仓，在支(3)0+828.598 位置设置二级水仓；一级水仓长约 81 m，储水量 1 350 m^3，满足 300 L/s、约 1 h 的总流量；二级水仓长约 150 m，储水量 7 000 m^3 满足约 1 000 L/s、约 1.6 h 的涌水总流量的储水量。辅引 3# 施工支洞逃生竖井平洞在 B 辅助洞左侧边墙 BK6+191.359 处开口，方向垂直于 B 辅助洞，以 0.5%坡度向引水洞方向掘进，总长 261 m，洞径为 7 m×6 m 城门洞形，现从平洞增设的通风竖井主要作为现阶段辅引 3# 施工支洞和新开排水洞、主洞内的通风排烟功能。

辅引 3# 施工支洞于 2010 年 1 月 16 日开工，于 2010 年 10 月 29 日贯通，贯通桩号支(3)1+108.549。施工采用多臂钻钻爆法，一次性开挖成洞，在施工过程中克服了高压涌（突）水、高地应力及岩爆等不良地质条件影响。

B.2　工程地质条件评价

B.2.1　涌水（图 B-1～图 B-14）

辅引 3# 施工支洞围岩为 T_{2b} 白山组大理岩，为厚层或巨厚层状，岩石坚硬且较脆。该施工支洞穿越中部第五出水带，预测单点涌水量可能达 300～800 L/s；预测汇总水量在施工支洞开挖期间为 1 m^3/s（3 600 m^3/h）；预测该施工支洞投入使用后，在引水隧洞进行开挖期间，达 1.5 m^3/s。表 B-1 为辅引 3# 施工支洞主要出（涌）水点一览表。

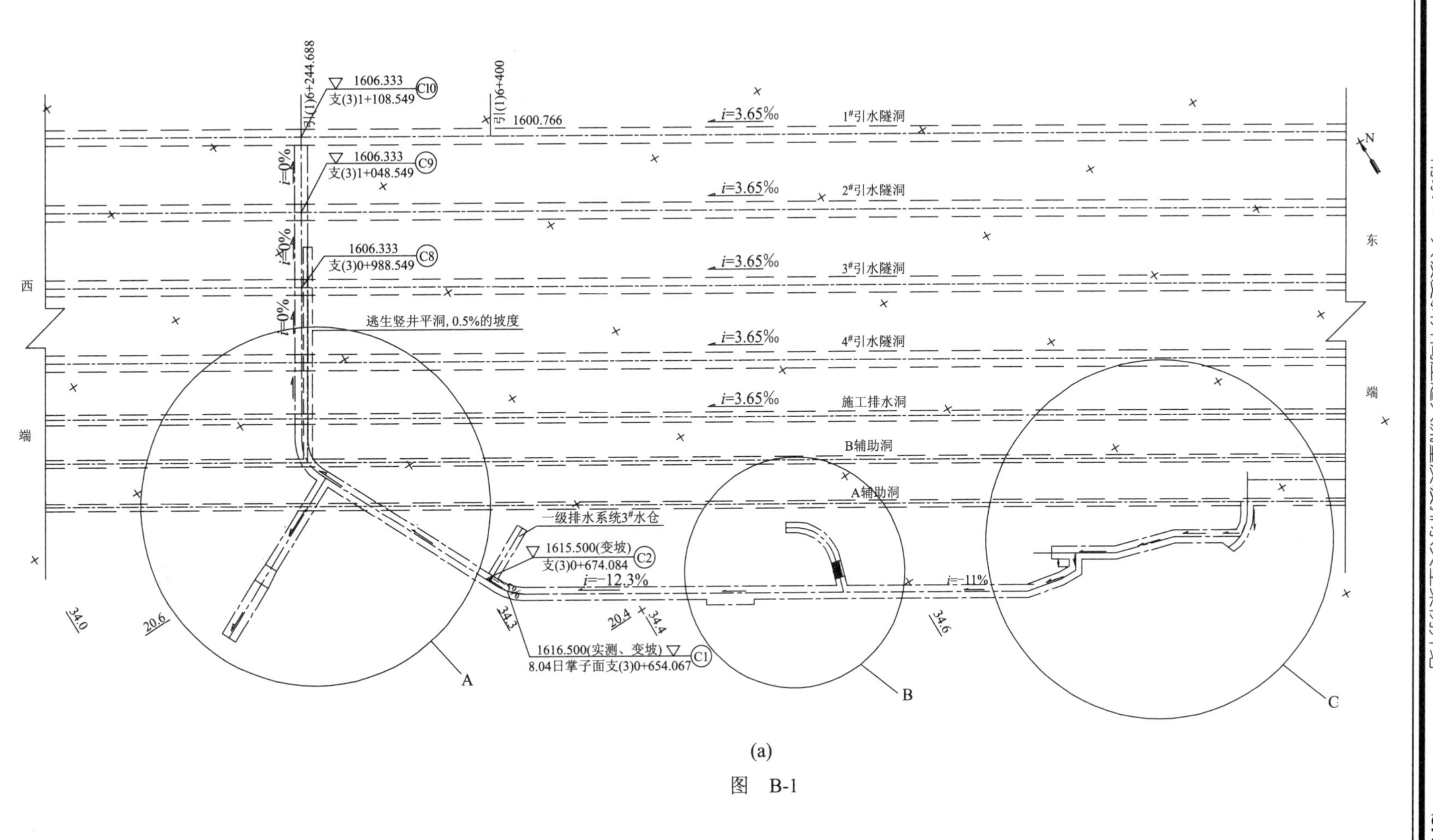
1606.333
支(3)1+108.549
C10
引(1)6+244.688
引(1)6+400
1600.766
i=3.65‰
1#引水隧洞
1606.333
支(3)1+048.549
C9
i=0%
i=3.65‰
2#引水隧洞
1606.333
支(3)0+988.549
C8
i=0%
i=3.65‰
3#引水隧洞
i=0%
逃生竖井平洞, 0.5%的坡度
i=3.65‰
4#引水隧洞
i=3.65‰
施工排水洞
B辅助洞
A辅助洞
N
西
端
东
端
一级排水系统3#水仓
1615.500(变坡)
支(3)0+674.084
C2
i=−12.3%
i=−11%
34.0
20.6
34.3
20.4
34.4
34.6
1616.500(实测、变坡)
8.04日掌子面支(3)0+654.067
C1
A
B
C

(a)

图 B-1

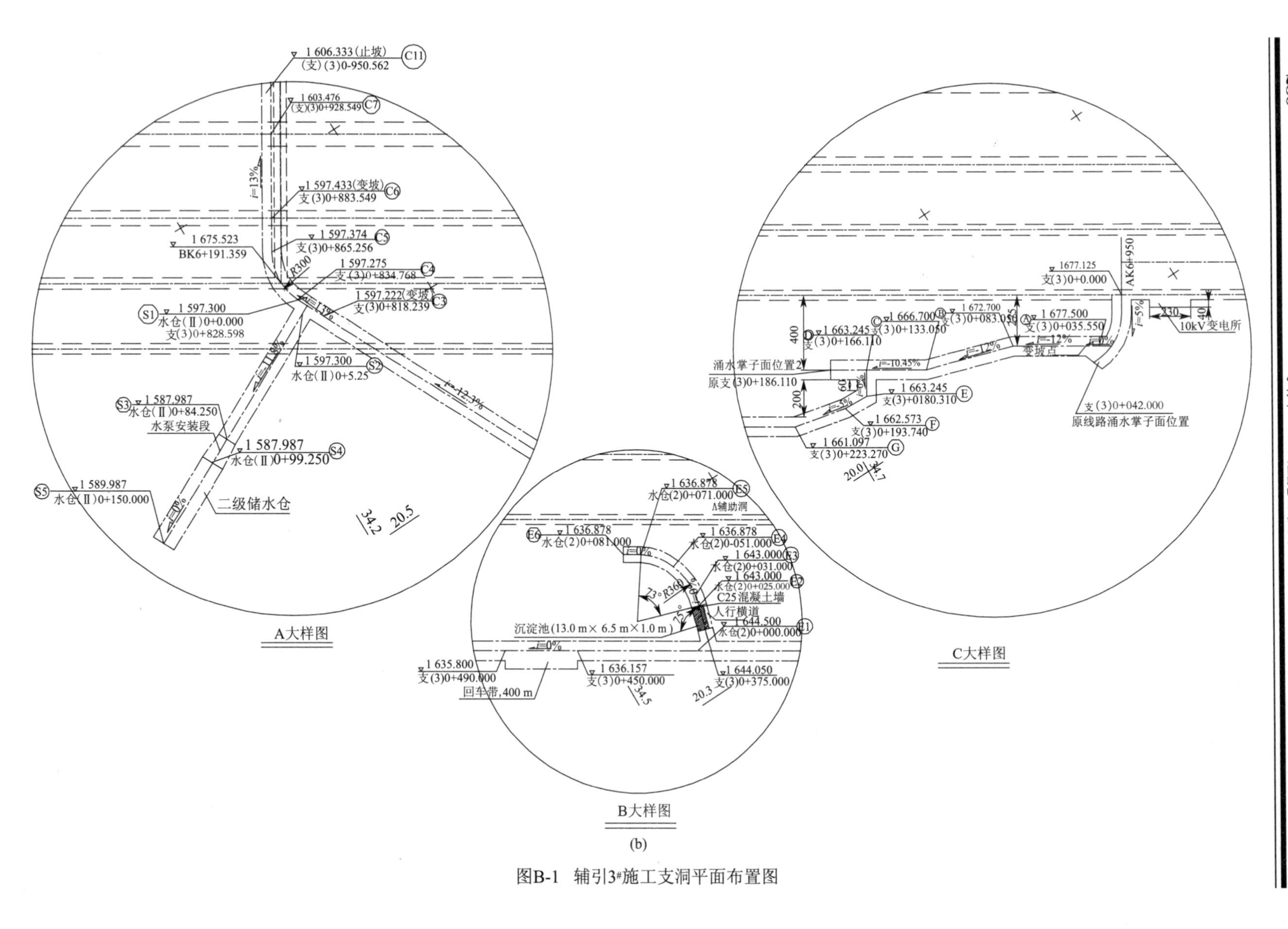

(b)

图B-1　辅引3#施工支洞平面布置图

表 B-1　辅引 3# 施工支洞主要出(涌)水点一览表

序号	桩号	位置	出(涌)水量(L/s)	备注
1	支(3)0+042	掌子面拱顶左	800～1 500	支(3)0+022 初始揭露 800 L/s,随掌子面掘进延伸至 0+042,喷涌状,线路绕行位置 1
2	支(3)0+088	边墙左	5	
3	支(3)0+094	边墙左	2	
4	支(3)0+095	边墙左	2	
5	支(3)0+146	左边墙	6	
6	支(3)0+146	左边墙	3	
7	支(3)0+146	左拱肩	2	
8	支(3)0+186	掌子面左拱肩	300	喷涌状,线路绕行位置 2
9	支(3)0+179	边墙右	2	
10	支(3)0+184	拱顶左	2.5	
11	支(3)0+184	拱顶中	2.5	
12	支(3)0+191	边墙右	4	
13	支(3)0+192	边墙右	1.5	
14	支(3)0+193	边墙右	1.5	
15	支(3)0+262	边墙右	1	
16	支(3)0+263	边墙右	2	
17	支(3)0+271	边墙右	2	
18	支(3)0+273	拱顶右	3	
19	支(3)0+293	拱顶右	100	
20	支(3)0+297	拱顶右	100	
21	支(3)0+474	拱顶右	6	
22	支(3)0+506	拱顶左	4	
23	支(3)0+508	左拱肩	2	
24	支(3)0+509	拱顶左	4	
25	支(3)0+522	拱顶左	5	
26	支(3)0+523	拱顶左	4	
27	支(3)0+527	拱顶左	4	
28	支(3)0+530	拱顶中	4	
29	支(3)0+532	拱顶右	3	
30	支(3)0+566	边墙右	2	
31	支(3)0+576	边墙左	3	
32	支(3)0+656	边墙左	3	
33	支(3)0+710	拱顶右	6	
34	支(3)0+723	拱顶右	3	
35	支(3)0+730	右拱肩	8	
36	支(3)0+785	拱顶中	4	
37	支(3)0+899	拱顶右	3	
38	支(3)0+899	边墙左	1	

续上表

序号	桩号	位置	出(涌)水量(L/s)	备注
39	支(3)0+955	拱顶中	2	
40	支(3)1+012	拱顶右	2	
41	支(3)1+038	边墙右	2	
42	支(3)1+078	拱顶右	7	

注：表中所列出(涌)水点，除支(3)0+042与186位置外，均为开挖过程中洞段涌水，非开挖时掌子面涌水。

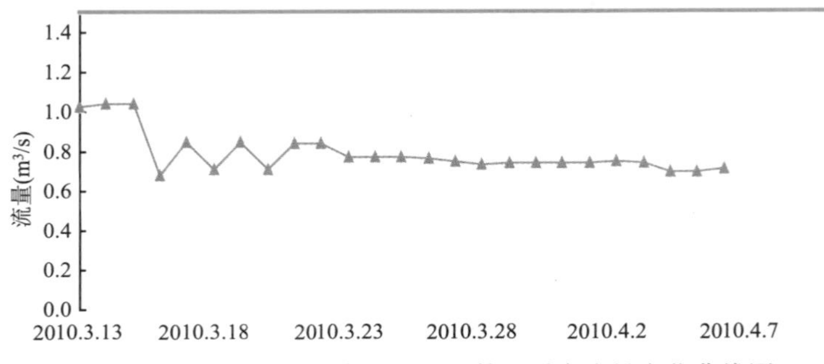

图 B-2　支(3)0+042 掌子面 3 月份日涌水流量变化曲线图

图 B-3　支(3)0+042 掌子面涌水(2010.4.21 下午)

图 B-4　支(3)0+186.11 掌子面涌水(2010.4.21 下午)

图 B-5　支(3)0＋260 涌水

图 B-6　支(3)0＋293 涌水(2010. 5. 28 晚)

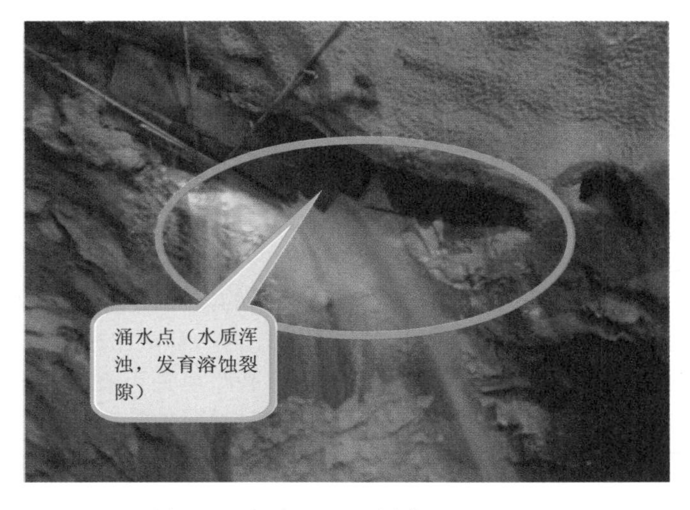

图 B-7　支(3)0＋297 涌水(2010. 6. 8)

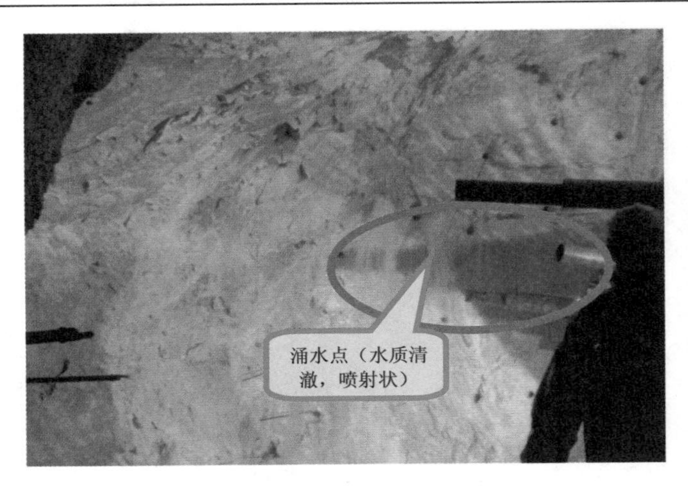

图 B-8　支(3)0＋503 掌子面涌水(2010.7.2 上午)

图 B-9　支(3)0＋828 掌子面涌水

下面为几次大涌水的施工情况：

2010 年 2 月 8 日 11:30 辅引 3# 施工支洞掌子面支(3)0＋022 左侧边墙在钻孔时出现压力水，水量较大，约 150 L/s，经现场研究决定，及时地排水，并在 A 辅助洞内设置一道沙袋横挡墙，以免对辅助 A 洞内设备、设施等造成损失，在支(3)0＋022 掌子面以导洞的形式进行开挖；由于涌水量大、压力高，采用多臂钻来打超前探孔以探知前面含水量情况；至 2010 年 2 月 16 日 15:30 在打超前探孔时又有多孔出现高压力浑水，经测定水量为 630 L/s，喷射距离达到 13 m。经研究决定，2 月 16 日 15:30 至 2 月 27 日 7:00 在 A 辅助洞内各横通道前用沙袋砌筑沙袋挡墙，以防止大量水进入辅助 B 洞，造成无法挽回的损失；2010 年 2 月 27 日 8:00 业主、监理、设计在现场协商后决定，继续向前以小导洞形式开挖，释放出压力水，坚决做到开挖前先打探孔，爆破后观察、测定水量，并组织人员在各横通道巡视是否有向 B 辅助洞渗水的情况，2010 年 2 月 28 日 12:29 又有两孔出现高压力水，经研究决定停止施工，观察出水情况，测定水流量，并组织人员加高沙袋挡墙高度，以防止水进入 B 辅助洞；2010 年 3 月 9 日放炮支(3)0＋042 掌子面出现了大股高压涌水，水质混浊，并且含有大量的泥沙，经测定水流量为 1 300 L/s，经管理局等各部门共同研究决定暂停施工，2010 年 3 月 11 日，等水压力减小后研究决定：在辅引 3# 施工支洞左侧边墙支(3)0＋029.4 处重新开口绕行。

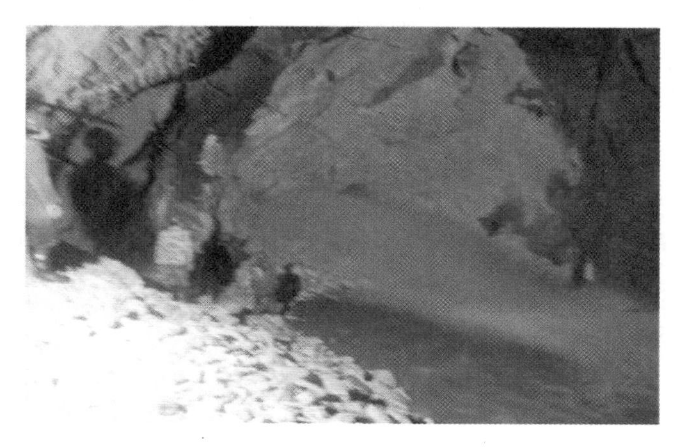

图 B-10　0＋035 多臂钻钻孔放炮后出现的高压浑浊涌水

图 B-11　0＋038 放炮后出现的特大涌水

图 B-12　辅引 3# 支洞特大涌水通过 A 辅助洞西端洞口排出

2010 年 4 月 14 日 21:00 辅引 3# 施工支洞支(3)0＋186 掌子面在钻孔作业时，右侧和拱部相继多孔出现压力涌水。为进一步探清前面地下水情况，按业主、设计、监理现场要求，在掌子面继续打超前探孔过程中，又出现 3 股大涌水，夹带有大量泥沙从探孔喷射出来最远达到 16 m，经测定水量为 350 L/s。

图 B-13　支(3)0＋186 掌子面的突涌水

2010 年 5 月 24 日 9:00 辅引 3# 施工支洞支(3)0＋285 掌子面在钻孔作业时，右侧和拱部相继多孔出现涌水，水量较大，并且水中带有大量泥沙。经过监理同意，在掌子面继续打超前探孔过程中，又出现 2 股大涌水，其主要涌水点均分布在右侧，经测定水量最小为 230 L/s，最大为 290 L/s。

辅引 3# 施工支洞均在三迭系中统白山组 T_{2b} 厚层白～灰白色大理岩岩性地层中穿过。其涌水情况为岩溶与高倾斜角度的岩石结构面及断层破碎带相连通，反映在辅引 3# 施工支洞开挖施工过程中的表现如下：

(1)压扭性断层结构面，平直光滑～略粗糙，闭合，无充填，有水蚀迹，延伸较短～较长，常伴有淋雨状～股状水涌出；

图 B-14　支(3)0＋285 拱部突涌水

(2)局部张扭性断层破碎带,均有碎石和泥质物充填,结构面粗糙,有水蚀迹,并伴有股状～喷涌状水涌出。

B.2.2　围岩分类(表 B-2)

表 B-2　辅引 3# 施工支洞围岩分类结果表

辅引 3# 施工支洞桩号(m)		段长(m)	岩层代号	围岩类别
起	止			
0	42	42	T_{2b}	Ⅲ(偏差)
35.5	115	79.5	T_{2b}	Ⅲ
115	156	41	T_{2b}	Ⅲ
156	186.11	30.11	T_{2b}	Ⅳ
166	218	42	T_{2b}	Ⅳ
218	225	7	T_{2b}	Ⅲ(偏差)
225	262	37	T_{2b}	Ⅲ
262	273	11	T_{2b}	Ⅲ(偏差)
273	292	19	T_{2b}	Ⅲ(偏差)
292	300	8	T_{2b}	Ⅳ
300	340	40	T_{2b}	Ⅲ
340	376	36	T_{2b}	Ⅲ
376	391	15	T_{2b}	Ⅲ
391	396	5	T_{2b}	Ⅲb
396	405	9	T_{2b}	Ⅲ
405	435	30	T_{2b}	Ⅲ
435	455	20	T_{2b}	Ⅲ
455	486.5	31.5	T_{2b}	Ⅳb
486.5	490	3.5	T_{2b}	Ⅳb
490	520	30	T_{2b}	Ⅲ
520	535	15	T_{2b}	Ⅳ
535	550	15	T_{2b}	Ⅲ
550	590	40	T_{2b}	Ⅲ
590	635	45	T_{2b}	Ⅲ
635	665	30	T_{2b}	Ⅲb
665	705	40	T_{2b}	Ⅲ
705	750	45	T_{2b}	Ⅳ
750	790	40	T_{2b}	Ⅲb
790	830	40	T_{2b}	Ⅲ
830	870	40	T_{2b}	Ⅲ
870	920	50	T_{2b}	Ⅲ

续上表

辅引 3# 施工支洞桩号(m)		段长(m)	岩层代号	围岩类别
起	止			
920	960	40	T_{2b}	Ⅲ
960	1 005	45	T_{2b}	Ⅲ
1 005	1 025	20	T_{2b}	Ⅲ
1 025	1 055	30	T_{2b}	Ⅲ(偏差)
1 055	1 110	55	T_{2b}	Ⅲ

根据表 B-2 对辅引 3# 施工支洞洞段围岩分类情况进行统计，统计结果如表 B-3 所示。

表 B-3　辅引 3# 施工支洞洞段围围岩分类结果表

围岩类别	比例(%)	长度(m)
Ⅲ	68.12	767.5
Ⅲ(偏差)	9.68	109
Ⅲb	6.66	75
Ⅳ	12.44	140.11
Ⅳb	3.11	35
合计	100	1 126.61
Ⅲb+Ⅳb	9.77	110

由表 B-2、表 B-3 可知，辅引 3# 施工支洞的Ⅲ类、Ⅲ类偏差、Ⅳ类围岩分别占 68.12%、9.68%、6.66%，因岩爆降级的围岩类别占 9.77%。说明辅引 3# 洞围岩以Ⅲ类围岩为主，具有较好的成洞围岩条件。

B.3　施工进度简介

辅引 3# 施工支洞与 2010 年 1 月 16 日开工，2010 年 10 月 29 日贯通，比计划工期提前 48 d施工到 1# 引水隧洞。

辅引 3# 施工支洞的施工一直处于高应力、高富水段、长距离大反坡施工，尤其前期进洞至 300 m 范围段，地下突涌水尤其丰富，导致施工进展缓慢。从开工到 2010 年 5 月底，月平均进尺为：60 m/月；2010 年 6 月～2010 年 10 月 29 日，地下水影响较前期稍微减小(一级水仓投入使用)，但岩爆影响较为突出，通过合理的抽排水布置和防岩爆措施以及对现场资源的大量投入和各种进度激励手段的运用，月平均进尺达到 160 m/月。

B.4　水仓、排水系统

B.4.1　系统简介

辅引 3# 支洞的排水系统由一级排水系统 2# 水仓、二级排水系统、施工工作面的排水系统组成。一级排水系统、二级排水系统设置临时固定水仓，用于聚积涌水进行集中排水，每个水仓中设置 3 台潜水电泵并配置各自独立的排水管路；施工工作面的排水系统主要解决施工过程中随工作面的推进将不断涌出的水排至固定水仓或洞外，到达能够正常施工并加快进度的目的。

一级排水系统 2# 水仓、二级排水系统均已验收合格后投入正常运行。

B.4.2　水仓布置

辅引 3# 支洞设一级、二级储水仓，均为临时性单水仓。一级储水仓共原设三个，各储水仓高差约 20 m，布置在辅引 3# 支洞斜坡段前进方向右侧，长约 100 m；二级储水仓原布置在辅引 3# 支洞落平段拐弯处，长约 180 m。

实际施工中，根据辅引 3# 支洞轴线优化改变及实际情况下的涌水量重新评估，对一、二级储水仓布置进行了优化：

1. 一级排水系统水仓（图 B-15、图 B-16）

取消一级排水系统的 1# 与 3# 水仓取消，仅保留一级排水系统的 2# 水仓，长度减小到 81 m，但设计容量保持不变。

一级 2# 储水仓布置在辅引 3# 支洞支(3)0＋375.590，起点底板高程分别为＋1644.050 m，水泵安装平台底板高程分别为＋1 636.878 m，储水仓底板高程分别为＋1 636.878 m，入口坡度－17%，一级储水仓长约 81 m，断面 $b\times h$=8.5 m×6.5 m，水仓容量 1 350 m^3，三心拱形锚喷支护。

2. 二级排水系统水仓（图 B-17～图 B-19）

二级水仓的长度减小到 150 m。

根据辅引 3# 主洞轴线的调整，也为了使二级水仓尽快形成排水能力，在实际施工中二级储水仓起点在支(3)0＋828.598 m 处，洞口底板高程＋1 597.300 m，储水仓底板高程＋1 589.987 m，水泵安装平台底板高程＋1 587.987 m，入口坡度－11.8%，水仓总长度约 150 m，断面 $b\times h$＝13.0 m×6.33 m，水仓容量 7 000 m^3，三心拱形锚喷支护。

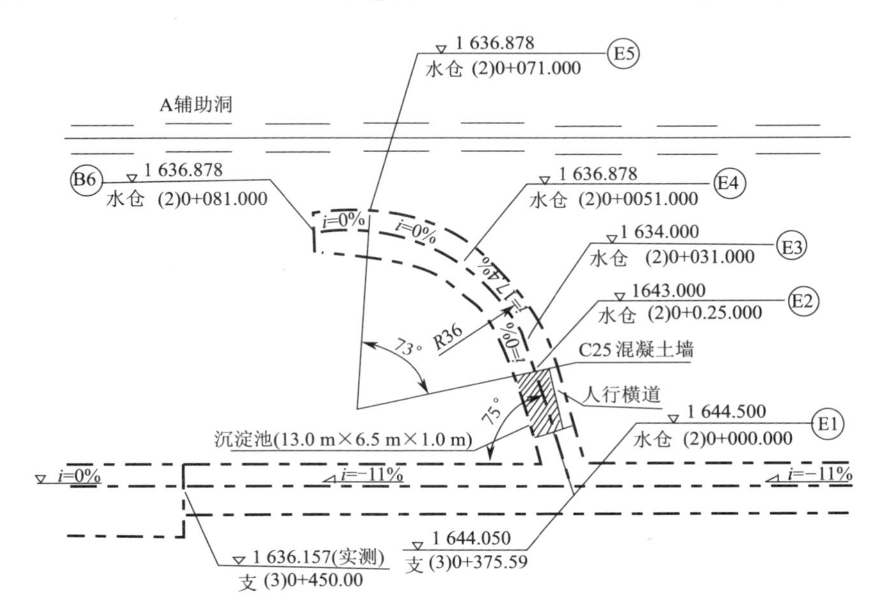

图 B-15　一级排水系统 2# 水仓布置示意图

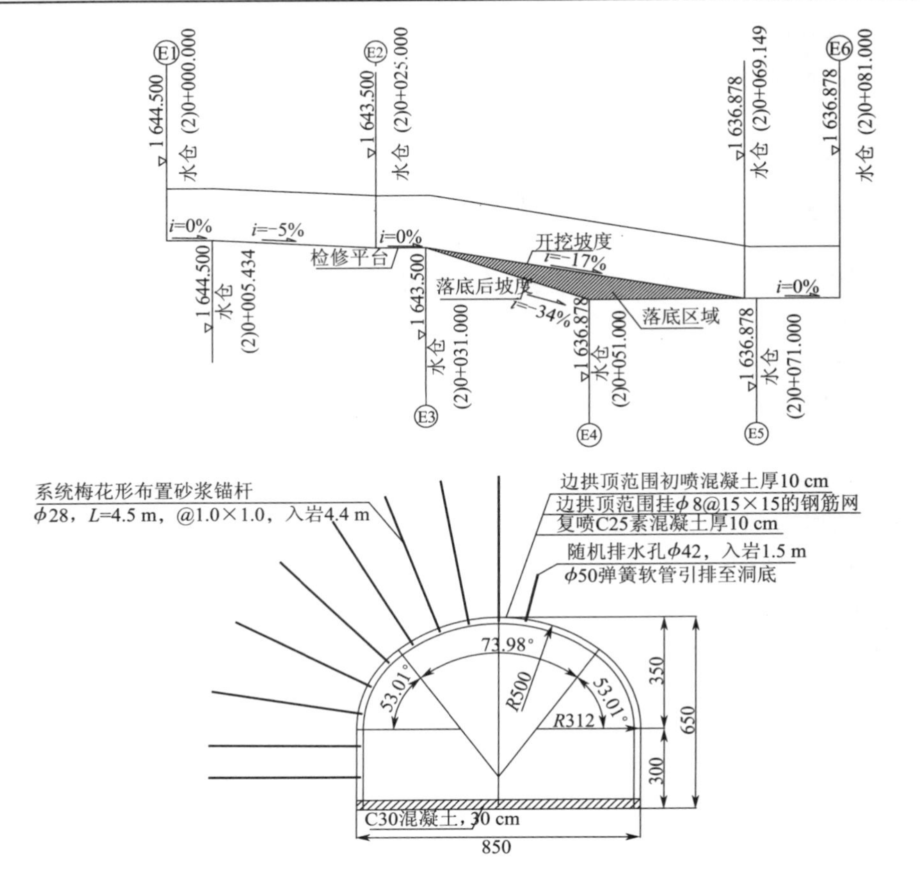

图 B-16　一级排水系统 2# 水仓纵断面及标准断面图(cm)

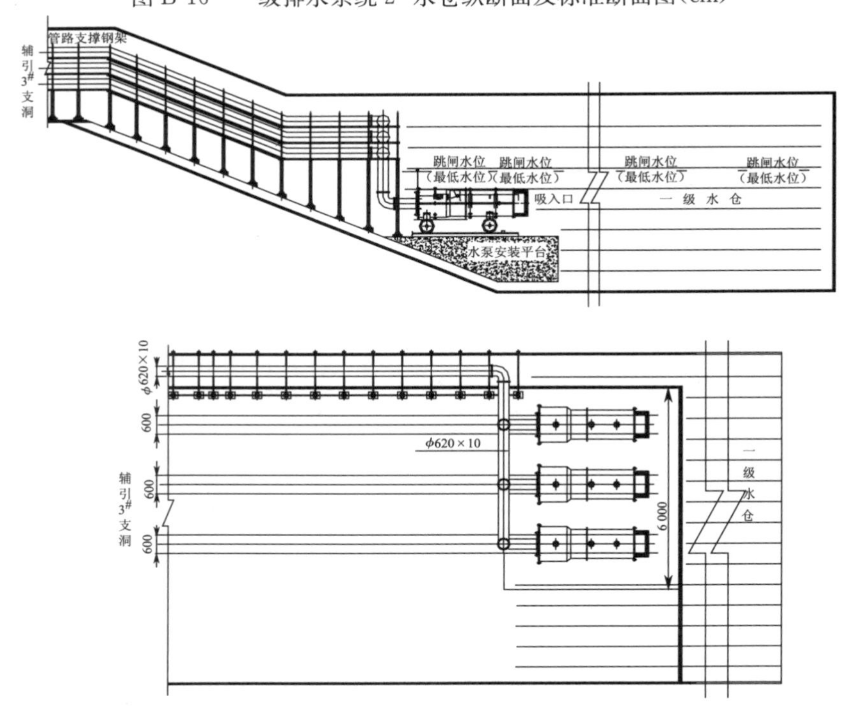

图 B-17　系统抽排水系统水仓水泵布置图(cm)

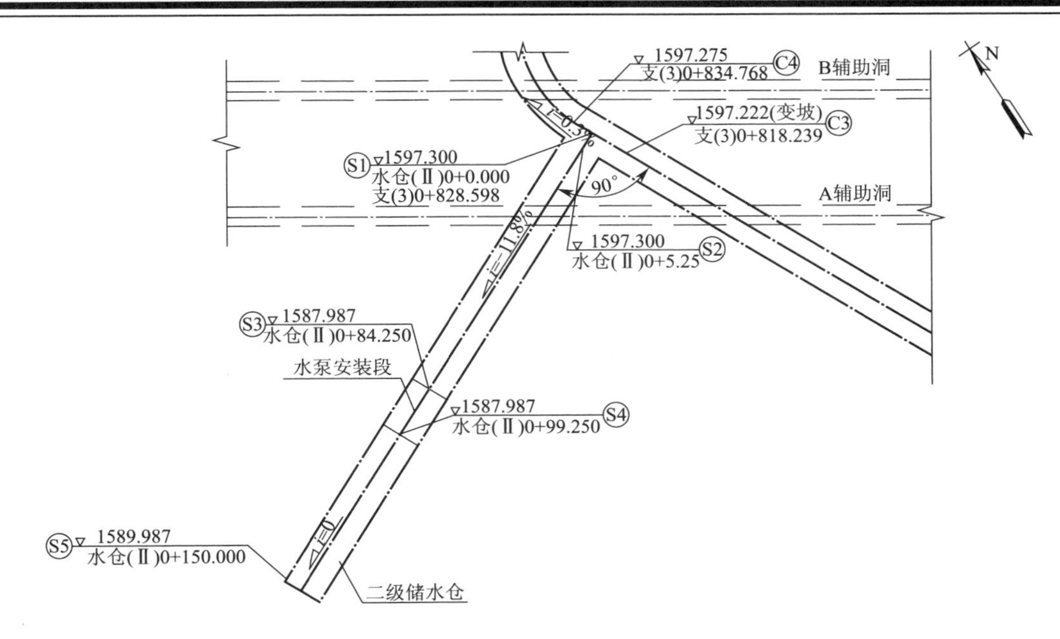

图 B-18　二级排水系统水仓布置示意图

原设计辅引 3# 支洞右侧布置矩形断面的水沟，水沟宽 2 m、深 2 m，坡度与支洞相同，布置在支洞前进方向的，水沟内设置管路。水沟随着掘进工作面的推进而不断推进。根据实际涌水情况，水沟及水沟内的管路、沉淀池均未施作，水沟内设沉淀池改设储水仓洞室进口处（如图 B-17、图 B-18 所示），沉淀池视淤积情况随时清理。

B.4.3　排水系统

1. 排水设备

一级排水系统 2# 水仓选用 3 台南京蓝深制泵股份有限公司生产的 500QXG2000-40-355 型潜水电泵（355 kW、10 kV）。

二级排水系统选用 3 台 700SLDB4000/100-1800 型单级双吸双蜗壳潜水电泵（1 800 kW、10 kV、扬程 100 m）。

2. 水泵布置

均选用潜水电泵方案，其布置具有以下特点：安装快捷，检修维护，占地小，土建工程量小，不需辅助吸水设施等特点。

潜水泵安装于水面以下，不需设置独立泵房，不需要设置吸水井及配水设施。只需在水仓内设一个潜水泵布置平台，当水泵需要检修维护时，通过提升设备将水泵沿拉至上部水仓洞口以外的场地检修。

水泵吸水口设置了吸水过滤装置，以避免将颗粒较大的沙粒及碎石吸入泵内，从而影响潜水泵内的电动机壳及水泵叶轮等，以延长水泵使用寿命和提高排水效率。

水泵设置自动液位控制装置，以避免水面过低而吸入空气产生气蚀现象。液位自动控制装置设置有水位传感器。

3. 管路布置（图 B-20）

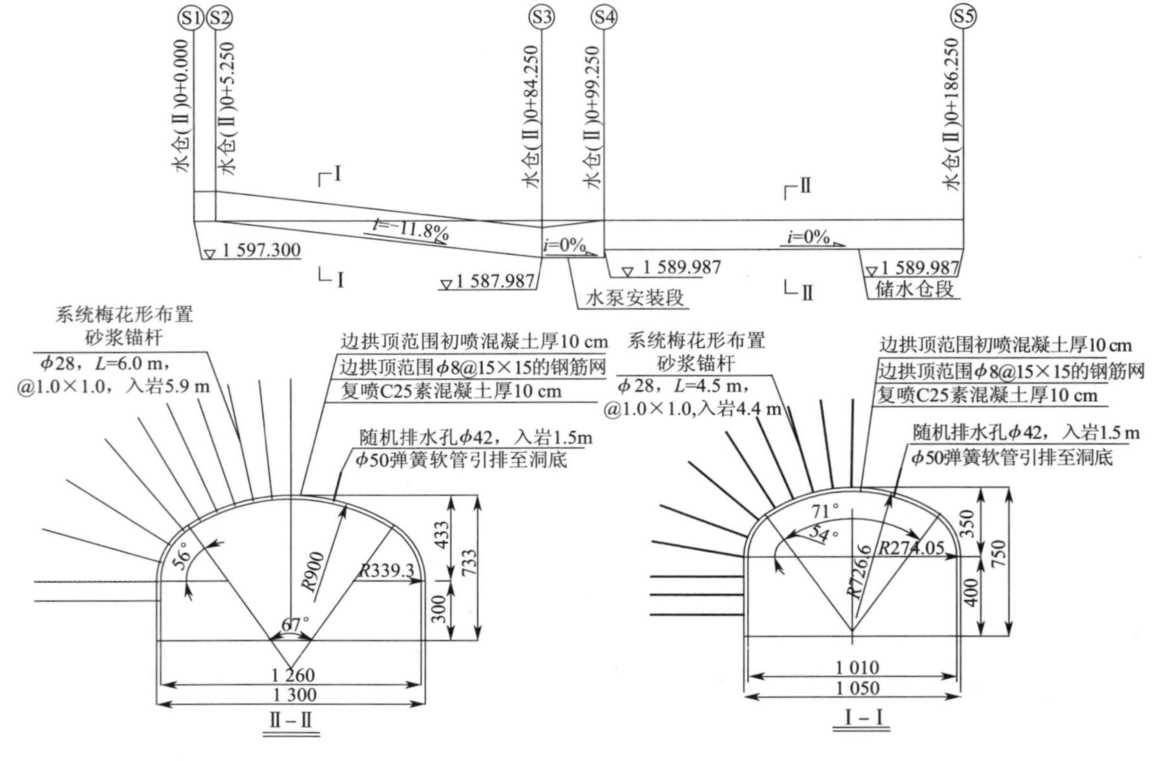

图 B-19 二级排水系统水仓纵断面及标准断面图(cm)

一级排水系统 2# 水仓管路通过管道支架沿支洞边墙至辅助 A 洞。

二级排水系统管路经水仓洞口附近的竖井直接通向辅助 A 洞。

4. 施工中采用的排水方案

(1)三个施工阶段的排水方法

①一级水仓未形成之前，根据涌水量大小采取不同排水方式。在此阶段，采用了 3 台 WQ20-24-3 型潜水泵（20 m^3/h）、5 台 KL50-22 型潜水泵（50 m^3/h）、2 台 300SLDB750/20-75 型潜水电泵（750 m^3/h）、2 台 WQ600-20-55 型移动式潜水泵（600 m^3/h）进行排水，并准备接力排水所用的设备、设施。

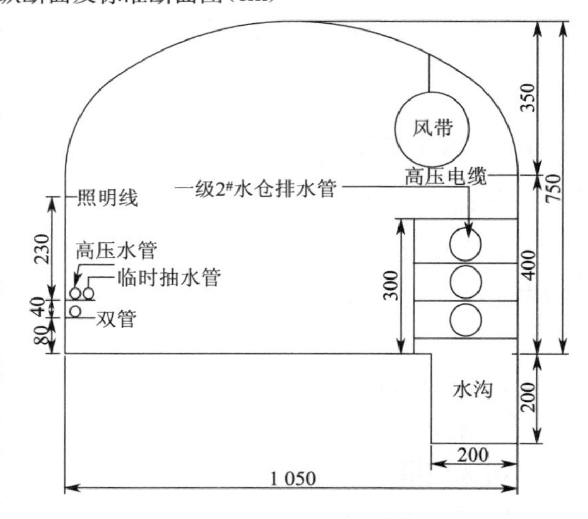

图 B-20 排水管路布置示意图(cm)

②一级水仓形成后，至二级水仓形成之前。一级水仓高程之上的出水汇集到一级水仓内，通过一级水仓内的固定泵站抽排至洞外。一级水仓高程之下——散水汇集于积水坑后，通过掘进工作面的排水设备（3 台 WQ20-24-3 型潜水泵（20 m^3/h）、5 台 KL50-22 型潜水泵（50 m^3/h）、2 台 300SLDB750/20-75 型潜水电泵（750 m^3/h）、2 台 WQ600-20-55 型移动式潜水泵（600 m^3/h）及水沟内的水泵（2 台 300SLDB750/20-75 型潜水电泵（750 m^3/h））排至一级水仓内。如果揭露单点涌水，根据涌水量、压力的大小采用不同措施。

③二级水仓形成之后，所有的涌水自流汇集至二级水仓之内，通过二级水仓内的固定泵站排至 A 辅助洞。如图 B-21 所示。

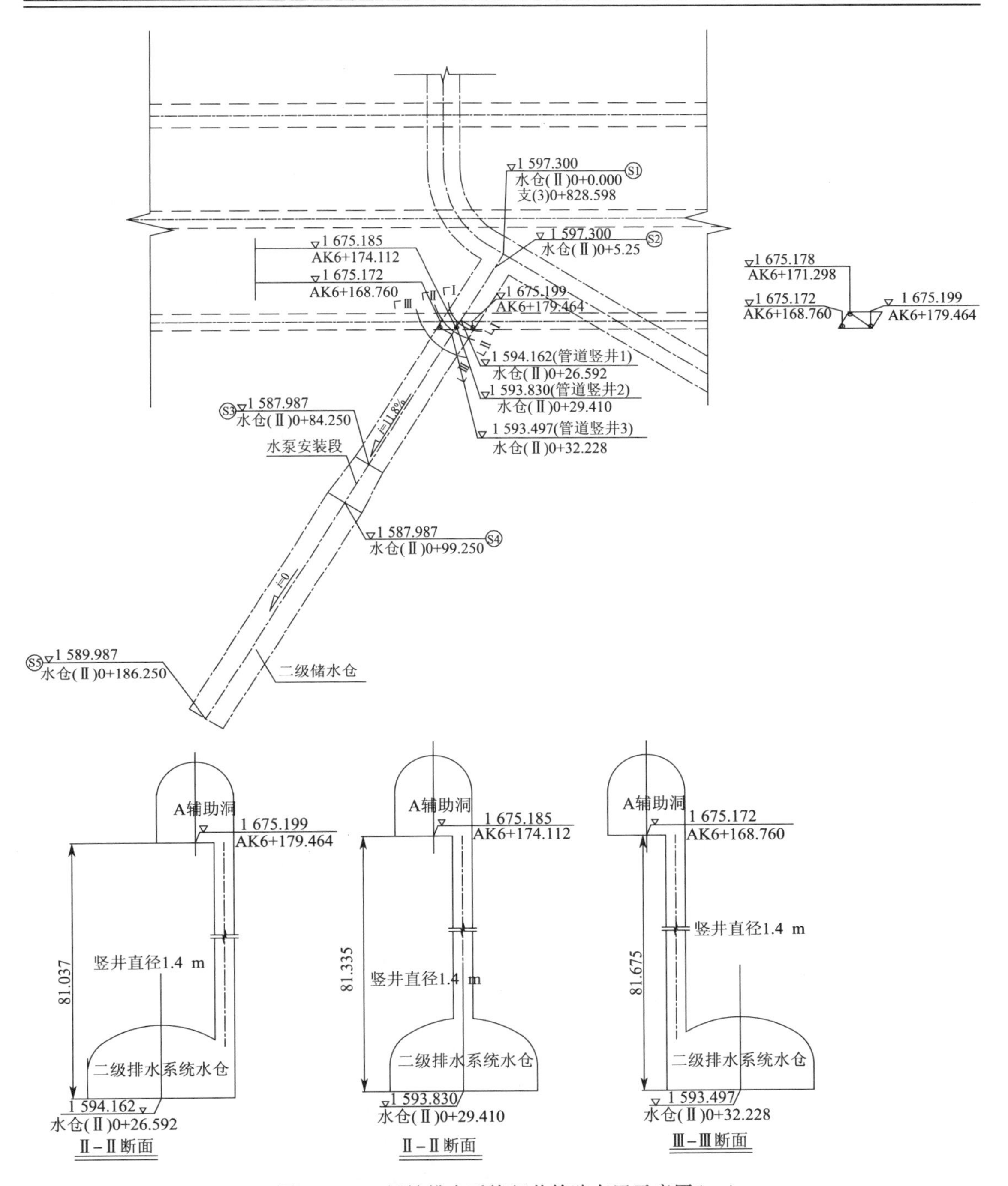

图 B-21　二级抽排水系统竖井管路布置示意图(cm)

(2)支(3)0+042与186.11喷涌位置线路绕行方案(图B-22)

①因支(3)0+042与186.11单点喷涌水量分别0.3 m^3/s、0.8 m^3/s,仅仅采用排水措施仅能控制洞内水位,无法继续实施钻爆施工作业。因此需要采用绕行支洞方案,继续开挖。

②在工作面后方20 m位置,开挖绕行支洞,继续向下开挖。将原工作面改为一级水仓,设置水泵。绕行支洞与原支洞边到边距离不小于20 m。

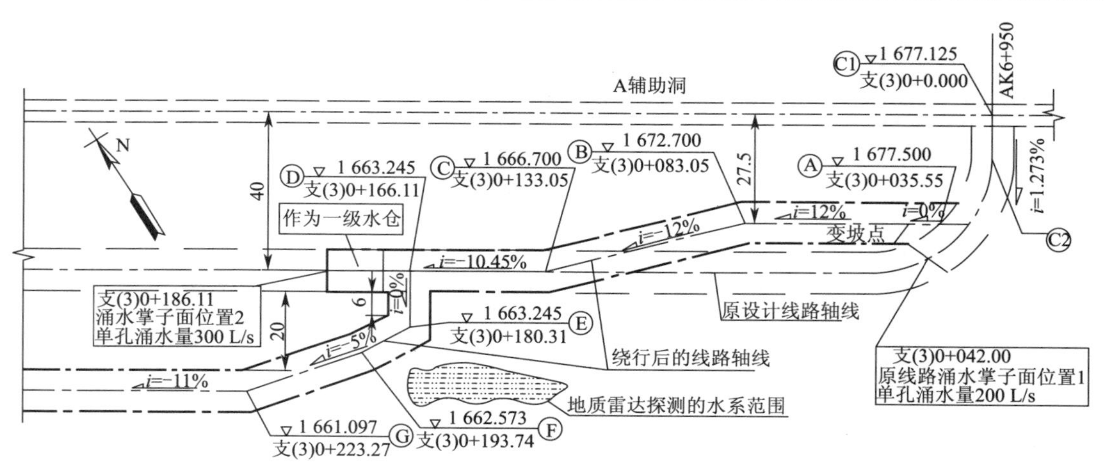

图 B-22　支(3)0＋042/186 涌水位置绕行方案示意图(m)

B.5　1[#]、2[#]引水隧洞涌水简介

B.5.1　辅引 3[#] 施工支洞内 1[#] 引水隧洞涌水情况

2011 年 2 月 5 日在引(1)5＋891 掌子面左侧出现股状涌水，涌水量约 80 L/s，施工至引(1)5＋866 桩号时，掌子面左侧边墙揭露溶蚀管道、右侧拱肩揭露一个溶洞，出现特大涌水，涌水量为 4.7 m^3/s，且涌水带有大量泥沙，截止到 2 月 23 日，自辅引 3[#] 施工支洞二级水仓到引水 1[#] 洞口(支(3)0＋830～1＋108.5)段泥沙淤积量为 50～60 cm。此次特大涌水，造成辅引 3[#] 施工支洞内各工作面全部被淹停工。如图 B-23～图 B-25 所示。

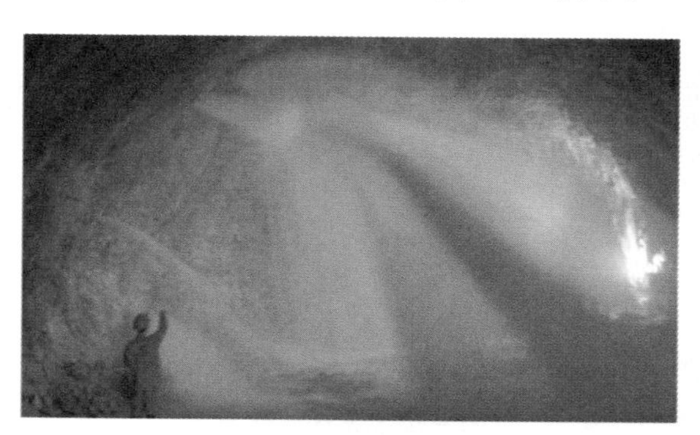
图 B-23　1[#] 洞 2 月 12 日引(1)5＋878 位置出水照片

图 B-24　1[#] 洞 2 月 23 日 5＋866 左侧墙涌水点照片

图 B-25　2月23日辅引3# 支洞二级水仓洞口被淹图片

B.5.2　辅引3# 施工支洞内2# 引水洞涌水情况

2011年1月28日引(2)5+987掌子面右侧出现股状涌水，2月8日引(2)5+972，揭露350 L/s较大涌水，喷射距离在30 m左右。如图B-26、表B-4和表B-5所示。

图 B-26　2# 洞2月8日引(2)5+972位置出水照片

表 B-4　辅引3—1# 洞涌水统计表

日期	桩号	出水点	涌水量(L/s)	喷射距离(m)	备注
2月5日～2月6日	引(1)5+891	左侧边墙	80	3	未影响掌子面施工
2月7日～2月9日	引(1)5+888	掌子面	400	25～30	停工
2月10日～2月11日	引(1)5+888～5+881	掌子面	400	25～30	涌水量大，进度缓慢
2月12日～2月19日	引(1)5+878	顶拱、边墙	650	20～25	停工
2月20日～2月22日	引(1)5+878～5+869	顶拱、边墙	650	20～25	涌水量大，进度缓慢
2月23日	引(1)5+866	左侧边墙	470	未知	各个掌子面停工
2月24日～2月28日	引(1)5+866	左侧边墙	380	3	左侧边墙
2月29日～3月2日	引(1)5+866	左侧边墙	380	3	左侧边墙
3月2日～3月9日	引(1)5+866	左侧边墙	270	3	左侧边墙

表 B-5　2# 引水洞涌水统计表

日期	桩号	出水点	涌水量(L/s)	喷射距离(m)	备注
1 月 28 日～2 月 4 日	引(2)5＋987	右侧掌子面	60	1	停工
2 月 5 日～2 月 7 日	引(2)5＋987～5＋972	右侧掌子面	60	1	掘进缓慢
2 月 8 日～2 月 14 日	引(2)5＋969	右边墙	350	30	停工
2 月 15 日～2 月 22 日	引(2)5＋969～5＋948	右边墙	350	30	涌水量大施工进度缓慢
2 月 23 日	引(2)5＋948	右边墙	350	30	因 1# 洞涌水全面停工
2 月 23 日～3 月 8 日	引(2)5＋948	右边墙	100		
3 月 8 日～3 月 9 日	引(2)5＋912	掌子面	800	20	移交掌子面

B.5.3　辅引 3# 内系统排水图

钢栈桥、排水沟和挡水墙平面布置如图 B-27 所示。

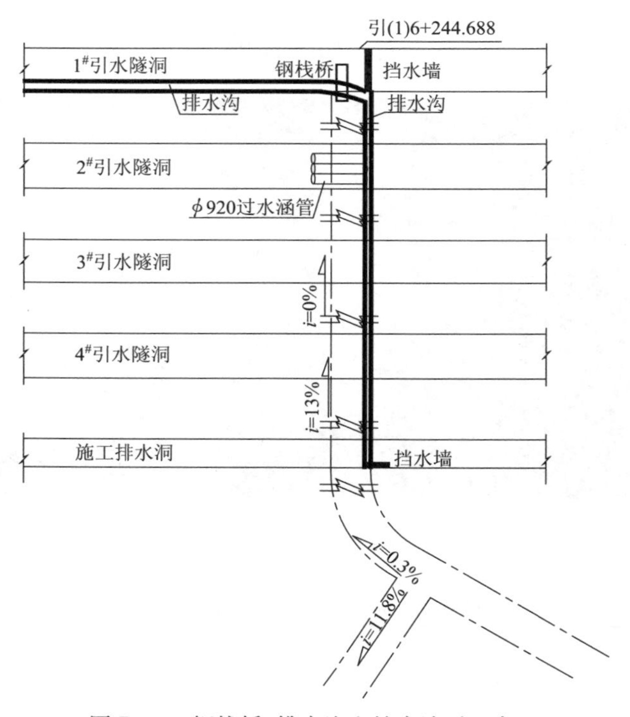

图 B-27　钢栈桥、排水沟和挡水墙平面布置

附录C 盾构穿越钱塘江沼气地层工程实践

C.1 工 程 概 况

C.1.1 工程简介

滨江站～富春路站区间为杭州地铁1号线盾构越钱塘江段全地下区间，线路出滨江站后，沿江陵路偏东侧穿行，穿越钱塘江后沿婺江路穿行，向北下穿新塘河后进入富春路站，其中江中段长度1.34 km。由中铁十三局集团公司施工。

表C-1 本区间隧道工程

名称	里程	规模(m)	埋深范围(m)	施工方式
区间隧道	K5＋880.274～K8＋835.859	区间长度2955.585	隧道顶埋深4～27.7	盾构施工
江南风井	K6＋750	40.0×15.6	底板底埋深29.16	地下连续墙支护、明挖顺作法施工
1# 联络通道（兼泵站）	K7＋220	通道断面2.5×2	底板底埋深28.4	冻结法加固，矿山法施工
2# 联络通道	K7＋810	通道断面2.5×2	底板底埋深23.1	冻结法加固，矿山法施工
江北风井	K8＋351.9	42.1×14.8	底板底埋深25.97	地下连续墙支护、明挖顺作法施工

本区间隧道外径ϕ6.2 m，内径ϕ5.5 m。管片宽度1.2 m，采取错缝拼装形式。左线隧道长2 946 m，2 455环；右线隧道长2 956 m，2 462环。如表C-1、图C-1和图C-2所示。

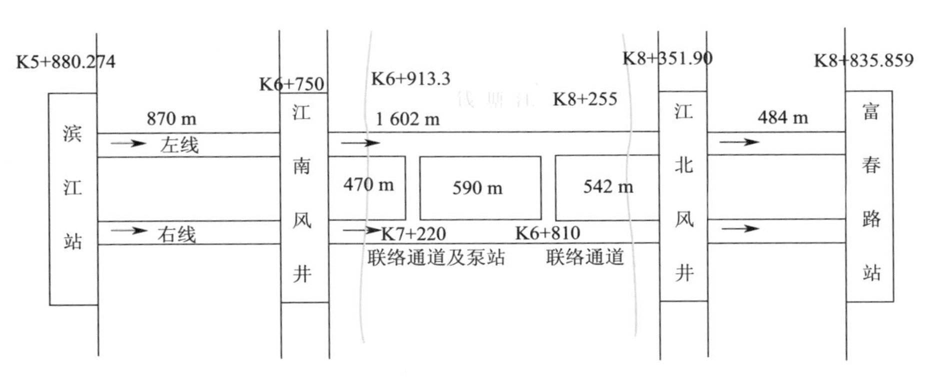

图C-1 工程概况平面示意图

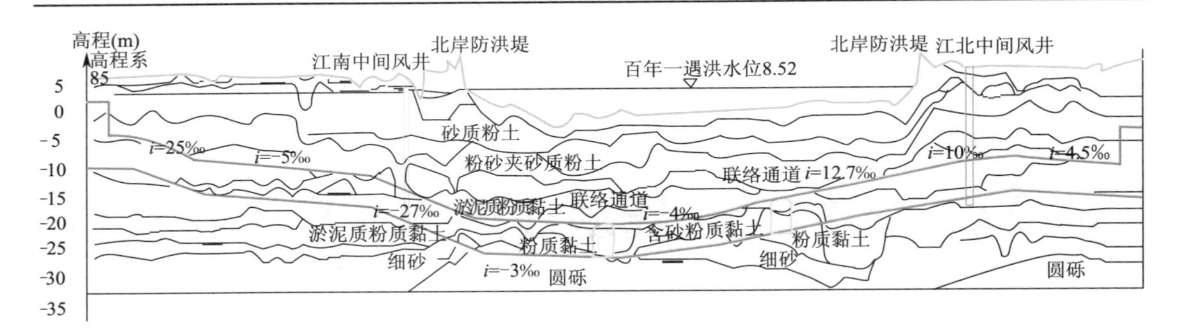

图 C-2 工程纵断面示意图

C. 1. 2 工程水文地质

根据沉积环境、沿线各土层分布变化以及土层对盾构掘进施工的影响，本标段区间沿线大致可分为Ⅰ区、Ⅱ区共 2 个沉积环境分区，详见表 C-2。

表 C-2 沿线Ⅰ区、Ⅱ区地层特性

沉积环境分区	里程范围	地层组合特点
Ⅰ区	K5＋884～K6＋850	(1)淤泥质软土厚度大，一般 22～26 m； (2)缺失第⑨层“硬土层”，出现⑩层，第⑫层缺失； (3)圆砾层厚度相对Ⅱ区薄，厚度 9～15 m 左右；埋深较深，⑭层圆砾顶板高程－37～－41 m
Ⅱ区	K6＋850～K8＋772	(1)淤泥质软土沉积较薄，一般 3～5 m； (2)沉积杭州标志层第⑨层“硬土层”，缺失⑩层软土层； (3)圆砾层厚度较厚，厚度 19～28 m 左右；埋深较浅，沉积两层圆砾⑫层和⑭层，圆砾顶板高程－23～－32.4 m

本工程沿线地下水主要为第四系松散岩类孔隙潜水、孔隙承压水以及基岩裂隙水。

1. 潜水

主要赋存于上部填土层及$③_1$～$③_7$ 粉土、粉砂层中，补给来源主要为大气降水及地表水，其静止水位一般在深 0.41～2.02 m，相应高程 4.95～7.60 m，受季节以及钱塘江地表水影响大。

2. 第二孔隙承压水

北岸承压含水层主要分布于深部的$⑫_4$、$⑭_2$ 圆砾层中，隔水顶板为其上部的淤泥质土与黏性土层(⑥、⑨层)。承压含水层顶板高程为－26.00～－24.82 m，2007 年 3 月实测承压水头埋深在地表下 9.8 m。

南岸承压含水层主要分布于深部的⑭细砂、圆砾层中，隔水顶板为其上部的淤泥质土与黏性土层(④、⑥、⑧、⑩层)。承压含水层顶板高程为－38.02～－37.20 m，2007 年 3 月实测承压水头埋深在地表下 7.32～7.45 m。

江中段为钱塘江江水，上部$③_2$ 层砂质粉土、$③_3$ 层砂质粉土夹粉砂和$③_5$ 层粉砂夹砂质粉土为浅部含水层，与江水贯通。下部$⑫_4$、$⑭_2$ 层圆砾层为承压含水层。

C.1.3　沼气分布及特点

1. 沼气的勘察

(1)沼气形成的地质历史条件

杭州地铁1号线江南风井段的浅层有害气体埋藏于全新统早期冲击相沉积层淤泥质粉质黏土及下伏的晚更新统海相沉积层粉细砂中。粉细砂粒径相对较大，空隙率较高，是良好的"储气层"。而此处的淤泥质粉质黏土层富含云母、贝壳等有机质和腐殖质，是良好的"气源层"同时又是良好的"盖层"。研究表明，晚更新世末期以来，海平面经历了低海面—快速海侵—趋于稳定的高海面半个旋回周期。晚更新世末期低海面时，河流下切形成深达60～100 m的钱塘江古河谷，谷底形成的区域不整合面便为全新世的床界面。全新世以来，钱塘江经历了初、早期古河谷填充，中期海水覆盖，晚期河口湾形成、萎缩和湖沼发育等过程。在这一过程中，大量的生物经过近万年的地质历史过程，沉淀堆积，随后被水和泥砂覆盖起来并与空气隔绝，在厌氧菌的作用下分解发酵，伴随着一定的温度和压力，使这些生物的残骸变成泥炭，同时产生气态产物，其形成过程可用下式表示：

$$\text{有机物}+\text{厌氧细菌}\xrightarrow{\text{一定的温度和压力}}CH_4+CO_2+H_2O$$

当生成的气体不可能向大气中扩散时，便向周围地层空隙中运移和积聚。最终在地层的空隙中不断积聚成扁豆体状和透镜体状，大小不等的气囊。

(2)沼气赋存状态

勘察现场测试中发现，在不同位置钻孔，钻至同一层位的土层时，井喷强烈程度与持续时间存在明显差异。有的钻孔喷气剧烈，气量大，持续时间长达几个小时，有的钻孔则没有气体溢出。说明浅层气呈交互状的扁豆体以及透镜体出现，各孔位周边地层的气压、储量以及相连通的气层范围差异大，沿地铁轴线纵向分布不均匀。主要原因是气相在土体中的赋存状态不同所致，气相在土体中的赋存状态可以划分为四种不同情况，如图C-3、表C-3所示。

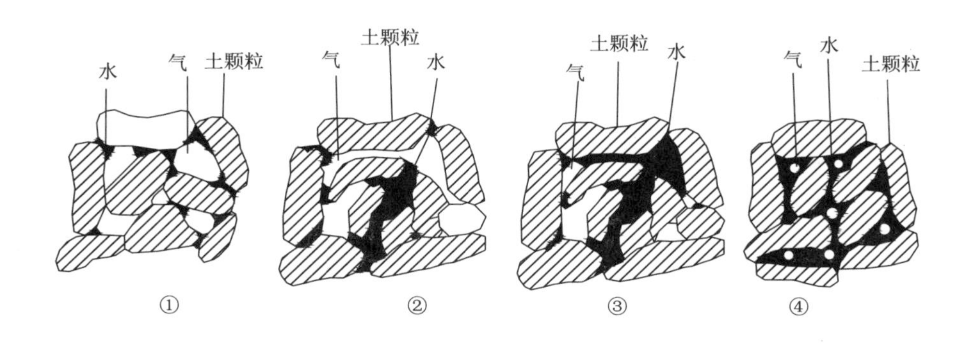

图C-3　不同气相状态土的结构示意图

(3)沼气分布情况

①滨江站～钱塘江南岸

从滨盛路至钱塘江边的K6+500～K6+900里程范围内沼气压力大小不一。沼气体积占90.4%～92.8%，其次为氮气，占5.31%～7.67%，二氧化碳占1.53%～1.92%，还有一些微量的一氧化碳。$⑥_2$层淤泥质粉质黏土层为气源层，$⑥_3$层粉细砂层为主要储气层。气体以囊状形式存在，主要赋存在⑥$_3$ 层粉细砂层，含气层顶板埋深在地面以下 26～27 m 处；含气层底板埋深在地面以下 28～30 m 处。K6＋564 附近气体分布范围较小，中心最大气压0. 38 MPa，而长条状气带分布范围较广，进一步向江中延伸，中心最大气压 0. 4 MPa；实测得出江南风井段地下有害气体最大流量为 26. 8 m^3/ h。勘察阶段岸上放气试验如图 C-4 所示。

表 C-3　气相在土中赋存状态分类表

序号	气相形态	气相在土体空隙中位置	液相在土体空隙中位置	气相在土体中的连通性	液相在土体中的连通性	气相与液相的压差	饱和度
①	完全连通	占据全部大、小孔隙	占据了微孔隙或以湾液面形态存在与土粒接触点周围	在大、小空隙中完全连通	不连通	大	低
②	部分连通	占据大孔隙	占据了微孔及小孔	在大孔隙中连通	在小孔隙中连通	较大	较低
③	局部连通	仅占据大空隙中的部分位置	占据了微孔、小孔、大孔的部分位置	在大孔隙中部分连通	在大、小孔隙中基本连通	居中	居中
④	完全封闭	以气泡形态密封于空隙水中	占据了全部微孔、小孔、大孔	不连通	在大、小空隙中基本连通	小或无	高

图 C-4　岸上段沼气释放情况(勘察阶段)

②钱塘江中段沼气分布

过江隧道地铁盾构线自江南岸至主航道存在有害气体，主航道至江北岸不存在有害气体。⑥$_2$层淤泥质粉质黏土层为气源层，⑫$_2$层细砂层为主要储气层。气体主要成分为沼气，其体积占91.6%～94.6%；其次为氮气，占1.9%～5.7%，二氧化碳占2.58%～3.44%，还有一些微量的一氧化碳。沼气体以囊状形式存在，主要赋存于细砂及圆砾层上部，含气层顶板埋深在地面以下21～23 m处；含气层底板埋深在地面以下24～28 m处。含气层沿隧道结构线长度540 m；南岸位置处气体压力较大，最大气压0.22～0.39 MPa，并沿结构线向北岸逐渐减小；气体最大流量为48.85 m^3/h。勘察阶段江中气如图C-5所示。岸上和江中段沼气压力分布图如图C-6所示。

图C-5　江中段沼气释放情况(勘察阶段)

2. 江南风井～钱塘江南岸大堤陆上段沼气释放

根据勘察报告，在江南风井～钱塘江南岸地下局部分布有最大压力0.4 MPa、最大流量48.86 m^3/h的沼气，由于气压和流量均较大，若在盾构施工前不采取释放措施，盾构穿越过程中极易引起遇到明火发生爆炸和施工人员遇沼气发生中毒等事故，施工风险极大，因此，为了保证盾构穿越含沼气土层时的施工安全，施工前将其区间内的沼气进行释放，使压力降低到0.05 MPa以下。

根据《滨江站～江南风井～钱塘江南岸大堤陆上段沼气释放工程施工小结报告》，不同位置处钻孔沼气释放具有不同的规律，可以分为以下几类：

(1)从钻孔施工完成到整个放气施工结束均未发现沼气。

(2)施工时未发现气体冒出，待施工结束，安装好井管后，第二天检测出有沼气浓度，且浓度大于4%，之后一直测出孔口沼气浓度大于4%。

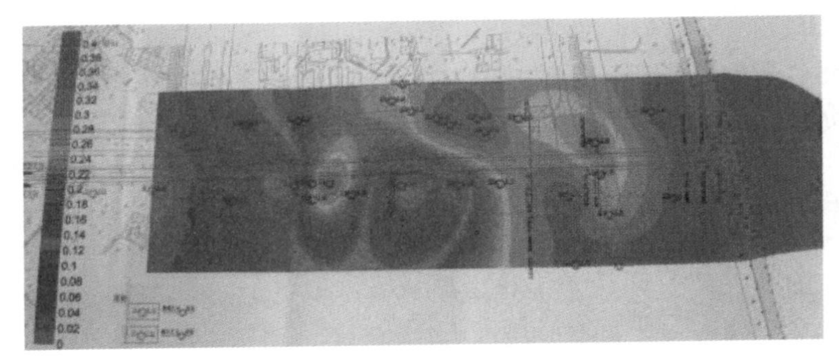

图 C-6　沼气压力分布

(3)钻孔施工时就发现沼气浓度,浓度大于 4%且还存在压力,经过一段时间的放气,浓度和压力均降为 0,直至整个放气施工结束。

(4)钻孔施工时就发现沼气浓度,浓度大于 4%且还存在压力,经过一段时间的放气,浓度和压力均降为 0,经过几天后,沼气浓度再一次升高,达到 4%。

根据本次勘探施工揭示的岩性特征以及施工结束后对各放气点气体溢出量的检测可以看出,在微观上看,场地内气相以局部连通或者完全封闭的形式赋存于土体中,在宏观上呈现为不均匀的、连通性差的囊块状或上下交错的海绵絮状,而囊块呈透镜体分布,导致各孔位周边土层中的气压、储存量以及相连通性、均匀性差异较大,促使气体溢出时主要表现为逐步缓慢地溢出,但当气压较大时,能出现间断性向外喷射。

当囊块状的气体喷射大与大气压相一致时,囊状内的气体不再喷射,但经过一段时间其周边气体通过渗透压力差的补给,使囊块内的气体压力再次上升,从而出现再次喷射现象。如武汉岩土研究所施工的 W1 号放气孔在施工时(大约 2008 年 6 月中旬)孔口出现长时间的喷射气、水混合物的现象,安装好监测管材后就不再出现喷射的现象,而在 2008 年 11 月 6 日施工时发现该孔再次出现间断性喷射气、水混合物,水柱高约 5 m。

综上所述,沼气的赋存特点是含气层连通性差、贮气空间较小,富气性差异大,气压差异大。

3. 沼气层的主要特点

从沼气的勘察和江南风井～钱塘江南岸大堤陆上段放气施工可知,本工程沼气有以下特点。

(1)部分盾构穿越区域沼气浓度大,气体流量大

盾构穿越区域沼气浓度大,气体流量大,如 K6＋880 附近沼气压力为 0.15 MPa,最大流量为 50.22 m^3/h。若处理不当,在盾构施工阶段泄露进入隧道极易发生沼气爆炸事故,对人员造成伤亡,对隧道造成损坏。

(2)沼气以囊状形式存在,分布不均匀,连通性差

沼气以囊状形式存在,分布不均匀,连通性差给沼气释放带来困难,考虑到成本,按一定间距布孔释放沼气,可能沼气释放不彻底,给盾构施工埋下安全隐患。

(3)沼气随水有一定的流动性

从勘察和江南风井～钱塘江南岸大堤陆上段放气的过程中均发现,沼气释放一段时间后,浓度降低,放置一段时间后浓度有增加的可能。如某一勘察孔在勘察阶段发生了井喷现象,释放一段时间后,沼气浓度降为0。该孔在江南风井～钱塘江南岸大堤陆上段放气阶段再一次发生井喷现象。所以在对江南风井～钱塘江南～江中隧道施工范围内沼气释放后,盾构施工阶段,附近的沼气可能向盾构施工范围内聚集,给盾构施工埋下安全隐患。有必要在盾构隧道内采取必要的控制措施,降低沼气对盾构施工的危害。

(4)沼气不能完全释放

沼气释放时,当孔内的压力释放到和大气压相同时,就无法释放,这就导致还有部分沼气遗留在地层内。盾构施工时,气体可能渗入隧道,带来安全隐患。需要在隧道内采取必要的防范措施。

C.2 浅层沼气对地下工程的影响

一般情况,浅层沼气对地下工程的影响主要有三个方面:①浅层沼气会增加地下工程施工难度,沼气突然释放将威胁施工人员安全,影响工程质量,严重时甚至会造成停工、建(构)筑物损坏,人员伤亡等事故。②已建成的建筑物下部若有浅层沼气存在,一旦沼气释放,会引起建筑物周围土体失稳,对建筑物造成破坏;③若沼气泄漏进地下结构中,达到一定的浓度将发生爆炸事故,威胁建筑物中人员的生命安全。

C.2.1 地下工程中浅层沼气引发的事故

(1)东京都水道局输水管道工程盾构隧道沼气爆炸事故

1993年2月1日晚上11点30分,在东京江东区越中岛三段附近的东京都水道局输水管道盾构工程现场发生了死亡4人、伤1人的沼气爆炸事故。

①工程概况

工程名称:丰住供水站—江东区盐洪一段居民区附近间输水管工程;

工程地点:丰住供水站(江东区东阳镇六段一号)—江东区盐洪一段二号;

隧道长度:上游端1 016.5 m,下游端1 428.5 m;

隧道埋深:竖井覆盖层27.5 m,事故处覆盖层约34.0 m;

隧道概况:外径3 050 mm,内径2 700 mm,衬砌管片厚度175 mm。

②事故概要

1993年2月1日晚上11时30分,在东京都江东区越中岛三段五号居民区附近地下约34 m正在掘进的盾构隧道里,发生了沼气爆炸事故,5名作业人员受灾(死亡4名,受伤1名)。事故发生时,夜班的5名作业人员正在距洞口约1 325 m的掌子面附近作业。晚上11时15分进入洞内的施工人员,在进到距洞口约400 m的地方听到“砰”的巨响声,并伴随有尘土飞扬。之后,工作人员戴上氧气罩等救援设备,再次进入洞内,于2月2日凌晨2时17分救出了1名受伤人员。其后,消防厅的救援队在同日早晨5时过救出两名(死亡),下午4时到5时又

救出最后两名(死亡)。

③事故前的状况

该工程的施工方法采用全封闭式的加泥式土压平衡盾构法，沼气不可能从盾构前面侵入，管片接头密封和衬背注浆情况良好。

然而在事故前的 1 月 25 日和 1 月 29 日从盾构的尾部有地下水及泥砂渗入。为此在尾部的刷形密封垫(间隔 34 cm 于两处设置)间注入了油腻子，进行了尾部密封的补强。通风采用压入式，风管(尼龙防水布)直径 400 mm，风管送风口的位置在隧道的右上部，事故当天作业开始时风口距掌子面 16 m，在作业将近结束而发生事故时可能距约 26 m，另外，风管前端的送风口用接线固定在管片上，出风口断面积是实际断面积的 1/3，出口风速为 11～12 m/s，风量约 32 m^3/ min，估计隧道内向洞口吹去的风速为 9～11 m/s。

在盾构附近有一台沼气检测器，隧道内有两台，检测到的沼气浓度在监视室里被自动记录下来，在监视室里设置了报警器。

④破坏情况

a. 遇难者的情况

当天在洞内有 5 名作业人员，A 操作盾构机，B、C、D 安装管片，E 开电瓶机车。根据事故后的调查受灾情况是，C 在盾构机内头面向掌子面，E 距掌子面约 14 m 左右，A 踞掌子面约 45 m 左右，头朝洞口，每个都顺隧道的轴心线方向倒下。B、D 在距掌子面约 10 m 的起重吊车附近，各自背朝隧道与隧道成直角方向倒下。A、B、C、D 已死，E 被救出。

b. 设备损坏情况

对隧道主体的钢筋混凝土管片的净空、漏水地点进行了调查，对隧道主体的强度进行了测定，未发现异常情况。至于火灾的影响程度，通过目测观察表面颜色和裂纹，没有发现有特别的变化。还对螺栓的强度进行了试验，没有异常现象。

盾构机械主体用试验锤检查，其结果没有特别异常的情况，但螺旋输送机和连接 Po 泵排泥管接头部分脱落。后面的台车部分，从掌子面向洞口方向 17 m 处的 Po 泵的电源设备及距有 7 m 的注水台车的钢罩有变形。事故前风管的前端距掌子面 26 m，由于爆炸冲击波和火灾的影响在洞口端 228 m 处风管掉了下来。另外，距掌子面 66 m 安放的油冷却器的钢盖飞到距洞口 80 m 的地方。

从掌子面到洞口端约 125 m 范围之内，洞内照明用日光灯的灯管都损坏了，灯具的反射板变了形，还有在距洞口约 5 m 的范围灯具和反射板掉了下来，除此之外，洞口的灯具不曾损坏。

(2)上海浦东＊＊＊工程等几条隧道都因浅层沼气释放造成土体失稳，使原先施工质量很好的隧道产生不均匀横向移动或轴线沉降而呈蛇曲状，局部出现渗漏水、冒气、冒砂等，严重影响了隧道的整体质量。

(3)上海某工程基坑开挖至地面以下 7 m 时，在坑底约 10 m 长，7～8 m 宽的范围内，突然向上隆起 3 m，同时发出爆喷声，在浅层沼气喷发以后，土体产生扰动、蠕动、基坑边坡及坡顶在 8.5 m 范围内产生滑坡、导致基坑失稳。

(4)上海浦东外高桥有一口沉井，因沼气喷发造成沉井周围土体扰动，使沉井发生倾斜。

(5)上海合流污水治理工程长江口的排污隧道在施工的过程中，沼气曾多次向隧道内释放，最高浓度曾达 6%(超过 5%即存在爆炸的可能)，严重影响到施工人员人生安全，表 C-4 为盾构施工期沼气泄漏情况及应急措施。

表 C-4　盾构施工期沼气泄漏情况及应急措施

日期	环号	险情发展	应急措施
1992.9.5	292	沼气由盾尾涌入，工作面沼气浓度达 0.65%	加强通风，注浆
1992.9.8～1992.9.10	301～310	水、沼气由 301～310 之间环缝和盾尾涌入，工作面沼气浓度达 2.5%，9 月 9 日工作面沼气浓度达 5.1%	用海绵封住盾尾；压注油溶性聚氨酯和浆液；加强通风
1993.3.28	931	水、沼气由盾尾涌入，工作面沼气浓度达到 1%，隧道下层 25 mm	用海绵封住盾尾；压注油溶性聚氨酯和浆液；加强通风
1993.4.6	1007	水、沼气由盾尾涌入，工作面沼气浓度达到 2.8%，隧道下层 5～6 mm	用海绵封住盾尾；压注油溶性聚氨酯和浆液；加强通风

(6)杭州湾大桥，在工程勘察阶段发现了分布范围广、气压大的沼气层。主要聚集在南岸约 9 km 的地方，往往挖 50 多米就能遇上，严重影响大桥施工。对桥梁桩基础的设计造成了很大的影响，最后将桩孔灌注桩改为钢桩，工程投资随之增加了约 11%以上。

(7)长江口一条圆形排水隧道，当盾构推进到长江底部粉砂层时(推进长度为 862 m)在 835 m左右，沼气和水沿管片环缝大量涌出，使隧道下部粉砂层受到扰动并被掏空，致使隧道在835 m处迅速下沉并发生断裂，该处沼气含量曾高达 6%。虽历经 20 多小时的抢救工作。但仍无法阻止断裂隧道下沉，抢险失败，因处于长江底部，无法进行修复技术，造成了重大经济损失。

(8)武汉地铁首段隧道区间施工中，在范湖站的混凝土墙壁上开凿盾构机始发洞口。不料洞内有大量沼气冒出，引起施工单位警觉，为安全起见，不得不推迟盾构机开挖时间。

(9)崇明越江隧道，根据已有的地质资料可知：该区域存在含沼气地层，含高压沼气地层分布有一定的范围且以囊体形式存在，沼气压力高达 0.61 MPa，并且有水、气混合的特点，对规划盾构隧道施工与桥梁桩基(灌注桩)施工构成严重威胁。通过沼气的提前释放来降低沼气压力和浓度。

(10)2008 年 4 月 15 日下午，广州地铁 6 号线东湖站至黄花岗站盾构区间盾构机例行开仓检查发生异常事故，造成 2 名工人死亡，6 名工人受伤。经过事故调查组的检测，目前得出的初步结论是：造成盾构机开仓突发爆燃的是甲烷等有害气体。

(11)2009 年 5 月 15 日下午，广州地铁 3 号线北延段施工九标盾构区间开仓检查时突遇不明气体，造成 3 人死亡，目前还没有明确的调查结论。

C.2.2　沼气对土体工程性质的影响

含高压沼气的细砂是非饱和土，遵循非饱和土理论。非饱和细砂中在气—水分界面处存在一层薄薄的水分子膜(收缩膜)，由于表面张力的作用产生基质吸力，使土颗粒之间多了一个相互拉紧的力，使砂性土具有微弱的内聚力，使土体强度提高。但在土的饱和度较低时，很多孔隙充满了空气，土颗粒之间就没有了基质吸力的作用，土体往往从这些点开始破坏。同济大学对高压沼气对浅部砂质粉土工程性质的影响作了研究，明确了高压沼气对土体工程性质的影响，主要结论如下：

1. 不同沼气压力对土强度的影响

同济大学唐益群教授利用 GDS 非饱和土试验系统对不同沼气压力对土强度的影响试验，试验采用了饱和土试样及具有 250 kPa、300 kPa、350 kPa 和 400 kPa 的不同气压力的试样，通过对比最大主应力差($\sigma_1-\sigma_3$),得到气体压力对土体强度的影响规律。不同基质吸力下的最大主应力差的试验结果如表 C-5 所示。

表 C-5　不同气压力(相应基质吸力)下的最大主应力差

μ_a(kPa)	$\mu_a-\mu_w$(kPa)	$\sigma_1-\sigma_3$(kPa)
400	200	470
350	150	520
300	100	650
250	50	490
饱和土	0	440

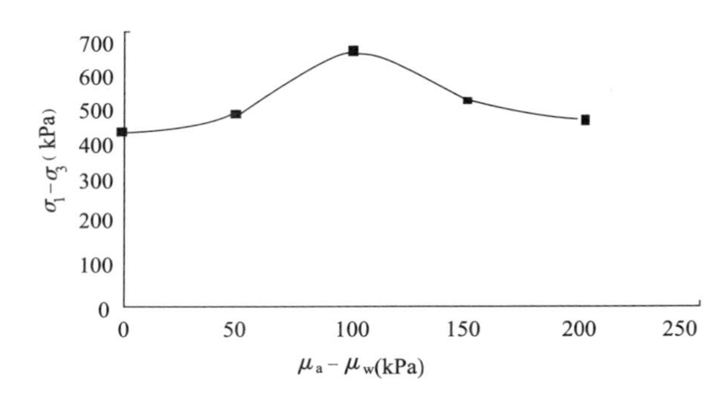

图 C-7　不同基质吸力下的最大主应力差($\sigma_1-\sigma_3$)

由图 C-7 可知,具有相同初始条件的含高压沼气砂质粉土的强度先是随着基质吸力的增长而增长,当基质吸力达到某一值时,强度达到峰值,基质吸力再增加,土体强度反而减小,出现这种现象是由于气体压力不同时,气体与水占据孔隙的比例不同,气体压力越高,气体占据的孔隙越大,其效应具有双面性:①基质吸力变大,有利于提高有水膜的土颗粒间的摩擦力;②颗粒间的水膜数量变少,基质的影响变小。气压力较小时,第①种效应作用明显;气压力大时,第②种效应作用明显。

盾构穿过砂层时,砂土受到刀盘挤压,排水固结变得紧密,同时伴有成拱作用,形成砂饼,不能进入螺旋输送机,影响掘进。盾构穿过含高压沼气的砂性土时,这种作用更加明显。为了减小沉降和隆起,盾构前方压力与土压力保持平衡,这时刀盘切割土体需要很大的剪力。由于砂层中高压沼气的存在使土体含水量很低,砂性土(相当于干土)更容易形成砂饼。此外,沼气容易通过螺旋输送机进入隧道,砂土变得密实,抗剪强度进一步提高。而且,沼气含量(体积分数,后同)超过 5%,施工时稍有不慎(如碰撞或摩擦产生火花),就有发生爆炸的危险。

2. 沼气释放对土的工程性质的影响

高压沼气从土层中释放有缓慢释放和强烈喷发两种形式:缓慢释放时,土体结构没有完全被破坏,仍具有一定强度;而强烈喷发时,土和水随高压气体同时喷出,使土层产生强烈扰动,土体结构完全破坏,强度丧失。

(1)缓慢释放的影响

试验采用最大气压为 400 kPa,然后控制气体压力分别降低到 350 kPa、300 kPa、250 kPa,

得到最大主应力差，试验结果如表 C-6 所示，关系图如图 C-8 所示。

表 C-6　气体释放后不同气压力(基质吸力)下最大主应力差

μ_a(kPa)	$\mu_a-\mu_w$(kPa)	$\sigma_1-\sigma_3$(kPa)
350	150	600
300	100	735
250	50	580
饱和	0	500

图 C-7 与图 C-8 对比可以看出气体释放前后，高压沼气对土性的影响规律是一致的，但是，气体释放后的破坏主应力要比释放前的大，而且吸力作用更显著。这是因为在气体释放时，试样体积减小，土体压缩，土的强度变大，所以即使具有相同的基质吸力，强度也会不同。不同气体释放程度，试样的体积变化是不同的，气体压力从 400 kPa降到 350 kPa 时，体应变为1.6%。降到 300 kPa，体应变为 2.8%，降低到 250 kPa时，体应变为 3.6%。可以看出，含有高压沼气的土层，即使气压力变化不大，引起的体积变化也是很可观的，而且初始气压力越高，相同气压力变化引起的体积变化也越大。同时，气体释放越多，土体越趋密实，在相同基质吸力下，土体强度提高得也越多。

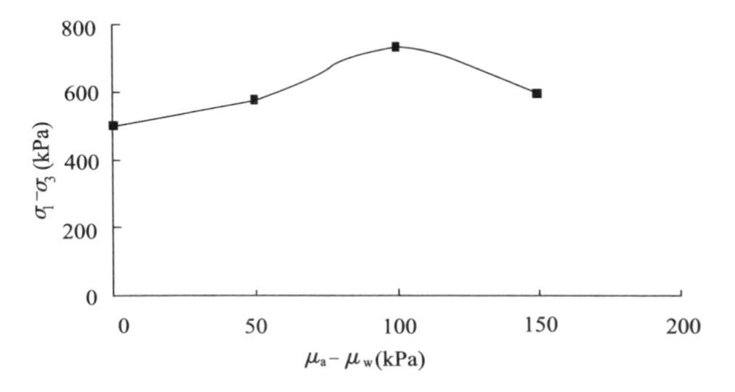

图 C-8　气体释放后不同基质吸力下的破坏应力图

(2)强烈释放的影响

试验时，土样顶部不放置透水石，允许土颗粒流动。气压力达到 400 kPa 时，把气压管拔掉，土样内部有 400 kPa 气压，外部则是大气，存在很大的气压差。此时，在排气口有明显的喷气，紧接着上部土颗粒进入气管喷出，土样体积迅速变小，与此同时围压变小，围压系统向围压腔内供水。含高压沼气的土体中，气压非常高，最大可达到 0.6 MPa，完全克服土颗粒自重，土颗粒相当于悬浮在气体中，因而土体近乎流体，具有相当强的流动性。当气压得到释放时，土颗粒随之流动，这种流体具有一定的冲刷能力。释放时，气压减小，土体流出，周围土体会向压力小的部位移动，这个过程在野外钻探现场得到了验证。

C. 2. 3　沼气对盾构施工的影响

土压平衡盾构在施工过程中将开挖的渣土进行泥土化，通过控制泥土的压力以保证开挖面的稳定性。施工对渣土的要求为：具有良好的流动性、内摩擦角小以及渗透性差。土压平衡盾构在砂性土层中施工经常遇到以下技术难题：①由于砂性土摩擦阻力大，导致刀盘及千斤顶推力波动较大，对前方土体扰动大，故地面沉降大而不容易控制。再加上砂性土具较好的渗透性，很容易导致流砂甚至液化发生；②盾构掘进时刀盘及主轴承扭矩、千斤顶顶推力太大，施工进展较慢，同时导致刀盘、主轴承过度磨损；③由于砂性土流塑性太差，螺旋输送机出土困难，工作面形成“干饼”；④注浆压力及注浆量很大，进一步导致地面沉降失控。这些问题在含高压沼气砂性土中更为明显，下面进行讨论。

1. 对刀盘摩阻力的影响

一般情况下，含高压沼气的砂质粉土与一般饱和土相比，具有更大的黏聚力，当刀盘对土体进行切削时，阻力增大，现对二者进行计算比较。

刘冰洋对一个外径为 6 m 的盾构进行了刀盘摩阻力的分析，图 C-9 为刀盘示意图，盾构位置在地下 20 m，围压为 400 kPa，盾构刀盘与土体接触面积为 $S=28.26\ m^2$，进行切削时土中剪应力：$\tau=c'+\sigma^* \tan\varphi'$ 。土体为饱和土时 $c'=8.6$ kPa，$\varphi'=31.5°$，$\tau=253.7$ kPa，刀盘摩阻力为 14 340.2 kN · m；如果含气层气压力为 350 kPa 时 $c=57.6$ kPa，$\varphi'=31.5°$，则土中剪应力 $\tau=302.7$ kPa，刀盘摩阻力扭矩为 17 108.6 kN · m，增加了 19.3%。如果遇到沼气，对气体控制性释放后 $c'=14.6$，$\varphi'=32.4°$，$\tau=268.4$ kPa，刀盘摩阻力 15 172.6 kN · m，比一般饱和土大 5.8%，比含气时降低 11.3%。可见，含高压沼气的砂质粉土增加了刀盘的摩阻力，增幅可达到 19.3%，如果有效地控制性放气，放气结束后刀盘摩阻力只比一般饱和土大 5.8%，要比含气时降低 11.3%。所以遇到含气层有控制放气能较好地解决这个问题。考虑到沼气释放不完全，可以适当增加刀盘扭矩储备。

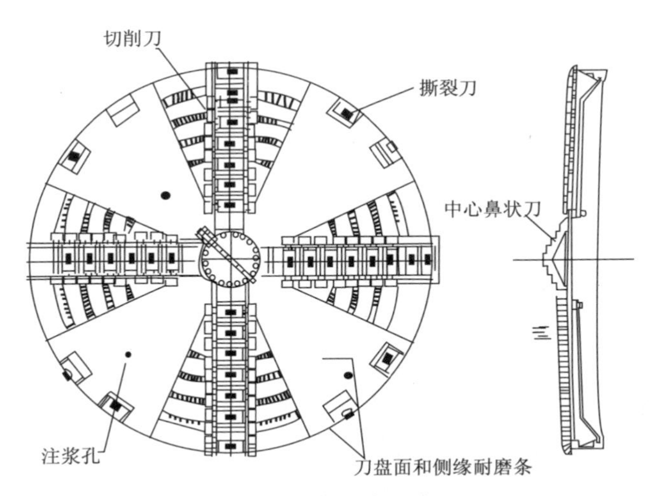

图 C-9　盾构刀盘示意图

2. 对出土及盾构姿态的影响

土压平衡盾构将刀盘切削下来的土充满整个密封舱，并保持一定压力来平衡开挖面的土压力。在饱和砂性土层、砂质粉土层中，由于砂性土的渗透性较好，受扰动后水土分离，不能形成具有一定流动性的土料，土体排出困难；其次，刀盘前方土体失水固结，密封舱底部砂土颗粒大量沉淀，密度较大，而上部密度相对较小，致使工作面土压力不能均衡。同时砂土混合物 c、φ 值增大，造成推进过程中刀盘扭矩及千斤顶推力增加，加剧了盾构机切削刀头和面板的磨损。有时，由于工作面不能保持很好的动态平衡，土体受扰动发生液化，变形增大，地面沉降失控。

在含气层中，砂质粉土含水量低，气压力高，近乎于"干土"，土颗粒之间又存在收缩膜的拉紧作用，使得土体的流动性更差。土孔隙中的沼气密度低，流动性好，土体受到刀盘切削后，气体比水更容易与土颗粒分离，聚集于上部，而下部的砂质粉土流动性差，加之受到挤压，形成砂饼的几率更大，不利于出土。形成砂饼后，砂土密实度提高，c、φ 增加，直接影响刀盘摩阻力。气土受扰动后分离，分别位于上部和下部，上部的气体很容易压缩。在千斤顶推力作用下，上部受到阻力小，下部阻力大，使得工作面失去平衡，对盾构掘进方向控制不利。施工过程中应密切监控盾构姿态和管片变形，若姿态出现偏移就应采取抢救措施，如适当关闭一些千斤顶或从管片上的注浆孔进行二次补浆。

3. 对同步注浆的影响

影响注浆有两个主要因素：注浆压力和注浆量。含气层中沼气压力高、含气层孔隙比高、基本被沼气充满，沼气的压缩性很强，增加了注浆难度。饱和土中注浆，浆液与水混合，注浆得当可以使浆液分布比较均匀，有利于浆液作用的发挥。在含气层中注浆，浆液在孔隙中会比较离散，影响注浆效果，还会向远处扩散，无疑增加了注浆量。某沉井工程中，在下沉过程中，遇到沼气喷发，沼气喷发结束后，几十立方米的水全部进入土中也没有将土孔隙灌满，可见含气层的体积还是很大的，这给注浆带来困难。遇到这样的问题，可以将沼气控制释放，使含气层自然饱和，形成饱和砂质粉土，保证注浆效果。

4. 对盾尾密封的影响

沼气进入盾构隧道内部主要有四种途径：①通过盾构土仓沿螺旋输送器随渣土一起进入隧道；②从刀盘与盾壳的接缝处渗入；③从盾尾间隙进入；④从管片衬砌接缝处、管片裂缝处进入隧道内。上海市合流污水处理第一期 9.1 标段发生过多起沼气进入盾构隧道事故。1992 年 9 月 8 日，水、沼气由 301～310 之间环缝和盾尾涌入，工作面沼气含量达 2.5%；1993 年 3 月 28 日，水沼气由盾尾涌入，工作面沼气含量达 1%，隧道下沉 25 mm；1993 年 4 月 6 日，水、沼气由盾尾涌入，工作面沼气含量达 2.8%，隧道下沉 56 mm。长江口有一条圆形排水隧道，当盾构推进到长江底部粉砂层时，沼气和水沿管片环缝大量涌入，使隧道下部粉砂层受到扰动并被淘空，致使隧道迅速下沉并发生断裂，该处沼气含量达 6%，虽历经 20 多小时的抢救工作，但仍无法组织断裂隧道下沉，抢险失败。工程中采取的抢救措施基本有三种：用海绵封住盾尾；压注油溶性聚氨酯和浆液；加强通风。但是，这些措施往往不能及时封堵裂缝。所以，切断沼气进入隧道的途径是最根本也是最有效的避免工程事故的方法，必须重视对盾尾密封的封闭效果。

C.2.4　沼气爆炸特性及对人员的影响

沼气是一种无色、无味的可燃气体，比重为 0.544，不易溶于水。当盾构隧道内沼气大量聚集将对人体产生影响，主要是爆炸时造成的高温高压将对人体造成直接伤害，如灼伤与撕裂伤害和当隧道中可燃性气体气体浓度过高致使空气中之含氧量不足时，施工人员缺乏充足之氧气以供血液循环正常运作。

1. 沼气爆炸特性

地下涌出的沼气与空气混合稀释，浓度逐渐降低而达爆炸浓度，但一经稀释即不可能再浓缩。沼气浓度低于 5%或高于 15.4%时，火源周围会出现蓝色火焰与黑烟，不会延伸至其他地方，亦不会产生爆炸。沼气的浓度在 5%～15.4%范围内时，遇火源时，则因其存在状态之不同而可能产生燃烧或爆炸状态。表 C-7 为不同沼气浓度及后果关系。

表 C-7　不同沼气浓度及后果关系

浓度	后果	备注
达到 3%时	遇火将发生燃烧	
5%～16%	遇火将发生爆炸	9.5%爆炸最强烈，威力最大
>16%	能使人窒息	
>43%	因缺氧，沼气遇火也不燃烧	

(1)爆炸的化学反应

空气中的沼气完全燃烧时(即沼气浓度达 9.5%时)的化学反应式如表 C-8 所示。

表 C-8　沼气爆炸的化学反应

化学式	$CH_4+2O_2+8N_2 \rightarrow CO_2+2H_2O+8N_2$					
分子量	16	64	224	44	36	224
重量比	1	4	14	2.75	2.25	14
容重比	1	2	8	1	2	8

由表 C-8 可知,欲让 1 kg 的沼气产生完全燃烧所需之空气量为 18 kg,因此,产生二氧化碳 2.75 kg、水蒸气 2.25 kg,同时残余 14 kg 氮气无法反应。如空气供给量不足,则形成不完全燃烧而产生一氧化碳、氢气、水蒸气,其化学反应式如下所示:

$$CH_4+O_2 \rightarrow CO+H_2+H_2O$$

即当空气量充足时,沼气产生气爆后因吸收大量之氧气,使隧道内产生缺氧状态,又当空气量不足时,沼气的不完全燃烧易形成对人体有害的一氧化碳(CO)。

(2)爆炸的物理特性

沼气的浓度在 9.5%时之爆炸威力最大,爆炸瞬间体积膨胀 8.2 倍,每立方公尺约可产生 8 500～9 500 kcal 的燃烧热值(约与 1 kg 之重油产生的热值相当),并产生约 2 000 ℃的高温及 6.65 kg/cm^2 的爆压,爆风速度则达 160～200 m/s。

(3)残留沼气

沼气在不完全燃烧的状态下会产生一氧化碳等有害气体,爆炸产生对人体最具危害性的残留沼气,当沼气浓度在 9.5%以上(空气量不足)的情况下,爆炸产生最大量的一氧化碳,其含量及成分如表 C-9 所示。

表 C-9　沼气浓度与残留沼气的成分变化情形

爆炸前的气体浓度(%)			爆炸后产生的各项气体浓度(%)					
CH_4	CH_4 以外的可燃气体	O_2	CO_2	O_2	CO	H_2	CH_4	N_2
7	0.14	19.1	6.6	5.8	0.1	<0.1	<0.1	87.2
10	0.21	18.5	7.6	0.6	0.7	0.5	<0.1	90.7
12	0.25	18	5.8	0.3	4.4	3.4	0.2	86.0

由过去沼气爆炸灾害死亡人数之统计中,以吸入残留沼气而中毒或窒息死亡之人数最多,其次才为烧伤死亡或重击死亡。

2.沼气爆炸的危害

沼气爆炸后,爆点附近之空气受高热而急速膨胀,此膨胀气体以高压力之形式在坑道内传播,爆焰(火焰)则紧接其后而至。爆炸刚发生时,火焰呈蓝色(若碳尘爆炸,火焰则呈红色),并伴随火花。爆点附近的爆炸波与火焰的破坏作用并不大,反而距爆点一定距离处所受影响最大,隧道末端附近威力再呈衰减。爆风的破坏作用除压力波冲击外,尚有其后发生的强烈回风。产生回风的原因是压力波前进后,爆点附近几呈真空状态,当压力波能量衰减后,产生逆向前进的压力所致。爆炸的灾害作用如图 C-10 所示。

即使可燃性气体的量与火源条件等均相同,爆炸强度也视隧道内的各项条件而异。当隧道内有可燃气体积存时,如爆点在开挖面附近(隧道底端),产生的爆音及爆压极大,且爆焰的传播速度最快,但是,爆焰的温度较低,受害者所受的烧伤及火灾的程度较低,在爆点在隧道洞口附近,爆焰的温度最高,但是爆焰向隧道内传播的速度最慢,爆压则极为强大。这类差异是由于爆炸发生时封闭空间的大小与空气量的多寡所造成。

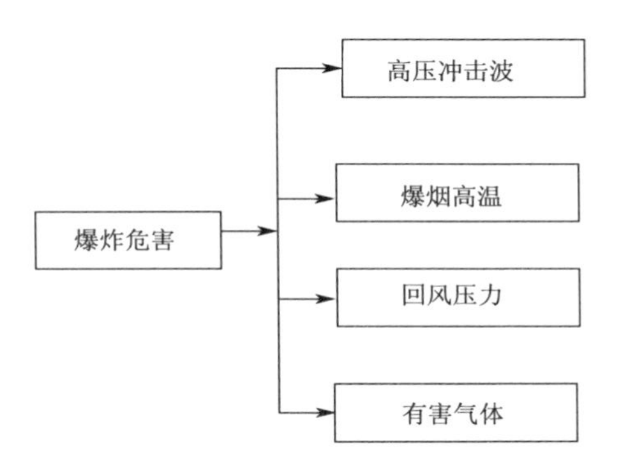

图 C-10 沼气爆炸的危害

3. 缺氧对人员的影响

盾构隧道施工过程中,沼气从盾尾、管片链接处和螺旋输送机出土口渗入到隧道内,随着沼气浓度的增加,隧道内氧气的浓度不断减少。若沼气在隧道内发生爆炸,氧气的浓度也会降低。氧气浓度的变化对隧道内的施工人员造成不同程度的影响。氧气浓度对人体的影响如表C-10 所示。

表 C-10 氧气浓度对人体的影响

氧气浓度(%)	氧气分压(mmHg)	动脉中氧气分压(mmHg)	动脉中氧气饱和度(%)	症状
16~17	120~90	60~45	89~85	脉搏、呼吸次数增加、努力集中精神、无法做细微的肌肉活动、头痛
14~9	105~60	55~40	87~74	判断力失常、兴奋状态、不安定的精神状态、无刺痛感、铭酊状态、丧失当时记忆、体温上升、发白
10~6	70~45	40~20	74~33	意识不清楚、中枢神经障碍、痉挛、发白
维持在 10~6 或以下	45 以下	20 以下	33 以下	昏睡→呼吸缓慢→呼吸停止→6~8分后心脏停止

如 2007 年 5 月 13 日,北京地铁 4 号线 2 标段工地一名检查基坑抽水井工人,因管道里沼气较多,引起窒息昏迷后掉入水管道里,所幸抢救及时,未造成人员死亡。

C. 2. 5 沼气危害对比分析

根据上述分析可知,沼气会增加盾构刀盘的摩阻力、影响盾构的出土及轴线控制、影响同步注浆的效果、增加了注浆量。同时沼气如果从盾尾和管片连接处渗漏会引起沼气的聚集和影响隧道结构受力,引起隧道变形,还有可能发生沼气爆炸事故。现从沼气存在所造成的后果、严重程度、控制难易程度和控制方法几个方面对比分析沼气的危害,确定沼气的控制重点,对比分析结果如表 C-11 所示。

表 C-11 沼气对盾构隧道施工的危害对比分析

问题	造成的后果	严重程度	控制难易程度	控制方法
增加刀盘摩阻力	增加刀盘扭矩、降低掘进速度	一般	一般	有控制的放气、从刀盘注入泡沫
出土困难	出土困难、结饼	一般	一般	改良渣土
轴线控制难	轴线偏移	一般	一般	调整千斤顶、二次注浆
影响注浆	增加注浆量,影响注浆效果	一般	一般	沼气控制释放提高注浆率,多次补浆
沼气渗漏	沼气大量聚集,人员伤亡	中	中	加强盾尾密封、选用好的盾构油脂、加强监测,提高管片拼装质量
沼气爆炸	人员伤亡、隧道和机械损坏	严重	难	沼气提前释放、加强通风、监测和管理

从表 C-11 可知,沼气在隧道内发生爆炸就直接造成人员伤亡、隧道和机械损坏,其后果严重,且控制困难。为了有效地控制沼气的危害,应重点防止沼气在隧道内发生爆炸。

C.3 盾构隧道内沼气爆炸事故树分析

C.3.1 沼气隧道等级划分

沼气隧道等级的划分为有针对性采取沼气控制措施提供了帮助。日本现已顺利完成多条沼气盾构隧道,积累了丰富的沼气控制经验。日本为了便于对含沼气的盾构隧道的管理和采取相应控制对策,提出了一套评价沼气盾构隧道等级的办法,如表 C-12 和表 C-13 所示。

表 C-12 可燃性气体的危险性评价表

要素	条件	评分
地质(g)	当在施工区域存在有担心发生可燃性沼气的地质	3
	当在施工区域附近有担心发生可燃性沼气的地质	2
	不担心发生可燃性天然气	0
总长(l)	长遂道(1 000 m 以上)	3
	中等隧道(300～1 000 m)	2
	短隧道(不足 300 m)	1
断面(a)	小断面(外径:不足 3.5 m)	3
	中等断面(外径:3.5～6 m)	2
	大断面(外径:6 m 以上)	1
隧道埋深(h)	深的(30 m 以上)	3
	中等深的(10～30 m)	2
	浅的(不足 10 m)	1

表 C-13 可燃性沼气等级

等级	评分 $g(l+a+h)$	危害
Ⅰ级	11 分以上	危险性非常大
Ⅱ级	7～10 分	危险性大
Ⅲ级	1～6 分	有危险性
Ⅳ级	0 分	无危险

注：当存在有担心发生可燃性沼气的地质时，与其他评分无关取Ⅰ级。

本工程地质勘察和江南风井～江南大堤的放气试验均表明，盾构施工区域存在沼气，且隧道长度为 1 600 m 左右，隧道直径为 6.2 m，属于大断面隧道，隧道埋深在 10～30 m。根据表 C-12 和表 C-13 可知，本工程可燃性沼气等级为Ⅰ级，危险性非常大。

C.3.2 沼气爆炸事故树分析

根据勘察资料和江南风井～江南大堤的放气试验，该工程穿越钱塘江段，江南岸至主航道均存在沼气，其主要以囊状形式赋存于细砂及圆砾层上部。含气层顶板埋深在地面以下 21～23 m 处，底板埋深在地面以下 24～28 m 处，沿隧道结构线长度 540 m，最大压力 0.4 MPa，最大流量 48.85 m^3/ h。由于沼气压力和流量均大，盾构穿越过程中极易产生瞬间喷发和沼气爆炸事故，易造成人员伤亡和隧道损毁等，施工风险大。现通过事故树分析法对沼气爆炸事故进行详细分析。

C.3.3 沼气爆炸事故树编制

根据沼气爆炸理论，发生沼气爆炸必须同时具备 3 个基本条件，即沼气积聚、供氧及引爆火源。其中供氧条件通常都满足，在大多数条件下，只要有一定浓度(达到爆炸极限)的沼气及引爆火源同时存在，沼气爆炸就必然发生。因此，氧气不作为基本事件进行分析，而把沼气检测控制作为基本事件。

根据沼气爆炸条件，引起沼气爆炸的基本事件，如表 C-14～表 C-16 所示。

表 C-14 引爆源

序号	事件	序号	事件
X_1	明火(吸烟，电气焊，大功率灯泡)	X_3	静电(未穿防静电服等)
X_2	撞击摩擦生火(机械撞击等)	X_4	电器火花(开关短路，设备失爆，电线老化等)

表 C-15 沼气漏检或失控

序号	事件	序号	事件
X_5	沼气浓度未控制在规定范围内	X_8	沼气报警仪失灵或安装位置不对
X_6	无沼气检测设备	X_9	人员失误(无固定沼气检查员或其失职)
X_7	未按规定检查沼气	X_{10}	沼气超标时处理不当(未及时处理或处理不当)

表 C-16 沼气大量积聚

序号	事件	序号	事件
C_1	沼气大量涌出	C_2	通风不好

续上表

序号	事件	序号	事件
X11	沼气压力过大	X14	供风量不足(风筒漏风严重,设计风量过小)
X12	未释放压力或释放不够	X15	局部通风机停止工作(故障,人为停机)
X13	无通风设备	X16	通风形式不对(自然通风、扩散通风或串联通风)

根据上述沼气爆炸基本事件,绘制了沼气爆炸事故树,如图 C-11 所示。

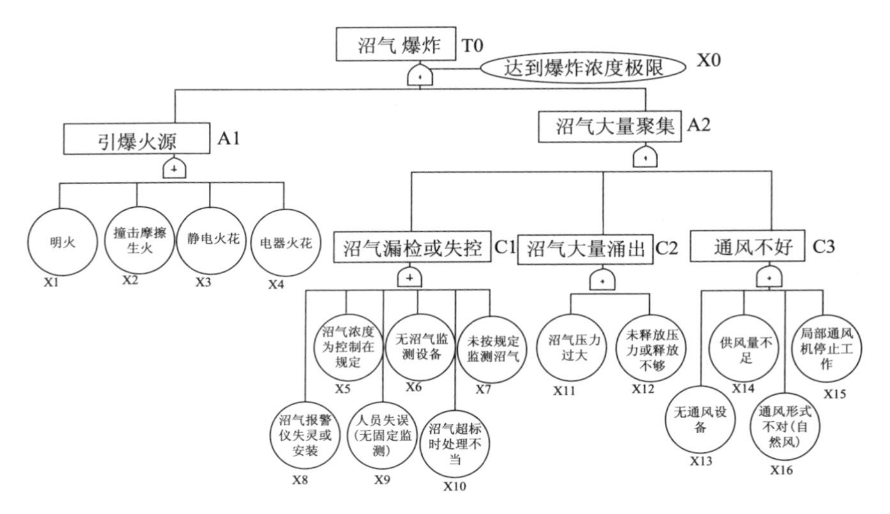

图 C-11　沼气爆炸事故树

C.3.4　事故树分析

1. 最小割集

由图 C-11 的沼气爆炸事故树分析图可得出事故树的结构函数:

$$T = X_0(A_1 \cdot A_2) \tag{C-1}$$

$$A_1 = (X_1 + X_2 + X_3 + X_4) \tag{C-2}$$

$$A_2 = C_1 \cdot C_2 \cdot C_3 = (X_5 + X_6 + X_7 + X_8 + X_9 + X_{10}) \cdot (X_{11}X_{12}) \cdot (X_{13} + X_{14} + X_{15} + X_{16}) \tag{C-3}$$

将式(C-2)和式(C-3)代入式(C-1)得:

$$T = X_0 \cdot A_1 = (X_1 + X_2 + X_3 + X_4) \cdot (X_5 + X_6 + X_7 + X_8 + X_9 + X_{10}) \cdot (X_{11}X_{12}) \cdot (X_{13} + X_{14} + X_{15} + X_{16}) \tag{C-4}$$

通过进一步化解得到沼气爆炸事故树有 81 个最小割集,即:

$$K_1 = \{X_0, X_1, X_{11}, X_{13}, X_5, X_{12}\}$$

$$K_2 = \{X_0, X_2, X_{11}, X_{13}, X_5, X_{12}\}$$

……

$$K_{80} = \{X_0, X_3, X_{11}, X_{16}, X_{10}, X_{12}\}$$

$$K_{81} = \{X_0, X_3, X_{11}, X_{16}, X_{10}, X_{12}\} \tag{C-5}$$

2. 最小径集

通过沼气爆炸事故树的对偶数可得:

$$\overline{T} = \overline{X_0} + \overline{A_1} + \overline{A_2} = \overline{X_0} + \overline{X_1} \cdot \overline{X_2} \cdot \overline{X_3} \cdot \overline{X_4} +$$

$$\overline{X_5} \cdot \overline{X_6} \cdot \overline{X_7} \cdot \overline{X_8} \cdot \overline{X_9} \cdot \overline{X_{10}} + \overline{X_{11}} + \overline{X_{12}} + \overline{X_{13}} \cdot \overline{X_{14}} \cdot \overline{X_{15}} \cdot \overline{X_{16}} \tag{C-6}$$

则沼气爆炸事故树的 6 个最小径集分别为：

$$P_1 = \{X_0\}, P_2 = \{X_1, X_2, X_3, X_4\}, P_3 = \{X_5, X_6, X_7, X_8, X_9, X_{10}\}$$

$$P_4 = \{X_{11}\}, P_5 = \{X_{12}\}, P_6 = \{X_{13}, X_{14}, X_{15}, X_{16}\}$$

根据最小径集绘制沼气爆炸事故树的成功数，如图 C-12 所示。

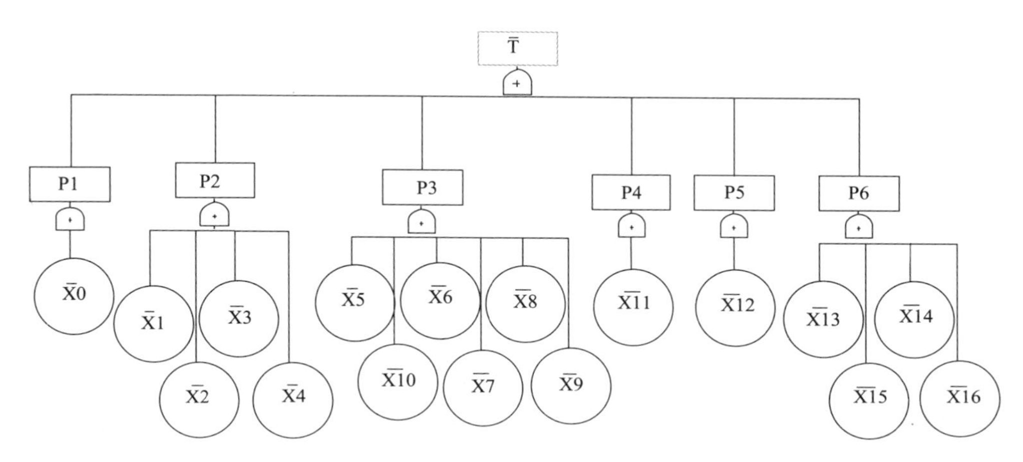

图 C-12　沼气爆炸事故树的成功树

3. 结构重要度分析

根据最小径集得到沼气爆炸中基本事件的结构重要度关系为：

$$I_0 = I_{11} = I_{12} > I_1 = I_2 = I_3 = I_4 = I_{13} = I_{14} = I_{15} = I_{16} > I_5 = I_6 = I_7 = I_8 = I_9 = I_{10} \tag{C-7}$$

4. 事故树分析结论

(1)沼气爆炸事故树有 81 个最小割集，最小割集愈多，说明引发沼气爆炸的途径也越多，系统也就愈危险。

(2)沼气爆炸事故树有 6 个最小径集，说明有 6 种控制沼气爆炸的基本策略。

(3)从结构重要度中可知，X_0、X_{11}、X_{12} 结构重要度最大，说明在沼气爆炸风险控制时，可通过释放沼气压力到安全范围内，就能减小沼气的涌出，避免沼气聚集而达到爆炸极限。同时火源的控制和隧道通风也是沼气控制的重点。

C.3.5　结　　论

利用日本沼气隧道评级等级对本工程进行评估，结果等级为Ⅰ级，危险性非常大。从沼气爆炸基本原理建立了沼气爆炸事故树。通过布尔代数求得沼气爆炸有 81 个最小割集，说明有 81 种途径能够导致沼气发生爆炸；有 6 个最小径集，说明有 6 中控制沼气爆炸的途径。最后根据结构重要度得到，沼气的提前释放到安全压力范围内、火源和通风的管理是沼气控制的关键点。考虑到在盾构施工前，进行了沼气释放，所以火源和通风管理是控制关键点。

C.4　盾构隧道沼气爆炸控制

根据以往沼气隧道爆炸事故和沼气控制经验，电气（机械）设备的防爆、隧道内通风方式和沼气监测与施工管理是避免沼气在隧道内发生爆炸事故的有效方法。

C.4.1　电气(机械)设备防爆

根沼气爆炸三要素可知,点火源是沼气爆炸的充分必要条件,其中点火源主要包括明火、摩擦、电火花、雷电起火、静电火花、磁感应电火花等。本工程中,盾构隧道穿越区域内含有分布不均匀的囊状沼气,盾构机作为大型(大功率)的施工机械,在工作过程中极易产生电火花。为防止沼气爆炸事故,需对盾构隧道内的电器(机械)设备采取必要的技术措施和管理手段,杜绝形成点火源。其中,电气(机械)设备的防爆结构设计是关键。

1.防爆的基本原理

(1)爆炸的概念

爆炸是物质从一种状态,经过物理或化学变化,突然变形另一种状态,并放出巨大的能量,急剧速度释放的能量,将使周围的物体遭受到猛烈的冲击和破坏。

(2)爆炸必须具备的三个条件

爆炸性物质:能与氧气(空气)反应的物质,包括气体、液体和固体(气体:氢气,乙炔,甲烷等;液体:酒精、汽油;固体:风尘,纤维粉尘等)。氧气:空气;点燃源:包括明火,电气火花,机械火花,静电火花,高温、化学反应,光能。

(3)为什么要防爆

易爆物质:很多生产场所都会产生某些可燃性物质。煤矿井下约有 2/3 的场所存在爆炸性物质;化学工业中,约有 80%以上的生产车间区域存在爆炸性物质。氧气:空气中的氧气是无处不在的。点燃源:在生产过程中大量使用电气仪表,各种摩擦的电火花、机械磨损火花、静电火花、高温等不可避免,尤其当仪表、电气发生故障时。

客观上很多工业场所满足爆炸条件,当爆炸性物质与氧气的混合浓度处于极限范围内时,若存在爆炸源,将发生爆炸,因此采取防爆就显得必要了,表 C-17 为危险场所危险性划分,表 C-18 为防爆方法对场所的适应性。

根据可能引爆的最小火花能量,我国和欧洲及世界上大部分国家和地区将爆炸性气体分为四个危险等级,如表 C-19 所示。

根据本工程地层中沼气的特点和危险场所的划分标准,本工程盾构隧道施工场所介于 0 区和 1 区之间,属于危险性高的施工场所。为防止盾构施工过程中沼气发生爆炸,对电器(电线、仪表等)和机械设备采取防爆结构设计和必要的管理控制措施。

表 C-17　危险场所危险性的划分

<table>
<tr><th>爆炸性物质</th><th>区域定义</th><th>中国</th><th>北美</th></tr>
<tr><td rowspan="3">气体
CLASS Ⅰ</td><td>在正常情况下,爆炸性气体混合物连续或长时间存在的场所</td><td>0 区</td><td rowspan="2">DIV. 1</td></tr>
<tr><td>在正常情况下爆炸性气体混合物有可能出现的场所</td><td>1 区</td></tr>
<tr><td>在正常情况下爆炸性气体混合物不可能出现,仅仅在不正常情况下,偶尔或短时间出现的场所</td><td>2 区</td><td>DIV. 2</td></tr>
<tr><td rowspan="2">粉尘或纤维
CLASS Ⅱ/Ⅲ</td><td>在正常情况下,爆炸性粉尘或可燃纤维与空气的混合物可能持续、短时间频繁地出现或长时间存在的场所</td><td>10 区</td><td>DIV. 1</td></tr>
<tr><td>在正常情况下,爆炸性粉尘或可燃纤维与空气的混合物不能出现,仅仅在不正常的情况,偶尔或短时间出现的场所</td><td>11 区</td><td>DIV. 2</td></tr>
</table>

表 C-18 防爆方法对危险场所的适用性

序号	防爆形式	代号	国家标准	防爆措施	适用区域
1	隔爆型	d	GB 3836.2	隔离存在的点火源	Zone1,Zone2
2	增安型	e	GB 3836.3	设法防止产生点火源	Zone1,Zone2
3	本安型	ia	GB 3836.4	限制点火源的能量	Zone0-2
	本安型	ib	GB 3836.4	限制点火源的能量	Zone1,Zone2
4	正压型	p	GB 3836.5	危险物质与点火源隔开	Zone1,Zone2
5	充油型	o	GB 3836.6	危险物质与点火源隔开	Zone1,Zone2
6	充砂型	q	GB 3836.7	危险物质与点火源隔开	Zone1,Zone2
7	无火花型	n	GB 3836.8	设法防止产生点火源	Zone2
8	浇封型	m	GB 3836.9	设法防止产生点火源	Zone1,Zone2
9	气密型	h	GB 3836.10	设法防止产生点火源	Zone1,Zone2

表 C-19 爆炸性气体分为四个危险等级

工况类别	气体分类	代表性气体	最小引爆火花能量
矿井下(隧道内)	Ⅰ	甲烷	0.280 mJ
矿井(隧道)外的工厂	ⅡA	丙烷	0.180 mJ
	ⅡB	乙烯	0.060 mJ
	ⅡC	氢气	0.018 mJ

2.电气(机械)设备防爆必要性

《铁路瓦斯隧道技术规范》(TB 10120—2002)对隧道内的电器设备与作业机械有明确的规定:隧道内非瓦斯工区和低瓦斯工区的电气设备与作业机械可使用非防爆型,其行走机械严禁驶入高瓦斯工区和瓦斯突涌工区;隧道内高瓦斯工区和瓦斯突出工区的电气设备与作业机械必须使用防爆设备。

日本在《安全评价指南》中指出,当如表 C-20 所示的Ⅰ级时,沼气浓度达到 1.5%以上的地区,规定所用的电气设备必须为防爆结构,以《工厂电气设备防爆指南》的危险分类为准。另外,即便在Ⅱ级、Ⅲ级时也应使用防爆结构。

表 C-20 爆危险分类与防爆结构

危险分类	状态	隧道实例	防爆结构
1 种场所	在通常的状态下担心出现危险环境的场所	可燃性气体滞留担心达到危险浓度的场所	基本安全,耐压防爆、内压防爆
2 种场所	在异常状态下,担心出现危险环境的场所	换气装置出现故障。由于气体滞留担心达到危险浓度的场所	基本安全,耐压防爆内压防爆,增强安全或注油

盾构选型时,选用防爆电器势必增加设备费用,就小口径隧道来说有时也不得不考虑增大隧道外径,当然对建设成本的影响较大。通常是在盾构的后方设置气幕,在此之前的隧道一侧可以进行充分的换气,作为安全地带,只将掘进面一侧看成 1 种危险场所,多半只对盾构机内部所用的电气元件采取防爆措施。表 C-21 为日本沼气地层中已成功建成的盾构隧道实例。

表 C-21　日本沼气地层中的盾构隧道实例

工程名称	盾构形式	盾构外径(m)	总长(m)	气体浓度(%)	对　策
京町附近管路新建工程	泥水	5.94	583.1	26～64	盾构：机械掘进式：泥水式。换气：送气方式(740 m³/min)防爆，测量
儿岛湖流域第 1 号干线管渠(1－1)修建	土压式	4.43	1 978	最大 25	盾构：耐压基本安全防爆结构；换气：送气方式(368 m³/min)防爆，测量
北部处理区汐入干线	泥水	4.45	1 043	0.005 1～4.8	盾构：土压式—泥水式。换气：送气方式(440 m³/min)防爆，测量
那久流下第 451－1 号管渠工程	泥水	3.68	791	1～2.8	换气：排气式＋局部送气方式(250 m³/min,送气 241 m³/min)防爆，测量
失本鸣濑干线管渠工程	泥水	2.13	1 177	1.5～10	换气：排气式(77 m³/min)防爆，测量
丰住给水所－江东区盐滨间送水管新建之 2	土压	3.19	1 429	25～79	换气：排气式＋局部送气方式(排气 360 m³/min)防爆，测量
寝屋川南部地下分水渠加美调整池工程	泥水	8.31	2 844	64	换气：送气方式＋排气方式(送气 315 m³/min,排气 300 m³/min)防爆，测量
寝屋川流域恩智川东干线(第一工区)	土压	4.94	898	最大 22	换气：局部送气＋整体排气(送气 300 m³/min,排气 500 m³/min)防爆，测量
太田干线之 5－2 工程	土压	6.44	2 054	最大 3.65	换气：送气方式＋排气方式(换气量 60 m³/min)防爆，测量
东两国干线之 2 工程	土压	2.89	976	0.01～1.79	换气：送气方式＋排气方式(送气 147 m³/min,排气 147 m³/min)防爆，测量

从表 C-21 可知，日本盾构隧道施工中，控制沼气的对策，除了换气，都对电气和作业机械采取了防爆结构设计。同时我国《铁路瓦斯隧道技术规范》(TB 10120—2002)对瓦斯隧道的电气(机械)设备的防爆也有明确规定。可见，盾构机的防爆结构设计在防止沼气事故中起着至关重要作用。

3. 电气(机械)设备管理措施

(1)盾构机和第一节车架上的电器(机械)设备都应该采用防爆型；

(2)供电应配置两路电源，采用双电源线路，其电源线上不得分接隧道以外的任何负荷；

(3)各级配电电压和各种机电设备的额定电压等级应符合下列要求：

①高压不应大于 10 000V；

②低压不应大于 1 140V；

③照明、手持式电气设备的额定电压和电话、信号装置的额定供电电压，在低沼气工区(K7＋470～K8＋351.90)不应大于 220 V；在高沼气工区(K6＋500～K7＋470)不应大于 127 V；若大于限值，应采取必要的控制措施，将供电电压降低到允许范围内；

④远距离控制线路的额定电压不应大于 36 V。

(4)配电变压器严禁中性点直接接地，严禁由洞外中性点直接接地的变压器或发电机直接向隧道内供电。

(5)凡容易碰到的、裸露的电气设备及其带动机械外露的传动和转动部分,都必须加装护罩或遮栏。

(6)高压电缆符合以下规定:固定敷设的电缆应根据作业环境条件选用;移动变电站应采用监视型屏蔽橡套电缆;电缆应采用铜芯。低压动力电缆的选用应符合下列规定:固定敷设的电缆应采用铠装铅包纸绝缘电缆、铠装聚氯乙烯电缆或不延燃橡套电缆;移动式或手持式电气设备的电缆,应采用专用的不延燃橡套电缆;开挖面的电缆必须采用铜芯。

(7)沼气工区内固定敷设的照明、通信、信号和控制用的电缆应采用铠装电缆、不延燃橡套电缆或矿用塑料电缆。

(8)电缆的敷设应符合下列规定:

①电缆应悬挂。悬挂点间的距离,在竖井内不得大于6 m,在盾构隧道内不得大于3 m。

②电缆不应与风、水管敷设在同一侧,当受条件限制需敷设在同一侧时,必须敷设在管子的上方,其间距应大于3 m。

③高、低压电力电缆敷设在同一侧时,其间距应大于0.1 m。高压与高压、低压与低压电缆间的距离不得小于0.05 m。

(9)电缆的连接应符合下列要求:

①电缆与电气设备连接,必须使用与电气设备的防爆性能相符合的接线盒。电缆芯线必须使用齿形压线板或线鼻子与电气设备连接。

②电缆之间若采用接线盒连接时,其接线盒必须是防爆型的。高压纸绝缘电缆接线盒内必须灌注绝缘充填物。

(10)电器与保护

①盾构隧道内电气设备不应大于额定值运行。

②低压电气设备,严禁使用油断路器、带油的起动器和一次线圈为低压的油浸变压器。

(11)盾构隧道内照明灯具的选用,应符合下列规定:

①以完成的盾构隧道地段的固定照明灯具,可采用EXⅡ且型防爆照明灯。

②开挖工作面附近的固定照明灯具,必须采用EXⅠ工型矿用防爆照明灯。

③移动照明必须使用矿灯。

(12)隧道内高压电网的单相接地电容电流不得大于20 A。

(13)禁止高压馈电线路单相接地运行,当发生单向接地时,应立即切断电源。低压馈电线路上,必须装设能自动切断漏电线路的检漏装置。

(14)若盾构隧道采用送风+局部通风的方式通风,局部通风机和开挖工作面的电气设备,必须装设风电闭锁装置。当局部通风机停止运转时,应立即自动切断局部通风机供风区段的一切电源。

(15)隧道内36 V以上的和由于绝缘损坏可能带有危险电压的电气设备的金属外壳、构架等,都必须有保护接地,其接地电阻值应满足下列要求:

①接地网上任一保护接地点的接地电阻值不得大于1 Ω。

②每一移动式或手持式电气设备与接地网间的保护接地,所用的电缆芯线的电阻值不得大于1 Ω。

C.4.2 沼气隧道施工通风管理

1. 隧道施工常用通风方法

(1)扩散通风

扩散通风不需要通风设备，利用新鲜风流的扩散作用与工作面的空气掺混，逐渐使洞内的污浊空气排出，从而达到通风换气目的。

扩散通风只在极短的隧道掘进中才有效，且换气时间长，一般不采用。

(2)引射器通风

①压气引射器通风

压气引射器体积小、质量轻、噪声低，结构简单，制造方便，无电器设备和运转部件，运行安全可靠，唯其以压气做动力，费用高，故未获得广泛应用。

压气引射器产生的风压、风量都较小，只适合用于断面小，长度短的隧道通风。在通风不良的地点安装压气引射器作为辅助通风，对改善局部气候条件有一定效果。

②水力引射器通风

水力引射器具有压气引射器同样的优点，兼并有消烟除尘作用，它用高压水做动力，成本低，在安装通风机和风筒不太方便的工作地点，如超前导坑开挖工作面，上、下台阶小断面开挖，支护作业等，都适于采用。

(3)机械通风

使用通风机和管道的机械通风是隧道施工中最普遍的通风方法，在掘进距离较长的隧道施工中都应采用机械通风。通风机通风的基本布置形式有压入式、抽取式(压出式)和混合式三种。

①压入式

如图 C-13 所示，通风机或局部风扇把新鲜空气经风筒压入工作面，污浊空气沿隧道流出。新鲜分流从风筒出口流出以后，由于空气分子的径向运动，在风流边界上与隧道内污浊空气相互掺混，发生动量交换，使风速逐渐降低，而射流断面逐渐扩大。风流到一定距离后就方向流出工作面，如图 C-14 所示。

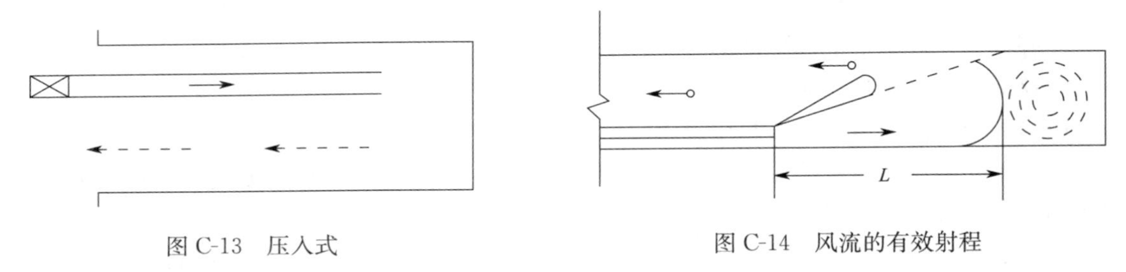

图 C-13　压入式　　　　图 C-14　风流的有效射程

从风筒口到风流方向点的距离称为有效射程(L)。有效射程以外的污浊空气呈涡流状态，不能迅速派出。

有效射程按下式计算：

$$L_1 = (4 \sim 5)\sqrt{A} \tag{C-8}$$

式中　L_1 ——有效射程(m)；

A ——隧道的断面积(m^2)。

在通风过程中污浊空气(有毒有害气体)随风流排除，当隧道出口处的污浊空气(有毒有害气体)浓度下降到允许浓度时，认为通风过程结束。

压入式通风的优点是：有效射程大，冲淡排除污浊空气(有毒有害气体)的作用比较强，工作面回风不通过风机和通风管，对设备污染小，在有瓦斯涌出的工作面采用这种通风方式比较安全，可以用柔性风管；工作面的污浊空气沿隧道流出，沿途就一并带走隧道内的粉尘及有毒、有害气体，对改善工作面的环境更有利。

压入式通风的缺点是：

长距离掘进排除的有毒有害气体需要的风量大，通风排气时间较长，回风污染整条隧道。

在应用压入式通风时必须注意以下两点：

a. 通风机安装位置与洞口保持一定距离，一般应大于 30 m；

b. 风筒出口应与工作面保持一定距离，对于小断面、小风量、小直径风管，改距离应控制在 15 mm 以内；对于大断面、大风量、大直径的风管，该距离可控制在 45～60 mm 以内。

②抽出式（压出式）

如图 C-15 所示，通风机或局部风扇机经风筒把工作面的污浊的空气抽出，新鲜空气风流沿隧道流入。抽出式通风只有采用硬质分管。若采用柔性风管，则系统布置应如图 C-15(b) 所示的压出式通风，两种方式有类似的特点。

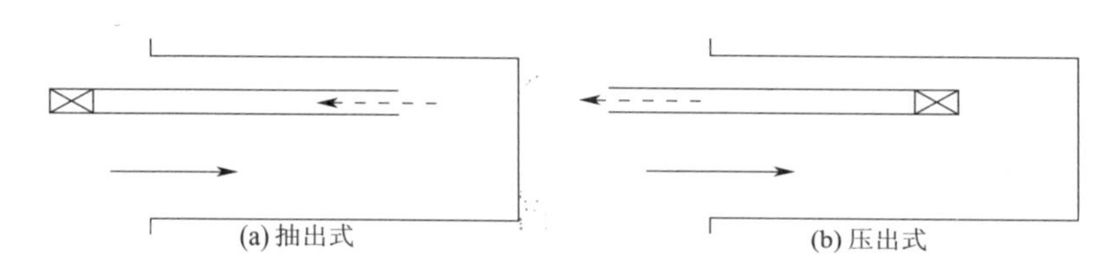

图 C-15　抽出式和压出式

风流进入风筒（或风机）的速度场如图 C-16 所示。图中 d 为风筒直径，X 为某一点距风筒口的距离，等速面的速度是以风筒口风速的百分数表示。有图可知，随着离风筒口距离的增加风速急剧下降，故吸风的有效作用范围很小。在掘进通风中，由于隧道周壁的限制以及风管吸入的空气只能单向供给，吸入口附近空气的流动情况与图 C-14 有所不同，风流沿隧道流入工作面，然后反向进入风筒，如图 C-17 所示。风流的有效作用范围称为有效吸呈（L）。有效吸呈以外的废气呈涡流状态，排除困难。

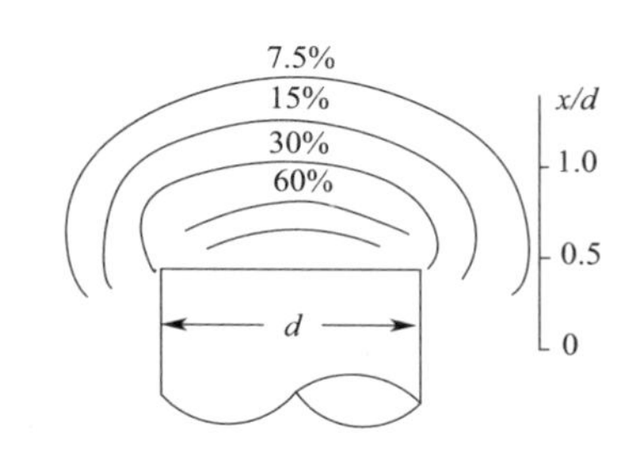

图 C-16　风筒入口处的风流速度场

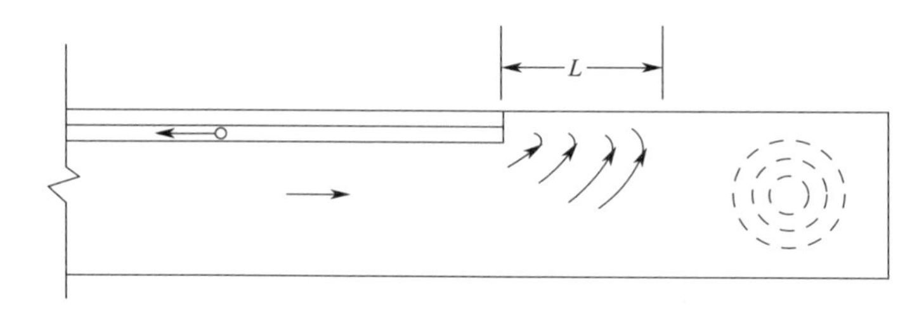

图 C-17　有效吸程示意图

有效吸程按下式计算：

$$L_1 = 1.5\sqrt{A} \tag{C-9}$$

式中　L_1 ——有效射程（m）；

A ——隧道的断面积（m^2）。

在隧道通风过程中，有害气体渐经风筒抽走，当工作面的有害气体浓度降低到允许范围浓度时，即被认为排气过程结束。抽出式通风的回风流不经过隧道，故排气时间或排气场所需要的风量与隧道长度无关，只与工作面的体积有关。

抽出式通风的优点是：在有效吸称内排气效果好，排除废气所需要的风量小，回风流不污染隧道。

抽出式通风的缺点是：抽出式（压出式）通风的有效吸程很短，只有当风筒口离工作面很近时才能获得满意的结果。当风机或风筒距离工作面很近时，往往造成工作面设比不知苦难。此外，抽出式通风回风流经过风机和输风管道，如果叶轮与外壳碰撞或其他原因产生火花，有引起瓦斯爆炸的危险，此外在有沼气涌出的隧道中不宜采用（若风机叶轮用软金属造不会产生火花，其电机是防爆型的，则另当别论）。

③混合式通风

混合式通风系统如图 C-18 所示，抽出式（在柔性风管系统中作压出式布置）风机的功率较大，是主风机。压入式风机是辅助风机，它利用有效射程长的特点，把废气搅混均匀并排离工作面，然后由抽出式风机吸走。这种方式综合了前两种方式的优点，适用于大断面长距离隧道通风，在机械化作业时更为有利。

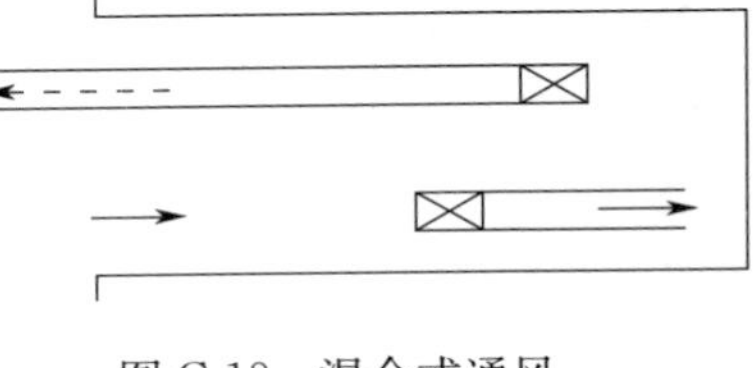

图 C-18　混合式通风

混合式通风系统中压入风机的送风长度相对较短，需要的风量也较主风机系统小，有时可用压气引射器代替。

为了避免循环风，混合式通风系统中压入式风机风口距抽出式风筒吸口（压出式风机吸风口）的重合距离不得小于 10 m。两风机筒重合段内隧道平均风速不到小于该的最低允许风速。

(4)利用辅助坑道的通风方式

在开挖隧道时，为了缩短通风距离，常利用平行导坑、斜井、竖井、钻孔等作为辅助通风坑道，系统布置可有两种：

①双巷风筒

如图 C-19 所示，在两条平行隧道之间，每隔一段距离用联络横洞贯通，然后再两边工作面采用压入式通风。压入式风机安装在进风隧道内，污浊空气沿另一条平行隧道流出。为避免循环风，必须在靠近洞口一段的联络眼打好密封。

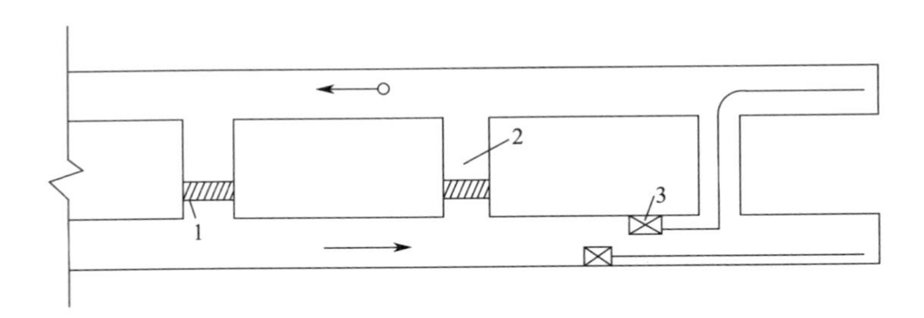

图 C-19　双巷通风

1— 密封墙；2—联络眼；3—局扇

②混合式通风

如图 C-20 所示，在隧道内风流中安装压入式风机向工作面送入新鲜空气，同时在隧道中安装抽出式通风机，使废气沿从中流出。当隧道与地面高差较大时，有时也可以利用自然风压，不用抽出式风机。但由于自然风压随季节和地面气候变化较大，因此多数情况下必须安装抽出式风机，且其风量应大于压入式风机的风量。这实际上是一种混合式通风系统。

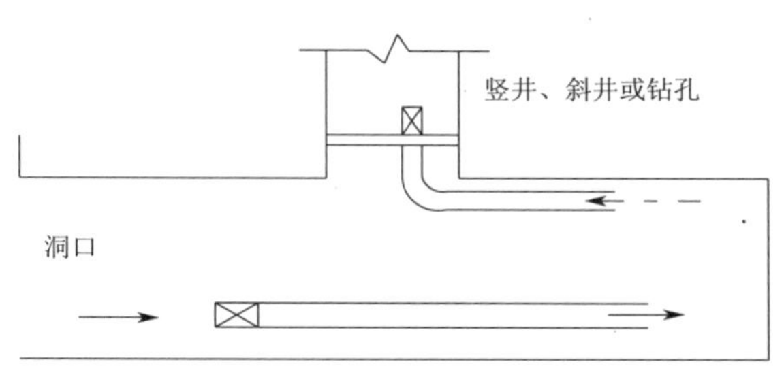

图 C-20　混合式通风

(5)常用通风方法对比

本工程中，江南风井～江北风井盾构隧道总长度 1 600 m，根据铁路隧道长度划分标准本隧道属于长隧道，隧道穿越沼气层，存在沼气爆炸的危险。现根据本工程特点和各种通风方法的对比分析各方法的有缺点和在本工程中的适应性。结果如表 C-22 所示。

表 C-22　隧道施工常用通风方式适用性及有缺点

通风方式		适用隧道类型	优缺点	对沼气隧道的适应性
扩散通风		长度小于 300 m，且穿过的岩层不产生有害气体的隧道	优点：无需机械设备，不耗能源，无投入； 缺点：只适用于短隧道或贯通后的隧道通风	不适合
引射器通风	压气引射	断面小，长度短的隧道，辅助通风方式	优点：质量轻、噪声低，结构简单，制造方便，无电器设备； 缺点：风压、风量都较小，费用高	不适合
	压水引射	超前导坑开挖工作面，上、下台阶小断面开挖，支护作业	优点：质量轻、噪声低，结构简单，制造方便，无电器设备，费用低； 缺点：风压、风量都较小	不适合
机械通风	压入式	适用于中、短隧道	优点：风筒出口风速和有效射程较大，排烟能力强，工作面通风时间短，主要使用柔性风筒，成本低； 缺点：回风流污染整个隧道，且排除较慢，恶化工作环境	适合，但回风流中含有沼气，污染隧道
	抽出式	适用于中短隧道	优点：粉尘、有毒有害气体直接被吸入风机，经风筒排出隧道不污染其他部位，隧道内空气状况和工作环境保持良好； 缺点：风筒采用带刚骨架的柔性风筒或硬质风筒，成本较高	必须采用防爆风机才适合
	混合式	长、特长隧道可采采用，以抽出压入相结合的通风方式	通风效果较佳，但需设两套风机和风筒，其他优缺点同压入式抽出式通风	适合，但抽出式必须采用防爆风机

2. 沼气隧道通风设计

(1)通风方式的选择

根据表 C-22 沼气通风方式的对比分析可知，压入式（送气式）、抽出式（排气式）和混合式对本工程都适用。从表 C-21 日本沼气盾构隧道成功案例可知，常采用压入式、压入式＋抽出式、局部压入式＋抽出式三种排气方式，对于抽出式一般不单独使用，因为工作面风量得不到保证。三种常用方式换气示意图，如图 C-21～图 C-23 所示。

根据以往盾构隧道施工经验表明，沼气进入盾构法施工隧道内部有四种途径：a. 含气层中的沼气能通过盾构头部沿螺旋输送机随土一起进入隧道内；b. 从刀盘与盾壳的接缝处渗入；c. 从盾尾间隙进入；d. 从管片衬砌接缝处、管片裂缝处进入隧道内，其中从螺旋输送机随土一起进入隧道内主要途径。所以建议安装排气式通风。同时需采用压入式向隧道内送入新鲜空气。保证工作面有充足的新鲜空气。综合考虑，本工程采用混合式通风（抽出式＋压入式）。

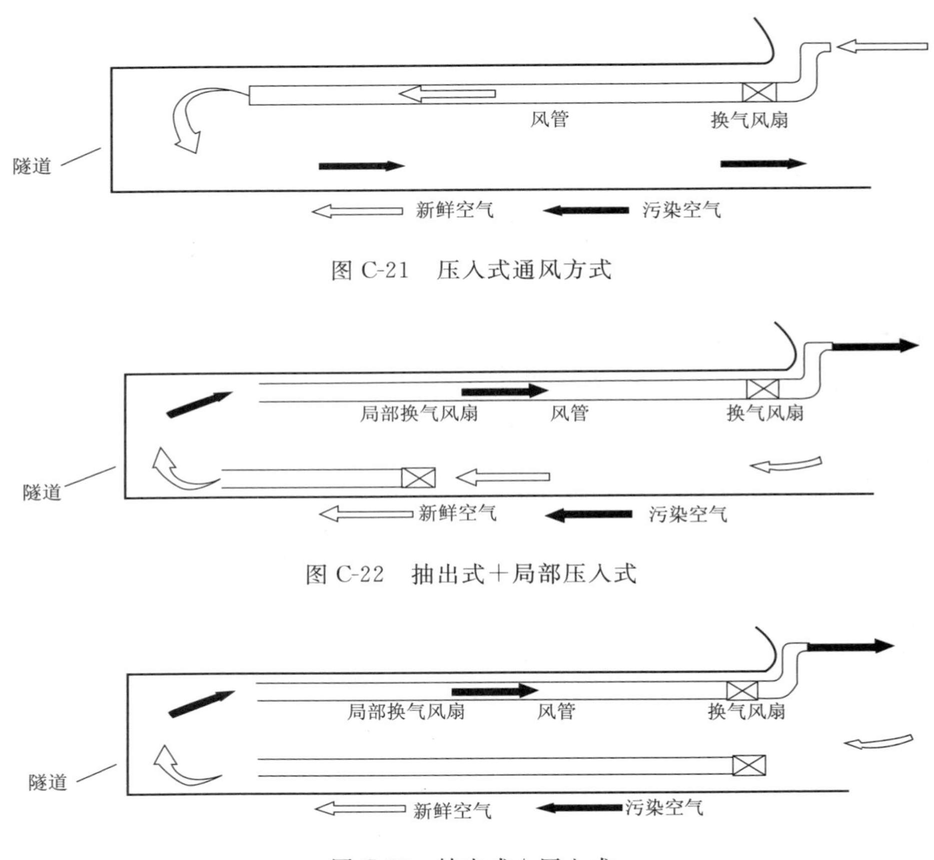

图 C-21　压入式通风方式

图 C-22　抽出式＋局部压入式

图 C-23　抽出式＋压入式

施工中建议按以下原则选择通风方式：

①在沼气含量小于等于 0.25％时，按正常通风采用压入式向隧道内输送新鲜空气和稀释隧道内少量沼气；

②沼气含量大于 0.25％时，开始考虑加强通风，启动混合式式通风系统。即同时开启抽出式风机；尽量将隧道内沼气含量控制在 0.25％以下，保障隧道掘进施工的正常进行。

(2)抽出式通风

通风设计，将出风口放置于螺旋输送机出土口上附近，用硬管接至风机进风口，风机放在车架后部做一个平台，出风口后面接 ϕ800 mm 软管至盾构隧道外。

因抽出式通风回风流经过风机和输风管道，如果叶轮与外壳碰撞或其他原因产生火花，有引起沼气爆炸的危险，所以风机应采用防爆型风机。

(3)压入式通风

①压入式通风参数

在隧道内，考虑到作业人员的呼吸、盾构机产生的热量的扩散和降低沼气的浓度，以保证施工安全和改善隧道内作业环境为目的，设置通风设备。通风设计参数如表 C-23 所示。

表 C-23　通风设计参数

名称	参数值	名称	参数值
隧道长	1 602 m	管片内径	ϕ5500 mm
断面积(内径)	23.74 m^2	作业人数	10 名

②通风计算

a. 按排尘风速计算风量

$$Q = v \cdot A$$

式中　Q——需要的通风量(m^3/min)；

v——排尘风速，一般取 0.15～0.3 m/s，即 9～18 m/min；

A——隧道开挖面积。

计算时排尘风速取 0.3 m/s，则通风量：

$$Q = v \cdot A = 0.3 \times 60 \times 23.74 = 427.32\ m^3/min$$

b. 按施工隧道内的最大人数设计风量

根据铁路、矿山等部门颁发的隧道施工技术规范规定，每人每分钟供风量不得少于 4 m^3。

则

$$Q = 4KN$$

式中　Q——需要的通风量(m^3/min)；

N——隧道内最大人数；

K——风量备用系数，K =1～1.5。

盾构施工时，隧道内最多人数按 10 计，K =1.5，则通风量：

$$Q = 4N = 4 \times 1.5 \times 10 = 60\ m^3/min$$

c. 按最低允许风速计算风量

《铁路隧道施工技术规范》(TB 10204—2002)规定：风速在全断面开挖时不得小于0.15 m/s，坑道内不应小于 0.25 m/s，但均不应大于 6 m/s。《煤矿安全规程》规定：掘进中的煤巷和半煤巷允许最低风速为 0.25 m/s，掘进中的岩巷的最低允许风速为 0.15 m/s。则工作面风量为：

$$Q = v \cdot A$$

式中　Q——需要的通风量(m^3/min)；

v——允许最低风速(m/s)；

A——隧道开挖面积。

考虑到盾构机防爆性能不好，为保证施工安全，允许最低风速取 0.5 m/s。则通风量：

$$Q = v \cdot A = 0.5 \times 60 \times 23.74 = 712.2\ m^3/min$$

根据排尘风速风量、施工隧道内的最大人数风量和最低允许风速风量的计算，取最大值为隧道所需要的风量，为 712.2 m^3/min，在此基础上选择通风设备。

3. 沼气隧道通风管理与注意事项

(1)采用抽出式通风时，风机必须采用防爆型机械。

(2)隧道贯通前，应做好风流调整的准备工作。贯通后，必须调整通风系统，防止沼气超限，待通风系统风流稳定后，方可恢复工作。

(3)盾构隧道在施工期间，应实施连续通风。因检修、停电等原因停风时，必须撤出人员，切断电源。恢复通风前，必须检查瓦斯浓度。当停风区中瓦斯浓度不超过 1%，并在压入式局部通风机及其开关地点附近 10 m 以内风流中的沼气浓度均不超过 0.5%时，方可人工开动局部通风机。当停风区沼气浓度超过 1%时，必须制订排除沼气的安全措施。回风系统内还必须停电撤人。只有经检查证实停风区中沼气浓度不超过 1%时，方可人工恢复局部通风机供风的坑道中一切电气设备的供电。

(4)压入式风机必须装设在洞外或洞内新鲜风流中，避免污风循环。风机应设两路电源，并应装设风电闭锁装置。当一路电源停止供电时，另一路应在及时接通，保证风机正常运转。

(5)必须有一套同等性能的备用通风机，并经常保持良好的使用状态。

(6)隧道掘进工作面附近的局部通风机，均应实行专用变压器、专用开关、专用线路供电、风电闭锁、沼气电闭锁装置。

(7)应采用抗静电、阻燃的风管。风管口到开挖工作面的距离应小于 3 m，风管百米漏风率不应大于 2%。

C.4.3　沼气的监测与施工管理

1. 沼气的监测设备与布置

本工程过江段区域施工时，在盾构机的螺旋机出口、盾尾和第一节车架处设置固定式自动报警有毒有害其他监测装置。另外，在隧道施工面及成形隧道内再配置 1 台手持式有害气体监测仪器(可监测沼气、一氧化碳、硫化氢和氧气的浓度)，3 台手持式沼气监测仪器。

手持式监测仪器在有毒有害气体段施工时，进行人工 24 h 的监测。所有监测设备在施工前必须到位，并经检验合格后投入使用。另考虑到第一、第二、第三节车架电器设备较多，且较接近沼气涌出源，故除第一节车架已放置了固定式自动监测报警装置外，在第二和第三节车架间固定放置一把移动式手持有害气体监测仪器，作为该区域特定的检测设备，沼气固定监测仪如图 C-24 所示，表 C-24 沼气固定监测仪安放位置，图 C-25 为盾构驾驶舱内的沼气报警装置，图 C-26 为 TN4 手持式多气体检测报警仪。

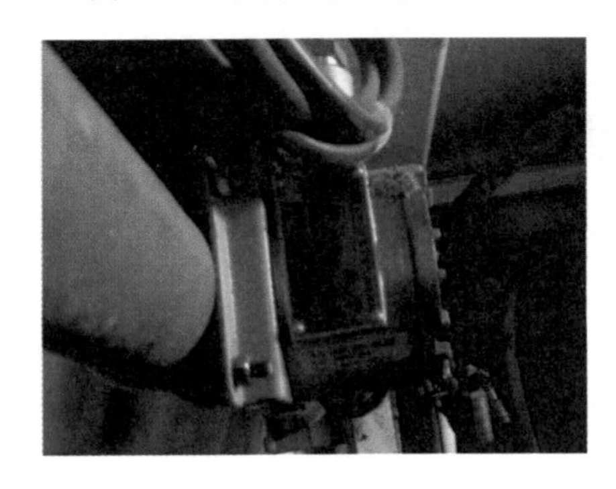

图 C-24　沼气固定监测仪

图 C-25　盾构驾驶舱内的沼气报警

表 C-24　沼气固定监测仪安放位置

仪器编号	位置	备注	仪器编号	位置	备注
1号	在螺旋机出土口前上方		2号	在1#车架右侧头部	
3号	在螺旋机出土口上方		4号	在盾构机里面H钢右上侧	
5号	在2#车架右侧集中润滑上部		6号	1#车架左侧前面	
7号	3#车架左侧前面		8号	在3#车架左侧尾部	

2. 沼气的监测要求

(1)在沼气段施工时，沼气监测人员落实到班组。进行专人专项工作，每班配置。

(2)正常情况下，监测人员应每小时进行监测数据记录，每班推进结束后进行书面沼气监测报告。

(3)特殊情况下，监测人员应每小时进行监测数据记录，同时汇报给项目部；并根据项目部下发指令调整监测频率和汇报次数。

(4)沼气浓度达到0.25%时，应立即通知作业班长，并作好相关记录。

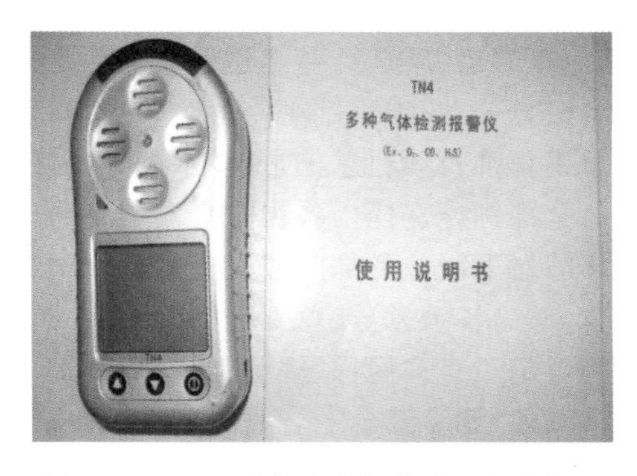

图 C-26　TN4手持式多气体检测报警仪

(5)沼气浓度达到0.4警戒值时，应立即通知作业班长，同时汇报项目部，并作好相关记录。

(6)沼气浓度达到0.5警戒值时，应立即汇报项目部，同时，每上升0.1%向项目部汇报一次，并作好相关记录。

(7)沼气浓度达到0.95%警戒值时，应立即通知作业班长，作好中止施工准备，并汇报项目部，作好相关记录。

(8)沼气浓度达到1%警戒值时，应立即通知作业班长，停止施工，关闭所有非防爆施工电器设备，启动应急照明，准备疏散工作人员，同时汇报项目部，并作好相关记录。

(9)沼气浓度达到1.4%警戒值时，除防爆照明和防爆风开启外，其他所有设备全部关闭，施工人员(包括沼气监测人员)全部撤离隧道。

(10)待通风一段时间后，监测人员佩戴防毒面具，由隧道外部逐步向内监测，若隧道内沼气浓度达到或超过1.4%，监测人员不得继续深入。待确定隧道内沼气浓度小于0.25%含量时，方可确认其他施工人员进隧道，恢复施工。

C.5　杭州地铁1号线沼气盾构隧道施工管理规定

C.5.1　总　　则

(1)为贯彻执行党和国家的安全生产方针，保证职工生产安全和健康，确保生产的正常进行，根据铁道部的《铁路瓦斯隧道技术规范》(TB 10120—2002)、《铁路隧道施工技术安全准则》(TB 10401，1—2003)、《家竹箐瓦斯隧道施工暂行规定》等，结合本工程具体情况，特制定本规定。

(2)在编制“杭州地铁1号线越钱塘江沼气盾构隧道”实施性施工组织设计、制订施工方案、配备机电设备等工作中，都必须依本规定各项要求执行。

(3)从事杭州地铁1号线越钱塘江沼气盾构隧道施工中的干部、工人及外来人员，都必须按本规定的要求进行培训学习，只有考核合格后，方能从事隧道洞内的施工、管理工作和参观学习。

(4)项目经理部应根据本规定要求，制定详细的防沼气实施细则；盾构掘进 1 队和 2 队应结合现场具体情况，制订本盾构隧道的防沼气施工安全技术措施，统一贯彻执行。

(5)凡参加杭州地铁 1 号线越钱塘江沼气盾构隧道施工的多级领导干部必须把贯彻执行本规定作为自己的首要职责，全体职工必须自觉遵守本规定。

(6)本规定是根据一条盾构隧道沼气控制原则制定，施工中两条盾构隧道都应按此规定执行。

C. 5. 2 组织制度

(1)借鉴《铁路基本建设安全生产管理实施办法》的通知，实行安全生产和防爆工作责任制。分公司、项目部工作各级领导，对安全防爆工作负全面领导责任，副职分工负责。分公司总工程师及项目总工，负技术领导责任。各主管业务机构，对本业务系统安全和沼气防爆工作负全部领导责任。各级安全监察(检查)部门和人员，负安全监察(检查)责任。各级上级业务部门对下级业务部门或人员的安全防爆工作，负业务指导责任。全体职工实行岗位负责制。

(2)各级领导、总工程师、业务部门、全体职员都要认真执行本规定及铁道部颁布的《安规》的规定和有关规程、规范、规定的要求，切实履行岗位职责，做好沼气防爆工作。

(3)建立健全专职通风防爆组织机构。设立杭州地铁 1 号线沼气防爆指挥部，项目部设立通风防爆小组，各部门都配齐专职技术人员和沼气检测员，负责日常沼气检测、通风防爆和防尘防火工作。

(4)通风工作的管理及技术实行行政领导及总工程师负责制。

C. 5. 3 电气(机械)设备管理

(1)盾构机和第一节车架上的电器(机械)设备都应采用防爆设计；若因某种原因没有采用防爆设计，盾构在江南风井检修时采取相应补救措施。

(2)洞内供电做到“三无、四有、二齐、三全”。“三无”即无鸡爪子、无羊尾巴、无明接头；“四有”即有过电流和漏电保护、有螺钉和弹簧垫、有密封圈和挡板、有接地装置；“二齐”即电缆悬挂整齐、设备洞内清洁整齐；“三全”及防护装置全、绝缘用具全、图纸资料全。

(3)供电应配置两路电源，采用双电源线路，其电源线上不得分接隧道以外的任何负荷。

(4)各级配电电压和各种机电设备的额定电压等级应符合下列要求：

①高压不应大于 10 000V；

②低压不应大于 1 140V；

③照明、手持式电气设备的额定电压和电话、信号装置的额定供电电压，在低沼气工区(K7＋470～K8＋351. 90)不应大于 220 V；在高沼气工区(K6＋500～K7＋470)不应大于 127 V；若大于限值，应采取必要的控制措施，将供电电压降低到允许范围内；

④远距离控制线路的额定电压不应大于 36 V。

(5)配电变压器严禁中性点直接接地，严禁由洞外中性点直接接地的变压器或发电机直接向隧道内供电。

(6)凡容易碰到的、裸露的电气设备及其带动机械外露的传动和转动部分，都必须加装护罩或遮栏。

(7)高压电缆符合以下规定：固定敷设的电缆应根据作业环境条件选用；移动变电站应采用监视型屏蔽橡套电缆；电缆应采用铜芯。低压动力电缆的选用应符合下列规定：固定敷设的电缆应采用铠装铅包纸绝缘电缆、铠装聚氯乙烯电缆或不延燃橡套电缆；移动式或手持式电气设备的电缆，应采用专用的不延燃橡套电缆；开挖面的电缆必须采用铜芯。

(8)沼气工区内固定敷设的照明、通信、信号和控制用的电缆应采用铠装电缆、不延燃橡套电缆或矿用塑料电缆。

(9)电缆的敷设应符合下列规定：

①电缆应悬挂。悬挂点间的距离，在竖井内不得大于 6 m，在盾构隧道内不得大于 3 m。

②电缆不应与风、水管敷设在同一侧，当受条件限制需敷设在同一侧时，必须敷设在管子的上方，其间距应大于 3 m。

③高、低压电力电缆敷设在同一侧时，其间距应大于 0.1 m。高压与高压、低压与低压电缆间的距离不得小于 0.05 m。

(10)电缆的连接应符合下列要求：

①电缆与电气设备连接，必须使用与电气设备的防爆性能相符合的接线盒。电缆芯线必须使用齿形压线板或线鼻子与电气设备连接。

②电缆之间若采用接线盒连接时，其接线盒必须是防爆型的。高压纸绝缘电缆接线盒内必须灌注绝缘充填物。

(11)电器与保护

①盾构隧道内电气设备不应大于额定值运行。

②低压电气设备，严禁使用油断路器、带油的起动器和一次线圈为低压的油浸变压器。

(12)盾构隧道内照明灯具的选用，应符合下列规定：

①以完成的盾构隧道地段的固定照明灯具，可采用 EXⅡ且型防爆照明灯；

②开挖工作面附近的固定照明灯具，必须采用 EXⅠ工型矿用防爆照明灯；

③移动照明必须使用矿灯。

(13)隧道内高压电网的单相接地电容电流不得大于 20 A。

(14)禁止高压馈电线路单相接地运行，当发生单向接地时，应立即切断电源。低压馈电线路上，必须装设能自动切断漏电线路的检漏装置。

(15)若盾构隧道采用送风＋局部通风的方式通风，局部通风机和开挖工作面的电气设备，必须装设风电闭锁装置。当局部通风机停止运转时，应立即自动切断局部通风机供风区段的一切电源。

(16)隧道内 36 V 以上的和由于绝缘损坏可能带有危险电压的电气设备的金属外壳、构架等，都必须有保护接地，其接地电阻值应满足下列要求：

①接地网上任一保护接地点的接地电阻值不得大于 1 Ω；

②每一移动式或手持式电气设备与接地网间的保护接地，所用的电缆芯线的电阻值不得大于 1 Ω。

(17)电瓶车使用规定：

①司机离开座位时，必须切断电动车电源；

②机车必须定期检查和维修，保证良好的性能。

(18)每个洞口必须绘制洞内外配电系统图和洞内电气设备布置及电力、电话、电气信号、运输等平面敷设图，图上应注明：

①各种设备的安装地点；

②各种设备的容量、电压、电流及其他技术参数；

③电缆的用途、电压、断面及长度；

④保护接地装置的位置；

⑤风流方向。

有关电气设备的一切变动，应由工程队机械技术员最迟在变动后的第二天在图上作相应的改变。通风系统的改变，亦应在图上随即更改。

(19)隧道内使用的机电设备，在使用期间，除了日常检查外，还应按表 C-25 的检查周期进行检查。

C.5.4　隧道内通风

(1)钱塘江越江隧道必须采用机械通风，制订合理的通风方案，待监理、业主等主管部门批准后方可实施，并严格贯彻执行。在整个施工过程中，未经许可，不得改变通风的整体布置。

表 C-25　机电设备和电缆的检查周期

序号	检查项目	周期	备注
1	使用中的防爆机电设备的防爆性能	每月一次	专职电工应每日检查外部一次
2	配电系统继电保护装置检查、整定	每半年一次	
3	高压电缆的泄漏和耐压试验	每年一次	
4	主要机电设备绝缘电阻检查	每月一次	
5	固定敷设电缆的绝缘和外部检查	每季一次	外观和悬挂情况有专职电工每周检查一次
6	移动式机电设备的橡胶电源绝缘检查	每月一次	由当班司机或专职电工每班检查一次外表有无破损
7	接地电阻测试	每季一次	
8	新安装的机电设备绝缘电阻和接地		投入运行前测试
9	沼气检测仪器仪表	10 天一次	

(2)采用抽出式和压入式相结合的通风当时，抽出式通风机必须采用防爆型风机。

(3)通风量应按下列要求分别计算，并取其最大值。在风机选型中，应有适当的富余系数，该系数不得小于 1.25。

①按洞内同时工作最多人数计，每人每分钟供给风量不得少于 4 m^3；

②以风速验算，隧道内风速不得大于 6 m/s，并不得小于 0.5 m/s。

(4)通风设备必须有专人负责，并建立严格的管理制度，以加强维护，防止漏风，保证风机的正常运转，每 4 h 检查一次隧道内风速。

(5)通风主机必须有一台备用通风机和两条通往变电所或电厂的电力线路。

(6)临时停止施工的地段不得停风，需要停止机械通风时，必须经洞口技术主管的同意，经报处总工程师批准。当主风机因发生故障而停止通风时，应立即通知全隧道停工，所有洞内人员均撤至洞外，切断电源，设置栅栏与警告牌，严禁人员进洞。

(7)因停风、停电而造成工作中断时，在恢复工作之前，应首先恢复通风，排除沼气，并有送电的安全措施。恢复通风后，所有受到停风影响的地段，必须进行沼气查测，确认沼气浓度下降到各项规定的限额以下，待稳定后，方能恢复施工。

(8)采用洞外压入式通风恢复通风后，必须待开挖工作面的沼气和二氧化碳浓度分别下降到1%和1.5%以下，且在电工进行检查、证实电器设备完好后，方可人工恢复施工。此外，局扇停风后，在恢复通风前，还必须检查扇风机及其开关点附近10 m范围内风流中的沼气浓度，只有其浓度低于0.5%时，方可开动局扇恢复通风。

(9)局扇压入式通风管靠近开挖面吹风口的距离不宜大于15 m。

(10)局扇停风时，其通风范围内的人员，必须全部撤至主扇供风范围以内。

(11)局扇应有适当的备用量，并经常保持其良好状态。

(12)局部扇风机和开挖面中的电气设备，必须有风电闭锁装置，当局部扇风机停止运转时，该闭锁装置能自动切断局部扇风机中的一切电源。

(13)为防止隧道局部空间内聚集沼气，结合隧道施工的特殊情况，可备用一定数量的高压风管，以备冲散空洞中的部分沼气。当沼气浓度达到1.5%以上时，应立即停工断电，在撤出人员后再进行处理。

(14)工程处通风防爆管理科，每旬应进行一次通风系统的全面测风，每次的测风结果都应写在测风点的记录本上或牌上，并按旬报报处总工程师和局总工程师，月报报局总工程师。每月还应提出通风评价和改进意见。

(15)盾构隧道内必须配备有足够数量的风表、干湿温度计、空盒气压计、U形倾斜压差计、皮托管及通风多参数检测仪等通风检测仪器仪表。其数量应能满足隧道通风日常管理、沼气(含二氧化碳)等级鉴定、反风演习工作的需要，并按隧道测风或通风阻力测定同时工作的组数配备。

C.5.5　火源控制

1. 消防设施

(1)必须在隧道洞门外设置消防水池和消防用砂，水池中应经常保持不小于200 m^{3}储水量，保持一定的水压。

(2)盾构隧道内必须设置消防管路系统，并每隔100 m设置一个阀门(消火栓)。

(3)盾构隧道内应设置灭火器及消防设施，并经常保持良好状态。

2. 火源管理

(1)禁止在盾构工作面使用明火。

(2)严禁携带烟草、点火物和穿化纤衣服进入盾构工作区；严禁携带易燃物品进入工作区，必须带入时的易燃品要经总工程师批准。

(3)盾构隧道内不应进行电焊、气焊、喷灯焊接、切割等工作。如非进行不可，必须制订安全措施，报经项目经理批准，并遵守有关规定；焊接施工时，工作地点前后20 m范围内，风流中沼气浓度不得大于0.5%，并不得有可燃物，两端应各设一个供水阀门和灭火器，并在作用完成前有专人检查，确认无残火后方可结束作用。

(4)盾构隧道内电气设备必须有防短路保护装置；采取有效措施防治隧道内杂乱电流。

(5)加强机电设备及供电线路的管理，完善机电设备的各类保护措施，定期进行检查维修。

(6)作业人员进洞前必须经洞口检查人员检查确认无火源带入洞内。

C.5.6　沼气监测与管理

1. 监测设备(设备安装，调试，监测)

(1)在螺旋机出土口上下方、盾尾附近、盾构机车架和隧道内转弯处应安装固定式沼气监测装置，其数量不少于10台。

(2)在盾构机操作室安装沼气自动报警装置,且沼气自动报警装置应与电源制动切断系统相连,当沼气浓度到达 1.5%时,启动电源自动切断系统。

(3)在隧道施工面及成形隧道内再配置 1 台手持式有害气体监测仪器(可监测沼气、一氧化碳、硫化氢和氧气的浓度),3 台能监测沼气浓度的手持式沼气监测仪器。

(4)应配备 1、2 台沼气检定器校正装置,按规定对沼气检测仪器仪表进行校验。

(5)应按《铁路瓦斯隧道技术规范》中的“瓦斯测定仪检测质量的控制”方法进行沼气监测。

(6)沼气检测仪器的调校

①沼气监控设备必须按产品使用说明书的要求定期调校。

②沼气监控设备使用前和大修后,必须按产品使用说明书的要求测试、调校合格,并在地面试运行 24～48 h 方能进隧道。

③采用载体催化原理的沼气传感器、便携式甲烷检测报警仪、甲烷检测报警矿灯等,每隔 10 d 必须使用校准气体和空气样,按产品使用说明书的要求调校一次。调校时,应先在新鲜空气中或使用空气样调校零点,使仪器显示值为零,再通入浓度为 1%～2%CH_4 的甲烷校准气体,调整仪器的显示值与校准气体浓度一致,气样流量应符合产品使用说明书的要求。

④安全监控设备的调校包括零点、显示值、报警点、断电点、复电点、控制逻辑等。

⑤便携式甲烷检测报警仪和甲烷报警矿灯等检测仪器应设专职人员负责充电、收发及维护。每班要清理隔爆罩上的煤尘,下井前必须检查便携式甲烷检测报警仪和甲烷检测报警矿灯的零点和电压值,不符合要求的禁止发放使用。

⑥使用便携式甲烷检测报警仪和甲烷报警矿灯等检测仪器时要严格按照产品说明书进行操作,严禁擅自调校。

⑦每隔 10 d 必须对沼气超限断电闭锁和甲烷风电闭锁功能进行测试。

⑧沼气传感器等装置在隧道内连续运行 6～12 个月,必须进行隧道外检修。

(7)沼气检测仪维护

①隧道安全监测工必须 24 h 值班,每天检查煤矿安全监控系统及电缆的运行情况。使用便携式甲烷检测报警仪与甲烷传感器进行对照,并将记录和检查结果报地面中心站值班员。当两者读数误差大于允许误差时,先以读数较大者为依据,采取安全措施,并必须在 8 h 内将两种仪器调准。

②进隧道管理人员发现便携式甲烷检测报警仪与甲烷传感器读数误差大于允许误差时,应立即通知安全监控部门进行处理。

③传感器经过调校检测误差仍超过规定值时,必须立即更换;安全监控设备发生故障时,必须及时处理,在更换和故障处理期间必须采用人工监测等安全措施,并填写故障记录。

④低浓度甲烷传感器经大于 4%CH_4 的甲烷冲击后,应及时进行调校或更换。

⑤电网停电后,备用电源不能保证设备连续工作 1 h 时,应及时更换。

⑥使用中的传感器应经常擦拭,清除外表积尘,保持清洁。采掘工作面的传感器应每天除尘;传感器应保持干燥,避免洒水淋湿;维护、移动传感器应避免摔打碰撞。

2. 监测制度

(1)每个隧道的每个人盾构掘进队都应配置 2 两名沼气监测员,值班人员在值班时间不得擅自离开工作岗位,保证 24 h 有人监测。

(2)沼气检测员必须挑选责任心强、吃苦耐劳、有一定业务能力、经过专门培训、经考试合格、取得操作合格证的人员,担任检测工。

(3)工程部需建立严格的沼气检测、记录、公布制度，并按 24 h 逐级报告。当发现沼气含量有急剧上升时，应立即通知洞口值班室，并详细寻找沼气渗出泄露原因、部位，随时观测其变化结果且详细记录，作为重要交接班的主要内容。

(4)按表 C-26 沼气浓度及作业规程进行沼气监测和采取控制措施。

(5)不同情况下的特殊检查规定如下：

①盾构机掘进前检查一次，沼气浓度在规定范围方可掘进。一环掘进完成后，需检测一次，沼气浓度在规定施工范围内方可进行管片拼装。

②隧道内沼气浓度在 0.25%以下时，每 4 h 检查一次(不包括强制规定的检查次数)。

③沼气浓度在 0.25%～0.5%时，每 2 h 检查一次。

④沼气浓度在 0.5%～1.0%时，每 1 h 检查一次。

⑤沼气浓度 1%以上时，不间断地在工作面附近检查。

⑥回风流中沼气含量，每 4 h 检查一次。

⑦盾尾、螺丝输送机出土口和管片漏水特殊地段，每 2 h 检查一次。

⑧已确定有沼气渗入的地方，1 h 检查一次。

表 C-26　沼气浓度及作业规程

沼气浓度	作业标准	措施内容
不足 0.25%	平常作业	向入隧道者明示测量结果
0.25%～0.5%	一次警戒作业(中止所用火的作业及以此为准的作业)	(1)向入隧道者明示测量结果；(2)向作业人员通报测量结果；(3)注意标志；(4)隧道内外联络；(5)与监督员联络；(6)调查发生源；(7)增加隧道内换气量
0.5%～1.0%	二次警戒作业	(1)向入隧道者明示测量结果；(2)将测量结果向作业人员通报；(3)注意标志；(4)隧道内外联络；(5)与监督员联络；(6)调查发生源；(7)增加隧道内换气量
1.0%～1.5%	中止作业	(1)紧急撤退警报联络信号；(2)将测量结果向作业人员通报；(3)注意标志；(4)隧道内外联络；(5)与监督员联络；(6)调查发生源；(7)增加隧道内换气量
1.5%以上	中止作业	(1)紧急撤退警报联络信号；(2)将测量结果向作业人员通报；(3)作业人员撤退；(4)与监督员联络；(5)设置禁止入内标志；(6)截断通行，设置围栏；(7)停止送电；(8)调查发生源；(9)增加隧道内换气量

(6)盾构隧道洞口，盾构机最后一节车架、管片拼装工作区和盾构操作时应悬挂时时沼气监测记录和最近一周内沼气变化情况。一旦沼气浓度超限，应让盾构隧道内所有人员知道沼气检测的结果，并告知注意事项。

(7)各专职沼气检测员在值班期间应随时与洞口值班室电话联系，且有权按本规定的要求，通知洞内值班领工员将人撤离到安全区，切断电源等，并负责立即向主管技术负责人报告。

(8)沼气检测员实行在洞内交接班制，下班后到洞口值班室填写沼气含量报告。

(9)通风防爆科应按时填写沼气日报、旬报、月报，且按时上报。

(10)监测中心应做好对沼气的测试监督检查、技术指导和测定仪器的定期校验工作。

(11)盾构掘进对应建立账卡及报表：a. 安全监控设备台账；b. 安全监控设备故障登记表；c. 检修记录；d. 巡检记录；e. 传感器调校记录；f. 中心站运行日志；g. 安全监控日报；h. 报警断电记录月报；i. 甲烷超限断电闭锁和甲烷风电闭锁功能测试记录；j. 安全监控设备使用情况月

报等。

项目经理、总工程师、队主管工程师，以及技术人员进洞时，首先必须了解沼气检查情况，必要时还要进行沼气抽查。

(12)使用沼气自动检测报警断电装置的开挖工作面，只准人工复电。

C.5.7　安全教育与培训

(1)对所有进入隧道施工人员必须进行有害气体的预防、应急培训和消防教育；并对其进行安全技术交底，强化安全生产意识。

(2)盾构在江南风井始发前，应进行沼气爆炸逃生演练，使工人清楚整个逃生流程，并检验整个沼气防爆预防系统的可靠性。并在盾构始发后半年进行一次逃生演练。

(3)按本规定总则要求，由工程部组织在开工前对干部、工人进行一次系统的防沼气安全教育，脱产培训时间不少于一周。

(4)在每周一次的安全活动活动日中，工程队应有计划、有步骤地安排活动日的内容，将沼气防爆炸日常教育列入活动日程。安排工程技术人员，结合隧道施工的实际给职工上好《煤规》、《安规》教材课。

(5)沼气检测人员、电工、焊工、机械司机等特种作业人员必须经过专业培训、经考试合格，取得作业合格证后，方准上岗作业。

(6)工程处各业务部门应按业务工作要求，对从事防爆工作的专业人员(如沼气监测员、机电钳工、机械司机、电瓶车司机等)进行专业教育。

(7)每个盾构掘进队进洞前，安全管理人员说明盾构隧道内的沼气监测情况，沼气含量的发展趋势。讲清楚每个岗位注意事项。

C.5.8　洞口值班制度

(1)在洞口附近建立干部值班室(含调度、沼气监控和广播)。由盾构掘进队干部、技术人员、调度员、沼气监测员值班，24 h 集中指挥。

(2)值班室必须安装直通洞内工作面及风机房、调度、领导、医院的电话(最近的是武警医院)。

(3)凡发生重大险情或灾害时，应立即向处、局指挥部及局调度报告。

(4)建立洞口值班组，值班组由 4 人组成，选派一名责任心强的作为组长，值班分白班(7:00～18:00)和夜班(18:00～7:00)，每班两人，必须保证 24 h 洞口有人值班，每天做好交接班记录。

(5)制定《进洞须知》，人人必须遵守，严禁任何人穿化纤衣服或携带火柴、香烟、打火机、手电筒、易燃物品进洞。

(6)洞口检查人员必须认真负责，切实履行检查职责。

(7)组成每天向项目总工以书面的形式汇报当天情况。

(8)洞口值班人员对每个隧道洞口进行检查，进洞的任何人都要接受洞口检查人员的检查。对于拒绝接受检查，或有意隐瞒而将严禁带入洞内的物品带入洞内，情节严重者，以违反安全纪律论处。

(9)每个班组进洞工作前必须向洞口值班室报告进洞人数，不准未参加沼气安全培训的人员进入盾构隧道内。

C. 5. 9　会议总结报告

(1)沼气监测负责人每天向项目部提供沼气监测结果报告,注明当日存在的问题和改进方案。

(2)分公司每季度召开一次,由经理和总工程师领导,施工技术处主持进行,项目部每月召开一次,由经理和总工程师领导并主持,且将会议总结报分公司。

C. 5. 10　事故应急预案

1. 事故特征

(1)根据补勘和江南岸的放气可知,在盾构穿越区域内存在囊状分布不均匀的沼气。虽在施工前进行了放气,也存在沼气突出的可能。如果监测不及时,处理措施不当,易发生沼气爆炸事故。

(2)事故主要发生在洞内,盾构机内。

(3)沼气爆炸事故,可能造成人身伤害、财产损失和环境危害。

(4)沼气爆炸事故发生前,隧道内存在通风效果差、沼气浓度达到危险值(5%～16%)、明火等征兆。

2. 应急组织与职责(略)

C. 6　结　　论

对杭州地铁土压平衡盾构越钱塘江工程隧道中沼气的控制进行了研究,得出以下结论。

(1)沼气会增加盾构刀盘的摩阻力、影响盾构的出土和隧道轴线、影响同步注浆效果、增加注浆量和在隧道内生爆炸事故。可以通过渣土改良降低刀盘摩阻力、利用监测和二次注浆保证隧道轴线、采用优质的注浆液保证注浆效果。但根据统计,隧道内沼气爆炸造成的后果最严重,控制最困难。

(2)利用日本沼气隧道评级等级对本工程进行评估,结果等级为Ⅰ级,属于危险性非常大,并利用事故树分析法对沼气爆炸事故进行了分析,沼气提前释放到安全压力范围内、火源和通风的管理是沼气控制的关键点。

(3)从电气(机械)设备的防爆管理、沼气隧道的通风管理和沼气的监测等方面对沼气的控制提出了控制措施。

(4)结合本工程实际特点,制定了《杭州地铁 1 号线沼气盾构隧道施工管理规定》。

参考文献

[1] 王梦恕. 中国隧道及地下工程修建技术[M]. 北京:人民交通出版社,2010.
[2] 中华人民共和国铁道部. 铁路隧道超前地质预报技术指南[M]. 北京:中国铁道出版社,2008.
[3] 王梦恕. 地下工程浅埋暗挖技术通论[M]. 合肥:安徽教育出版社,2004.
[4] 编纂委员会. 岩石隧道掘进机(TBM)施工及工程实例[M]. 北京:中国铁道出版社,2004.
[5] 周文波. 盾构法隧道施工技术及应用[M]. 北京:中国建筑工业出版社,2004.
[6] 陈馈,洪开荣,吴学松. 盾构施工技术[M]. 北京:人民交通出版社,2009.
[7] 余志成,施文华. 深基坑设计与施工[M]. 北京:中国建筑工业出版社,1997.
[8] 张厚美. 盾构隧道的理论研究与施工实践[M]. 北京:中国建筑工业出版社,2010.
[9] 中国建筑科学研究院. JGJ 120—99 建筑基坑支护技术规程[S]. 北京:中国建筑工业出版社,1999.
[10] 竺维彬,鞠世健. 地铁盾构施工风险源及典型事故的研究[M]. 广州:暨南大学出版社,2009.
[11] 陈韶章,洪开荣. 复合地层盾构设计概论[M]. 北京:人民交通出版社,2010.
[12] 白云,丁志诚. 隧道掘进机施工技术[M]. 北京:中国建筑工业出版社,2008.
[13] 彭振斌. 深基坑开挖与支护工程设计计算与施工[M]. 北京:中国地质大学出版社,1997.
[14] 杜彦良,杜立杰,等. 全断面岩石隧道掘进机系统原理与集成设计[M]. 武汉:华中科技大学出版社,2011.
[15] 唐经世,唐元宁. 掘进机与盾构机[M]. 北京:中国铁道出版社,2009.
[16] 张照煌,李福田. 全断面隧道掘进机施工技术[M]. 北京:中国水利水电出版社, 2006.
[17] 游华聪. 煤矿通风技术与安全管理[M]. 成都:西南交通大学出版社,2003.
[18] 王显政. 煤矿安全新技术[M]. 北京:煤炭工业出版社, 2003.
[19] 王树玉. 安全生产基本条件规定[M]. 北京:煤炭工业出版社, 2004.
[20] 于不凡. 煤矿瓦斯灾害防治及利用技术手册[M]. 北京:煤炭工业出版社,2005.
[21] 马丕梁. 煤矿瓦斯灾害防治技术手册[M]. 北京:化学工业出版社, 2007.
[22] 郭国政. 煤矿安全技术与管理[M]. 北京:冶金工业出版社,2006.
[23] 来存良. 煤矿信息化技术[M]. 北京:煤炭工业出版社, 2007.